U0190925

高等教育安全科学与工程类系列教材
消防工程专业系列教材

建筑防火设计

主编　涂　彧　李耀庄
参编　崔　飞　陈　健　李艳伟　赵声萍
主审　涂志胜

机械工业出版社

建筑防火是建筑安全的一项重要内容。建筑防火设计是消防工程师、建筑师和城市规划师必备的专业知识和技能。本书结合国家最新颁布的一系列建筑消防技术规范，全面系统地介绍了建筑防火设计的主要内容，体系完整，结构合理，内容丰富，涵盖了建筑防火设计的各个环节，图文并茂，重点突出，实用性和可操作性。本书共分为10章，主要内容包括：建筑火灾概论；常用建筑防火材料和防火涂料；建筑耐火设计；建筑总平面防火设计；防火分区和平面布置防火设计；安全疏散设计；消防救援设施；木结构建筑防火设计；建筑装修防火设计；性能化防火设计简介。

本书可作为消防工程、建筑学、城市规划、建筑工程等专业的本科教材，也可供相关专业的工程技术人员学习参考。

图书在版编目（CIP）数据

建筑防火设计/徐彧，李耀庄主编．—北京：机械工业出版社，2015.2（2025.2重印）

高等教育安全科学与工程类系列教材　消防工程专业系列教材

ISBN 978-7-111-49750-9

Ⅰ.①建…　Ⅱ.①徐…②李…　Ⅲ.①建筑设计-防火-高等学校-教材　Ⅳ.①TU892

中国版本图书馆CIP数据核字（2015）第057705号

机械工业出版社（北京市百万庄大街22号　邮政编码100037）
策划编辑：冷　彬　责任编辑：冷　彬　臧程程　冯　铁
责任校对：刘志文　封面设计：张　静
责任印制：邓　博
唐山三艺印务有限公司印刷
2025年2月第1版第13次印刷
184mm×260mm·17印张·417千字
标准书号：ISBN 978-7-111-49750-9
定价：49.00元

电话服务
客服电话：010-88361066
010-88379833
010-68326294

网络服务
机　工　官　网：www.cmpbook.com
机　工　官　博：weibo.com/cmp1952
金　书　网：www.golden-book.com
机工教育服务网：www.cmpedu.com

序　一[一]

“安全工程”本科专业是在1958年建立的“工业安全技术”、“工业卫生技术”和1983年建立的“矿山通风与安全”本科专业基础上发展起来的。1984年，国家教委将“安全工程”专业作为试办专业列入普通高等学校本科专业目录之中。1998年7月6日，教育部发文颁布《普通高等学校本科专业目录》，“安全工程”本科专业（代号：081002）属于工学门类的“环境与安全类”（代号：0810）学科下的两个专业之一[二]。据“高等学校安全工程专业教学指导委员会”1997年的调查结果显示，自1958～1996年年底，全国各高校累计培养安全工程专业本科生8130人。近年，安全工程本科专业得到快速发展，到2005年年底，在教育部备案的设有安全工程本科专业的高校已达75所，2005年全国安全工程专业本科招生人数近3900名[三]。

按照《普通高等学校本科专业目录》(1998)的要求，原来已设有与“安全工程专业”相近但专业名称有所差异的高校，现也大都更名为“安全工程”专业。专业名称统一后的“安全工程”专业，专业覆盖面大大拓宽[二]。同时，随着经济社会发展对安全工程专业人才要求的更新，安全工程专业的内涵也发生很大变化，相应的专业培养目标、培养要求、主干学科、主要课程、主要实践性教学环节等都有了不同程度的变化，学生毕业后的执业身份是注册安全工程师。但是，安全工程专业的教材建设与专业的发展出现尚不适应的新情况，无法满足和适应高等教育培养人才的需要。为此，组织编写、出版一套新的安全工程专业系列教材已成为众多院校的翘首之盼。

机械工业出版社是有着悠久历史的国家级优秀出版社，在高等学校安全工程学科教学指导委员会的指导和支持下，根据当前安全工程专业教育的发展现状，本着“大安全”的教育思想，进行了大量的调查研究工作，聘请了安全科学与工程领域一批学术造诣深、实践经验丰富的教授、专家，组织成立了教材编审委员会(以下简称编审委)，决定组织编写“高等教育安全工程系列‘十一五’教材”[四]。并先后于2004年8月(衡阳)、2005年8月(葫芦岛)、2005年12月(北京)、2006年4月(福州)组织召开了一系列安全工程专业本科教材建设研讨会，就安全工程专业本科教育的课程体系、课程教学内容、教材建设等问题反复进行了研讨，在总结以往教学改革、教材编写经验

[一] 此序作于2006年5月，为便于读者了解本套系列教材的产生与延续，该序将一直被保留和使用，并对其中某些的数据变化加以备注，以反映本套系列教材的可持续性，做到传承有序。

[二] 按《普通高等学校本科专业目录》（2012版），“安全工程”本科专业（专业代码：082901）属于工学学科的“安全科学与工程类”（专业代码：0829）下的专业。

[三] 这是安全工程本科专业发展过程中的一个历史数据，没有变更为当前数据是考虑到该专业每年的全国招生数量是变数，读者欲加了解，可在具有权威性的相关官方网站查得。

[四] 自2012年更名为“高等教育安全科学与工程类系列教材”。

的基础上，以推动安全工程专业教学改革和教材建设为宗旨，进行顶层设计，制订总体规划、出版进度和编写原则，计划分期分批出版30余门课程的教材，以尽快满足全国众多院校的教学需要，以后再根据专业方向的需要逐步增补。

由安全学原理、安全系统工程、安全人机工程学、安全管理学等课程构成的学科基础平台课程，已被安全科学与工程领域学者认可并达成共识。本套系列教材编写、出版的基本思路是，在学科基础平台上，构建支撑安全工程专业的工程学原理与由关键性的主体技术组成的专业技术平台课程体系，编写、出版系列教材来支撑这个体系。

本套系列教材体系设计的原则是，重基本理论，重学科发展，理论联系实际，结合学生现状，体现人才培养要求。为保证教材的编写质量，本着“主编负责，主审把关”的原则，编审委组织专家分别对各门课程教材的编写大纲进行认真仔细的评审。教材初稿完成后又组织同行专家对书稿进行研讨，编者数易其稿，经反复推敲定稿后才最终进入出版流程。

作为一套全新的安全工程专业系列教材，其“新”主要体现在以下几点：

体系新。本套系列教材从“大安全”的专业要求出发，从整体上考虑、构建支撑安全工程学科专业技术平台的课程体系和各门课程的内容安排，按照教学改革方向要求的学时，统一协调与整合，形成一个完整的、各门课程之间有机联系的系列教材体系。

内容新。本套系列教材的突出特点是内容体系上的创新。它既注重知识的系统性、完整性，又特别注意各门学科基础平台课之间的关联，更注意后续的各门专业技术课与先修的学科基础平台课的衔接，充分考虑了安全工程学科知识体系的连贯性和各门课程教材间知识点的衔接、交叉和融合问题，努力消除相互关联课程中内容重复的现象，突出安全工程学科的工程学原理与关键性的主体技术，有利于学生的知识和技能的发展，有利于教学改革。

知识新。本套系列教材的主编大多由长期从事安全工程专业本科教学的教授担任，他们一直处于教学和科研的第一线，学术造诣深厚，教学经验丰富。在编写教材时，他们十分重视理论联系实际，注重引入新理论、新知识、新技术、新方法、新材料、新装备、新法规等理论研究、工程技术实践成果和各校教学改革的阶段性成果，充实与更新了知识点，增加了部分学科前沿方面的内容，充分体现了教材的先进性和前瞻性，以适应时代对安全工程高级专业技术人才的培育要求。本套系列教材中凡涉及安全生产的法律法规、技术标准、行业规范，全部采用最新颁布的版本。

安全是人类最重要和最基本的需求，是人民生命与健康的基本保障。一切生活、生产活动都源于生命的存在。如果人们失去了生命，一切都无从谈起。全世界平均每天发生约68.5万起事故，造成约2200人死亡的事实，使我们确认，安全不是别的什么，安全就是生命。安全生产是社会文明和进步的重要标志，是经济社会发展的综合反映，是落实以人为本的科学发展观的重要实践，是构建和谐社会的有力保障，是全面建设小康社会、统筹经济社会全面发展的重要内容，是实施可持续发展战略的组成部分，是各级政府履行市场监管和社会管理职能的基本任务，是企业生存、发展的基本要求。国内外实践证明，安全生产具有全局性、社会性、长期性、复杂性、科学性和规律性的特点，随着社会的不断进步，工业化进程的加快，安全生产工作的内涵发生了重大变化，它突破了时间和空间的限制，存在于人们日常生活和生产活动的全过程中，成为一个复杂多变的社会问题在安全领域的集中反映。安全问题不仅对生命个体非常重要，而且对社会稳定和经济发展产生重要影响。党的十六届五中全会提出"安全发展"的重要战略理念。安全发展是科学发展观理论体系的重要组成部分，安全发展与构建和谐社会有着密切的内在联系，以人为本，首先就是要以人的生命为本。"安全·生命·稳定·发展"是一个良性循环。安全科技工作者在促进、保证这一良性循环中起着重要作用。安全科技人才匮乏是我国安全生产形势严峻的重要原因之一。加快培养安全科技人才也是解开安全难题的钥匙之一。

高等院校安全工程专业是培养现代安全科学技术人才的基地。我深信，本套系列教材的出版，将对我国安全工程本科教育的发展和高级安全工程专业人才的培养起到十分积极的推进作用，同时，也为安全生产领域众多实际工作者提高专业理论水平提供了学习资料。当然，由于这是第一套基于专业技术平台课程体系的教材，尽管我们的编审者、出版者夙兴夜寐，尽心竭力，但由于安全工程学科具有在理论上的综合性与应用上的广泛性相交叉的特性，开办安全工程专业的高等院校所依托的行业类型又涉及军工、航空、化工、石油、矿业、土木、交通、能源、环境、经济等诸多领域，安全科学与工程的应用也涉及人类生产、生活和生存的各个方面，因此，本套系列教材依然会存在这样和那样的缺点、不足，难免挂一漏万，诚恳地希望得到有关专家、学者的关心与支持，希望选用本套系列教材的广大师生在使用过程中给我们多提意见和建议。谨祝本套系列教材在编者、出版者、授课教师和学生的共同努力下，通过教学实践，获得进一步的完善和提高。

"嘤其鸣矣，求其友声"，高等院校安全工程专业正面临着前所未有的发展机遇，在此我们祝愿各个高校的安全工程专业越办越好，办出特色，为我国安全生产战线输送更多的优秀人才。让我们共同努力，为我国安全工程教育事业的发展作出贡献。

中国科学技术协会书记处书记[㊀]
中国职业安全健康协会副理事长
中国灾害防御协会副会长
亚洲安全工程学会主席
高等学校安全工程学科教学指导委员会副主任
安全科学与工程类专业教材编审委员会主任
北京理工大学教授、博士生导师
冯长根
2006年5月

㊀ 曾任中国科学技术协会副主席。

序　二

1998年7月，教育部颁布的《普通高等学校本科专业目录和专业介绍》将消防工程归入工学门类，实行开放办学政策。开设消防工程专业的高等院校随之迅速增加，学生数量不断增长，形成了可喜的发展局面。随着我国社会的发展，以人为本的消防安全理念不断深入人心，对高素质消防工程专业技术人才的需求旺盛，消防工程专业已逐渐成为高等教育的热门专业之一。

与大好的专业发展形势不协调的是，目前，我国开设消防工程专业的普通高等院校，还没有一套系统、适用的专业系列教材。为满足学科发展的需求，提高消防工程专业高等教育的培养质量，组织编写、出版一套体系完善、结构合理、内容科学的消防工程专业系列教材事在必行，同时也是众多院校的共同愿望。

机械工业出版社是有着悠久历史的国家级优秀出版社，也是国家教育部认定的规划教材出版基地。该社根据当前消防工程专业的发展现状，进行了大量的调研工作，协同较早前成立的安全工程专业教材编审委员会并在其指导下，聘请消防工程领域的一批学术造诣深、实践经验丰富的专家教授，成立了教材编审委员会，组织编写该专业系列教材。该社先后在西安（2008年11月）、株洲（2010年3月）、长沙（2010年10月）组织召开了一系列消防工程专业本科教学研讨会，就消防工程专业本科教育的课程体系、课程内容、教材建设等问题进行了深入研讨，确定分阶段出版该专业系列教材，以尽快满足众多院校的教学要求与人才培养目标的需求。

本套系列教材的编写，本着“重基本理论、重学科发展、重理论联系实际”的教材体系建设原则，在强调内容创新的同时，要体现出学科体系的系统性、完整性、专业性等特点。同时，采取“编委会评审、主编负责、主审把关”的方式确保每本教材的编写质量。本套教材还积极吸纳消防工程的设计单位、施工单位和公安消防专业人士的实践经验，在理论联系实际方面较以往同类教材实现了较大突破，提高了教材的工程实用价值。

由于消防工程内容的广泛性和交叉性，开办消防工程专业的高校所依托的行业背景和领域不同，因此，本套系列教材依然会存在不足，诚恳希望得到有关专家、学者的关心和支持，希望选用本套教材的师生在使用过程中多提意见和建议。谨祝本系列教材通过教学实践，获得进一步的完善和提高。

高等院校消防工程专业正面临着前所未有的发展机遇，在此我们祝愿各个高校的消防工程专业办出水平、办出特色，为我国消防事业输送更多的优秀人才。

中国消防协会理事
消防工程专业教材编审委员会主任
中南大学教授、博士生导师
徐志胜

2011年6月

前 言

随着国家经济和城市的发展，建筑的类型越来越多，规模越来越大，建筑布局和功能日益复杂，高层和超高层建筑、大型商场和娱乐场所、城市综合体等越来越多，火灾危险因素也随之增多，灭火救援工作的形势越来越严峻。据统计，近年来，我国建筑火灾的发生频率和造成的损失在总火灾中所占的比例居高不下。

分析建筑火灾发生的原因，很多都是因为建筑防火设计不符合规范要求，或者是建筑防火设计技术措施在实际工程中没有得到落实，因此，做好建筑防火设计工作是保证建筑消防安全的一个重要环节。随着国家对消防工作的日益重视，国内的消防工程专业教育也在蓬勃发展。很多高校都设立了消防工程的本科专业，"建筑防火设计"作为消防工程专业本科的主干专业课，旨在使未来的消防工程师和建筑师掌握建筑防火的新技术，提高建筑防火设计的科学性、合理性和有效性。

本书在编写过程中突出了以下几个特点：

（1）紧密结合近年来国家出台的一系列消防法律法规和建筑消防技术规范，特别是GB 50016—2014《建筑设计防火规范》等常用的、重要的设计规范，并吸收国内外专家学者在现代建筑防火设计方面的先进经验和技术。

（2）内容涵盖建筑防火设计的各个方面，体系完整，结构合理，内容丰富，引导学生循序渐进地学习和掌握建筑防火设计的基本理论和基本方法。

（3）突出实用性和可操作性，结合消防工程专业特点，理论联系实际，给出了大量的设计实例。

（4）在文字表达方面，图文并茂，力求通俗易懂。

（5）由于目前出现了很多传统防火设计规范无法解决的建筑消防问题，性能化防火设计得到了大量运用，本书专门用一章介绍性能化防火设计，旨在为学生提供一种新的消防设计思路，初步建立建筑性能化防火设计的概念。

本书按48课时编写，由徐彧（中南大学）、李耀庄（中南大学）主编。各章的执笔人为：第1章崔飞（西南林业大学）；第2、3章崔飞、徐彧；第4章陈健（沈阳航空航天大学）；第5章李艳伟（沈阳航空工业学院）、徐彧；第6、7、8、9章徐彧、李耀庄；第10章赵声萍（南京工业大学）。

本书在编写过程中参阅了多位专家的著作和文章，在此谨向他们表示深切的谢意。由于编者水平有限，不足之处恳请广大读者予以批评指正。

编 者

目　　录

第 1 章

第 1 章　建筑火灾概论

1.1　建筑火灾概述

建筑火灾是指因建筑物起火而造成的灾害。在世界各国的火灾事故中，建筑火灾起数和损失均居于首位。这是因为人类的生产、生活及政治、经济、文化活动基本上是在建筑物内进行的，建筑物中都存在着一定数量的可燃物质和各种着火源。因此，建筑火灾的预防工作必须引起人们的高度重视。

1.1.1　建筑火灾的危害

建筑在为人们的生产生活、学习工作创造良好环境的同时，也潜伏着各种火灾隐患，稍有不慎，就可能引发火灾，给人类带来巨大的不幸和灾难。根据我国 2010 年的火灾统计，建筑火灾次数约占火灾总数的 63%，所造成的人员死亡和直接财产损失分别约占火灾死亡总人数和直接财产总损失的 96% 和 82%。建筑火灾具有空间上的广泛性、时间上的突发性、成因上的复杂性、防治上的局限性等特点，是在人类生产生活活动中，由自然因素、人为因素、社会因素综合作用而造成的非纯自然的灾害事故。随着经济社会的发展，科学技术的进步，建筑呈现向高层、地下发展的趋势，建筑功能日趋综合化，建筑规模日趋大型化，建筑材料日趋多样化，一旦发生火灾，容易造成严重危害。河北唐山林西百货大楼、辽宁阜新艺苑歌舞厅、新疆克拉玛依友谊宫、河南洛阳东都商厦、吉林中百商厦、上海胶州路公寓大楼等特大火灾，损失惨重，骇人听闻。

建筑火灾的危害主要表现在以下几个方面：

1. *危害生命安全*

建筑火灾会对人的生命安全构成严重威胁。一把大火，有时会吞噬几十人、几百人甚至上千人的生命。据统计，2010 年，全国共发生火灾 132498 起，造成 1264 人死亡、695 人受伤，其中，一次死亡 10 人以上的群死群伤火灾 4 起。2010 年 11 月 5 日，吉林市船营区珲春街商业大厦发生火灾，造成 19 人死亡，24 人受伤。2010 年 11 月 15 日，位于上海市静安区胶州路上的一栋 28 层住宅楼发生火灾，造成 58 人死亡，71 人受伤。建筑火灾对生命的威胁主要来自以下几个方面：首先，建筑采用的许多可燃性材料或高分子材料，在起火燃烧时会释放出一氧化碳、氰化物等有毒烟气，当人们吸入此类烟气后，将产生呼吸困难、头痛、恶心、神经系统紊乱等症状，甚至威胁生命安全。据统计，在所有火灾死亡的人中，约有 3/4 的人是吸入有毒有害烟气后直接致死的。其次，建筑火灾产生的高温高热对人员的肌体造成严重伤害，甚至使人休克、死亡。据统计，因燃烧热造成的人员死亡约占整个火灾死亡人数的1/4。同时，火灾产生的浓烟将阻挡人的视线，进而对建筑内人员的疏散和消防队员扑救带来严重影响，这也是导致火灾时人员死亡的重要因素。此外，因火灾造成的肉体损伤和精神伤害，将导致受害人长期处于痛苦之中。

2. 造成经济损失

据统计，在各类场所火灾造成的经济损失中，建筑火灾造成的经济损失居首位。2010年，全国火灾造成的直接财产损失达19.6亿元，其中建筑火灾造成的直接财产损失达16亿元。建筑火灾造成经济损失的原因主要有以下几个方面：首先，建筑火灾使财物化为灰烬，甚至因火势蔓延而烧毁整幢建筑内的财物。如2004年12月21日，湖南省常德市鼎城区桥南市场发生特大火灾，过火建筑面积83276m^2，直接财产损失1.876亿元。其次，建筑火灾产生的高温高热，将造成建筑结构的破坏，甚至引起建筑物整体倒塌。如2001年9月11日美国纽约世贸大厦火灾，2003年11月3日湖南省衡阳市衡州大厦火灾等，最终都导致建筑整体或局部坍塌。第三，建筑火灾产生的流动烟气，将使远离火焰的财物特别是精密电器、纺织物等受到侵蚀，甚至无法再使用。第四，扑救建筑火灾所用的水、干粉、泡沫等灭火剂，不仅本身是一种资源损耗，而且将使建筑物内的财物遭受水渍、污染等损失。第五，建筑火灾发生后，因建筑修复重建、人员善后安置、生产经营停业等，会造成巨大的间接经济损失。

3. 破坏文明成果

历史保护建筑、文化遗址一旦发生火灾，除了会造成人员伤亡和财产损失外，火灾还会烧毁大量文物、典籍、古建筑等诸多的稀世瑰宝，对人类文明成果造成无法挽回的损失。1923年6月27日，原北京紫禁城（现故宫博物院）内发生火灾，将建福宫一带清宫储藏珍宝最多的殿宇楼馆烧毁。据不完全统计，共烧毁金佛2665尊、字画1157件、古玩435件、古书11万册，损失难以估量。1994年11月15日，吉林省吉林市银都夜总会发生火灾，火灾蔓延到紧邻的吉林市博物馆，使7000万年前的恐龙化石，还有大批文物档案付之一炬。1997年6月7日，印度南部泰米尔纳德邦坦贾武尔镇一座神庙发生火灾，使这座建于公元11世纪的人类历史遗产荡然无存。

4. 影响社会稳定

事实证明，当学校、医院、宾馆、办公楼等人员密集场所发生群死群伤恶性火灾，或涉及粮食、能源、资源等有关国计民生的重要工业建筑发生大火时，极可能在民众中造成心理恐慌。家庭是社会的细胞，家庭生活遭受火灾的危害，必将影响人们的安宁幸福，进而影响社会的稳定。

1.1.2 建筑火灾原因

凡是事故皆有起因，火灾亦不例外。分析建筑火灾原因是为了在建筑防火设计时，更有针对性地采取防火技术措施，防止和减少火灾危害。

建筑火灾原因归纳起来大致可分为六类：

1. 生活用火不慎

1）吸烟不慎。烟头和未熄灭的火柴梗虽是不大的火源，但它能引起许多可燃物质燃烧起火。如，将没有熄灭的烟头和火柴梗扔在可燃物中引起火灾；躺在床上吸烟，烟头掉在被褥上引起火灾；在禁止一切火种的地方吸烟引起火灾等。

2）炊事用火。炊事用火是人们最经常的生活用火，除了居民家庭外，单位的食堂、饮食行业都涉及炊事用火。炊事用火的主要器具是各种灶具，如煤、液化石油气、煤气、天然气、沼气、煤油等使用的灶具。如果灶具设置地点不当，安装不符合安全要求，或者没有较好的隔火、隔热措施，在使用灶具过程中违反防火安全要求或出现异常事故等，都可能引起火灾。

3）取暖用火。我国广大地区，特别是北方地区，冬季都要取暖。在农村，很多家庭仍然使用明火取暖。当取暖用的火炉、火炕、火盆及用于排烟的烟囱设置、安装、使用不当时，都可能引起火灾。

4）灯光照明。灯光照明是目前主要的照明方式，在使用高功率灯光时如果使用不当，可能引燃邻近可燃物。同时，在供电发生故障、修理线路或婚丧嫁娶时，人们往往也会使用其他照明方式，如蜡烛、油灯等，使用不当也容易引起火灾。

5）小孩玩火。虽不是正常生活用火，但却是生活中常见的火灾原因，尤其在农村，这种情况尤为突出，因此需要格外注意。

6）燃放烟花爆竹。每逢节日、庆典等，人们经常燃放烟花爆竹来增加欢乐气氛。但是在燃放烟花爆竹时，稍有不慎就会引发火灾事故，造成人员伤亡。

7）宗教活动用火。在进行宗教活动的寺庙、道观中，整日香火不断，烛光通明。如果稍有不慎，就会引起火灾。寺庙、道观很多是古建筑，一旦发生火灾，将会造成重大损失。

2. 生产作业不当

由于生产作业不当引起火灾的情况很多。如在易燃易爆的车间内动用明火，引起爆炸起火；将性质相抵触的物品混存在一起，引起燃烧爆炸；在用电、气焊焊接和切割时，没有采取相应的防火措施而酿成火灾；在机器运转过程中，不按时加油润滑，或没有清除附在机器轴承上面的杂物、废物，而使机器这些部位摩擦发热，引起附着物燃烧起火；电熨斗放在台板上，没有切断电源就离去，导致电熨斗过热，将台板烤燃引起火灾；化工生产设备失修，发生可燃气体、易燃可燃液体跑、冒、滴、漏现象，遇到明火燃烧或爆炸。

3. 电气设备设计、安装、使用及维护不当

电气设备引起火灾的原因，主要有电气设备过负荷、电气线路接头接触不良、电气线路短路；照明灯具设置使用不当，如将功率较大的灯泡安装在木板、纸等可燃物附近；将荧光灯的镇流器安装在可燃基座上，以及用纸或布做灯罩紧贴在灯泡表面等；在易燃易爆的车间内使用非防爆型的电动机、灯具、开关等。

4. 自然现象引起

（1）自燃。所谓自燃，是指在没有任何明火的情况下，物质受空气氧化或外界温度、湿度的影响，经过较长时间的发热和蓄热，逐渐达到自燃点而发生燃烧的现象。如大量堆积在库房里的油布、油纸，因为通风不好，内部发热，以致积热不散发生自燃。

（2）雷击。雷电引起的火灾原因，大体上有三种。一是雷直接击在建筑物上发生的热效应、机械效应作用等；二是雷电产生的静电感应作用和电磁感应作用；三是高电位沿着电气线路或金属管道系统侵入建筑物内部。在雷击较多的地区，建筑物上如果没有设置可靠的防雷保护设施，便有可能发生雷击起火。

（3）静电。静电通常是由摩擦、撞击而产生的。因静电放电引起的火灾事故屡见不鲜。如易燃、可燃液体在塑料管中流动，由于摩擦产生静电，引起易燃、可燃液体燃烧爆炸；输

送易燃液体流速过大，无导除静电设施或者导除静电设施不良，致使大量静电荷积聚，产生火花引起爆炸起火；在有大量爆炸性混合气体存在的地点，身上穿着的化纤织物的摩擦、塑料鞋底与地面的摩擦产生的静电，引起爆炸性混合气体爆炸等。

（4）地震。发生地震时，人们急于疏散，往往来不及切断电源、熄灭炉火以及处理好易燃、易爆生产装备和危险物品等。因而伴随着地震发生，会有各种火灾发生。

5. 纵火

纵火分刑事犯罪纵火及精神病人纵火。

6. 建筑布局不合理，建筑材料选用不当

在建筑布局方面，防火间距不符合消防安全要求，没有考虑风向、地势等因素对火灾蔓延的影响，往往会造成发生火灾时火烧连营，形成大面积火灾。在建筑构造、装修方面，大量采用可燃构件和可燃、易燃装修材料，都大大增加了建筑火灾发生的可能性。

我国2001～2010年的火灾情况统计见表1-1，我国2001～2010年的火灾原因统计见表1-2。

表1-1 我国2001～2010年的火灾情况统计

年度	起数	直接损失/万元	死人	伤人	火灾发生率/（起/十万人口）	火灾死亡率/（人/百万人口）	火灾伤人率/（人/百万人口）	次均损失/元	人均损失/元	火灾损失率/（元/万元国内生产总值）
2001	216784	140326.1	2334	3781	17.0	1.8	3.0	6473.08	1.10	1.46
2002	258315	154446.4	2393	3414	20.1	1.9	2.7	5978.99	1.20	1.51
2003	253932	159088.6	2482	3087	19.7	1.9	2.4	6265.01	1.23	1.36
2004	252804	167357.0	2562	2969	19.5	2.0	2.3	6620.03	1.29	1.23
2005	235941	136603.4	2500	2508	18.0	1.9	1.9	5789.73	1.04	0.75
2006	231881	86044.0	1720	1565	17.6	1.3	1.2	3710.70	0.65	0.41
2007	163521	112515.8	1617	969	12.4	1.2	0.7	6880.82	0.85	0.46
2008	136835	182202.5	1521	743	10.3	1.1	0.6	13315.49	1.29	0.69
2009	129382	162392.4	1236	651	9.7	0.9	0.5	12551.39	1.22	0.48
2010	132497	195945.2	1205	624	9.9	0.9	0.5	14788.65	1.46	0.49

注：2010年数据中未包括“上海市静安区‘11·15’高层住宅楼特别重大火灾”事故统计。

表1-2 我国2001～2010年的火灾原因统计

年度	火灾原因																	
	放火		电气		违反安全规定		吸烟		生活用火不慎		玩火		自燃		其他		不明	
	起数	所占比例（%）	起数	所占比例（%）	起数	所占比例（%）	起数	所占比例（%）	起数	所占比例（%）	起数	所占比例（%）	起数	所占比例（%）	起数	所占比例（%）	起数	所占比例（%）
合计	61331	—	351494		67120	—	101483	—	362107	—	98515	—	25430	—	161205	—	155747	—
2001	7707	6.2	30954	24.9	6230	5.0	10451	8.4	35776	28.8	7890	6.4	1401	1.1	8443	6.8	15430	12.4
2002	8415	6.0	39741	21.3	5966	4.3	11278	8.1	38760	27.8	15881	11.4	1658	1.2	8674	6.2	19184	13.7
2003	8670	7.1	20356	16.6	6400	5.2	10062	8.2	38290	31.3	9628	7.9	1754	1.4	9431	7.7	17896	14.6
2004	8740	6.1	29448	20.7	6104	4.3	10593	7.4	42991	30.2	11148	7.8	2156	1.5	20105	14.1	11283	7.9
2005	7342	5.1	31380	21.9	6130	4.3	10075	7.0	43883	30.6	8117	5.7	2373	1.7	10993	7.7	22941	16.0
2006	5961	4.2	32431	23.1	5392	3.8	9676	6.9	41165	29.3	7623	5.4	3161	2.2	11952	8.5	23311	16.6
2007	4952	3.0	46246	28.3	9137	5.6	12783	7.8	37237	22.8	12278	7.5	3470	2.1	23841	14.6	13577	8.3
2008	3618	2.6	40599	29.7	7403	5.4	9906	7.2	30925	22.6	9520	7.0	2881	2.1	20992	15.4	10991	8.0
2009	3280	2.6	39102	30.2	6636	5.1	9073	7.0	27202	21.0	9336	7.2	3072	2.4	21489	16.6	10192	7.9
2010	3249	2.5	41237	31.1	7722	5.8	7586	5.7	25878	19.5	7094	5.4	3504	2.6	25285	19.1	10942	8.3

注：1. 2001～2006年的“所占比例”为各类原因火灾占公安消防部门调查火灾的比例。

2. 2007年以后的“所占比例”为各类原因火灾占火灾总数的比例。

3. 2010年数据中未包括“上海市静安区‘11·15’高层住宅楼特别重大火灾”事故统计。

1.1.3　建筑火灾案例

为了使大家对建筑火灾有更深刻的认识，筛选了一些建筑火灾案例，以便大家了解建筑火灾发生发展过程，了解火灾造成的生命财产损失及应吸取的经验教训，从而提高我们对建筑防火重要性的认识。

1. 上海胶州路高层公寓大楼火灾

（1）基本情况。胶州路728号公寓大楼于1997年12月竣工，1998年3月入住，是塔式钢混结构综合楼，地上28层，地下1层，高约85m，总建筑面积18472m^2。建筑北侧中部设有两部电梯，电梯前室的东西两侧各设一部防烟楼梯间，底层楼梯间出口位于建筑东南侧。该建筑底层沿街为商铺，建筑面积约640m^2；2～4层主要为办公用房，部分为居住用房；5～28层为居民住宅。整个建筑实有居民156户，440余人。火灾发生时正在进行建筑物外墙节能改造工程。

（2）起火经过及扑救情况。2010年11月15日14时15分23秒，上海市应急联动中心接到第一个报警电话。14时16分35秒，上海市应急联动中心按照调度等级，在5min内迅速调集宜昌、静安、彭浦等5个消防中队和1个特勤消防中队的15辆消防车、130名消防官兵赶赴现场。15分钟内，又调集了外滩、河南等11个消防中队的31辆消防车、300名消防官兵前往增援。同时，迅速启动上海市应急联动预案，调集公安、供水、供电、供气、医疗救护等10余家应急联动单位紧急到场协助处置。经过122辆消防车、1300余名消防指战员前后4个多小时的不懈努力，18时30分，整幢建筑物明火被基本扑灭，次日凌晨4时，收残和清理任务基本完成。此次火灾共造成58人死亡，71人受伤（图1-1）。

图1-1　事故现场熊熊燃烧的大火

（3）事故原因。上海迪姆物业管理有限公司施工人员吴某，无证违规进行电焊作业，溅落的金属熔融物引燃下方找平掉落的聚氨酯泡沫碎块、碎屑起火成灾。

（4）事故调查处理。经国务院批准，依照有关规定，对54名事故责任人作出严肃处理，其中26名责任人被移送司法机关依法追究刑事责任，28名责任人受到党纪、政纪处分。同时，责成上海市人民政府和市长分别向国务院做出深刻检查。本次事故的教训是：

1）改造工程消防安全设计有隐患。经查，该工程设计图上未注明保温材料等级，而抽样检测发现外墙保温材料属易燃材料。

2）施工现场消防安全管理有漏洞。一是节能改造工程层层转包、管理脱节；二是施工单位违反施工程序，在喷涂聚氨酯泡沫保温材料后实施动火且动火未经审批。

3）公共消防基础设施需加强。一是静安区只有1个新中国成立前建成的小型消防站，消防队出警难；二是消防车辆装备尤其是举高消防车建设跟不上城市高层建筑增多和“长高”的速度；三是市政供水管径、水压难以满足特殊火灾扑救的消防用水需求。

4）市民防灾自救能力需提高。该起火灾的大部分遇难群众死在房间内，许多群众得知火情后没有积极逃生和自救，而是在室内被动待援，丧失了逃生时机。

2. 中央电视台电视文化中心火灾

（1）基本情况。中央电视台电视文化中心是中央电视台新台址工程的重要组成部分，高159m，被称为北配楼，邻近地标性建筑的央视新大楼。央视新台址工程位于北京市朝阳区中央商务区（CBD）核心地带，由荷兰大都会（OMA）建筑事务所设计，并于2005年5月正式动工，整个工程预算达到50亿元人民币。

（2）起火经过及扑救情况。2009年2月9日晚20时27分，北京市朝阳区东三环中央电视台新址园区在建的附属文化中心大楼工地发生火灾，熊熊大火在三个半小时之后才得到有效控制，在救援过程中造成1名消防队员牺牲，30多人受伤。建筑物过火、过烟面积21333m²，其中过火面积8490m²，楼内十几层的中庭已经坍塌，位于楼内南侧演播大厅的数字机房被烧毁，造成直接经济损失16383万元（图1-2、图1-3）。

图1-2 事故现场熊熊燃烧的大火

（3）事故原因。2009年2月9日是农历正月十五，正是传统节日元宵节，人们有闹花灯、放焰火的习俗。根据北京市政府规定，这一天也是春节期间五环区域内可以燃放烟花爆竹的最后一天。此前，北京已连续106天没有有效降水，空气干燥。但9日晚，央视新址大楼所在区域的地面风速为0.9m/s，属于微风，基本上不会形成风助火势的严重状况，大大减小了本次事故的损失。本次火灾的发生主要有以下几方面的原因：

图1-3 事故后被烧毁的大楼

1）建设单位：违反烟花爆竹安全管理相关规定，组织大型礼花焰火燃放活动。

2）有关施工单位：大量使用不合格保温板，配合建设单位违法燃放烟花爆竹。

3）监理单位：对违法燃放烟花爆竹和违规采购、使用不合格保温板的问题监管不力。

4）有关政府职能部门对非法销售、运输、储存和燃放烟花爆竹，以及工程中使用不合格保温板问题监管不力。

（4）事故调查处理。71名事故责任人受到责任追究。其中，中央电视台副总工程师，央视新址办主任徐威，央视新址办副主任王世荣，央视国金公司副总经理兼总工程师高宏等44名事故责任人被移送司法机关依法追究刑事责任；27名事故责任人受到党纪、政纪处分，给予时任国家广电总局党组成员，中央电视台台长、分党组书记，中央电视台新台址建设工程业主委员会主任赵化勇行政降级、党内严重警告处分，给予中央电视台副台长，中央电视台新台址建设工程业主委员会常务副主任李晓明行政撤职、撤销党内职务处分。依法对中央电视台新台址建设工程办公室罚款300万元。

3. 吉林省吉林市商业大厦火灾

（1）基本情况。吉林市商业大厦位于吉林市船营区珲春街与河南街交汇处，1987年经消防审核合格后开工建设，1990年经消防审核合格后投入使用，并于1993年、1995年两次扩建。大厦建筑高度23.9m，长121.5m，宽99m，为“L”形建筑，总建筑面积4.2万m^2，共5层，每层分3个经营区，主要经营家电、服装、家具等。商厦设置火灾自动报警系统、自动喷水灭火系统、消火栓系统。

（2）起火经过及扑救情况。2010年11月5日9时8分，吉林市商业大厦二层员工王某发现二层自动扶梯口处冒烟；一层二区业主弥某听见“嘭”的一声，看见一层一家精品店仓库棚顶冒烟并出现“大火球”。发现火情后，一层、二层业主及员工迅速使用灭火器灭火并拨打“119”火警电话。9时18分，吉林市公安消防支队接到报警后，迅速调派特勤一中队和邻近的5个消防中队赶赴现场灭火。当天下午17时30分火灾被逐渐控制，晚上21时30分许，火灾被完全扑灭。此次火灾扑救共调集了吉林市区全部11个公安消防中队的53辆消防车、310名消防官兵参加灭火战斗，长春市公安消防支队、吉化公司消防支队等增援力量共出动27辆消防车、111名消防官兵前往增援。整个火场灭火用水约13000t，火灾中共造成19人死亡，24人受伤，过火面积15830m^2，直接财产损失1560万元（图1-4、图1-5）。

图1-4　事故现场浓烟滚滚

图1-5　事故现场高喷车灭火

（3）事故原因。经调查，起火是由吉林市商业大厦一层二区精品店仓库电气线路短路所致。

（4）事故调查处理。吉林市商业大厦总经理、法人代表叶某，主管消防的副经理佟某，主管电力设备的副经理岳某，主管变电所的科长曲某，保卫科长马某，电工吴某、宗某等人因涉嫌重大责任事故罪被依法逮捕。本次事故的教训是：①报警迟缓，贻误火灾扑救最佳时机。②单位员工和群众逃生自救意识差。此次火灾死亡的19人中，16人是单位员工，3人为顾客。据了解，火灾发生后有的员工已经疏散，但为了抢救自己的财产，又重新返回商厦，结果失去逃生机会。还有2人在没有受到火灾直接威胁的情况下跳楼逃生，导致死亡。③建筑消防设施未能发挥作用。火灾发生时，建筑自动消防设施已经正常启动，但由于单位电工切断了建筑内消防电源，导致建筑消防设施未能发挥作用。

4. 吉林省吉林市中百商厦火灾

（1）基本情况。吉林市中百商厦1995年投入使用，建筑面积4328m²，耐火等级为二级。商厦一层（含回廊）经营五金、百货；二层经营服装、布匹；三层为浴池；四层为舞厅和台球厅。

（2）起火经过及扑救情况。2004年2月15日9时许，中百商厦伟业电器行雇员于红新在向3号库房送包装纸板时，将嘴上叼着的香烟掉落在仓库内，引燃地面上的纸屑、纸板等可燃物。11时许，中百商厦浴池锅炉工李铁男发现毗邻中百商厦北墙搭建的3号库房冒烟，找来于红新打开仓库，发现库内着火后进行扑救，但未能控制火势，半小时后，才向消防队报警。火灾发生后，吉林市出动六十余台消防车和三台云梯车（图1-6）投入扑救工作，同时调集卫生部门进入火灾现场，开展救援工作。事故共造成54人死亡，70人受伤，过火面积2040m²，直接经济损失426万元。

图1-6 事故现场云梯车救援

（3）事故原因。经调查，起火原因是中百商厦伟业电器行雇员于红新吸烟不慎引燃仓库，并引发商厦特大火灾。

（4）事故调查处理。时任吉林市委副书记、市长刚占标，作为安全生产工作第一责任人，对事故发生负有重要领导责任，引咎辞去了吉林市市长，吉林市委副书记、常委、委员职务。时任吉林市副市长蔡玉和，对事故发生负有重要领导责任，受到党内警告和行政记大过处分。吉林市商业委员会主任、党委书记刘文彬，对事故发生负有重要领导责任，受到党内严重警告和行政降级处分。吉林市商业委员会副主任、党委常委杨开宝，对事故发生负有主要领导责任，受到撤销党内职务和行政撤职处分。于红新犯失火罪，被判处有期徒刑7年；中百商厦总经理刘文建、赵平、马春平等犯消防责任事故罪，分别被判处有期徒刑6年、5年和4年；被告人陈忠、曹明君犯重大责任事故罪，分别被判处有期徒刑3年6个月和3年；被告人李爱民犯重大责任事故罪，但鉴于其犯罪情节轻微，依法免予刑事处罚。本次事故的教训是：①没有认真落实消防安全责任制，消防安全法律责任主体意识不强，没有依法履行消防安全管理职责；②没有及时消除当地公安消防部门查处的违章搭建仓库等火灾隐患，没有按要求拆除违章建筑；③没有认真组织从业人员的消防培训和安全宣传教育，员工缺乏防火、灭火常识和自防自救基本技能，虽有灭火和应急疏散预案，但没有按规定组织开展灭火和应急疏散演练。

1.2　建筑火灾的发展和蔓延

1.2.1　可燃物及其燃烧

不同形态的物质在发生火灾时的机理并不一致。一般固体可燃物质在受热条件下，内部可分解出不同的可燃气体。这些气体在与空气中的氧气进行混合时，遇明火即着火。固体用明火点燃，能发火燃烧时的最低温度，就是该物质的燃点。表1-3列出了几种常用可燃固体的燃点。

表1-3　常用可燃固体的燃点

名称	燃点/℃	名称	燃点/℃
纸张	130	粘胶纤维	235
棉花	150	涤纶纤维	390
棉布	200	松木	270～290
麻绒	150	橡胶	130

一些固体能自燃。如木材受热烘烤自燃；粮食受湿发霉生热，在微生物作用下自燃。有些固体在常温下能自行分解，或在空气中氧化导致自燃或爆炸，如硝化棉、黄磷等；有些固体如钾、钠、电石等遇水或受空气中水蒸气作用可引起燃烧或爆炸等。

一些可燃液体随液体内外温度变化而有不同程度的挥发，挥发越快可燃液体的危险性越大。可燃液体蒸气与空气混合达到一定浓度，遇明火点燃，呈现一闪即灭的现象，叫闪燃。出现闪燃的最低温度叫闪点。闪点是易燃、可燃液体起火燃烧的前兆。常见的几种易燃、可燃液体的闪点见表1-4。从表中可以看出，许多液体的闪点都是很低的。通常把闪点小于等于45℃的液体称为易燃液体；将闪点大于45℃的液体称为可燃液体。

表1-4　常见液体的闪点

名称	闪点/℃	名称	闪点/℃
石油醚	-50	汽油	-58～+10
二硫化碳	-45	苯	-14
乙醚	-45	醋酸乙酯	+1
甲苯	+1	甲醇	+7

可燃蒸气、气体或粉尘与空气组成的混合物，达到一定浓度时，遇火源即能发生爆炸。遇火源发生爆炸的浓度范围称为爆炸极限。最低浓度称为爆炸下限，最高浓度称为爆炸上限。浓度在下限以下时，可燃气体、易燃液体蒸气、可燃液体蒸气和粉尘的数量很少，不足以起火燃烧；浓度在下限和上限之间，即浓度比较合适时遇明火就会爆炸；超过上限则因氧气不足，在密闭容器内或输送管道内遇明火不会燃烧或爆炸。表1-5所列是可燃气体、易燃液体蒸气、可燃液体蒸气的爆炸下限。

表 1-5 可燃气体、易燃液体蒸气、可燃液体蒸气的爆炸下限

名称	爆炸下限(%体积分数)	名称	爆炸下限(%体积分数)
煤油	1.0	丁烷	1.9
汽油	1.0	异丁烷	1.6
丙酮	2.55	乙烯	2.75
苯	1.5	丙烯	2.0
甲苯	1.27	丁烯	1.7
二硫化碳	1.25	乙炔	2.5
甲烷	5.0	硫化氢	4.3
乙烷	3.22	一氧化碳	12.5
丙烷	2.37	氢气	4.1

1.2.2 火灾危险性分类

火灾危险性分类的目的，是在建筑防火要求上，有区别地对待各种不同危险类别的生产和储存物品，使建筑物既有利于节约投资，又有利于保障安全。

生产和储存物品分别进行火灾危险性分类，是因为生产和储存物品的火灾危险性既有相同之处，又有所区别。如甲、乙、丙类液体在高温、高压生产过程中，其温度往往高于液体本身的自燃点，当其设备或管道损坏时，液体喷出就会着火。有些生产的原料、成品的火灾危险性较低，但当生产条件发生变化或经化学反应后产生了中间产物，则可能增加其火灾危险性。例如，可燃粉尘静止时的火灾危险性较小，但在生产过程中，粉尘悬浮在空气中并与空气形成爆炸性混合物，遇火源则可能爆炸着火，而这类物品在储存时就不存在这种情况。与此相反，桐油织物及其制品，如堆放在通风不良地点，受到一定温度作用，则会缓慢氧化、积热不散而自燃着火，因而在储存时其火灾危险性较大，而在生产过程中则不存在此种情形。

1. 生产的火灾危险性分类

生产的火灾危险性应根据生产中使用或产生的物质性质及其数量等因素划分，可分为甲、乙、丙、丁、戊类，并应符合表 1-6 的规定。

生产的火灾危险性分类，一般要分析整个生产过程中的每个环节是否有引起火灾的可能性。生产的火灾危险性分类一般要按其中最危险的物质确定，通常可根据生产中使用的全部原材料的性质、生产中操作条件的变化是否会改变物质的性质、生产中产生的全部中间产物的性质、生产的最终产品及其副产品的性质，以及生产过程中的环境条件等因素分析确定。当然，要同时兼顾生产的实际使用量或产出量。许多产品可能有若干种不同工艺的生产方法，其中使用的原材料也各不相同，因而不同生产方法所具有的火灾危险性也可能不同，分类时要注意区别对待。

2. 储存物品的火灾危险性分类

储存物品的火灾危险性应根据储存物品的性质和储存物品中的可燃物数量等因素划分，参照生产的火灾危险性分类，并吸取仓库储存管理经验和参考我国的《危险货物运输规则》，可分为甲、乙、丙、丁、戊类，并应符合表 1-7 的规定。

表1-6　生产的火灾危险性分类

生产的火灾危险性类别	使用或产生下列物质生产的火灾危险性特征
甲	1. 闪点小于28℃的液体 2. 爆炸下限小于10%的气体 3. 常温下能自行分解或在空气中氧化能导致迅速自燃或爆炸的物质 4. 常温下受到水或空气中水蒸气的作用,能产生可燃气体并引起燃烧或爆炸的物质 5. 遇酸、受热、撞击、摩擦、催化以及遇有机物或硫黄等易燃的无机物,极易引起燃烧或爆炸的强氧化剂 6. 受撞击、摩擦或与氧化剂、有机物接触时能引起燃烧或爆炸的物质 7. 在密闭设备内操作温度不小于物质本身自燃点的生产
乙	1. 闪点不小于28℃,但小于60℃的液体 2. 爆炸下限不小于10%的气体 3. 不属于甲类的氧化剂 4. 不属于甲类的化学易燃危险固体 5. 助燃气体 6. 能与空气形成爆炸性混合物的浮游状态的粉尘、纤维、闪点不小于60℃的液体雾滴
丙	1. 闪点不小于60℃的液体 2. 可燃固体
丁	1. 对不燃烧物质进行加工,并在高温或熔化状态下经常产生强辐射热、火花或火焰的生产 2. 利用气体、液体、固体作为燃料或将气体、液体进行燃烧作其他用的各种生产 3. 常温下使用或加工难燃烧物质的生产
戊	常温下使用或加工不燃烧物质的生产

表1-7　储存物品的火灾危险性分类

储存物品的火灾危险性类别	储存物品的火灾危险性特征
甲	1. 闪点小于28℃的液体 2. 爆炸下限小于10%的气体,受到水或空气中水蒸气的作用,能产生爆炸下限小于10%气体的固体物质 3. 常温下能自行分解或在空气中氧化能导致迅速自燃或爆炸的物质 4. 常温下受到水或空气中水蒸气的作用,能产生可燃气体并引起燃烧或爆炸的物质 5. 遇酸、受热、撞击、摩擦以及遇有机物或硫黄等易燃的无机物,极易引起燃烧或爆炸的强氧化剂 6. 受撞击、摩擦或与氧化剂、有机物接触时能引起燃烧或爆炸的物质
乙	1. 闪点不小于28℃,但小于60℃的液体 2. 爆炸下限不小于10%的气体 3. 不属于甲类的氧化剂 4. 不属于甲类的易燃固体 5. 助燃气体 6. 常温下与空气接触能缓慢氧化,积热不散引起自燃的物品
丙	1. 闪点不小于60℃的液体 2. 可燃固体
丁	难燃烧物品
戊	不燃烧物品

3. 火灾危险性分类的特殊要求

（1）同一座厂房或厂房的任一防火分区内有不同火灾危险性生产时，该厂房或防火分区内的生产火灾危险性类别应按火灾危险性较大的部分确定；当生产过程中使用或产生易燃、可燃物质的量较少，不足以构成爆炸或火灾危险时，可按实际情况确定其生产的火灾危险性类别；当符合下述条件之一时，可按火灾危险性较小的部分确定：

1）火灾危险性较大的生产部分占本层或本防火分区建筑面积的比例小于5%或丁、戊类厂房内的油漆工段小于10%，且发生火灾事故时不足以蔓延到其他部位或火灾危险性较大的生产部分采取了有效的防火措施。

2）丁、戊类厂房内的油漆工段，当采用封闭喷漆工艺，封闭喷漆空间内保持负压、油漆工段设置可燃气体自动报警系统或自动抑爆系统，且油漆工段占其所在防火分区面积的比例不大于20%。

（2）同一座仓库或仓库的任一防火分区内储存不同火灾危险性物品时，仓库或防火分区的火灾危险性应按其中火灾危险性最大的物品确定。

（3）丁、戊类储存物品的可燃包装重量大于物品本身重量1/4或可燃包装体积大于物品本身体积的1/2的仓库，其火灾危险性应按丙类确定。

1.2.3 火灾荷载密度

火灾荷载密度是衡量建筑物室内所容纳可燃物数量多少的一个参数，是研究火灾发生、发展及其控制的重要因素。在建筑物发生火灾时，火灾荷载直接决定着火灾持续时间和室内温度的变化。因而，在进行建筑防火设计时，首先要掌握火灾荷载密度的概念，合理确定火灾荷载密度数值。

建筑物内的可燃物可分为固定可燃物和容载可燃物两类。固定可燃物是指墙壁、顶棚等构件材料及装修、门窗、固定家具等所采用的可燃物。容载可燃物是指家具、书籍、衣物、寝具、装饰灯构成的可燃物。固定可燃物数量很容易通过建筑设计图准确地求得；容载可燃物的品种、数量变动很大，难以准确计算，一般由调查统计确定。

火灾持续时间、温度的高低与可燃物的燃烧热值、数量以及着火房间的性能有关。一般说来，大空间所容纳的可燃物比小空间要多，因此可燃物量与建筑面积或容积的大小有关。火灾荷载密度是房间内所有可燃物完全燃烧所产生的总热量与房间的特征参考面积的比值。房间特征参考面积可以采用房间的内表面积 A_T，也可以采用房间的地板面积 A_f。CECS 200：2006《建筑钢结构防火技术规范》给出了标准火灾荷载密度，以房间内表面积计算，定义为

$$q_k = \sum G_i H_i / A_T \tag{1-1}$$

式中 q_k——标准火灾荷载密度（MJ/m^2）；

G_i——室内第 i 种可燃材料的总质量（kg）；

H_i——室内第 i 种可燃材料的燃烧热值（MJ/kg）；

A_T——包括窗户在内房间六壁面面积之和（m^2）。

采用地板面积表示的火灾荷载密度表达式为

$$q_0 = \sum G_i H_i / A_f \tag{1-2}$$

式中 q_0——按地板面积确定的火灾荷载密度（MJ/m^2）；

A_f——火灾房间地板面积（m^2）。

建筑物中可燃物种类很多，其燃烧发热量也因材料性质不同而异。由于不同可燃材料的燃烧热值不同，为便于比较，将可燃物化为等效木材的质量。所谓等效就是以单位质量木材发热量为基数，将其他可燃材料按燃烧热值换算成等效发热量的木材。把火灾范围内单位地板面积的等效可燃物量定义为火灾荷载密度，并用 q 表示，则有：

$$q = \sum G_i H_i / H_0 A_f = \sum Q_i / H_0 A_f \quad (1\text{-}3)$$

式中 q——火灾荷载密度（kg/m^2）；

H_0——单位质量木材的发热量（MJ/kg），可取18.84MJ/kg。

$\sum Q_i$——火灾范围内所有可燃物的总发热量（MJ）。

表1-8所列是部分可燃物质的热值；表1-9所列是一些国家采用的火灾荷载密度；表1-10所列是日本统计的各种建筑物中火灾荷载密度。

表1-8 部分可燃物质的热值

名称	单位发热量/(MJ/kg)	名称	单位发热量/(MJ/kg)
无烟煤	31~36	涤纶化纤地毯	21~26
煤、焦炭	28~34	羊毛地毯	19~22
木炭	29~31	硬PVC套管	19~23
蜂窝煤、泥煤	17~23	硬PVC型材	19~23
煤焦油	41~44	软PVC套管	23~26
沥青	41~43	聚乙烯管材	37~40
纤维素	15~16	泡沫PVC板材	21~26
衣物	17~21	聚甲醛树脂	16~18
木材	17~20	聚异丁烯	43~46
纤维板	17~20	丝绸	17~21
胶合板	17~20	稻草	15~16
棉花	16~20	秸秆	15~16
谷物	15~18	羊毛	21~26
面粉	15~18	天然橡胶	44~45
动物油脂	37~40	丁二烯-丙烯腈橡胶	32~33
皮革	16~19	丁苯橡胶	42
油毡	21~28	乙丙橡胶	38~40
纸	16~20	硅橡胶	13~15
纸板	13~16	硫化橡胶	32~33
石蜡	46~47	氯丁橡胶	22~23
ABS塑料	34~40	再生胶	17~22
聚丙烯酸酯	27~29	车辆用内胎橡胶	23~27
赛璐珞塑料	17~20	车辆用外胎橡胶	30~35
环氧树脂	33~35	棉布	16~20
三聚氰胺树脂	16~19	化纤布	14~23
酚醛树脂	27~30	混纺布	15~21
聚酯(未加玻纤)	29~31	黄麻	16~19
聚酯(加玻纤)	18~22	亚麻	15~17
聚乙烯塑料	43~44	茶叶	17~19
聚苯乙烯塑料	39~40	烟草	15~16
聚苯乙烯泡沫塑料	39~43	咖啡	16~18
聚碳酸酯	28~30	人造革	23~25
聚丙烯塑料	42~43	动物皮毛	1~21
聚四氯乙烯塑料	4~5	荞麦皮、麦麸	16~18
聚氨酯	22~24	胶片	19~21
聚氨酯泡沫	23~28	黄油	30~33

（续）

名称	单位发热量/(MJ/kg)	名称	单位发热量/(MJ/kg)
脲醛泡沫	12～15	花生	23～25
脲醛树脂	14～15	食糖	15～17
聚氯乙烯塑料	16～21	面食	10～15
聚醋酸乙烯酯	20～21	苯甲酸	26
聚酰胺	29～30	甲酸	4.5
发泡 PVC 壁纸	18～21	硝酸铵	4～7
不发泡 PVC 壁纸	15～20	尿素	7～11
硬质 PVC 地板	5～10	镁	27
半硬质 PVC 地板	15～20	磷	25
软质 PVC 地板	17～21	纸面石膏板	0.5
腈纶化纤地毯	15～21	玻璃钢层压板	12～15
水泥刨花板	4～10	甲醇	19.9
稻草板	14～17	异丙醇	31.4
刨花板	17～20	乙炔	48.2
食用油	38～42	氰	21
石油	40～42	一氧化碳	10.1
汽油	43～44	氢气	119.7
柴油	40～42	甲醛	17.3
煤油	40～41	甲烷	50
甘油	18	乙烷	48
酒精	26～28	丙烷	45.8
白酒	17～21	丁烷	45.7
苯	40.1	乙烯	47.1
苯甲醇	32.9	丙烯	45.8
乙醇	26.8		

表 1-9 一些国家采用的火灾荷载密度

建筑物用途	空间用途		火灾荷载密度/(kg/m^2)	
			平均	分散
公共	办公室	一般	30	10
		设计	50	10
		行政	60	10
		研究	60	20
	会议室		10	5
	接待室		10	5
	资料室	资料	120	40
		图书	80	20
	厨房		15	10
	客席	固定座位	2	1
		可动座位	10	5
	大厅		1	5
	通道	走廊	5	5
		楼梯	2	1
		玄关	5	2

（续）

建筑物用途	空间用途		火灾荷载密度/(kg/m²)	
			平均	分散
住宅	寝室		45	20
	厨房		25	15
	客厅		30	20
	餐厅		30	20
商店	服饰、寝具		20	10
	家具		60	20
	电气制品		30	10
	生活用品		30	10
	食品		30	10
	银楼		10	10
	书籍		40	15
	超级市场		30	10
	仓库		100	30
饮食店	小吃店		10	5
	饭店		15	10
	料理店		20	10
饮食店	酒吧		20	10
旅馆	客房		10	5
	宴会厅		5	2
	衣物室		20	5
体育馆	竞技场		3	2
	器材室		25	15
医院	病房		12	2
	护理站		20	10
	诊疗室		20	5
	手术室		5	2
	衣物室		20	5
剧场	舞台	演剧	20	10
		音乐会	10	5
	大器材室		60	20
	乐器室		20	10
学校	教室	固定座位	2	1
		可动座位	15	7
	特别教室		18	5
	预备室		30	10
	教员室		30	10
	体育馆	体育场	10	5
		器材室	25	15

表 1-10 日本统计的各种建筑物中火灾荷载密度

房屋类型	平均火灾荷载密度/(MJ/m^2)	分位值		
		80%	90%	95%
住宅	780	870	920	970
医院	230	350	440	520
医院仓库	2000	3000	3700	4400
宾馆卧室	310	400	460	510
办公室	420	570	670	760
商店	600	900	1100	1300
工厂	300	470	590	720
工厂的仓库	1180	1800	2240	2690
图书馆	1500	2550	2550	—
学校	285	360	410	450

注：80% 分位值是指 80% 的房屋或建筑未超过此值，其余类推。

【例 1-1】 某宾馆标准间客房长 5.1m，宽 4.2m，其内容纳的可燃物及其发热量见表 1-11，试求标准间客房的火灾荷载。

表 1-11 陈设、家具、内部装修的发热量

分类	物品名称	材料	可燃物质量/kg	单位发热量/(kJ/kg)
容载可燃物	单人床	木材	113.40	1.8837×10^4
		泡沫塑料	50.04	4.3534×10^4
		纤维	27.90	2.0930×10^4
	写字台	木材	13.62	1.8837×10^4
	大沙发	木材	28.98	1.8837×10^4
		泡沫塑料	32.40	4.3534×10^4
		纤维	18.00	2.0930×10^4
	茶几	木材	7.62	1.8837×10^4
固定可燃物	壁纸	厚度 0.5mm	17.38	1.6744×10^4
	涂料	厚度 0.3mm	15.64	1.6744×10^4

解： 根据已知条件，先分别求出固定火灾荷载密度和容载火灾荷载密度，再求出房间的全部火灾荷载密度。

固定火灾荷载密度 q_1：

$$q_1=\frac{17.38\times1.6744\times10^4+15.64\times1.6744\times10^4}{1.8837\times10^4\times4.2\times5.1}\text{kg/m}^2=1.4\text{kg/m}^2$$

容载火灾荷载密度 q_2：

$$\begin{aligned}\sum Q_i&=1.8837\times10^4(113.40+13.62+28.98+7.62)\text{kJ}+\\&\quad 4.3534\times10^4(50.04+32.40)\text{kJ}+2.093\times10^4(27.90+18.00)\text{kJ}\\&=763.1740\text{kJ}\end{aligned}$$

$$q_2=\frac{\sum Q_i}{1.8837\times10^4\text{kJ/kg}\times4.2\text{m}\times5.1\text{m}}=18.9\text{kg/m}^2$$

全部火灾荷载密度：

$$q=q_1+q_2=(1.4+18.9)\text{kg/m}^2=20.3\text{kg/m}^2$$

此标准间客房的火灾荷载密度为 20.3kg/m^2。

1.2.4　建筑物内火灾的发展过程

建筑火灾最初发生在建筑物内的某个房间或局部区域，然后由此蔓延到相邻房间或区域，以至整个楼层，最后蔓延到整个建筑物。在此仅讨论耐火建筑中具有代表性的一个房间内的火灾发展过程。

室内火灾的发展过程可以用室内的烟气和火焰平均温度随时间的变化来描述。根据室内火灾温度随时间的变化特点，可以将火灾发展过程分为三个阶段，即火灾初期、旺盛期、熄灭期，如图1-7所示。

1.2.4.1　火灾初期

室内发生火灾后，最初只是起火部位及其周围可燃物着火燃烧，这时火灾好像在敞开的空间里发生一样。当火灾分区的局部燃烧形成之后，由于受可燃物的燃烧性能和分布状况、通风状况、起火点位置、散热条件等的影响，燃烧发展一般比较缓慢，会出现下列三种情况之一：

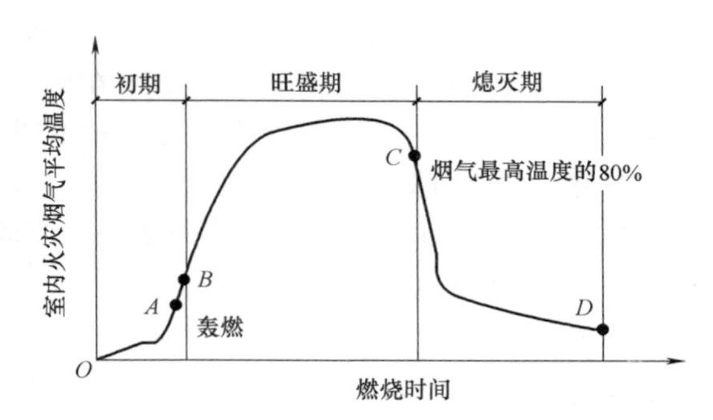

图1-7　室内火灾的发展过程

（1）最初着火的可燃物质燃烧殆尽，而未延及其他的可燃物质，导致燃烧熄灭。此时只有火警而未成灾。

（2）在耐火结构建筑内，若门窗密闭，通风不足时，燃烧可能自行熄灭；或者受到通风供氧条件的支配，火灾以缓慢的速度继续燃烧。

（3）如果存在足够的可燃物质，并且通风条件良好，则可能出现轰燃现象，火灾能够发展到整个分区，使分区内的所有可燃物卷入燃烧之中，从而使室内火灾进入旺盛期。

火灾初期的特点是：火灾燃烧范围不大，仅限于初始起火点附近；室内温度差别不大，在燃烧区域及其附近存在高温，室内平均温度低；火灾发展速度较慢，在发展过程中，火势不稳定。根据火灾初期的特点可见，该阶段是灭火的最有利时机，应设法争取尽早发现火灾，把火灾及时控制并消灭在起火点；同时，火灾初期也是人员疏散和物资抢救的有利时机，发生火灾时人员若在这一阶段不能疏散出房间，就很危险了；火灾初期持续时间越长，就有更多的机会发现火灾、扑灭火灾、进行人员疏散和物资抢救工作。

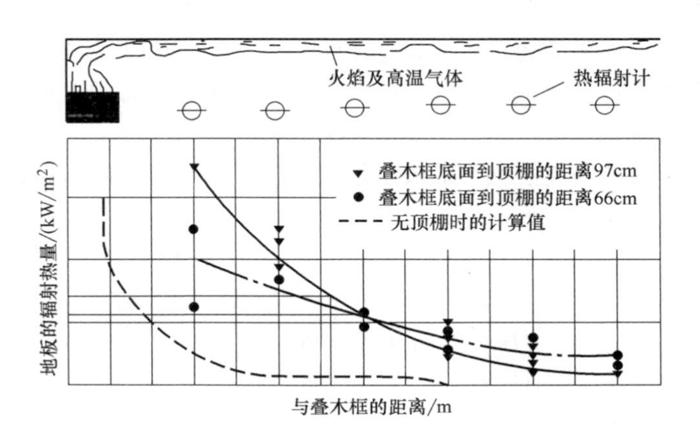

图1-8　烟层对地面的热辐射

以木垛（木条垛）为火源，进行室内火灾试验，测定的热辐射结果如图1-8所示。当火焰到达顶棚后，其表面积急剧增大，迅速把高温烟气覆盖于整个顶棚面上。由此对室内各点的热辐射通量也迅速增大，致使墙壁、地面及室内其他可燃物进入热分解阶段，为火灾发展到轰燃提供了条件。

火灾初期的持续时间，即火灾轰燃之前的时间，对建筑物内人员的疏散、重要物资的抢救，以及火灾扑救，都具有重要意义。若建筑火灾经过诱发成长，一旦达到轰燃，则该分区内未逃离火场的人员生命将受到威胁。国外研究人员提出如下不等式：

$$t_p + t_a + t_{rs} \leqslant t_u \tag{1-4}$$

式中 t_p——从着火到发现火灾所经历的时间；

t_a——从发现火灾到开始疏散之间所耽误的时间；

t_{rs}——转移到安全地点所需要的时间；

t_u——火灾现场出现人们不能忍受的条件的时间。

利用自动火灾报警可以缩短 t_p，而且在大多数情况下，效果比较明显。但室内人员能否安全地疏散，则取决于火灾发展的速度，即取决于 t_u。很显然，在评价某一建筑的火灾危险性时，轰燃之前的时间是一个重要因素。在建筑设计时要设法延长 t_u（如采用不燃构件和不燃材料装修等），失火时人员就会有更长的时间疏散。

1.2.4.2 火灾旺盛期

1. 轰燃

在火灾初期的后程，火灾范围迅速扩大，当房间火灾温度达到一定值时，聚积在房间内的可燃气体突然起火，整个房间都充满了火焰，房间内所有可燃物表面部分都卷入火灾之中，这种建筑火灾发展过程中房间内的局部燃烧向全室性火灾过渡的特有现象称为轰燃。轰燃是室内火灾最显著的特征之一，它标志着火灾旺盛期的开始。对于安全疏散而言，人们若在轰燃之前还没有从室内逃出，则很难幸存。

轰燃发生后，房间内所有可燃物都在猛烈燃烧，放热速度很快，因而房间内温度升高很快，并出现持续性高温，最高温度可达 1100℃。火焰、高温烟气从房间的开口大量喷出，把火灾蔓延到建筑物的其他部分。室内高温还对建筑构件产生热作用，使建筑构件的承载能力下降，甚至造成建筑物局部或整体倒塌破坏。

国外火灾专家为了探明轰燃发生的必要条件，在 3.64m×3.64m×2.43m（长×宽×高）的房间内进行了一系列试验。试验以木制家具为燃烧试件，并在地板上铺设了纸张。以家具燃烧产生的热量，点燃地板上的纸张来确定轰燃的时间。通过试验得出的结论是：地板平面上发生轰燃需要 20kW/m^2 的热通量或吊顶下接近 600℃ 的高温。此外，从试验中观察到，只有可燃物的燃烧速度超过 40kg/s 时，才能达到轰燃。同时认为，点燃地板上纸张的能量，主要来自吊顶下的热烟气层的辐射，火焰加热后的房间上部表面的热辐射也占有一定比例，而来自燃烧试件的火焰相对较少。

为了研究轰燃时的极限燃烧速度，先给出室内木垛火灾在通风控制的条件下，其燃烧速度（质量）：

$$m = kA_w H^{1/2} \tag{1-5}$$

式中 m——以质量消耗表示的燃烧速度（kg/s）；

A_w——通风开口的面积（m^2）；

H——通风开口的高度（m）；

k——常量，约为 0.09kg/(m$^{5/2}$·s)；

$A_w H^{1/2}$——通风参数（m$^{5/2}$）。

在2.9m×3.75m×2.7m的房间内，进行燃烧木垛的火灾试验。燃烧速度是通过称量可燃物的质量而进行连续监控的。以燃烧速度m为纵坐标，通风参数$A_wH^{1/2}$为横坐标，整理试验结果如图1-9所示。可以发现，这些试验中火灾的轰燃（吊顶下烟气层温度超过600℃，火焰从开口或缝隙处喷出）出现在一个确定的区域内，即图1-9中阴影部分内。根据试验研究，得出了出现轰燃现象的极限燃烧速度的经验公式如下：

$$m_{极限}=500+33.3A_wH^{1/2} \tag{1-6}$$

试验中发现，如果燃烧速度小于80kg/s时，木垛火灾就不会出现轰燃，可见木垛火灾出现轰燃的燃烧速度是纸张出现轰燃燃烧速度的2倍。而且当通风参数$A_wH^{1/2}$值小于$0.8m^{5/2}$时，也不会出现轰燃。

2. 旺盛期火灾的燃烧速度

单位时间内室内等效可燃物燃烧的质量称为质量燃烧速度。燃烧速度大小决定了室内火灾释放热量的多少，直接影响室内火灾温度的变化。

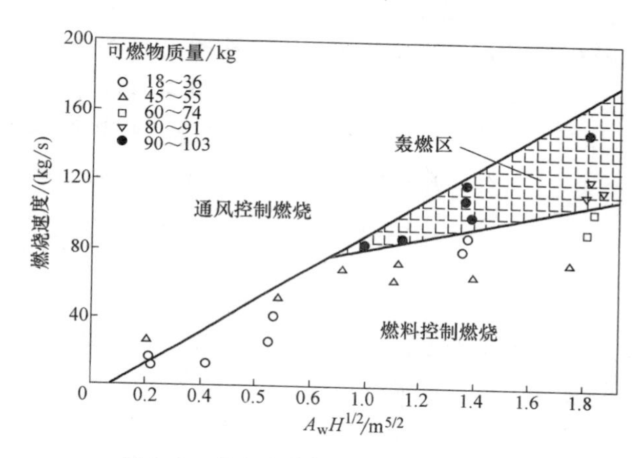

图1-9 室内火灾燃烧速度与通风系数

对于耐火建筑而言，室内的四周墙壁、楼板等是坚固的，发生火灾时一般不会烧穿，因此可以认为在火灾旺盛期，室内开口大小不变。大量试验研究表明，这类建筑的房间在火灾旺盛期有两种燃烧状况：一种是室内的开口大，使得室内燃烧速度与开口大小无关，而是由室内可燃物的表面积和燃烧特性决定的，即火灾是燃料控制型的。另一种是室内可燃物的燃烧速度由流入室内的空气流速控制，即火灾是受通风控制的。大多数建筑的室内房间，在一般开口条件下，火灾旺盛期的性状是受通风开口的空气流速控制的。这种情况下室内燃烧速度由下式计算：

$$R\approx 5.5A_wH^{1/2} \tag{1-7}$$

式中 A_w——通风开口的面积（m^2）；

H——通风开口的高度（m）；

R——燃烧速度（kg/min）。

该式经过许多实际房间和小比例房间的火灾试验所证实（图1-10），是国际公认的关系式，适用于耐火建筑中受通风控制的室内火灾。

3. 旺盛期火灾的持续时间与室内火灾温度

（1）火灾持续时间。火灾持续时间是指火灾区域从火灾形成到火灾衰减所持续的总时间。但是从建筑物耐火性能的角度来看，是指火灾区域轰燃后经历的时间。通过试验研究发现，火灾持续时间与火灾荷载密度成正比，可由下面经验公式计算：

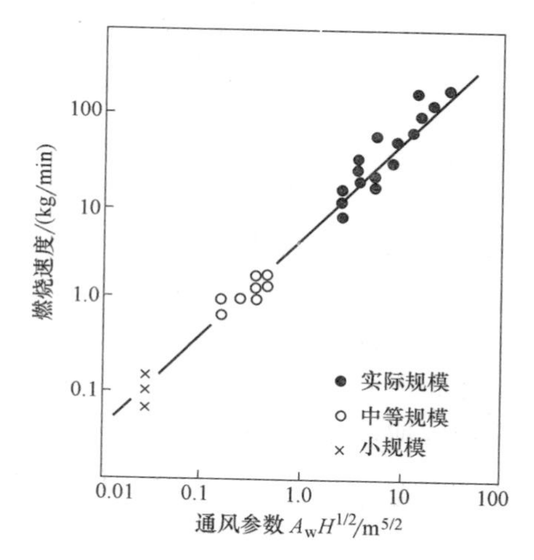

图1-10 通风参数与燃烧速度的关系

$$t=\frac{qA_{\mathrm{F}}}{5.5A_{\mathrm{w}}\sqrt{H}}=\frac{qA_{\mathrm{F}}}{5.5A_{\mathrm{w}}\sqrt{H}}\cdot\frac{1}{60}=\frac{1}{330}qF_{\mathrm{d}} \tag{1-8}$$

$$F_{\mathrm{d}}=\frac{A_{\mathrm{F}}}{A_{\mathrm{w}}\sqrt{H}} \tag{1-9}$$

式中 F_{d}——火灾持续时间参数，是决定火灾持续时间的基本参数；

A_{F}——火灾房间的地板面积（m^2）；

t——火灾持续时间（min）；

q——火灾荷载密度（kg/m^2）。

【例 1-2】 求例 1-1 中客房发生火灾的持续时间。设窗户尺寸：宽 2.1m，高 1.8m，门尺寸：宽 0.9m，高 2.1m。

解：已知 $q=20.3kg/m^2$；房间尺寸：长 5.1m，宽 4.2m，高 2.8m；窗户尺寸：宽 2.1m，高 1.8m；门尺寸：宽 0.9m，高 2.1m。

$$A_{\mathrm{F}}=5.1\times4.2m^2=21.42m^2$$

$$A_{\mathrm{w}}\sqrt{H}=\sum A_{\mathrm{w}i}\sqrt{H_i}=2.1\times1.8\times\sqrt{1.8}+0.9\times2.1\times\sqrt{2.1}=7.81$$

$$t=\frac{qA_{\mathrm{F}}}{5.5A_{\mathrm{w}}\sqrt{H}}=\frac{20.3\times21.42}{5.5\times7.81}\mathrm{min}=10.12\mathrm{min}$$

该客房的火灾持续时间为 10.12min。

（2）室内火灾温度。为了更加方便地估算所设计的建筑空间的火灾持续时间，下面介绍一种测算火灾温度的简便方法。

当求出火灾的持续时间后，可根据标准火灾升温曲线查出火灾温度，或者根据国际标准 ISO0834 所确定的标准火灾升温曲线公式计算出火灾温度。我国已经采用了国际标准 ISO0834 的标准火灾升温曲线公式。即：

$$T_t=345\lg(8t+1)+T_0 \tag{1-10}$$

式中 T_t——t 时刻的炉内温度（℃）；

T_0——炉内初始温度（℃）；

t——加热时间（min）。

在对建筑构件进行耐火试验时用式（1-10）控制试验炉炉温，加热构件。在此，使式（1-10）中的 T_0、t 分别表示火灾前室内温度、轰燃后火灾持续时间，则可以根据此式计算室内火灾温度 T_t。

图 1-11 所示是根据国际标准火灾升温曲线公式做出的火灾时间-温度曲线；表 1-12 所列是由式（1-10）计算出的标准火灾时间-温度曲线的温度值。

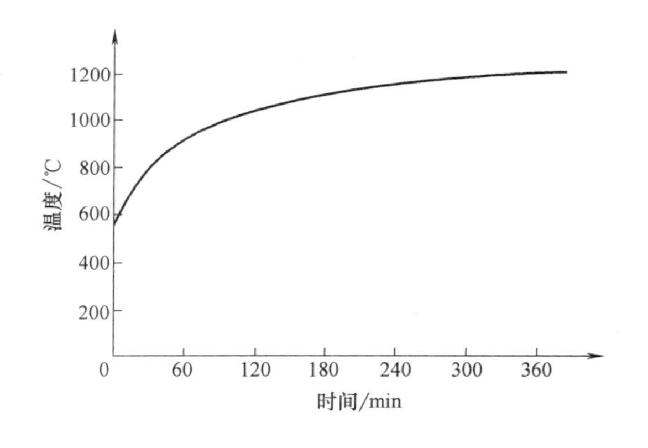

图 1-11 标准火灾时间-温度曲线图

表 1-12 标准火灾时间-温度曲线的温度值

时间/min	5	10	15	30	60	90	120	180	240	360
炉内温度/℃	556	659	718	821	925	986	1029	1090	1133	1193

【例 1-3】 试求【例 1-2】中的火灾温度，设 $T_0=20℃$。

解： 已知火灾持续时间为 10.12min，$T_0=20℃$。可得

$$T_t=345\lg(8\times10.12+1)℃+20℃=(345\lg81.96+20)℃=680℃$$

该房间火灾温度为 680℃。

4. 影响火灾严重性的因素

建筑火灾严重性是指在建筑中发生火灾的大小及危害程度。火灾严重性取决于火灾达到的最高温度和在最高温度下燃烧持续的时间，它表明了火灾对建筑结构或建筑造成损坏和对建筑中人员、财产造成危害的程度。

火灾严重性与建筑的可燃物或可燃材料的数量，材料的燃烧性能以及建筑的类型、构造等有关。影响火灾严重性的因素大致有以下 6 个方面：

(1) 可燃材料的燃烧性能。

(2) 可燃材料的数量（火灾荷载）。

(3) 可燃材料的分布。

(4) 房间开口的面积和形状。

(5) 着火房间的大小和形状。

(6) 着火房间的热性能。

前三个因素主要与建筑及容纳物品的可燃材料有关，而后三个因素主要涉及建筑的布局。影响建筑火灾严重性的各种因素是相互联系、相互影响的，如图 1-12 所示。从建筑结构的耐火性而言，减小火灾严重性就是要限制火灾发生、发展和蔓延成大火的因素，根据各种影响因素合理选用材料、布局、结构设计及构造措施，达到限制发生重大火灾的目的。

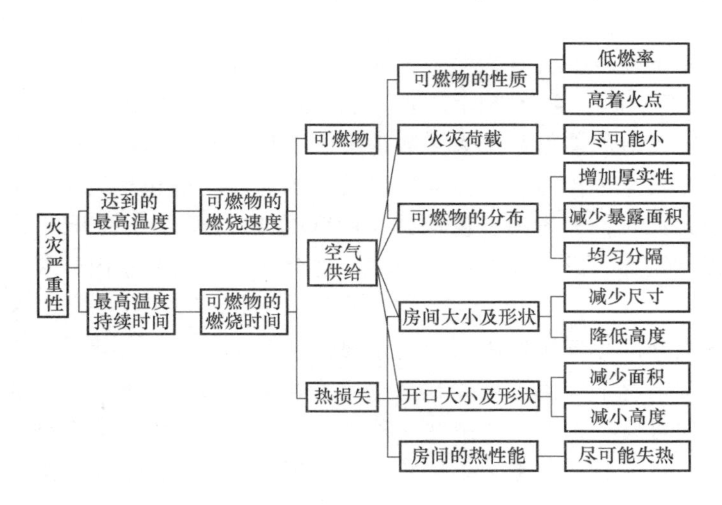

图 1-12　影响火灾严重性的因素

1.2.4.3　火灾熄灭期

在火灾旺盛期后程，随着室内可燃物的挥发物质不断减少，以及可燃物数量减少，火灾燃烧速度递减，温度逐渐下降。当室内平均温度降到温度最高值的 80% 时，则认为火灾进入熄灭期。随后，房间温度下降明显，直到把房间内的全部可燃物烧光，室内外温度趋于一致，宣告火灾结束。

该阶段前期，燃烧仍十分猛烈，火灾温度仍很高。针对该阶段的特点，应注意防止建筑构件因较长时间受高温作用和灭火射水的冷却作用而出现裂缝、下沉、倾斜或倒塌破坏，确保消防人员的人身安全，并应注意防止火灾向相邻建筑蔓延。

1.2.5 建筑火灾蔓延方式

1. 火焰蔓延

初始燃烧的表面火焰，在使可燃物燃烧的同时，将火灾蔓延开来。火焰蔓延速度主要取决于材料的燃烧性能和火焰传热的速度。

2. 热传导

火灾区域燃烧产生的热量，经导热性好的建筑构件或建筑设备传导，能够使火灾蔓延到相邻或上下层房间。例如，薄壁隔墙、楼板、金属管壁等，都可以把火灾区域的燃烧热传导至另一侧的表面，使地板上或靠着隔墙堆积的可燃、易燃物质燃烧，导致火灾扩大。火灾通过传导的方式进行蔓延扩大，有两个比较明显的特点：其一是必须具有导热性好的媒介，如金属构件、薄壁构件或金属设备等；其二是蔓延的距离较近，一般只能是相邻的建筑空间。可见，由热传导蔓延扩大火灾的范围是有限的。

3. 热对流

热对流是冷热流体之间发生相对移动所引起的热量传递过程。建筑物发生火灾时，火焰、高温烟气从外墙开口部位喷出后向上升腾，在建筑物周围形成强烈的热对流作用。建筑房间起火时，在建筑内燃烧产物则往往经过房门流向走道，窜到其他房间，并通过楼梯间向上层扩散。在火场上，浓烟流窜的方向，往往就是火势蔓延的方向。

4. 热辐射

物体在一定温度下以电磁波方式向外传递热能的过程称为热辐射。任何物体当其温度大于绝对零度（-273℃）时，它就能向空间发射出各种波长的电磁波。一般物体在通常所遇到的温度下，向空间发射的能量，绝大多数都集中于热辐射。热辐射可以在空气中传播，也可以不经任何媒介在真空中传播。物体向外界发出的辐射能是和其绝对温度的四次方成正比例的。建筑物发生火灾时，火场的温度高达1000℃左右，通过外墙开口部位向外发射很大的辐射热，对邻近建筑物构成火灾威胁。同时，也会加速火灾在室内的蔓延。

5. 飞火

飞火是因火场上升的热气流作用，特别是因强风作用，从起火建筑物飞离飘起的正在燃烧着的可燃物。通常情况下，由火场卷到高空后落到附近的飞火本身携带的能量很小，很难点燃邻近建筑物上的可燃物，但不能忽视这种飞火的危害。因为它毕竟是个点火源，尤其是在大火大风条件下，飞卷起来的常常是比较大的灰烬，飞落到别的建筑物上与可燃物接触，就可能产生新的着火点，使火灾蔓延扩大。在大风天气下，风速愈大，飞火飞落的距离愈远。据火灾实际观测，在风力的作用下，飞火飘落的距离可以达到几十米、几百米，甚至上千米。

1.2.6 建筑火灾蔓延途径

建筑物内某一房间发生火灾，当发展到轰燃之后，火势猛烈，就会突破该房间的限制向其他空间蔓延。

1. 火灾在水平方向的蔓延

（1）未设防火分区。对于主体为耐火结构的建筑来说，造成火灾在水平方向蔓延的主要原因之一是建筑物内未按标准设置水平防火分区，没有相应的防火分隔设施对火场进行有效分隔控制。图1-13所示为水平防火分区遭到破坏导致了火灾蔓延。

图1-13　防火分区被破坏

（2）分隔不完善。对于耐火建筑而言，火灾水平蔓延的另一途径是建筑物内部分隔处理不完善。如房间隔墙耐火能力不足，导致在火灾高温情况下被烧坏，失去隔火能力；内墙门为可燃的木质门或不燃的金属门但密封不好，火灾时失去隔火、隔热能力；普通防火卷帘无水幕保护，导致卷帘短时间内被烧坏失去隔火能力；横向管线穿孔处未用不燃材料做有效密封等。

（3）吊顶内部空间蔓延。装设吊顶的建筑，房间与房间、房间与走廊之间的分隔墙有时只做到吊顶底皮，而吊顶上部仍为连通空间，一旦起火，火灾极易在吊顶内快速蔓延。除无法快速发现火情外，火点、过火路线均无法快速判断，导致延误报警与灭火时机（图1-14）。

（4）装饰物蔓延。可燃构件与建筑装饰物在火灾时直接成为火灾荷载，如房间与走廊等处的地毯、地板等，有时壁纸、窗帘、帷幔等也会间接引导火势发展方向并使火灾进而通过其他途径继续蔓延，最终导致火灾的扩大。

图1-14　火灾在吊顶内部空间蔓延

2. 火灾在竖直方向的蔓延

在现代建筑物内，有大量的楼梯间、电梯、自动扶梯、通风竖井、管道井、电缆井、垃圾井等竖向井道的存在，这些“竖井”往往在竖直方向上贯穿整个建筑物，如果没有严格按照标准要求做好完善的防火防烟分隔，一旦火焰与高温烟气进入“竖井”，火灾就会在竖直方向上形成“烟囱效应”，并很快将火灾向上蔓延到整个建筑物上部，导致火灾进一步扩大。同时，建筑物内部在竖直方向上的各种管线穿孔、变形缝等也容易造成火灾在建筑物竖直方向上的蔓延（图1-15a）。

3. 火灾通过空调系统管道的蔓延

为了满足人们对空气质量的要求，建筑物中经常装设空气调节系统。如果空调系统未按标准设置防火阀门，未采用不燃材料风管，未采用不燃或难燃材料作保温材料，或系统管道穿越墙壁时未用不燃材料做有效密封，则四通八达纵横交错的空调系统管道极有可能造成火

a)

b)

图 1-15 火灾竖向蔓延

a）火灾在楼梯间蔓延 b）火灾通过空调系统管道蔓延

灾在建筑物内的大面积蔓延而无法控制（图 1-15b）。

4. 火灾通过外窗向上层蔓延

火灾过程中，从着火房间外墙窗口喷出的大量高温烟气和火焰，往往会沿着窗槛墙向上蔓延，烧坏上层窗户玻璃或引燃上层窗口可燃物，甚至直接通过上面楼层打开的窗户进入上面楼层（图 1-16）。

图 1-16 火灾通过外窗向上层蔓延

1.3 建筑火灾烟气及其控制

众多火灾案例表明，烟气是导致建筑火灾人员伤亡的最主要原因。了解火灾烟气的危害性，掌握火灾烟气的性质，懂得如何有效地控制火灾发生时烟气的流动，对保证人员安全疏散以及消防灭火救援行动的展开起着重要的作用。

1.3.1　火灾烟气的危害性

建筑火灾中的烟气是指由可燃物燃烧所生成的气体及浮游于其中的固态和液态微粒子组成的混合物。气体成分中包括气体燃烧产物，如 H_2O、CO_2、H_2、C_nH_m 等，以及未参加燃烧反应的气体，如 N_2、CO_2，未反应完的 O_2 等。建筑材料、家具、衣服、布匹、纸张等可燃物，火灾时受热分解，然后与空气中的氧气反应燃烧，产生各种生成物。如果完全燃烧，那么生成物较少，一般为二氧化碳、水、二氧化氮、五氧化磷或卤代氢等。如果是不完全燃烧，则除了上述生成物外，还可以产生一氧化碳、有机酸、烃类、多环芳香烃、焦油、炭屑等。

火灾时产生的烟气对建筑中人员的心理及生理都产生重大的影响，也就直接影响了人们在火灾中的逃生能力。大量火灾统计资料表明，火灾中有50%～70%的死亡人数是由于烟气直接导致的，也就是说烟气是导致建筑火灾人员伤亡的最主要原因。火灾烟气的危害性主要表现在以下方面。

1. 缺氧

在着火区域，由于燃烧消耗大量的氧气，同时烟气中充满了燃烧产生的二氧化碳、一氧化碳和其他气体燃烧产物，因此烟气中的含氧量大大低于人们生理上所需要的正常数值。较低的氧气含量（体积分数）妨碍了人们的呼吸，降低了人员逃生能力，并可能直接造成人体缺氧窒息死亡。缺氧对人体的影响见表1-13。

表1-13　缺氧对人体的影响

空气中氧的含量(体积分数,%)	症　状
21	空气中氧气的正常值
16～12	呼吸、脉搏增加,肌肉有规律的运动受到影响
12～10	神智错乱,呼吸紊乱,肌肉僵硬,疲劳加剧
10～6	呕吐,神志不清
6	呼吸停止,数分钟后死亡

2. 高温

在着火区域，火灾烟气具有较高的温度，通常可达500～800℃，在地下建筑火灾中烟气温度可高达1000℃以上。烟气热对人员的影响，体现在对人体呼吸系统及皮肤的直接作用。研究表明，当人体吸入大量热气时，会使血压急剧下降，毛细血管破坏，从而导致血液循环系统破坏；另一方面，在高温作用下，人会心跳加速，大量出汗，并因脱水而死亡。高温烟气对人体的影响情况见表1-14。

表1-14　高温烟气对人体的影响情况

烟气温度/℃	对人体的影响情况
65	可短时间忍受
120	15min即可产生不可恢复的损伤
170	1min即可产生不可恢复的损伤

3. 毒害性

火灾烟气中含有各种有毒有害气体、液滴和微尘，而且这些物质的含量有的已经远远超过人体正常生理所允许的最高浓度。

(1) 毒害性气体。火灾烟气中对人体造成危害的气体毒害性成分基本上可分为三类：窒息性或昏迷性成分、对感官或呼吸器官有刺激性成分、其他异常毒害性成分。表1-15所列为一些常见有机高分子材料燃烧所产生的有害气体。

表1-15 一些常见有机高分子材料燃烧所产生的有害气体

燃烧材料来源	气体产生种类
所有高分子材料	一氧化碳、二氧化碳
羊毛、皮革、聚氨酯、尼龙、氨基树脂等含氮高分子材料	氰化氢、一氧化氮、二氧化氮、氨
羊毛、硫化橡胶、含硫高分子材料等	二氧化硫、二硫化碳、硫化氢
聚氯乙烯、含卤素阻燃剂的高分子材料、聚四氟乙烯	硫化氢、氟化氢、溴化氢
聚烯类及许多其他高分子	烷、烯
聚氯乙烯、聚苯乙烯、聚酯等	苯
酚醛树脂	酚、醛
木材、纸张、天然原木纤维	丙烯醛
聚缩醛	甲醛
纤维素及纤维产品	甲酸、乙酸

表1-16列出了部分有害气体短期估计致死浓度。多种气体共同存在可能加强毒害性。但目前综合效应的数据十分缺乏，而且结论不够一致。

表1-16 部分有害气体短期估计致死浓度

热分解气体的来源	主要的生理作用	短期(10min)估计致死浓度/($\times10^{-6}$)
木材、纺织品、聚丙烯腈尼龙、聚氨酯以及纸张等物质燃烧时分解出不等量氰化氢，本身可燃，难以准确分析	氰化氢(HCN)：一种迅速致死、窒息性的毒物；在涉及装潢和织物的新近火灾中怀疑有此种毒物，但尚无确切的数据	350
纺织物燃烧时产生少量的硝化纤维素和赛璐珞(由硝化纤维素和樟脑制得，现在用量减少)，产生大量的氮氧化物	二氧化氮(NO_2)和其他氮的氧化物：肺的强刺激剂，能引起即刻死亡以及滞后性伤害	>200
木材、纺织品、尼龙以及三聚氰胺的燃烧产生；在一般的建筑中氨气的浓度通常不高；无机物燃烧产物	氨气(NH_3)：刺激性、难以忍受的气味，对眼、鼻有强烈的刺激作用	>1000
PVC电绝缘材料、其他含氯高分子材料及阻燃处理物	氯化氢(HCl)：呼吸道刺激剂，吸附于微粒上的HCl的潜在危险性较等量的HCl气体要大	>500，气体或微粒存在时
氟化树脂类或薄膜类以及某些含溴阻燃材料	其他含卤酸气体：呼吸刺激剂	HF约为400 COF_2约为100 HBr>50
硫化物，这类含硫物质在火灾条件下的氧化物	二氧化硫(SO_2)：一种强刺激剂，在远低于致死浓度下即难以忍受	>500
异氰酸脲的聚合物，在实验室小规模实验中已报道有像甲苯-2,4-二异氰酸酯(TDI)类的分解产物，在实际的火灾中的情况尚无定论	异氰酸酯类：呼吸道刺激剂，是以异氰酸酯为基础的聚氨酯燃烧烟气中的主要刺激剂	约为100
聚烯烃和纤维素低温热解(400℃)而得，在实际火灾中的重要性尚无定论	丙醛：潜在的呼吸刺激剂	30~100

火灾中的各产物及其浓度因燃烧材料、建筑空间特性和火灾规模等不同而有所区别，各种组分的生成量及其分布比较复杂，不同组成对人体的毒性影响也有较大差异，在分析预测中很难精确予以定量描述。因此，工程应用中通常采用一种有效的简化处理方法来度量烟气中燃烧产物对人体的危害浓度，即若烟气的光学密度不大于0.1m^{-1}或能见度大于等于10m，则可认为各种有害燃烧产物的浓度在30min内不会达到人体的耐受极限，此时通常以CO的浓度为主要的定量判定指标。

一氧化碳被人吸入后和血液中的血红蛋白结合成为一氧化碳血红蛋白。当一氧化碳和血液中50%以上的血红蛋白结合时，便能造成脑和中枢神经严重缺氧，继而失去知觉，甚至死亡。即使吸入量在致死量以下，也会因缺氧而头痛无力及呕吐等，导致不能及时逃离火场而死亡。人体暴露在一氧化碳含量为2000×10^{-6}的环境下约2h，则将失去知觉进而死亡；若含量高达3000×10^{-6}时，约30min即致死，详见表1-17。

表1-17　一氧化碳对人体的影响

CO含量（体积分数，10^{-4}%）	暴露时间	危害效应
100（0.01%）	8h内	尚无感觉
400～500（0.05%）	1h内	尚无感觉
600～700（0.07%）	1h内	感觉头痛、恶心、呼吸不畅
1000～2000（0.2%）	2h内	意识蒙眬、呼吸困难、昏迷、逾2h即死亡
3000～5000（0.5%）	20～30min内	即死亡
10000（1%）	1min内	即死亡

注：浓度用体积分数表示。

另外，随着二氧化碳浓度及暴露时间的增加，也会对人体造成严重影响。二氧化碳对人体的影响见表1-18。

表1-18　二氧化碳对人体的影响

CO_2含量（体积分数，%）	暴露时间	危害效应
17～30	1min内	丧失控制与活动力、无意识、抽搐、昏迷、死亡
10～15	1min至数分钟	头昏、困倦、严重肌肉痉挛
7～10	1.5～60min	无意识、头痛、心跳加速、呼吸短促、头昏眼花、冒冷汗、呼吸加快
6	1～2min	心悸、视力模糊
	16min	头痛、呼吸困难
	数小时	颤抖
4～5	数分钟内	头痛、头昏眼花、血压升高、呼吸困难
3	1h	轻微头痛、冒汗、静态呼吸困难
2	数小时	头痛、轻微活动下呼吸困难

（2）腐蚀性液滴。火灾烟气中经常产生腐蚀性液滴，如硫、磷的氧化物以及卤化物等，与水蒸气结合成腐蚀性液滴对人的眼睛和皮肤造成灼伤，导致火场中人员无法快速逃生。

（3）微尘。烟气中有很多颗粒直径小于10μm的微尘，它们肉眼看不到，但能长期漂浮在大气中。特别是粒径小于5μm的飘尘，在火灾情况下进入人体肺部并黏附积聚在肺泡壁上，引起呼吸困难和增大心脏病死亡率，对人造成直接危害。

4. 遮光性

由于烟气中的固体和液体颗粒对光有着散射和吸收作用，使得只有一部分光能透过烟气，造成火场能见度大大降低，这就是烟气的遮光性。由于烟气的减光作用，火灾烟气导致人们辨认目标的能力大大降低，并使事故照明和疏散标志的作用减弱。

5. 恐怖性

发生火灾时，特别是轰燃出现以后，火焰和烟气冲出门窗孔洞，浓烟滚滚，烈火熊熊，使人感到十分恐怖。因此在火场上人们往往惊慌失措，乱作一团，影响了人们的迅速疏散，其危害也是相当大的。

1.3.2 建筑火灾烟气的性质

1. 建筑火灾烟气的浓度

火灾中的烟气浓度，一般有质量浓度、粒子浓度和光学浓度三种表示法。

（1）质量浓度。单位容积的烟气中所含烟粒子的质量，称为烟的质量浓度 μ_s（mg/m³）。即：

$$\mu_s = m_s / V_s \tag{1-11}$$

式中 m_s——容积 V_s 的烟气中所含烟粒子的质量（mg）；

V_s——烟气容积（m³）。

（2）粒子浓度。单位容积的烟气中所含烟粒子的数目，称为烟粒子浓度 n_s。即：

$$n_s = N_s / V_s \tag{1-12}$$

式中 N_s——容积 V_s 的烟气中所含的烟粒子个数。

（3）光学浓度。当可见光通过烟层时，烟粒子使光线的强度减弱。光线减弱的程度与烟的浓度存在一定的函数关系。烟的光学浓度通常用减光系数 C_s 来表示。

设由光源射入测量空间的光束强度为 I_0，该光束由测量空间 L 射出后的强度为 I，则比值 I/I_0 称为该空间的透射率。若该空间没有烟气，则射入和射出的光强度几乎不变，即透射率等于1。光束通过的距离越长，光束强度衰减的程度越大。根据 Lambert-Beer 定律，有烟情况下的光强度 I 可表示为：

$$I = I_0 \exp(-C_s L) \tag{1-13}$$

式中 C_s——烟气的减光系数（m^{-1}），它表征烟气减光能力，其大小与烟气浓度、烟气颗粒的直径及分布有关；

I_0——光源的光束强度（cd）；

I——光源穿过一定距离以后的光束强度（cd）；

L——光束穿过的距离（m）。

式（1-13）整理可得：

$$C_s = \frac{1}{L} \ln \frac{I_0}{I} \tag{1-14}$$

从式（1-14）可见，当 C_s 值越大时，亦即烟的浓度越大时，光线强度 I 就越小；L 值越大时，亦即距离越远时，I 值就越小。这一点与人们的火场体验是一致的。

2. 建筑材料的发烟量与发烟速度

建筑材料在不同温度下，单位质量所产生的烟量是不同的。表 1-19 所列为各种材料产生的烟量。从表中可以看出，高分子有机材料高温下能产生大量的烟气。

表 1-19 各种材料产生的烟量

（单位：m^3/g）

材料名称	300℃	400℃	500℃	材料名称	300℃	400℃	500℃
松	4.0	1.8	0.4	锯木屑板	2.8	2.0	0.4
杉木	3.6	2.1	0.4	玻璃纤维增强塑料	—	6.2	4.1
普通胶合板	4.0	1.0	0.4	聚氯乙烯	—	4.0	10.4
难燃胶合板	3.4	2.0	0.6	聚苯乙烯	—	12.6	10.0
硬质纤维板	1.4	2.1	0.6	聚氨酯	—	14.6	4.0

发烟速度是指单位时间、单位质量可燃物的发烟量。表1-20给出了部分材料的发烟速度。由该表可见，木材类在加热温度超过350℃时，发烟速度一般随温度的升高而降低，而高分子有机材料则恰好相反。同时还可看出，高分子材料的发烟速度比木材要大得多。

表 1-20 部分材料的发烟速度

［单位：$m^3/(s \cdot g)$］

材料名称	加热温度/℃											
	225	230	235	260	280	290	300	350	400	450	500	550
针枞	—	—	—	—	—	—	0.72	0.80	0.71	0.38	0.17	0.17
杉	—	0.17	—	0.25	—	0.28	0.61	0.72	0.71	0.53	0.13	0.31
普通胶合板	0.03	—	—	0.19	0.25	0.26	0.93	1.08	1.10	1.07	0.31	0.24
难燃胶合板	0.01	—	0.09	0.11	0.13	0.20	0.56	0.61	0.58	0.59	0.20	0.20
硬质板	—	—	—	—	—	—	0.76	1.22	1.19	0.19	0.26	0.27
微片板	—	—	—	—	—	—	0.63	0.76	0.85	0.19	0.15	0.12
苯乙烯泡沫板 A	—	—	—	—	—	—	—	1.58	2.68	5.92	6.90	8.96
苯乙烯泡沫板 B	—	—	—	—	—	—	—	1.24	2.36	3.56	5.34	4.46
聚氨酯	—	—	—	—	—	—	—	—	5.00	11.5	15.0	16.5
玻璃纤维增强塑料	—	—	—	—	—	—	—	—	0.50	1.00	3.00	0.50
聚氯乙烯	—	—	—	—	—	—	—	—	0.10	4.50	7.50	9.70
聚苯乙烯	—	—	—	—	—	—	—	—	1.00	4.95	—	2.97

在现代建筑中，高分子材料大量用于家具用品、建筑装修、管道及其保温、电缆绝缘等方面，其一旦发生火灾，高分子材料不仅燃烧迅速，加快火势扩展蔓延，还会产生大量有毒的浓烟，其危害远远超过一般可燃材料。

3. 能见距离

火灾烟气导致人们辨认目标的能力大大降低，并使事故照明和疏散指示标志的作用减弱。因此，人们在疏散时往往看不清周围的环境，甚至辨认不清疏散方向，找不到安全出口，影响人员安全疏散。研究表明，当能见距离降到3m以下时，逃离火场就十分困难了。

研究表明，烟的减光系数 C_s 与能见距离 D 之积为常数 K，其数值因观察目标的不同而不同。例如，疏散通道上的反光标志、疏散门等，$K=2\sim4$；对发光型标志、指示灯等，$K=5\sim10$。

反光型标志及门的能见距离用公式表示：

$$D=(2\sim4)/C_s \tag{1-15}$$

发光型标志及白天窗口的能见距离

$$D=(5\sim10)/C_s \tag{1-16}$$

有关室内装饰材料等反光型、发光型材料的能见距离和不同功率电光源的能见距离分别列于表1-21和表1-22中。

表1-21 反光型饰面材料的能见距离 D （单位：m）

反光系数	室内饰面材料名称	烟的减光系数 C_s/m^{-1}					
		0.2	0.3	0.4	0.5	0.6	0.7
0.1	红色木地板、黑色大理石	10.40	6.93	5.20	4.16	3.47	2.97
0.2	灰砖、菱苦土地面、铸铁、钢板地面	13.87	9.24	6.93	5.55	4.62	3.96
0.3	红砖、塑料贴面板、混凝土地面、红色大理石	15.98	10.59	7.95	6.36	5.30	4.54
0.4	水泥砂浆抹面	17.33	11.55	8.67	6.93	5.78	4.95
0.5	有窗未挂帘的白墙、木板、胶合板、灰白色大理石	18.45	12.30	9.22	7.23	6.15	5.27
0.6	白色大理石	19.36	12.90	9.68	7.74	6.45	5.53
0.7	白墙、白色水磨石、白色调和漆、白水泥	20.13	13.42	10.06	8.05	6.93	5.75
0.8	浅色瓷砖、白色乳胶漆	20.80	13.86	10.40	8.32	6.93	5.94

表1-22 发光型标志的能见距离 D （单位：m）

光照度 /(lm/m²)	电光源类型	功率 /W	烟的减光系数 C_s/m^{-1}				
			0.5	0.7	1.0	1.3	1.5
2400	荧光灯	40	16.95	12.11	8.48	6.52	5.65
2000	白炽灯	150	16.59	11.85	8.29	6.38	5.53
1500	荧光灯	30	16.01	11.44	8.01	6.16	5.34
1250	白炽灯	100	15.65	11.18	7.82	6.02	5.22
1000	白炽灯	80	15.21	10.86	7.60	5.85	5.07
600	白炽灯	60	14.18	10.13	7.09	5.45	4.73
350	白炽灯、荧光灯	40.8	13.13	9.36	6.55	5.04	4.37
222	白炽灯	25	12.17	8.70	6.09	4.68	4.06

4. 允许极限浓度

为了使处于火场中的人们能够看清疏散楼梯间的门和疏散标志，保障疏散安全，疏散时的能见距离不得小于某一最小值，这个最小允许能见距离称为疏散极限视距，一般用D_{min}表示。

对于不同用途的建筑，其内部的人员对建筑物的熟悉程度也不同，因此要求的疏散极限视距也不同。例如，住宅楼、教学楼、办公楼、生产车间等建筑，其内部人员对建筑物的疏散路线、安全出口等很熟悉；而像商场、旅馆等建筑中的绝大多数人员是非固定的，对建筑物的疏散路线、安全出口等不熟悉。因此，对于不熟悉建筑物的人，其疏散极限视距应规定得大些，$D_{min}=30m$；对于熟悉建筑物的人，其疏散极限视距可规定得小一些，$D_{min}=5m$。据此，可以确定不同情况下的极限减光系数C_{smax}，见表1-23。

表 1-23 极限减光系数 C_{smax} （单位：m^{-1}）

光源标志形式	对建筑物熟悉者	对建筑物不熟悉者
发光型标志、指示灯或窗	1～2	0.17～0.33
反光型标志、指示灯或门	0.4～0.8	0.07～0.13

1.3.3 建筑火灾烟气的控制

烟气控制目的是：为疏散人员提供安全环境；控制和减少烟气从火灾区域向周围相邻空间的蔓延；为火灾扑救人员提供安全保证；保护生命和降低财产损失；帮助火灾后烟气的及时排除。烟气控制的方法包括合理划分防烟分区和选择合适的防排烟方式。

1. 合理划分防烟分区

防烟分区是指在建筑内部采用挡烟设施分隔而成，能在一定时间内防止火灾烟气向同一建筑的其余部分蔓延的局部空间。其作用是在一定时间内防止烟气任意扩散并加以排除，从而利于人员的安全疏散，控制火势蔓延和减少火灾损失。

划分防烟分区的目的：一是在火灾初期阶段将烟气控制在一定范围内，以便有组织地将烟气排出室外，使人员避难空间的烟气层高度和烟气浓度处在安全允许值之内；二是提高排烟口的排烟效果。防烟分区一般应结合建筑内部的功能分区和排烟系统的设计要求进行划分，不设排烟设施的部位（包括地下室）可不划分防烟分区。

高层建筑多用垂直排烟道（竖井）排烟，一般是在每个防烟分区设一个排烟竖井。从实际排烟效果来看，防烟分区面积划分得小一些，防排烟效果也会好一些，安全性也会提高。然而，防烟分区过小，使排烟竖井数量增多，占用较大的有效空间，提高造价，这在某些高层建筑中往往不易实现。防烟分区面积过大，使得高温烟气波及的范围加大，会使火灾受灾面积增加，不利于安全疏散和扑救行动。

2. 合理选择防排烟方式

简单地说，防排烟系统可分为排烟系统和防烟系统。排烟系统是指采用机械排烟方式或自然通风方式，将烟气排至建筑物外，控制建筑内的有烟区域保持一定能见度的系统。排烟设施可分为机械排烟设施和可开启外窗的自然排烟设施。防烟系统是指采用机械加压送风方式或自然防烟设施，防止烟气进入疏散通道的系统。防烟设施可分为机械加压送风的防烟设施和可开启外窗的自然防烟设施。各种建筑物采用的防排烟方式大体上有以下几种：

（1）室内自然排烟方式。自然排烟方式是利用火灾时产生的热烟气流的浮力和外部风力作用，通过建筑物的对外开口把烟气送至室外的排烟方式，这种排烟方式实质上是热烟气与室外冷空气的对流作用。其动力是因火灾时产生的热量使室内温度升高所造成的热压以及室外空气流动产生的风压。在自然排烟设计中，必须有冷空气的进口和热烟气的排烟口。排烟口可以是建筑物的外窗，也可以是专门设置在侧墙上部或屋顶上的排烟口。

自然排烟的优点是构造简单、经济，不需要专门的排烟设备及动力设施；运行维修费用低；排烟口可以兼作平时通风换气使用。对于顶棚高大的房间（中庭），若在顶棚上开设排烟口，自然排烟效果好。缺点是排烟效果受室外气温、风向、风速的影响，特别是排烟口设置在上风向时，不仅排烟效果大大降低，还可能出现烟气倒灌现象，并使烟气扩散蔓延到未着火的区域。这种排烟方式适合于房间、走道、前室和楼梯间等。

（2）竖井排烟方式。即在高层建筑的适中位置，设置专用的排烟竖井，并在各层设置自动或手动控制的排烟口，依靠火灾时室内产生的热压和室外气流的风压，形成“烟囱效应”，进行自然排烟。这种排烟方式的优点是不用耗费能源，设备简单。缺点是竖井占据空间较大。这种防排烟方式在高层建筑的楼梯间及前室被采用。

（3）机械排烟、自然补风方式。在空间的上部安装吸烟口，利用排烟风机机械排烟，同时利用吸烟口对面的自然进风口或门窗洞口的开口缝隙进行自然补风，这种方式适合于大型建筑空间的烟气控制。

（4）机械排烟与下部加压并用方式。在空间的上部安装吸烟口，利用排烟风机机械排烟，在空间的下部安装进风口，利用送风机机械送风加压，将烟气排除。这种方式多适用于性质重要、对防排烟设计较为严格的高层建筑或大型建筑空间的烟气控制。

（5）机械加压送风方式。机械加压送风方式是通过送风机所产生的气体流动和压力差来控制烟气的流动，即在建筑物发生火灾时，对着火区以外的有关区域进行送风加压，使其保持一定正压值，以防止烟气侵入的防烟方式。这种方式广泛地应用于建筑疏散楼梯间及前室。

（6）密闭防烟方式。即利用房间的密闭性，使着火房间因缺乏氧气而达到灭火的目的。这种防烟方式一般适用于面积较小，且其墙体、楼板耐火性能好、密闭性好的房间，发生火灾时，人员可以快速疏散完毕，并能立即用防火门将着火房间封闭起来，如住宅、旅馆、集体宿舍等。

（7）不燃化防烟方式。即在建筑设计中，尽可能地采用不燃化的室内装修材料、家具、各种管道及其保温绝热材料，特别是对综合性大型建筑、特殊功能建筑、无窗建筑、地下建筑以及使用明火场所（如厨房等）。不燃化材料不燃烧、不碳化、不发烟，这种方式是从根本上解决防烟问题的方法。在不燃化设计的建筑内，即使发生火警，因其材料不燃，产生烟气量大大减少，烟气浓度大大降低。

上述几种防排烟方式各有优缺点。鉴于我国经济实力与消防设备现状及管理水平，宜优先采用自然排烟方式。而对那些性质重要、功能复杂的高层建筑、超高层建筑及无条件自然排烟的其他建筑，应采用机械加压防烟的方式或机械排烟方式。应该指出的是，防烟与排烟是烟气控制的两个方面，是一个有机的整体，在建筑防火设施中，综合应用防排烟方式比采用单一方式效果更佳。

1.4 建筑设计防火措施及设计审核

1.4.1 建筑设计防火措施

GB 50016—2014《建筑设计防火规范》规定了建筑设计防火应采用的技术措施，概括起来有以下四个方面：①建筑防火；②消防给水、灭火系统；③采暖、通风和空调系统，防排烟系统；④电气防火、火灾自动报警控制系统。

1. 建筑防火

（1）总平面防火。它要求在总平面设计中，应根据建筑物的使用性质、火灾危险性、地形、地势和风向等因素，进行合理布局，尽量避免建筑物相互之间构成火灾威胁和发生火灾爆炸后可能造成的严重后果，并且为消防车顺利扑救火灾提供条件。

（2）建筑物耐火等级。划分建筑物耐火等级是《建筑设计防火规范》中规定的防火技术中最基本的措施。它要求建筑物在火灾高温的持续作用下，墙、柱、梁、楼板、屋盖、吊顶等基本建筑构件，能在一定的时间内不被破坏，不传播火灾，从而起到延缓和阻止火灾蔓延的作用，并为人员疏散、抢救物资和扑灭火灾以及火灾后结构修复创造条件。

（3）防火分区和防火分隔。在建筑物中采用耐火性较好的分隔构件将建筑物空间分隔成若干区域，一旦某一区域起火，则会把火灾控制在这一局部区域之中，防止火灾扩大蔓延。

（4）防烟分区。对于某些建筑物，需用挡烟构件（挡烟梁、挡烟垂壁、隔墙）划分防烟分区将烟气控制在一定范围内，以便用排烟设施将其排出，保证人员安全疏散和便于消防扑救工作顺利进行。

（5）室内装修防火。在防火设计中，应根据建筑物性质、规模，对建筑物的不同装修部位，采用相应燃烧性能的装修材料。要求室内装修材料尽量做到不燃或难燃化，减少火灾的发生和降低蔓延速度。

（6）安全疏散。建筑物发生火灾时，为避免建筑物内人员由于火烧、烟熏中毒和房屋倒塌而遭到伤害，必须尽快撤离；室内的物资财富也要尽快抢救出来，以减少经济损失。为此，要求建筑物应有完善的安全疏散设施，为安全疏散创造良好的条件。

（7）工业建筑防爆。在一些工业建筑中，使用和产生的可燃气体、可燃蒸气、可燃粉尘等物质能够与空气形成爆炸危险性的混合物，遇到火源就能引起爆炸。这种爆炸能够在瞬间以机械功的形式释放出巨大的能量，使建筑物、生产设备遭到损坏，造成人员伤亡。对于上述有爆炸危险的工业建筑，为了防止爆炸事故的发生，减少爆炸事故造成的损失，要从建筑平面与空间布置、建筑构造和建筑设施方面采取防火防爆措施。

2. 消防给水、灭火系统

其设计的主要内容包括：室外消防给水系统、室内消火栓给水系统、自动喷水灭火系统、雨淋喷水灭火系统、水幕系统、水喷雾消防系统、二氧化碳灭火系统、卤代烷灭火系统等。要求根据建筑的性质、具体情况，合理设置上述各种系统，做好各个系统的设计计算，合理选用系统的设备、配件等。

3. 采暖、通风和空调系统，防排烟系统

采暖、通风和空调系统防火设计应按规范要求选好设备的类型，布置好各种设备和配件，做好防火构造处理等。在设计防排烟系统时要根据建筑物性质、使用功能、规模等确定好设置范围，合理采用防排烟方式，划分防烟分区，做好系统设计计算，合理选用设备类型等。

4. 电气防火、火灾自动报警控制系统

根据建筑物的性质，合理确定消防供电级别，做好消防电源、配电线路、设备的防火设计，做好火灾事故照明、疏散指示标志设计和火灾报警控制系统的设计。此外，对建筑物还要设计安全可靠的防雷和接地装置。

1.4.2 建筑防火设计审核的内容和依据

1. 建筑防火设计审核的内容

建筑防火设计审核的主要内容见表1-24。

表1-24 建筑防火设计审核的主要内容

类别	审核项目
总平面布置	建(构)筑物所在地区的规划、地势、方位、周围环境和间距,建筑物的长度、宽度、面积以及易燃、可燃物资堆放地点和数量等是否符合防火规范要求,消防水源和道路能否保证灭火需要
建筑结构	建筑物的耐火等级和层数是否与生产类别或民用建筑使用性质及规模相适应;易燃、易爆厂房是否采取了相应的防爆措施;明火和高温作业地点及工业、民用烟囱与房屋可燃结构之间是否采取了防火措施;采暖、通风、空调、保温是否符合防火规范要求
防火分隔	根据建筑面积和使用性质的要求,大面积的建筑物以及容易起火的部位与其他部位之间是否采用了防火分隔设施,其燃烧性能和耐火极限是否符合要求
安全疏散	建筑物安全出口的数目,安全疏散距离,门、疏散走道和楼梯的宽度及楼梯间的类型,门的开启方向,以及消防电梯等,能否适应疏散人员、物资的要求
消防设施	根据不同保卫对象的需要,是否相应设有消防电源、火灾事故照明、火灾自动报警装置和自动喷水、水幕、雨淋喷水、水喷雾、泡沫、二氧化碳、卤代烷、蒸汽等固定灭火装置;室内外消防管道、消火栓的形式、数量、位置、口径、水压、流量是否满足灭火需要;消防水池的设置、容量和补水时间是否合乎要求

2. 建筑防火设计审核的依据

建筑防火设计审核的依据是消防法律法规和消防技术标准。

(1) 消防法律法规。

1)《中华人民共和国消防法》(以下称《消防法》)是公安消防机构按照国家工程建设消防技术标准对新建、改建、扩建、建筑内部装修和用途变更的建筑工程,从设计、施工到竣工实施消防设计审核和消防验收的监督。它不仅明确、具体、全面规定了从各级政府到各个单位,每个公民的消防安全责任、义务和权利,而且明确规定了对违反消防安全法规行为的多种形式的行政处分、行政处罚乃至刑事处罚的标准,加大了处罚力度,这是防止和减少建筑火灾的重要措施。

《消防法》规定,国务院公安部门规定的大型的人员密集场所和其他特殊建设工程,建设单位应当将消防设计文件报送公安机关消防机构审核。公安机关消防机构依法对审核的结果负责。《消防法》规定,依法应当经公安机关消防机构进行消防设计审核的建设工程,未经依法审核或者审核不合格的,负责审批该工程施工许可的部门不得给予施工许可,建设单位、施工单位不得施工。

2)《建设工程消防监督管理规定》对消防设计审核和消防验收、消防设计和竣工验收的备案抽查、执法监督、法律责任等做出了明确的规定,在此不再赘述。

(2) 消防技术规范。随着我国经济建设的高速发展,消防技术规范不断充实、完善和发展。我国经过几十年的总结,借鉴国外的经验,已建立了比较完善的工程建设消防技术规范体系。工程建设消防技术规范主要有GB 50720—2011《建设工程施工现场消防安全技术规范》、GB 50016—2014《建筑设计防火规范》、GB 50222—2017《建筑内部装修设计防火规范（2001年版)》、GB 50140—2005《建筑灭火器配置设计规范》、GB 50444—2008《建筑灭火器配置验收及检查规范》、GB 50116—2013《火灾自动报警系统设计规范》、GB 50166—2007《火灾自动报警系统施工及验收规范》、GB 50084—2017《自动喷水灭火系统设计规范》、GB 50261—2017《自动喷水灭火系统施工及验收规范》、GB 50370—2005《气体灭火系统设计规范》、GB 50263—2007《气体灭火系统施工及验收规范》、GB 50151—2010《泡沫灭火系统设计规范》、GB 50098—2009《人民防空工程设计防火规范》等。

1.5　建筑防火设计基本概念

1.5.1　建筑高度与层数

1. 建筑高度的计算

(1) 屋面为坡屋面时，建筑高度应为建筑室外设计地面到其檐口与屋脊的平均高度(图1-17)。

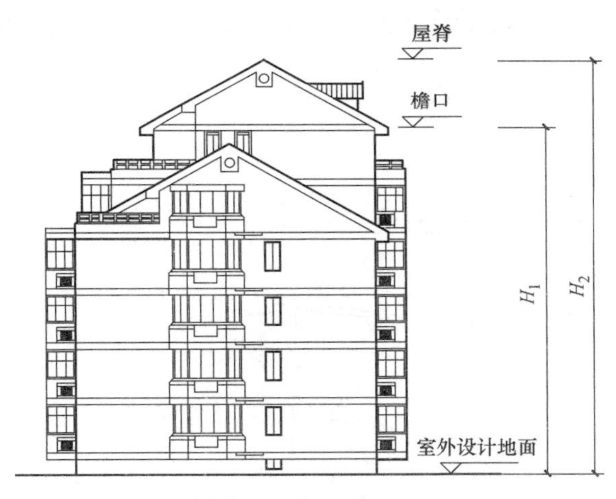

图1-17　建筑高度示意图一

(2) 屋面为平屋面（包括有女儿墙的平屋面）时，建筑高度应为建筑室外设计地面到其屋面面层的高度（图1-18)。

(3) 同一座建筑有多种屋面形式时，建筑高度应按上述方法分别计算后取其中最大值(图1-19)。

(4) 对于阶梯式地坪，当位于不同高程地坪上的同一建筑之间有防火墙分隔，各自有符合规范规定的安全出口，且可沿建筑的两个长边设置贯通式或尽头式消防车道时，可分别计算建筑高度。否则，应按其中建筑高度最大者确定（图1-20)。

(5) 局部突出屋顶的瞭望塔、冷却塔、水箱间、微波天线间或设施、电梯机房、排风和排烟机房以及楼梯出口小间等辅助用房占屋面面积不大于 1/4 者，可不计入建筑高度（图 1-21）。

（6）对于住宅建筑，设置在底部且室内高度不大于 2.2m 的自行车库、储藏室、敞开空间，室内外高差或建筑的地下室或半地下室的顶板面高出室外设计地面的高度不大于 1.5m 的部分，可不计入建筑高度。

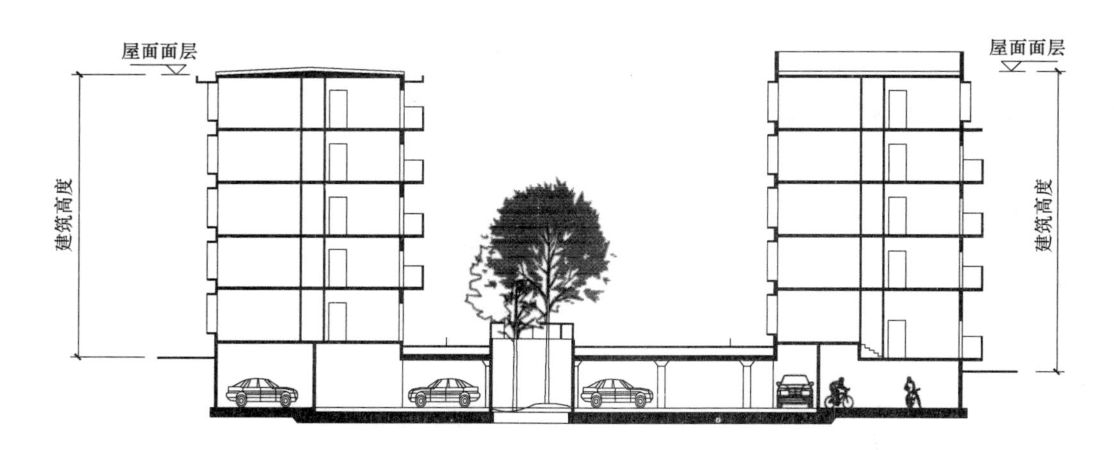

图 1-18　建筑高度示意图二

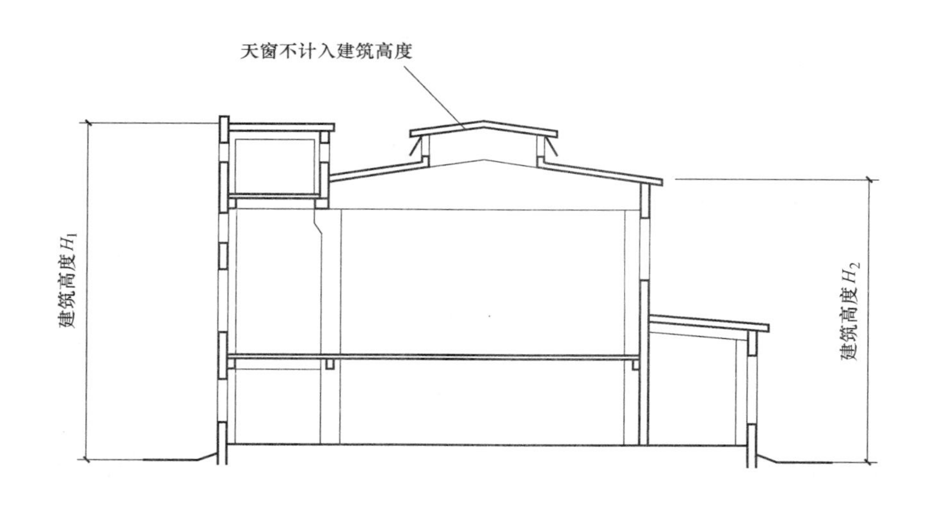

图 1-19　建筑高度示意图三

注：建筑高度取 H_1 和 H_2 的大值。

2. 建筑层数的计算

（1）室内顶板面高出室外设计地面的高度不大于 1.5m 的地下或半地下室，可不计入建筑层数内。

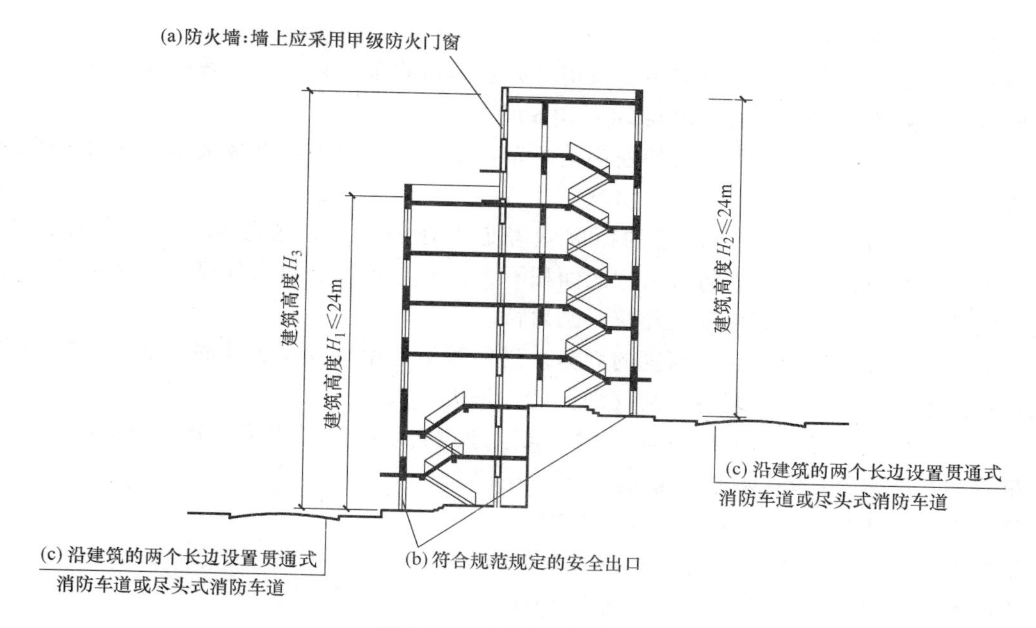

图1-20　建筑高度示意图四

注：同时具备（a）、（b）、（c）三个条件时可按 H_1、H_2 分别计算建筑高度；否则应按 H_3 计算建筑高度。

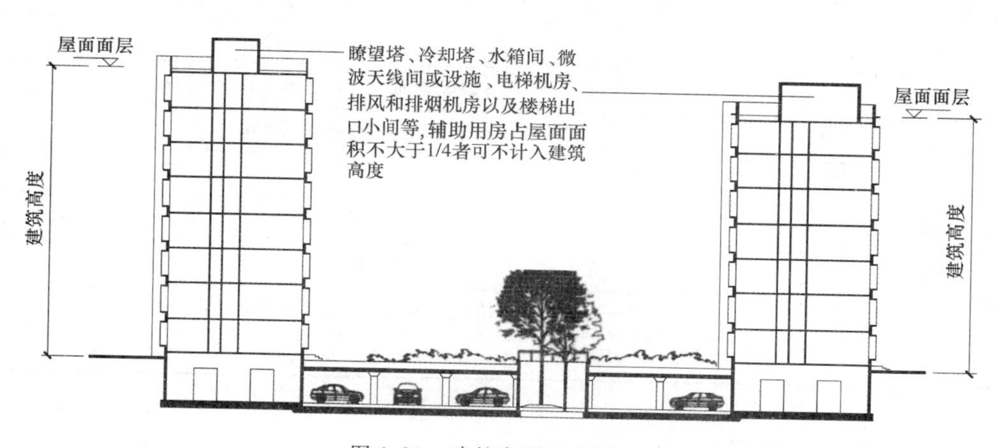

图1-21　建筑高度示意图五

（2）设置在建筑底部且室内高度不大于2.2m的自行车库、储藏室、敞开空间，可不计入建筑层数内。

（3）建筑屋顶上突出的局部设备用房、出屋面的楼梯间等，可不计入建筑层数内。

3. 地下室、半地下室

半地下室是指房间地面低于室外设计地面的平均高度大于该房间平均净高1/3，且不大于1/2者。地下室是指房间地面低于室外设计地面的平均高度大于该房间平均净高1/2者。

1.5.2　高层建筑

根据我国经济条件与消防装备等现实状况，规定建筑高度大于27m的住宅建筑和建筑高度大于24m的非单层厂房、仓库和其他民用建筑为高层建筑。我国高层建筑起始高度的划分考虑的主要因素：

(1) 登高消防器材。我国目前不少城市尚无登高消防车，只有部分城市配备有登高消防车，目前引进的登高消防器材多数在24~30m间。

(2) 消防车供水能力。大多数的通用消防车在最不利情况下，直接吸水扑救火灾的最大高度约为24m左右。

(3) 住宅建筑规定为27m以上的原因除考虑上述因素外，还考虑它在高层建筑中占40%~50%；此外，高层住宅的防火分区面积不大，并有较好的防火分隔，对高层住宅火灾有较好的控制作用，故与其他高层建筑区别对待。

(4) 参考国外高层建筑起始高度的划分。高层建筑起始高度，各国的标准不相同，主要是根据经济条件和消防技术装备等情况划分的，见表1-25。

为了便于国际技术交流，1972年，国际高层建筑会议将高层建筑划分为四类：

第一类高层建筑：9~16层（最高到50m）。

第二类高层建筑：17~25层（最高到75m）。

第三类高层建筑：26~40层（最高到100m）。

第四类高层建筑：40层以上（高度在100m以上）。

表1-25 各国高层建筑起始高度

国别	起始高度
中国	住宅：>27m；其他建筑：>24m
德国	>22m（至底层室内地面板）
法国	住宅：>50m；其他建筑：>28m
日本	31m（11层）
比利时	25m（至室外地面）
英国	24.3m
前苏联	住宅：10层及10层以上；其他建筑：7层
美国	22~25m或7层以上

1.5.3 工业与民用建筑分类

民用建筑应根据其建筑高度、功能、火灾危险性、疏散和扑救易程度等进行分类，民用建筑根据其建筑高度和层数可分为单、多层民用建筑和高层民用建筑。高层民用建筑根据其建筑高度、使用功能和楼层的建筑面积可分为一类和二类，并应符合表1-26的规定。

表1-26 民用建筑分类

名称	高层民用建筑		单层或多层民用建筑
	一类	二类	
住宅建筑	建筑高度大于54m的住宅建筑（包括设置商业服务网点的住宅建筑）	建筑高度大于27m，但不大于54m的住宅建筑（包括设置商业服务网点的住宅建筑）	建筑高度不大于27m的住宅建筑（包括设置商业服务网点的住宅建筑）

（续）

名称	高层民用建筑		单层或多层民用建筑
	一　类	二　类	
公共建筑	1. 建筑高度大于50m的公共建筑 2. 建筑高度24m以上部分任一楼层建筑面积大于1000m² 的商店、展览、电信、邮政、财贸金融建筑和其他多种功能组成的建筑 3. 医疗建筑、重要公共建筑、独立建造的老年人照料设施 4. 省级及以上的广播电视和防灾指挥调度建筑、网局级和省级电力调度 5. 藏书超过100万册的图书馆、书库	除一类高层公共建筑外的其他高层公共建筑	1. 建筑高度大于24m的单层公共建筑 2. 建筑高度不大于24m的其他公共建筑

在进行建筑分类时应注意以下两点：

（1）表中未列入的建筑，其类别应根据本表类比确定。宿舍、公寓等非住宅类居住建筑的防火设计，除《建筑设计防火规范》另有规定外，应符合该规范有关公共建筑的要求。

（2）除《建筑设计防火规范》另有规定外，裙房的防火要求应符合该规范有关高层民用建筑的规定。

工业厂房可分为单层、多层和高层厂房。单层工业厂房，包括建筑高度超过24m的单层厂房；建筑高度等于或小于24m、二层及二层以上的厂房为多层厂房；建筑高度大于24m、二层及二层以上的厂房为高层厂房。仓库可以分为单层仓库、多层仓库和高层仓库，其划分高度可参照工业厂房。此外，货架高度大于7m且采用机械化操作或自动化控制的货架仓库，称作高架仓库。

1.5.4 车库的分类

汽车库是指停放由内燃机驱动且无轨道的客车、货车、工程车等汽车的建筑。修车库是指保养修理上述汽车的建筑物。停车场是指停放上述汽车的露天场地和构筑物。

汽车库按照高度一般可划分为：地下汽车库、半地下汽车库、单层汽车库、多层汽车库、高层汽车库。地下汽车库是指室内地坪面低于室外地坪面，高度超过该层车库净高一半的汽车库。高层汽车库是指建筑高度超过24m的汽车库或设在高层建筑内地面以上楼层的汽车库。

按照停车方式的机械化程度可分为：机械式立体汽车库、复式汽车库、普通车道式汽车库。室内无车道且无人员停留的、采用机械设备进行垂直或水平移动等形式停放汽车的汽车库称为机械式立体汽车库。室内有车道、有人员停留的，同时采用机械设备传送，在一个建筑层里叠2~3层存放车辆的汽车库称为复式汽车库。机械式立体汽车库与复式汽车库都属于机械式汽车库。机械式汽车库是近年来新发展起来的一种利用机械设备提高单位面积停车数量的停车形式，主要分为两大类：一类是室内无车道且无人员停留的机械式立体汽车库，类似高架仓库，根据机械设备运转方式又可分为垂直循环式（汽车上、下移动）、电梯提升式（汽车上、下、左、右移动）、高架仓储式（汽车上、下、左、右、前、后移动）等；另一类是复式汽车库，机械设备只是类似于普通仓库的货架，根据机械设备的不同又可分为二层杠杆式、三层升降式、二/三层升降横移式等。

按照汽车坡道可分为楼层式汽车库、斜楼板式汽车库、错层式汽车库、交错式汽车库、采用垂直升降机疏散汽车的汽车库。按照组合形式可分为独立式汽车库、组合式汽车库。按照围封形式可分为敞开式汽车库、封闭式汽车库、有窗的汽车库、无窗的汽车库。

根据车库内停放汽车的数量，可将汽车库、修车库、停车场分为Ⅰ、Ⅱ、Ⅲ、Ⅳ类四个等级，见表1-27。当屋面露天停车场与下部汽车库共用汽车坡道时，其停车数量应计算在汽车库的总车辆数内。室外坡道、屋面露天停车场的建筑面积可不计入车库的建筑面积之内。公交汽车库的建筑面积可按本表的规定值增加2.0倍。

表1-27 车库的防火分类

名称		Ⅰ	Ⅱ	Ⅲ	Ⅳ
汽车库	停车数量(辆)	>300	151~300	51~150	≤50
	或总建筑面积/m^2	>10000	5001~10000	2001~5000	≤2000
修车库	车位数(个)	>15	6~15	3~5	≤2
	或总建筑面积/m^2	>3000	1001~3000	501~1000	≤500
停车场	停车数量(辆)	>400	251~400	101~250	≤100

1.5.5 其他相关术语

（1）裙房。在高层建筑主体投影范围外，与建筑主体相连且建筑高度不大于24m的附属建筑（图1-22）。

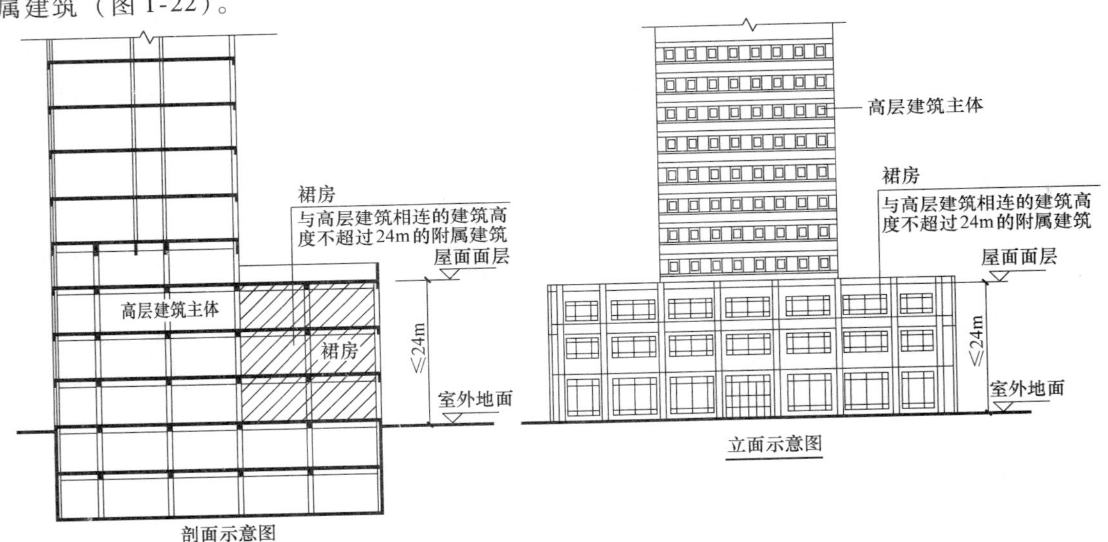

图1-22 裙房剖面和立面示意图

（2）重要公共建筑。发生火灾可能造成重大人员伤亡、财产损失和严重社会影响的公共建筑。

（3）商业服务网点。设置在住宅建筑的首层或首层及二层，每个分隔单元建筑面积不大于300m^2的商店、邮政所、储蓄所、理发店等小型营业性用房。

（4）特殊贵重的设备或物品。价格昂贵，稀缺设备、物品或影响生产全局或正常生活秩序的重要设施、设备。主要有：①价格昂贵、损失大的设备；②影响工厂或地区生产全局或影响城市生命线供给的关键设施，如热电厂、燃气供给站、水厂、发电厂、化工厂等的主控室，失火后影响大、损失大、修复时间长，也应认为是“特殊贵重”的设备；③特殊贵重物品，如货币、金银、邮票、重要文物、资料、档案库以及价值较高的其他物品。

第2章　常用建筑防火材料和防火涂料

2.1　建筑材料的高温性能

建筑物是由各种建筑材料建造起来的。建筑材料在建筑物中有的用做结构材料，承受各种荷载的作用；有的用做室内装修材料，美化室内环境，给人们创造一个良好的生活或工作环境；有的用作功能材料，满足保温、隔热、防火等方面的使用要求。研究建筑材料在火灾高温下的性能时，要根据材料的种类、使用目的和作用等具体确定应侧重研究的内容，以达到在建筑防火设计中科学合理地选用建筑材料，减少火灾损失的目的。

在建筑防火方面，判断建筑材料的高温性能的好坏主要考虑以下6个方面：

（1）燃烧性能。燃烧性能是指材料和（或）制品遇火燃烧时所发生的一切物理和（或）化学变化，也就是对火反应特性。材料对火反应特性反映了火灾初始阶段（即火势轰燃前的阶段）的情况，包括材料的可燃性，即不燃性、难燃性、易燃性等；火焰传播性；燃烧速度；发热量；燃烧方式等。

（2）物理力学性能。物理力学性能是指在火灾高温下或是高温后，材料的力学性能（强度、弹性模量等）随着温度的升高而变化的规律。当达到一定温度时，结构会发生破坏，也就是说丧失了承载力，构件失稳或爆裂穿孔等。因此，建筑材料尤其是结构材料在火灾高温下保持良好的力学性能有利于建筑物的防火和灭火。

（3）导热性能。导热性能好的不燃烧材料，往往耐火防火性能较差，这取决于材料的导热系数（热导率）和热容量。

（4）隔热性能。在隔热方面，材料的导热系数和热容量是两个最为重要的影响因素。另外，同一类材料由于具有不同的变形特征而对隔热性能产生不同的影响。这些特征包括膨胀、收缩、变形、裂缝、熔化、熔融、粉化等，对隔热性能有直接影响。

（5）发烟性能。材料燃烧时会产生大量的烟，一方面它会使人窒息丧生，另一方面因为烟会产生视线遮蔽及刺激效应，在火灾发生时，弥漫的烟雾可能会使人员无法正确找到逃生途径，并激发心理恐慌，影响消防员救助。在火灾中，烟往往比温度更具有危害。在许多火灾中，大量死难者并非被烧死，而是由于烟气窒息造成死亡，必须重视材料的发烟性能。

（6）毒性性能。在烟气生成的同时，材料燃烧或热解中还会产生一定的毒性气体，如果这些有毒物质随烟气扩散，将会产生更加严重的危害。据统计，建筑火灾中人员死亡80%为烟气中毒而死，因此不可忽视材料的潜在毒性的研究。

研究建筑材料在火灾高温下的性能时，要根据材料的种类、使用目的和作用等具体情况确定应侧重研究的内容。如对于砖、石、混凝土、钢材等材料，由于它们属于无机材料，具有不燃性，因此重点应在于其高温下的力学性能及隔热性能。而对于纤维类材料和木材等，由于其为有机材料，具有可燃性，且在建筑中主要用做装修和装饰材料，所以应侧重研究其燃烧性能、发烟性能及潜在的毒性性能。

2.1.1 钢材

建筑钢材可分为钢结构用钢材和钢筋混凝土结构用钢筋两类。它是在严格的技术控制下生产的材料，具有强度大、塑性和韧性好、制成的钢结构重量轻等优点。钢材属于不燃烧材料，可是在火灾条件下，裸露的钢结构会在十几分钟内倒塌破坏。

1. 强度

钢材的强度是随温度的升高而逐渐下降的。图2-1给出了钢材强度随温度变化的试验曲线。图中纵坐标为γ，代表热作用下的强度与常温强度之比，横坐标为温度值。由图可知，当温度小于175℃时，受热钢材强度略有升高，随后，强度伴随温度的升高急剧地下降；当温度为500℃时，受热钢材强度仅为其常温强度的30%；而当温度达到750℃时，可认为钢材强度已全部丧失。

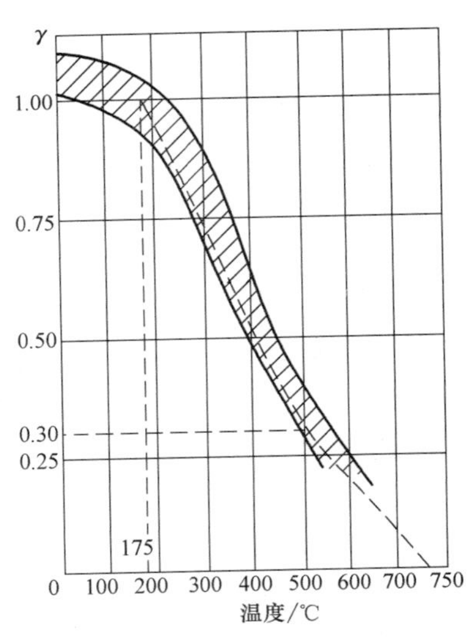

图2-1 钢材强度随温度变化的试验曲线

普通低合金钢是在普通碳素钢中加入一定量的合金元素冶炼成的。这种钢材在高温下的强度变化与普通碳素钢基本相同，在200～300℃的温度范围内极限强度增加，当温度超过300℃后，强度逐渐降低。

冷加工钢筋是普通钢筋经过冷拉、冷拔、冷轧等加工强化过程得到的钢材，其内部晶格构架发生畸变，强度增加而塑性降低。这种钢材在高温下，内部晶格的畸变随着温度升高而逐渐恢复正常，冷加工所提高的强度也逐渐减少和消失，塑性得到一定恢复。因此，在相同的温度下，冷加工钢筋强度降低值比未加工钢筋大很多。当温度达到300℃时，冷加工钢筋强度约为常温时的1/3；400℃时强度急剧下降，约为常温时的1/2；500℃左右时，其屈服强度接近甚至小于未冷加工钢筋在相应温度下的强度。

高强钢丝用于预应力混凝土结构。它属于硬钢，没有明显的屈服极限。在高温下，高强钢丝抗拉强度的降低比其他钢筋更快。当温度在150℃以内时，强度不降低；温度达350℃时，强度降低约为常温时的1/2；400℃时强度约为常温时的1/3；500℃时强度不足常温的1/5。

预应力混凝土构件由于所用的冷加工钢筋和高强钢丝在火灾高温下强度下降明显大于普通低碳钢筋和低合金钢筋，因此耐火性能远低于非预应力钢筋混凝土构件。

2. 弹性模量

钢材的弹性模量随着温度升高而连续下降。在0～1000℃温度范围内，钢材弹性模量的变化可用下述方程描述。

热弹性模量 E_s^T 与普通弹性模量 E_s 的比值方程为

$$\begin{cases}\dfrac{E_s^T}{E_s}=1.0+\dfrac{T}{2000\ln\left(\dfrac{T}{1100}\right)} & 0<T\leqslant 600\\[2ex] \dfrac{E_s^T}{E_s}=\dfrac{960-0.69T}{T-53.5} & 600<T<1000\end{cases}$$

3. 热膨胀系数

钢材在高温作用下产生膨胀，如图2-2所示。当温度在0℃ ≤ T ≤ 600℃时，钢材的热膨胀系数与温度成正比。钢材的热膨胀系数 α_s 可采用如下常数：

$$\alpha_s = 1.4\times10^{-5}\text{m/(m·℃)}$$

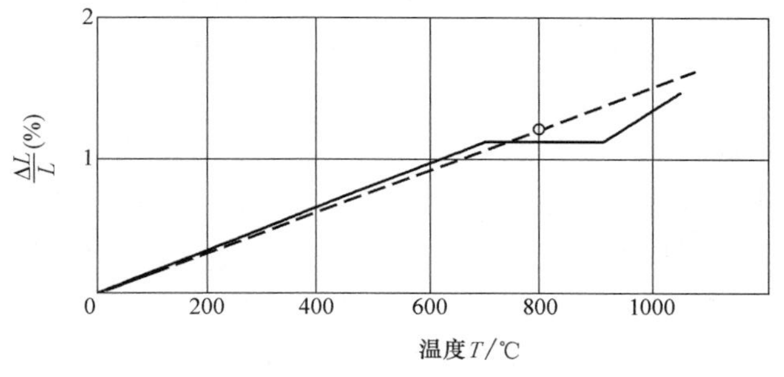

图2-2　钢材的热膨胀

2.1.2　混凝土

混凝土是由水泥、水和集料（如卵石、碎石、砂子）等原材料经搅拌后入模浇筑，经养护硬化后形成的人工石材。混凝土热容量大，导热系数小，火灾下升温慢，是一种耐火性能良好的材料。

1. 表观特征

一般温度 $T<200$℃前，肉眼难见水蒸气从混凝土中逸出。但当 T 升至300℃时开始可见，随后便明显增多，至700℃时又不可见。

经高温后混凝土的表观特征见表2-1。

表2-1　经高温后混凝土的表观特征

温度/℃	颜　色	裂　缝	缺　损	疏　松
100	同常温	无	无	不
300	微泛白	细而少	基本无	不
500	灰白	细而多	掉皮少，尚无缺角	不明显
700	暗红	明显可见且多	掉皮缺角有但少	较明显
900	红	宽且多	掉皮缺角较为严重	非常严重，冷却后用手即可碾碎

2. 强度

（1）抗压强度。高温混凝土立方体抗压强度的试件尺寸多为100mm×100mm×100mm。不同温度下，其受压强度呈现复杂的变化规律，见表2-2。

表2-2　不同温度下混凝土受压强度与常温强度的比值

温度/℃	高温受压强度与常温强度的比值（f_{cu}^T/f_{cu}）	温度/℃	高温受压强度与常温强度的比值（f_{cu}^T/f_{cu}）
100	0.88～0.94	600	0.60
200～300	0.95～1.08	700	0.40
400	0.95	800	0.20
500	0.75～0.85	1000	0

（2）抗拉强度。抗拉强度是混凝土在正常使用阶段计算的重要力学指标之一。它的特征值高低直接影响构件的开裂、变形和钢筋锈蚀等性能。而在钢筋混凝土构件防火设计中，抗拉强度更为重要。这是因为构件过早地开裂会将钢筋直接暴露在火中，使得钢筋强度降低，从而影响构件的承载力，并可能导致构件出现比较大的变形。高温混凝土抗拉强度多通过100mm×100mm×100mm立方体劈裂试验获得。它与其常温抗拉强度比值$f_t(T)/f_t$随温度T增加近似成直线下降：$\frac{f_t(T)}{f_t}=1-\frac{T}{1000}$。图2-3给出了混凝土抗拉强度随温度上升而下降的实测曲线。图中纵坐标为高温抗拉强度与常温抗拉强度的比值，横坐标为温度值。试验结果表明，混凝土抗拉强度在50～600℃之间的下降规律基本上可用一条直线表示，当温度达到600℃时，混凝土的抗拉强度为0。与抗压强度相比，抗拉强度对温度的敏感度更高。

3. 弹性模量

弹性模量是结构计算的一个重要的力学指标。它在火灾高温作用下同样会随温度的上升而迅速地降低。图2-4所示是实测结果，纵坐标为热弹性模量与常温下的弹性模量之比；横坐标为温度值。试验结果表明，在0～50℃的温度范围内，混凝土的弹性模量基本没有下降，50～200℃之间，混凝土弹性模量下降最为明显。200～400℃之间下降速度减缓，而400～600℃时变化幅度已经很小，可这时的弹性模量也基本上接近0。

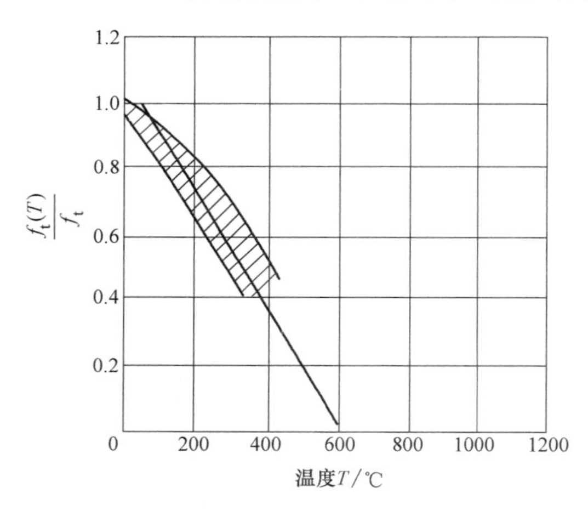

图2-3 混凝土抗拉强度随温度变化的实测曲线

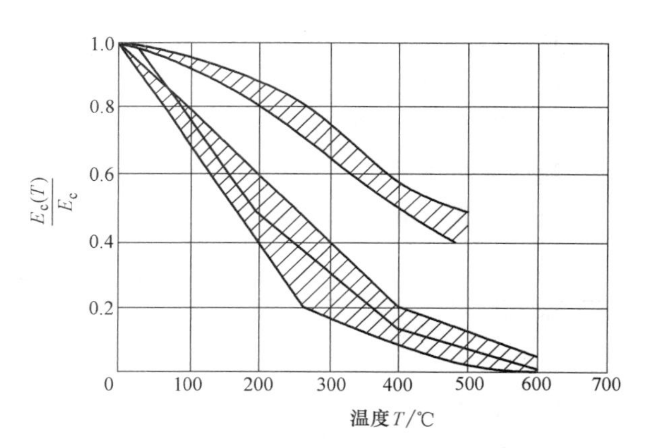

图2-4 混凝土的弹性模量随温度变化的实测结果

4. 混凝土爆裂

爆裂是钢筋混凝土构件和预应力混凝土构件在火灾中的常见现象。在火灾初期，混凝土构件受热表面层发生的块状爆炸性脱落现象，称为混凝土的爆裂。它在很大程度上决定着钢筋混凝土结构的耐火性能，尤其是预应力钢筋混凝土结构。混凝土的爆裂会导致构件丧失原有的力学强度；或使钢筋暴露在火中；或使构件出现穿透裂缝或空洞，失去隔火作用，并最终使结构丧失整体稳定性或失去承载能力而倒塌破坏。

影响爆裂的因素主要有混凝土的含水率、密实性，集料的性质，加热的速度，构件所受的压应力及约束条件等，其中构件所受的压应力和混凝土的含水率影响最大。从理论上讲，爆裂可认为是内力的释放。这个内力由两部分组成，一是外部施加的荷载应力，二是混凝土内部所含水分在温度作用下产生的热应力。当构件受热时，混凝土中的水泥砂浆最初会发生膨胀，而后会有一段体积缩小的过程，然后又膨胀；而混凝土中的集料却一直随温度升高而膨胀。这种不协调的膨胀和收缩会在混凝土中产生内应力，并和外荷载一起作用，导致混凝土出现应力集中和裂缝，最终产生爆裂现象。

根据耐火试验发现，以下情况容易发生爆裂：耐火试验初期、急剧加热、混凝土含水率大、预应力混凝土构件、周边约束的钢筋混凝土板、厚度小的构件、梁和柱的棱角处以及工字形梁的腹板部位等。

5. 钢筋混凝土的高温性能

钢筋混凝土的黏结力，主要是由混凝土凝结时将钢筋紧紧握裹而产生的摩擦力、钢筋表面凹凸不平而产生的机械咬合力及钢筋与混凝土接触表面的相互胶结力所组成。

当钢筋混凝土受到高温作用时，钢筋与混凝土的粘结力要随着温度的升高而降低。黏结力与钢筋表面的粗糙程度有很大关系。试验表明，光面钢筋在100℃时，粘结力降低约25%；200℃时，降低约45%；250℃时，降低约60%；而在450℃时，粘结力几乎完全消失。但非光面钢筋在450℃时才降低约25%。其原因是，光面钢筋与混凝土之间的粘结力主要取决于摩擦力和胶结力。在高温作用下，混凝土中水分排出，出现干缩的微裂缝，混凝土抗拉强度急剧降低，二者的摩擦力与胶结力迅速降低。而非光面钢筋与混凝土的粘结力，主要取决于钢筋表面螺纹与混凝土之间的咬合力。在250℃以下时，由于混凝土抗压强度的增加，二者之间的咬合力降低较小；随着温度继续升高，混凝土出现裂缝，粘结力逐渐降低。试验表明，钢筋混凝土受火情况不同，耐火时间也不同。对于一面受火的钢筋混凝土板来说，随着温度的升高，钢筋由荷载引起的蠕变不断加大，350℃以上时更加明显。蠕变加大，使钢筋截面减小，构件中部挠度加大，受火面混凝土裂缝加宽，使受力主筋直接受火作用，承载能力降低。同时，混凝土在300～400℃时强度下降，最终导致钢筋混凝土完全失去承载能力而破坏。

2.1.3 玻璃

玻璃是以石英砂、纯碱、长石和石灰石等为原料，在1550～1600℃高温下烧至熔融，再经急冷而得的一种无定型硅酸盐物质。

1. 普通平板玻璃

这种玻璃大量用于建筑的门窗，其虽属于不燃材料，但耐火性能很差，在火灾高温作用下由于表面的温差会很快破碎。门、窗上的玻璃在火灾条件下大多在250℃左右，由于其变形受到门、窗框的限制而自行破裂。

2. 防火玻璃

目前，国内外生产的建筑用防火玻璃品种很多，按其结构主要可分为单片防火玻璃（DFB）和复合防火玻璃（FFB）。

（1）单片防火玻璃。单片防火玻璃是由单层玻璃构成，并满足相应耐火性能要求的特种玻璃，其中又可分为夹丝玻璃、耐热玻璃和微晶玻璃三类。

1）夹丝玻璃。将金属丝轧制在平板玻璃中间或表层上，形成透明的夹丝玻璃，外观上除了中间有金属丝外，与普通平板玻璃基本相同。夹丝玻璃在遇火几分钟后即爆裂，30min后开始熔化，但由于有金属丝连接，因此不会脱落。这类防火玻璃的最大缺点是隔热性能差，遇火十几分钟后背火面温度即可高达400～500℃。

2）耐热玻璃。普通的钠钙玻璃的膨胀系数较大，这是造成其受到高温时容易爆裂的原因。耐热玻璃的主要成分是硼硅酸盐和铝硅酸盐，软化点较高而膨胀系数较小，因此有较好的耐热稳定性。缺点是制造工艺复杂，价格昂贵，并且本身并不隔热。

3）微晶玻璃。在玻璃的化学组成中加入 Li_2O、TiO_2、ZrO_2 等晶核剂，玻璃熔化成形后再进行热处理，使微晶体析出并均匀生长，可以制得像陶瓷一样的含有多晶体的玻璃，称之为微晶玻璃，亦称为玻璃陶瓷。微晶玻璃具有良好的物理力学性能，力学强度高，软化温度高，热膨胀系数小，在高温时投入冷水中也不会破裂，因此是一种较安全可靠的防火材料。

（2）复合防火玻璃。复合防火玻璃是由两层或两层以上玻璃复合而成或由一层玻璃和有机材料复合而成，并满足相应耐火性能要求的特种玻璃。这类防火玻璃有两种形式，即多层黏合型和灌浆型。

1）多层黏合型防火玻璃。这种玻璃是将多层普通平板玻璃用无机胶凝材料黏结复合在一起，在一定条件下烘干形成的。此类防火玻璃的优点是强度高，遇火时无机胶凝材料发泡膨胀，起到阻火隔热的作用。

2）灌浆型防火玻璃。灌浆型防火玻璃由我国首创。它是在两层或多层平板玻璃之间灌入有机防火浆料或无机防火浆料后，然后使防火浆料固化制成的。该产品防火、防水性能好，还有较好的隔声性能。

防火玻璃作为墙体材料时，应符合 GB 15763.1—2009《建筑用安全玻璃　第1部分：防火玻璃》的规定。建筑用防火玻璃按其耐火性能分为两类：隔热型防火玻璃（A类）和非隔热型防火玻璃（C类），前者是指耐火性能能同时满足耐火完整性、耐火隔热性要求的防火玻璃，后者是指耐火性能仅满足耐火完整性要求的防火玻璃。

防火玻璃按耐火极限可分为五个等级：0.50h、1.00h、1.50h、2.00h、3.00h。

2.1.4 石材

石材是一种耐火性较好的材料。石材在温度超过500℃以后，强度显著降低，含石英质的岩石还发生爆裂。出现这种情况的原因是热膨胀和热分解。

1. 热膨胀

石材在火灾高温作用下，沿厚度方向存在较大的温度梯度，迎火面温度高，膨胀大；内部温度低，膨胀小。由此而引起的内应力，轻则使石材强度降低，严重时则会使石材破裂。

石材中的石英晶体，在573℃和870℃还发生晶体转变，体积增大，造成强度急剧下降，并出现爆裂现象。

2. 热分解

含碳酸盐的石材，在高温下会发生分解反应，分解出 CaO。在扑救火灾时，如果将水射到加热的石材上，表面受到急剧冷却，或者 CaO 再消解成 $Ca(OH)_2$，都会加剧石材的破坏。

2.1.5 烧结普通砖

烧结普通砖是由黏土制成砖坯，经过干燥，然后入窑烧至900~1000℃而成的。烧结普通砖经过高温煅烧，不含结晶水等水分，因而再次受到高温时性能保持平稳，耐火性良好。由耐火试验得出，240mm非承重砖墙可耐火8h，承重砖墙可耐火5.5h。

对于烧结普通砖砌体按照标准火灾升温曲线升温进行耐火试验，观测到：当温度较低时烧结普通砖砌体颜色基本保持不变，无裂缝产生；继续升温，砌体灰缝即砖内水分析出；当温度 $T \geqslant 500℃$ 时，砌体颜色开始转为暗红，然后渐变为深红，800℃以前颜色稳定，此时无可见裂缝；当 $T \geqslant 800℃$ 后，砌体颜色逐渐转淡，砌体表面出现裂缝，并随温度升高而加剧，砌体整体出现鼓胀、表面剥落现象；当 T 达到 1100℃以上时，砌体逐渐出现倒塌。而烧结普通砖砌体的抗压强度和抗拉强度在 $T = 800℃$ 前基本上没有降低。

2.1.6　石膏

建筑石膏凝结硬化后的主要成分是二水石膏（$CaSO_4 \cdot 2H_2O$），其在高温时发生脱水，要吸收大量的热，延缓了石膏制品的破坏，因此隔热性能良好。但是二水石膏在受热脱水时会产生收缩变形，因而石膏制品容易开裂，失去隔火作用。此外，石膏制品在遇到水时也容易发生破坏。

1. 装饰石膏板

这种板材以建筑石膏为主要原料，掺加适量纤维增强材料和外加剂，与水一起搅拌成均匀的料浆，经浇注成型、干燥而成为不带护面纸的装修板材。它质量轻，安装方便，具有较好的防火、隔热、吸声和装饰性，属于不燃板材，大量用于宾馆、住宅、办公楼、商店、车站等建筑的室内墙面和顶棚装修。

2. 纸面石膏板

纸面石膏板是以建筑石膏为主要原料，掺入纤维和外加剂构成芯材，并与护面纸牢固地结合在一起的建筑板材，属于一种难燃板材。按耐火特性可分为普通纸面石膏板和耐火纸面石膏板两种。耐火纸面石膏板在高温明火下烧烤时，具有较长时间保持不断裂的性能，这种遇火稳定性是区别于普通纸面石膏板的重要技术指标。

纸面石膏板质量轻，强度高，易于加工装修，具有耐火、隔热和抗震的特点，常用于室内非承重墙和吊顶。

2.1.7　木材

木材具有质量轻、强度大、导热系数小、容易加工、装饰性好、取材广泛等优点，是最重要的建筑材料之一，也是家具、装饰、包装的重要原料。木材的显著缺点是容易燃烧，在火灾高温下的性能主要表现为燃烧性能和发烟性能。

木材是天然的高分子化合物，受热温度超过 100℃以后发生热分解，分解的产物有可燃气体和不燃气体；在温度达到 260℃左右时，热分解进行得很剧烈，如遇明火便会被引燃。因此，在防火方面，将 260℃作为木材起火的危险温度。在温度达到 400～460℃时，即使没有火源，木材也会发生自燃。

木材的燃烧可分为有焰燃烧和无焰燃烧两个阶段。有焰燃烧是木材所产生的可燃气体着火燃烧，形成可见的火焰，特点是燃烧速度快、火焰温度高、燃烧时间短、火势发展迅速，因而是火势蔓延的主要原因。无焰燃烧是木材热分解完后形成的木炭（木材的固体部分）的燃烧（其产物是灰），特点是燃烧速度较慢、燃烧温度较低、燃烧时间较长，它助长火焰燃烧的持久性，会导致火势持久。在可燃气体燃烧时，由于氧气不能及时扩散到木材表面形成的炭层去，因此炭层不燃烧。直到有焰燃烧临近结束时，氧气扩散到炭层表面上，炭才开始发生无焰燃烧。这两种形式的燃烧共同存在一段时间后，可燃气体燃烧完全，仅剩下炭的无焰燃烧。木材燃烧时的最高温度可达 1150～1200℃。

实验表明，木材的平均燃烧速度一般为 0.6mm/min 左右，因此在火灾条件下，截面尺寸大的木构件，在短时间内仍可保持所需的承载力。另外，木材的热导率远远低于钢铁等金属材料，木材燃烧时表面形成的炭化层的热导率比木材本身还要低，因此，大断面的木结构往往比钢结构耐火时间更长。

对木材及其制品的防火保护有浸渍、添加阻燃剂和涂覆三种方法。经过防火保护处理的木材及其制品，其燃烧性能等级可从可燃材料提高到难燃材料。

1. 浸渍

浸渍按工艺可分为常压浸渍、热浸渍和加压浸渍三种。常压浸渍是在常压室温状态下将木材浸渍在黏度较低的含有阻燃剂的溶液中。这种方法由于浸入的阻燃剂不多，阻燃效果受到限制，但其方法简单，适用于阻燃效果要求不高，木材密度不大的薄板材。热浸渍是在常压下将木材放入热的阻燃剂溶液中浸渍，直至溶液冷却。加压浸渍是将木材浸在容器内的阻燃剂溶液中，对容器内加压一段时间，将阻燃剂压入木材细胞中。该法适用于阻燃要求高的木材。

2. 添加阻燃剂

在生产纤维板、胶合板、刨花板、木屑板的过程中，可添加适量的阻燃剂，如果预先经浸渍处理，则阻燃效果更加好。阻燃胶合板就是采用这种方法制造的，适用于有阻燃要求的公共和民用建筑内部吊顶和墙面装修，也可制成阻燃家具。

3. 涂覆

在木材表面涂刷一层具有一定防火作用的防火涂料，造成保护性的阻火膜。可用于宾馆、饭店、影剧院等民用建筑室内木结构的防火保护和装饰。

2.2 建筑材料及制品燃烧性能分级及试验方法

2.2.1 建筑材料及制品燃烧性能分级

1. 分级依据

我国建筑材料及制品的燃烧性能分级是按照 GB 8624—2012《建筑材料及制品燃烧性能分级》执行的。该标准参考了欧盟 EN 13501-1：2007《建筑制品和构件的火灾分级　第一部分：用对火反应试验数据的分级》标准分级体系。欧盟标准分级分 A1、A2、B、C、D、E、F 七个等级，在 GB 8624—2012 中，我国建筑材料及制品燃烧性能的基本分级为 A、B_1、B_2、B_3，见表 2-3，同时还明确了该分级与欧盟标准分级的对应关系。从级别划分的依据上来说，考虑了材料的火焰传播，材料燃烧热释放速率、热释放量，燃烧烟气浓度，部分级别还附加了燃烧滴落物限制；从分级所用的试验方法上来说，考虑了火灾场景和材料最终实际使用状态；同时，除了包含 EN 13501-1：2007 的所有技术内容外，GB 8624—2012 附录 B 在 A2、B、C 级别中增加了烟气毒性附加分级，这样就使标准涵盖了着火特性、火焰传播、热释放速率、烟气生成率和烟气毒性等五个影响火灾发展和增长的重要因素。因该标准所提出的分级体系和试验方法完全以欧洲 2007 年制定的分级体系为基础，无论原理还是方法都具有相当的一致性，应该说满足中国的燃烧性能等级就一定能达到欧洲相同的等级，这样有助于国内企业的建材产品进入国际市场。

表 2-3　建筑材料及制品的燃烧性能等级

燃烧性能等级	名　称	燃烧性能等级	名　称
A	不燃材料(制品)	B_2	可燃材料(制品)
B_1	难燃材料(制品)	B_3	易燃材料(制品)

不燃材料是指在空气中受到火烧或高温作用时不起火、不微燃、不碳化的材料。如建筑中采用的金属材料和天然或人工的无机矿物材料。难燃材料是指在空气中受到火烧或高温作用时难起火、难微燃、难碳化，当火源移走后燃烧或微燃立即停止的材料。如沥青混凝土、经过防火处理的木材、纸面石膏板、硬质 PVC 塑料地板、用有机物填充的混凝土和水泥刨花板等。可燃材料是指在空气中受到火或高温作用时立即起火或微燃，且移开火源后仍能继续燃烧或微燃的材料。如天然木材、木制人造板、竹材、木地板、聚乙烯塑料制品等。

2. 分级方法

建筑材料及制品的燃烧性能等级划分为“平板状建筑材料”“铺地材料”和“管状绝热材料”共三大类型材料的燃烧性能分级。当对所提供样品进行分级试验时，除非指定了燃烧性能等级，否则在试验时应评价出该样品适用于 GB 8624—2012 的最高等级。燃烧性能为某一等级的制品被认为满足低于该等级的任一等级的全部要求，即向下兼容。

GB 8624—2012 对建筑材料及制品的燃烧性能分为 4 个等级，即 A、B_1、B_2、B_3，并且在部分级别中以附加分级方式附加了产烟量、燃烧滴落物和烟气毒性大小的信息。所有建筑材料及制品按三大类材料进行分级，总体分级结构一致。

3. 平板状建筑材料燃烧性能分级

平板状建筑材料及制品指在建筑内使用在除地面以外其他所有空间部位的板状装饰装修材料，如墙体材料、墙面装饰材料、吊顶材料等。在建筑中该类建材制品种类、数量及应用量都是最大的，实际应用方式多变，同种建筑材料可能会因为不同的用途和安装方式而需要依据标准进行不同的分级试验，进而获得对应的等级。平板状建筑材料及制品燃烧性能的分级结果和分级判据见表 2-4。从表中可以知道，分级主要采用的标准有 GB/T 5464《建筑材料不燃性试验方法》、GB/T 8626《建筑材料可燃性试验方法》、GB/T 14402《建筑材料及制品的燃烧性能　燃烧热值的测定》、GB/T 20284《建筑材料或制品的单体燃烧试验》。

表中满足 A1 级、A2 级即为 A 级，满足 B 级、C 级即为 B_1 级，满足 D 级、E 级即为 B_2 级。

表 2-4　GB 8624—2012 对平板状建筑材料及制品燃烧性能的分级结果和分级判据

燃烧性能等级		试验方法	分级判据
A	A1	GB/T 5464[①]且	炉内温升 $\Delta T \leqslant 30℃$ 质量损失率 $\Delta m \leqslant 50\%$ 持续燃烧时间 $t_f = 0$
		GB/T 14402	总热值 $PCS \leqslant 2.0 MJ/kg$[①,②,③,⑤] 总热值 $PCS \leqslant 1.4 MJ/m^2$[④]

（续）

<table>
<tr><th colspan="2">燃烧性能等级</th><th colspan="2">试验方法</th><th>分级判据</th></tr>
<tr><td rowspan="3">A</td><td rowspan="3">A2</td><td>GB/T 5464①或</td><td rowspan="2">且</td><td>炉内温升 $\Delta T \leqslant 50℃$
质量损失率 $\Delta m \leqslant 50\%$
持续燃烧时间 $t_f \leqslant 20s$</td></tr>
<tr><td>GB/T 14402</td><td>总热值 $PCS \leqslant 3.0MJ/kg$①,⑤
总热值 $PCS \leqslant 4.0MJ/m^2$②,④</td></tr>
<tr><td colspan="2">GB/T 20284</td><td>燃烧增长速率指数 $FIGRA_{0.2MJ} \leqslant 120W/s$
火焰横向蔓延未到达试样长翼边缘
600s 的总放热量 $THR_{600s} \leqslant 7.5MJ$</td></tr>
<tr><td rowspan="4">B_1</td><td rowspan="2">B</td><td colspan="2">GB/T 20284 且</td><td>燃烧增长速率指数 $FIGRA_{0.2MJ} \leqslant 120W/s$
火焰横向蔓延未到达试样长翼边缘
600s 的总放热量 $THR_{600s} \leqslant 7.5MJ$</td></tr>
<tr><td colspan="2">GB/T 8626
点火时间 30s</td><td>60s 内焰尖高度 $Fs \leqslant 150mm$
60s 内无燃烧滴落物引燃滤纸现象</td></tr>
<tr><td rowspan="2">C</td><td colspan="2">GB/T 20284 且</td><td>燃烧增长速率指数 $FIGRA_{0.4MJ} \leqslant 250W/s$
火焰横向蔓延未到达试样长翼边缘
600s 的总放热量 $THR_{600s} \leqslant 15MJ$</td></tr>
<tr><td colspan="2">GB/T 8626
点火时间 30s</td><td>60s 内焰尖高度 $Fs \leqslant 150mm$
60s 内无燃烧滴落物引燃滤纸现象</td></tr>
<tr><td rowspan="3">B_2</td><td rowspan="2">D</td><td colspan="2">GB/T 20284 且</td><td>燃烧增长速率指数 $FIGRA_{0.4MJ} \leqslant 750W/s$</td></tr>
<tr><td colspan="2">GB/T 8626
点火时间 30s</td><td>60s 内焰尖高度 $Fs \leqslant 150mm$
60s 内无燃烧滴落物引燃滤纸现象</td></tr>
<tr><td>E</td><td colspan="2">GB/T 8626
点火时间 15s</td><td>20s 内的焰尖高度 $Fs \leqslant 150mm$
20s 内无燃烧滴落物引燃滤纸现象</td></tr>
<tr><td>B_3</td><td>F</td><td colspan="3">无性能要求</td></tr>
</table>

① 匀质制品或非匀质制品的主要组分。

② 非匀质制品的外部次要组分。

③ 当外部次要组分的 $PCS \leqslant 2.0MJ/m^2$ 时，若整体制品的 $FIGRA_{0.2MJ} \leqslant 20W/s$，$LFS <$ 试样边缘、$THR_{600s} \leqslant 4.0MJ$ 并达到 s1 和 d0 级，则达到 A1 级。

④ 非匀质制品的任一内部次要组分。

⑤ 整体制品。

4. 铺地材料燃烧性能分级

铺地材料是建筑空间内非常重要的一个部位，根据火灾的规律和铺地材料本身在火灾中的作用，其对应的试验方法同其他部位完全不同，因此在进行燃烧性能评价时不能同墙面、吊顶等材料一起采用相同的方法试验，通常采用独立的分级要求。对铺地材料的燃烧性能分级和分级判据见表 2-5。铺地材料分级检验主要采用的试验方法有 GB/T 5464《建筑材料不燃性试验方法》、GB/T 8626《建筑材料可燃性试验方法》、GB/T 14402《建筑材料及制品的燃烧性能　燃烧热值的测定》、GB/T 11785《铺地材料的燃烧性能测定　辐射热源法》。

表中满足 A1 级、A2 级即为 A 级，满足 B 级、C 级即为 B_1 级，满足 D 级、E 级即为 B_2 级。

表 2-5　GB 8624—2012 对铺地材料的燃烧性能分级和分级判据

<table>
<tr><th colspan="2">燃烧性能等级</th><th colspan="2">试验方法</th><th>分级判据</th></tr>
<tr><td rowspan="5">A</td><td rowspan="2">A1</td><td colspan="2">GB/T 5464①且</td><td>炉内温升 $\Delta T\leqslant 30$℃
质量损失率 $\Delta m\leqslant 50\%$
持续燃烧时间 $t_f=0$</td></tr>
<tr><td colspan="2">GB/T 14402</td><td>总热值 $PCS\leqslant 2.0$MJ/kg①,②,④
总热值 $PCS\leqslant 1.4$MJ/m²③</td></tr>
<tr><td rowspan="3">A2</td><td>GB/T 5464①或</td><td rowspan="2">且</td><td>炉内温升 $\Delta T\leqslant 50$℃
质量损失率 $\Delta m\leqslant 50\%$
持续燃烧时间 $t_f\leqslant 20$s</td></tr>
<tr><td>GB/T 14402</td><td>总热值 $PCS\leqslant 3.0$MJ/kg①,②
总热值 $PCS\leqslant 4.0$MJ/m²②,③</td></tr>
<tr><td colspan="2">GB/T 11785⑤</td><td>临界热辐射通量 $CHF\geqslant 8.0$kW/m²</td></tr>
<tr><td rowspan="4">B_1</td><td rowspan="2">B</td><td colspan="2">GB/T 11785⑤且</td><td>临界热辐射通量 $CHF\geqslant 8.0$kW/m²</td></tr>
<tr><td colspan="2">GB/T 8626
点火时间 15s</td><td>20s 内焰尖高度 $Fs\leqslant 150$mm</td></tr>
<tr><td rowspan="2">C</td><td colspan="2">GB/T 11785⑤且</td><td>临界热辐射通量 $CHF\geqslant 4.5$kW/m²</td></tr>
<tr><td colspan="2">GB/T 8626
点火时间 15s</td><td>20s 内焰尖高度 $Fs\leqslant 150$mm</td></tr>
<tr><td rowspan="4">B_2</td><td rowspan="2">D</td><td colspan="2">GB/T 11785⑤且</td><td>临界热辐射通量 $CHF\geqslant 3.0$kW/m²</td></tr>
<tr><td colspan="2">GB/T 8626
点火时间 15s</td><td>20s 内焰尖高度 $Fs\leqslant 150$mm</td></tr>
<tr><td rowspan="2">E</td><td colspan="2">GB/T 11785⑤且</td><td>临界热辐射通量 $CHF\geqslant 2.2$kW/m²</td></tr>
<tr><td colspan="2">GB/T 8626
点火时间 15s</td><td>20s 内焰尖高度 $Fs\leqslant 150$mm</td></tr>
<tr><td>B_3</td><td>F</td><td colspan="3">无性能要求</td></tr>
</table>

① 匀质制品或非匀质制品的主要组分。
② 非匀质制品的外部次要组分。
③ 非匀质制品的任一内部次要组分。
④ 整体制品。
⑤ 试验最长时间 30min。

5. 管状绝热材料燃烧性能分级

以上材料分类中，除铺地材料外的建筑材料及制品在试验时要求提供样品为平板状，这是对样品的基本外形尺寸要求，同时绝大多数建筑材料及制品的外形也都呈现平板状。但在建筑物内还有些非平板状建材制品，如管状材料等。管状绝热材料的分级试验方法和判定参数同板状建筑材料及制品一样，仅在级别表述和参数指标上有不同。管状绝热材料的分级依然采用7级。在表2-6中，规定了用途为绝热保温材料的管状建材制品燃烧性能分级要求，表中的SBI试验参数指标是欧盟标准化委员会按照管材的安装方式，结合ISO 9705墙角试验的数据得到的。

表中满足A1级、A2级即为A级，满足B级、C级即为B_1级，满足D级、E级即为B_2级。当管状绝热材料的外径大于300mm时，其燃烧性能等级和分级判据按表2-3的规定。

表 2-6 GB 8624—2012 中管状绝热材料的燃烧性能等级和分级判据

燃烧性能等级		试验方法		分级判据
A	A1	GB/T 5464① 且		炉内温升 $\Delta T \leq 30℃$ 质量损失率 $\Delta m \leq 50\%$ 持续燃烧时间 $t_f = 0$
		GB/T 14402		总热值 $PCS \leq 2.0MJ/kg$①,②,④ 总热值 $PCS \leq 1.4MJ/m^2$③
	A2	GB/T 5464① 或	且	炉内温升 $\Delta T \leq 50℃$ 质量损失率 $\Delta m \leq 50\%$ 持续燃烧时间 $t_f \leq 20s$
		GB/T 14402		总热值 $PCS \leq 3.0MJ/kg$①,④ 总热值 $PCS \leq 4.0MJ/m^2$②,③
		GB/T 20284		燃烧增长速率指数 $FIGRA_{0.2MJ} \leq 270W/s$ 火焰横向蔓延未到达试样长翼边缘 600s 内总放热量 $THR_{600s} \leq 7.5MJ$
B_1	B	GB/T 20284 且		燃烧增长速率指数 $FIGRA_{0.2MJ} \leq 270W/s$ 火焰横向蔓延未到达试样长翼边缘 600s 内总放热量 $THR_{600s} \leq 7.5MJ$
		GB/T 8626 点火时间 30s		60s 内焰尖高度 $Fs \leq 150mm$ 60s 内无燃烧滴落物引燃滤纸现象
	C	GB/T 20284		燃烧增长速率指数 $FIGRA_{0.4MJ} \leq 460W/s$ 火焰横向蔓延未到达试样长翼边缘 600s 内总放热量 $THR_{600s} \leq 15MJ$
		GB/T 8626 且 点火时间 30s		60s 内焰尖高度 $Fs \leq 150mm$ 60s 内无燃烧滴落物引燃滤纸现象
B_2	D	GB/T 20284 且		燃烧增长速率指数 $FIGRA_{0.4MJ} \leq 210W/s$ 600s 内总放热量 $THR_{600s} < 100MJ$
		GB/T 8626 点火时间 30s		60s 内焰尖高度 $Fs \leq 150mm$ 60s 内无燃烧滴落物引燃滤纸现象
	E	GB/T 8626 点火时间 15s		20s 内焰尖高度 $Fs \leq 150mm$ 20s 内无燃烧滴落物引燃滤纸现象
B_3	F	无性能要求		

① 匀质制品或非匀质制品的主要组分。
② 非匀质制品的外部次要组分。
③ 非匀质制品的任一内部次要组分。
④ 整体制品。

6. 符号与缩写

有关符号与缩写见表 2-7。

表 2-7 符号与缩写

符号(缩写)	名 称	含 义
ΔT	温升/K	GB/T 5464 不燃性试验得到的炉内温升
Δm	质量损失率(%)	GB/T 5464 不燃性试验中试样在试验前后质量变化
Fs	燃烧长度/mm	GB/T 8626 可燃性试验中样品损毁长度

（续）

符号（缩写）	名　称	含　义
FIGRA	用于分级的燃烧增长率指数	GB/T 20284 SBI 试验得到的最终结果，可能是 $FIGRA_{0.2MJ}$，也可能是 $FIGRA_{0.4MJ}$
$FIGRA_{0.2MJ}$	总放热量门槛值为 0.2MJ 的燃烧增长率指数	当热释放量达到 0.2MJ 后得到的 *FIGRA* 最大值，该结果适用于分级中 A2 级、B 级
$FIGRA_{0.4MJ}$	总放热量门槛值为 0.4MJ 的燃烧增长率指数	当热释放量达到 0.2MJ 后得到的 *FIGRA* 最大值，该结果适用于分级中 C 级、D 级
LFS	火焰横向蔓延长度/m	GB/T 20284 SBI 试验中火焰在样品长翼横向蔓延的长度
PCS	总热值/（MJ/kg 或 MJ/m^2）	GB/T 14402 热值试验得到的结果
PCI	净热值/（MJ/kg 或 MJ/m^2）	GB/T 14402 热值试验得到的总热值 *PCS* 减去样品汽化潜热得到的结果
SMOGRA	烟气生成速率	GB/T 20284 SBI 试验中测试的烟气生成情况
t_f	持续燃烧时间/s	GB/T 5464 不燃性试验中样品的有焰燃烧时间，持续燃烧定义为有焰燃烧时间大于 5s 的燃烧
THR_{600s}	时间为 600s 时的总放热量/MJ	GB/T 20284 SBI 试验中测试的从 300 ~ 900s 期间的热释放量
TSR_{600s}	时间为 600s 时的总烟气产生量/m^2	GB/T 20284 SBI 试验中测试的从 300 ~ 900s 期间的烟气生成量
CHF	临界热辐射通量/（kW/m^2）	GB/T 11785 铺地材料辐射热源法测试得到的结果，该结果包括样品熄灭时的辐射通量和 30min 试验停止时的辐射通量
m'	由试验方法中规定的最少数量的试验获取的一组连续参数结果的平均值	由试验方法中规定的最少数量的试验获取的一组连续参数结果的平均值
m	按标准规定程序获取的一组连续参数结果的平均值，其用于燃烧性能分级	一组连续参数结果的平均值，其用于燃烧性能分级，即是确定下来可用于评价样品燃烧性能的最终数据 m'
C	材料产烟浓度/（mg/L）	GB/T 20285 烟气毒性试验中确定试验等级的指标
Y	材料产烟率（%）	GB/T 20285 烟气毒性试验中样品试验前后的质量变化情况

7. 分级格式

GB 8624—2012 的燃烧性能分级体系主要由 4 个燃烧性能等级和 3 种附加分级组成。4 个燃烧性能等级分别为 A、B_1、B_2、B_3，由 GB/T 5464、GB/T 14402、GB/T 8626、GB/T 20284 和 GB/T 11785 共 5 个标准的试验结果获得。附加分级作为燃烧性能等级的组成部分，提供了材料或制品对火反应试验过程中的其他信息，也是以等级来表征，但该等级高低不作为燃烧性能等级的判定指标。附加分级表征的燃烧特性有产烟量、燃烧滴落物、烟气毒性，只有烟气毒性单独规定了 GB/T 20285—2006 作为试验和分级方法，其他两类附加分级的结果在进行 GB/T 20284 和 GB/T 11785 试验的同时获得。

在对材料或制品进行燃烧性能分级判定时必须依照上述方法表述，同时需要将分级使用的限定条件列出，这些限定条件都是可能对结果产生影响的，如试验的安装条件、制品的基本物理参数、试验的应用范围等。不同的建材制品在相互进行燃烧性能比较时需要结合试验条件等信息，不能仅看分级结果，那样会得到很多错误的信息。如对聚氨酯泡沫进行试验时，用于外墙保温和通风管道会采用不同的安装，用于外墙保温会采用机械固定在 A1 级基材上进行 SBI 试验，用于通风管道会采取直立自支撑的方式试验，就可能得到两种不同的分级结果，这两个分级结果是不能同时进行比较的。在分级表述时需要同时列出的信息主要有以下几方面：

（1）样品的基本物理参数如厚度、密度、表面是否有涂层等信息。

（2）是否使用基材，基材的种类。

（3）样品/基材同背板之间是否有空气间隙。

（4）如使用基材，样品与基材的固定方式是粘贴还是机械固定，粘贴使用的胶水种类。

（5）样品是否设置了水平垂直接缝等。

（6）其他需要表述的同使用有关的信息。

因为燃烧性能级别同最终应用状态有关，同实际安装方式有关，同产品的物理参数如厚度、密度有关，因此企业在按分级体系申请产品检验时会对同一个建材制品进行多个试验，检验投入会增加许多。有些建材制品，其最终应用时使用方式一致，但仅仅在厚度上发生变化，如橡塑泡沫绝热材料用于薄钢板风管外保温，根据保温要求会有不同厚度的产品，在进行产品检验时可遵循以下原则：“当制品在最终应用时存在多个不同的厚度，若其最大厚度和最小厚度的材料燃烧性能等级相同，则其中间厚度也可以确认为该等。否则，应每一厚度分别判定级别。”

2.2.2 GB/T 5464《建筑材料不燃性试验方法》

GB/T 5464 试验用于确定不会燃烧或不会明显燃烧的建筑制品，而不论这些制品的最终应用状态。该试验用于燃烧性能等级 A 的评定。

试样为圆柱形，直径 45_{-2}^{0} mm，高（50 ± 3）mm，体积（76 ± 8）cm^3。对于厚度小于 50mm 的材料，试样需将材料层状叠加并采用细钢丝固定，层状试样在加热炉（图 2-5）内应水平放置，试样数量为 5 组。

试验前，应将制作好的试样放置于（60 ± 5）℃的通风干燥箱内干燥 20 ~ 24h，以使试样达到恒重。试验装置不应设在风口，也不应受到任何形式的强烈光照，以利于对炉内火焰的观察。试验过程中室温变化不应超过 +5℃。

图 2-5　建材不燃性试验炉

试验时，首先调节加热炉的输入功率，使加热炉温度平衡。将准备好的试样放入试样架内，试样架悬挂在支撑件上，放入加热炉内规定位置（该操作不应超过 5s），立即启动计时器，记录试验过程中炉内热电偶测量的温度。试验进行 30min，如果炉内温度在期间达到了最终平衡，则可停止试验。如果期间未达到温度平衡，应继续进行试验，同时每隔 5min 检查是否达到最终平衡。当炉内温度达到最终平衡或试验时间达 60min 时，应结束试验。

收集试验时和试验后试样碎裂或掉落的所有碳化物、灰和其他残屑，同试样一起放入干燥皿中冷却至环境温度后，称量试样的残留质量。

2.2.3　GB/T 8626《建筑材料可燃性试验方法》

GB/T 8626 试验是指在没有外加辐射条件下，用小火焰直接作用于垂直放置的试样以测定建筑制品可燃性的方法。该试验用于评价 B_1、B_2 级材料，是一个常用的试验方法。建筑材料可燃性试验炉如图 2-6 所示。

图 2-6　建筑材料可燃性试验炉

试验采用试样尺寸为长 60mm，宽 60mm，对于名义厚度不超过 60mm 的试样按其实际厚度进行试验，名义厚度大于 60mm 的试样，应从其背火面将厚度消减至 60mm，按 60mm 厚度进行试验。试验有两种点火时间可供选择：15s 和 30s。试验开始时间就是点火的开始时间。如果点火时间是 15s，总试验时间是 20s；如果点火时间为 30s，总试验时间是 60s。对于每种点火方式，至少应测试 6 块具有代表性的制品试样，并应分别在样品的纵向和横向上切制 3 块试样。若制品的最终应用条件是安装在基材上的，则试样应能代表最终应用状况。

试验前，将 6 个试样从状态调节室中取出，将试样置于试样夹中，受火端距离试样夹底端 30mm。

将燃烧器角度调整至 45°角，在试样下方的铝箔收集盘内放两张滤纸，所有操作在 3min 内完成。

试验时，点燃位于垂直方向的燃烧器，待火焰稳定。调节燃烧器微调阀，使火焰高度为 (20 ± 1) mm。沿燃烧器的垂直轴线将燃烧器倾斜 45°，水平向前推进，直至火焰抵达预设的试样接触点，当火焰接触到试样时开始计时。点火时间为 15s 或 30s，然后平稳地撤回燃烧器。根据需要采用表面点火方式或边缘点火方式或两种点火方式都要采用。表面点火时，火焰应施加在试样的中心线位置，底部边缘上方 40mm 处。边缘点火时，对于总厚度不超过 3mm 的单层或多层的基本平整制品，火焰应施加在试样底面中心位置处；对于总厚度大于 3mm 的单层或多层的基本平整制品，火焰应施加在试样底边中心且距受火表面 1.5mm 的底面位置处；对于所有厚度大于 10mm 的多层制品，应增加试验，将试样沿其垂直轴线旋转 90°，火焰施加在每层材料底部中心线所在的边缘处。

2.2.4　GB/T 14402《建筑材料及制品的燃烧性能　燃烧热值的测定》

GB/T 14402 试验的原理是氧弹法，即通过测定建筑材料及制品燃烧产生的绝对总燃烧热值，来评价 A 级材料的燃烧性能。

试验装置主要由氧弹、量热仪、水银温度计、坩埚、计时器、压力表、天平、制“香烟”装置、制丸装置等组成。本试验应对制品的每个组分进行评价。如果非匀质制品不能分层，则需单独提供制品的各组分；如果制品可以分层，那么分层时，制品的每个组分应与其他组分完全剥离，不能粘附其他成分。试样试验时，应取具有代表性的样品，对匀质制品或非匀质制品的被测组分，应任意截取至少 5 个样块作为试样。若被测组分为匀质制品或非匀质制品的主要成分，则样块最小质量为50g，若被测组分为非匀质制品的次要组分，则样块最小质量为10g。取样后，将样品研磨得到粉末状试样。如果样品不能研磨，则可采取其他方式将样品制成小颗粒或片材。粉末状样品应以坩埚法制样，不能得到粉末状样品或以坩埚试验时试样不能完全燃烧，则应采用“香烟”法制备试样。

坩埚试验时，应将已称量的试样和苯甲酸的混合物放入坩埚中，将已称量的点火丝连接到两个电极上，调节点火丝的位置，使之与坩埚中的试样良好接触。香烟试验时，调节已称量的点火丝下垂到芯轴的中心，用已称量的“香烟纸”将芯轴包裹，并将其边缘重叠处用胶水粘结，两端留出足够的纸，使其和点火丝拧在一起。将纸和芯轴下端的点火丝拧在一起放入模具中，点火丝要穿出模具的底部。移出芯轴，将已称量的试样和苯甲酸的混合物放入“香烟纸”。从模具中拿出装有试样和苯甲酸混合物的“香烟纸”，分别将“香烟纸”两端拧在一起。称量“香烟”状样品，确保总重和组成成分的质量之差不能超过10mg，将“香烟”状样品放入坩埚。

试验应在标准试验条件下进行，试验室内温度要保持稳定。对于手动装置，房间内的温度和量热仪内水温的差异不能超过2℃。

试验时，首先检查两个电极和点火丝，确保其接触良好，在氧弹中倒入10mL的蒸馏水，用来吸收试验过程中产生的酸性气体。拧紧氧弹密封盖，连接氧弹和氧气瓶阀门，小心开启氧气瓶，给氧弹充氧至压力达到3.0～3.5MPa。将氧弹放入量热仪内筒。在量热仪内筒中注入一定量的蒸馏水，使其能够淹没氧弹，并对其进行称量。所用水量应和校准过程中所用水量相同，精确到1g。检查并确保氧弹没有泄露，将量热仪内筒放入外筒。安装温度测定装置，开启搅拌器和计时器。调节内筒水温，使其和外筒水温基本相同。每隔一分钟记录一次内筒水温，调节内筒水温，直至10min内的连续读数偏差不超过±0.01℃，将此时的温度作为起始温度。然后，接通电流，点燃样品。在量热仪内筒快速升温阶段，外筒的水温应与内筒水温尽量保持一致，每隔一分钟应记录一次内筒水温，直到10min内的连续读数偏差不超过±0.01℃，将此时的温度作为最高温度。最后从量热仪中取出氧弹，放置10min后缓慢泄压，打开氧弹。如氧弹中无煤烟状沉淀物且坩埚上无残留碳，便可确定试样发生了完全燃烧，清洗并干燥氧弹。如果采用坩埚法进行试验时，试样不能完全燃烧，则采用“香烟”法重新进行试验。如果采用“香烟”法进行试验，试样同样不能完全燃烧，则继续采用“香烟”法重复试验。

2.2.5 GB/T 20284《建筑材料或制品的单体燃烧试验》

GB/T 20284试验的原理是耗氧原理，指通过测量样品燃烧引起的氧气浓度的变化，计算某一时刻的材料的热释放速率，而试验过程中热释放速率与时间的商的最大值就是热释放速率指数，该指数是除铺地材料外平板类建筑材料和管状保温材料燃烧性能分级的主要参数。

单体燃烧试验的英文为Single Burning Item，简称为SBI试验。该试验的方法是基于墙角火灾场景设计的实验室规模试验，相对于同样采用耗氧原理的GB/T 16172锥形量热计，SBI试验属于中等规模。试验原理：由两个成直角的垂直翼组成的试样暴露于直角底部的主燃烧器产生的火焰中，火焰由丙烷气体燃烧产生，丙烷气体通过砂盒燃烧器并产生（30.7±2.0）kW的热输出。试样的燃烧性能通过20min的试验过程来进行评估。性能参数包括：热释放、产烟量、火焰横向传播和燃烧滴落物及颗粒物。

1. 试验装置

SBI试验装置目前依靠进口，现以英国FTT公司生产的设备为例说明。SBI试验装置主要包括燃烧室系统、燃烧器和丙烷供应系统、排烟系统、综合测量系统、烟气测量系统、数据采集系统。

（1）燃烧室系统。燃烧室的室内高度为（2.4±0.1）m，室内地板面积为（3.0±0.2）m×（3.0±0.2）m。墙体应由砖石砌块、石膏板、硅酸钙板等建成。燃烧室的一面墙上应设一开口，以便于将小推车从毗邻的实验室移入该燃烧室里。开口的宽度为1470mm，高度为2450mm（框架的尺寸），在垂直试样板的两前表面正对的两面墙上分别开设有窗口。控制室内空尺寸为（3.0±0.2）m×（3.0±0.2）m×（3.0±0.2）m，设有两扇门、两扇窗。小推车在实验室就位后，和U形卡槽接触的长翼试样表面与燃烧室墙面之间的距离应为2.1m。该距离为长翼与所面对的墙面的垂直距离。燃烧室的开口面积为0.05m^2。

燃烧室地面设有方便小推车进出的滑轨，内部安装有支撑集烟罩的支架，滑轨上放置带主燃烧器的小推车。

控制室内部安放有气体分析柜、控制柜、计算机及打印机等。燃烧室顶部的排烟管道上设置有综合测量区，试验过程中需要随时将管道内的烟气抽取出来进行分析，同时控制室内还安装有燃烧控制箱，因此控制室尽量靠近燃烧室是数据正常和燃气控制的需要。

SBI试样安装在小推车上并被推入燃烧室内的固定框架中进行燃烧试验。试验过程中产生的烟气被框架顶部的集烟罩全部收取，以对烟气进行取样分析并计算试验所需的技术参数，同时还可透过燃烧室的观察窗观察试验现象。

（2）燃烧器和丙烷供应系统。SBI燃烧器由两个相同的三角形砂盒燃烧器构成。一个为主燃烧器，安装在小推车底板上，用于试验过程中对试样点火；另一个称为辅助燃烧器，安装在框架的支柱上。燃烧器上安装有电子点火器用于自动点火，框架上安装有UV探测器，用以探测燃烧器熄灭并发出信号使燃气供应被自动切断。

SBI试验采用丙烷气体作为燃气。为使流入燃烧器的燃气压力保持稳定，在气瓶和燃烧器的连接管路中安装有一个储气管，然后再一次通过减压阀、过滤器、气体分流器，最后再通入支撑架和小推车上的燃烧器。

（3）排烟系统。排烟系统用于收集和排除试验时燃烧室内产生的烟气，主要由集烟罩、收集器、排烟管、风机等组成。集烟罩固定在小推车位置的顶部，用以收集燃烧产生的烟气。收集器位于集烟罩的顶部，连接排烟管道。排烟管道由接头、管道、综合测量区等组成。

（4）综合测量系统。综合测量系统主要由安装在排烟管道中的3只K型热电偶、双向压力探头、气体取样探头及分析柜中的气体分析仪组成。

（5）烟气测量系统。烟气测量系统由光源、透镜、接收器等组成。

2. 试验过程

将试样安装在小推车上，主燃烧器已位于集气罩下的框架内，整个试验应在试样从状态调节室中取出后的2h内完成。首先将排烟管道的体积流速设为（0.60±0.05）m^3/s，记录排烟管道中三只热电偶的温度以及环境温度且记录时间至少应达300s，环境温度应在（20±10）℃内，管道中的温度与环境温度相差不应超过4℃。点燃两个燃烧器的引燃火焰，采用精密计时器开始计时并自动记录数据。在（120±5）s 时，点燃辅助燃烧器并将丙烷气体的质量流量调整至（647±10）mg/s，在（300±5）s 时，丙烷气体从辅助燃烧器切换到主燃烧器，观察并记录主燃烧器被引燃的时间。观察并记录火焰在长翼上的横向传播和燃烧滴落物。在1560s 后，停止向燃烧器供气，停止数据的自动记录。当试样的残余燃烧完全熄灭至少 1min 后，记录综合测量区的透光率、O_2 和 CO_2 的摩尔分数。

2.2.6 GB/T 20285《材料产烟毒性危险分级》

GB/T 20285 适用于建筑材料稳定产烟条件下的烟气毒性危险分级。试验中采用等速载气流，稳定供热的环形炉对质量均匀的条形试样进行等速移动扫描加热，可以实现材料的稳定热分解和燃烧，获得组成物浓度稳定的烟气流。同一材料在相同产烟浓度下，充分产烟和无火焰的情况时毒性最大。对于不同材料，以充分产烟和无火焰情况下的烟气进行动物染毒试验，以试验动物达到试验终点所需的产烟浓度作为判定材料产烟毒性危险级别的依据。所需产烟浓度越低的材料产烟毒性危险级别越高，所需产烟浓度越高的材料产烟毒性危险级别越低。

根据材料产烟毒性危险，将其分为 3 级：安全级（AQ 级）、准安全级（ZA 级）和危险级（WX 级）；其中，AQ 级又分为 AQ_1 级和 AQ_2 级，ZA 级又分为 ZA_1 级、ZA_2 级和 ZA_3 级。根据 GB 8624 中对产烟毒性附加分级的要求，将产烟毒性分为 3 个等级，分别为 t0、t1、t2。表 2-8 给出了附加分级相对应的烟气毒性分级。

表 2-8 附加分级和烟气毒性分级对应

附加分级	—	—	t0	—	t1	t2
毒性分级	AQ_1	AQ_2	ZA_1	ZA_2	ZA_3	WX
烟气浓度/(mg·L)	≥100	≥50.0	≥25.0	≥12.4	≥6.15	<6.15

试验以材料达到充分产烟率的烟气对一组试验小鼠按表 2-8 规定级别的浓度进行 30min 染毒试验，根据试验结果作如下判定：若一组试验小鼠在染毒期内（包括染毒后 1h 内）死亡，则判定该材料在此级别下麻醉性合格；若一组试验小鼠在 30min 染毒后不死亡及体重无下降，或体重虽有下降，但 3d 内平均体重恢复或超过试验时的平均体重，则判定该材料在此级别下刺激性合格；把麻醉性和刺激性皆合格的最高浓度级别定为该材料产烟毒性危险级别。

试验时，首先根据不同的材料确定加热温度，使该材料在此温度下能够充分产烟而无火焰燃烧。将制作好的试件放入石英试样舟内，按选取的加热温度进行不放小鼠的预加热，以达到充分产烟率。此时，调节环形炉到合适位置，按选定加热温度设定环形炉内壁温度，开启载气至设计流量，使环形炉升温并达到静态控制稳定。在试验前 5min，将试验小鼠按编号称量、装笼、安放到染毒箱的支架上，盖合染毒箱盖，开启稀释气至设计流量。当静态温度控制在 ±1℃ 并稳定 2min 后，放入装有试件的石英舟，使试件前端距环形炉 20mm，起动炉运行，对试件进行扫描加热。当环形炉行进到试件前端时开始计时，通过三通旋塞将初始 10min 产生的烟气直接排放掉。然后旋转三通旋塞，让烟气和稀释气混合后进入染毒箱，试验开始。试验进行 30min，在此过程中，观察和记录试验小鼠的行为变化。30min 后试验结束，旋转三通旋塞让剩余烟气直接排放掉，迅速打开染毒箱盖，取出试验小鼠。继续运行环形炉越过试样，停止加热，取出试样残余物，冷却、称量，计算材料产烟率。

2.2.7 GB/T 11785《铺地材料的燃烧性能测定　辐射热源法》

GB/T 11785 试验是指在试验燃烧箱中，用小火焰点燃水平放置并暴露于倾斜的热辐射场中的铺地材料，评估其火焰传播能力的试验。该试验用于评价 A、B_1、B_2 级材料，是铺地材料燃烧性能评价的主要方法。采用该方法试验得到的临界辐射通量（kW/cm^2）和烟气总值数据用于材料的燃烧性能分级。评价的铺地材料包括所有类别，如纺织地毯、软木板、木板、橡胶板和塑胶地板及地板喷涂材料。

铺地材料的辐射热源法试验装置如图 2-7 所示，主要由试验箱、滑动平台、辐射板、试样架、点火器、测烟系统和排烟系统等部分组成。其中辐射板的尺寸为 300mm × 450mm，其表面与水平面成 30°夹角，用于提供标准辐射热源，以施加符合标准规定的热辐射通量给试样表面，该辐射板的辐射面积为 $0.242m^2$。点火器为宽 250mm 的线性燃烧器，燃气为丙烷，距离试样表面上方 3mm。

图 2-7　铺地材料的辐射热源法试验装置

试样尺寸为 (1050 ± 5) mm × (230 ± 5) mm。对于各向同性的样品，样品数量为 3 组；对于各向异性的样品，每个方向都要进行一次试验，至少需要准备 4 组试样。试样应按实际应用方式安装在模拟实际地面的基材上，其背衬材料也应具有实际使用时的代表性。

为了获得稳定的并符合标准规定的辐射场，每次试验前应采用模拟样品校准辐射通量的分布曲线。当装置校准完毕后，将试样安装在试样架上，再将试样架固定在滑动平台上，关闭样品出入门，开始试验。在试验的前 2min，线性燃烧器应远离试样，之后将线性燃烧器移至试样前端，并对试样表面点火 10min。试验最长时间为 30min（除非委托方要求更长的试验时间）。在整个试验期间，辐射板始终对试样表面施加稳定的热辐射。

在进行临界辐射通量试验的同时，还可对铺地材料的产烟特性进行测量。常见铺地材料的临界辐射通量见表 2-9。相对于建筑内的墙面吊顶制品，铺地材料在建筑火灾中的火灾危险性较小。

表 2-9　常见铺地材料的临界辐射通量

材料名称	厚度/mm	临界辐射通量/(W/cm^2)	材料名称	厚度/mm	临界辐射通量/(W/cm^2)
羊毛地毯	9	0.80	强化木地板	6	0.51
丙纶簇绒地毯	8	0.34	电热地板	12	0.92
橡胶地板	2.5	0.92	聚氯乙烯地板	1.5	0.73
PVC 地板	3.05	0.71	腈纶地毯	10	0.31
丙纶针刺地毯	12	0.38	沥青方块地毯	10	0.31
尼龙地毯	20	0.65	亚麻地毯	2	0.56
实木复合地板	15	0.66	重竹地板	10	0.75
软木地板	6	0.51			

2.3 建筑内部装修材料的分类与分级

2.3.1 内装修材料的分类

1. 按实际应用分类

建筑内部装修材料按实际应用分为：

(1) 饰面材料。包括墙壁、柱面的贴面材料，吊顶材料，地面上、楼梯上的饰面材料以及作为绝缘物的饰面材料。

(2) 装饰件。包括固定或悬挂在墙上、顶棚等处的装饰物，如画、手工艺品等。

(3) 隔断。指那些建筑内部固定的、不到顶的垂直分隔物。

(4) 大型家具。主要是指那些固定的，或轻易不再搬动的家具，如酒吧台、货架、展台、兼有空间分隔功能的到顶柜橱等。

(5) 装饰织物。包括窗帘、家具包布、挂毯、床上用品等纺织物等。

2. 按使用部位和功能分类

建筑内部装修材料按使用部位和功能分为：

(1) 顶棚装修材料。

(2) 墙面装修材料。柱面的装修应与墙面的规定相同。

(3) 地面装修材料。

(4) 隔断装修材料。隔断是指不到顶的隔断。到顶的固定隔断，应与墙面规定相同。

(5) 固定家具。兼有分隔功能的到顶橱柜应认定为固定家具。

(6) 装饰织物。指窗帘、帷幕、床罩、家具包布等。

(7) 其他装饰材料。指楼梯扶手、挂镜线、踢脚板、窗帘盒（架）、暖气罩等。

2.3.2 内装修材料的分级

1. 标准分级

根据 GB 50222—2017《建筑内部装修设计防火规范》，将建筑内部装修材料按其燃烧性能划分四级，见表 2-3。

2. 试验方法

(1) A 级装修材料的试验方法，应符合国家标准《建筑材料不燃性试验方法》的规定。

(2) B_1 级顶棚、墙面、隔断装修材料的试验方法，应符合国家标准《建筑材料难燃性试验方法》的规定；B_2 级顶棚、墙面、隔断装修材料的试验方法，应符合国家标准《建筑材料可燃性试验方法》的规定。

(3) B_1 级和 B_2 级装修材料的试验方法，应符合国家标准《铺地材料临界辐射通量的测定 辐射热源法》的规定。

(4) 装饰织物的试验方法，应符合 GB/T 5455《纺织织物 阻燃性能试定 垂直法》的规定。

(5) 塑料装修材料的试验方法，应符合国家标准《塑料燃烧性能试验方法 氧指数法》《硬泡沫塑料燃烧性能试验方法 垂直燃烧法》《泡沫塑料燃烧性能试验方法 水平燃烧法》

的规定。

(6) B_3 级装修材料可不进行检测。

3. 常用材料等级划分

表2-10所列为常用建筑内部装修材料燃烧性能等级划分。

表2-10 常用建筑内部装修材料燃烧性能等级划分

材料类别	级别	材料举例
各部位材料	A	花岗石、大理石、水磨石、水泥制品、混凝土制品、石膏板、石灰制品、黏土制品、玻璃、瓷砖、马赛克、钢铁、铝、铜合金等
顶棚材料	B_1	纸面石膏板、纤维石膏板、水泥刨花板、矿棉装饰吸声板、玻璃棉装饰吸声板、珍珠岩装饰吸声板、难燃胶合板、难燃中密度纤维板、岩棉装饰板、难燃木材、铝箔复合材料、难燃酚醛胶合板、铝箔玻璃钢复合材料等
墙面材料	B_1	纸面石膏板、纤维石膏板、水泥刨花板、矿棉板、玻璃棉板、珍珠岩版、难燃胶合板、难燃中密度板、防火塑料装饰板、难燃双面刨花板、多彩涂料、难燃墙纸、难燃墙布、难燃仿花岗岩装饰板、氯氧镁水泥装配式墙板、难燃玻璃钢平板、PVC塑料护墙板、轻质高强复合墙板、阻燃模压木质复合板材、彩色阻燃人造板、难燃玻璃钢等
	B_2	各类天然木材、木制人造板、竹材、纸制装饰板、装饰微薄木贴面板、印刷木纹人造板、塑料贴面装饰板、聚酯装饰板、复塑装饰板、塑纤板、胶合板、塑料壁纸、无纺贴墙布、墙布、复合壁纸、天然材料壁纸、人造革等
地面材料	B_1	硬PVC塑料地板、水泥刨花板、水泥木丝板、氯丁橡胶地板等
	B_2	半硬质PVC塑料地板、PVC卷材地板、木地板氯纶地毯等
装饰织物	B_1	经阻燃处理的各类难燃织物等
	B_2	纯毛装饰布、纯麻装饰布、经阻燃处理的其他织物等
其他装饰材料	B_1	聚氯乙烯塑料、酚醛塑料、聚碳酸酯塑料、聚四氯乙烯塑料、三氯氰胺、脲醛塑料、硅树脂塑料装饰型材、经阻燃处理的各类织物等
	B_2	经阻燃处理的聚乙烯、聚丙烯、聚氨酯、聚苯乙烯、玻璃钢、化纤织物、木制品等

2.3.3 常见内装修材料的燃烧性能

1. 纸面石膏板

纸面石膏板是以熟石膏为主要原料，掺入适量的添加剂与纤维做板芯，以特制的纸板做护面加工而成的。石膏本身是不燃材料，但制成纸面石膏板之后，按我国现行建材防火检测方法检测，不能列入A级材料。但如果认定它只能作为 B_1 级材料，则又有些不尽合理，况且目前还没有更好的材料可替代它。

考虑到纸面石膏板用量极大这一客观实际，以及《建筑设计防火规范》中已认定贴在钢龙骨上的纸面石膏板为不燃材料这一事实，特规定安装在钢龙骨上燃烧性能达到 B_1 级的纸面石膏板、矿棉吸声板，可作为A级装修材料使用。

2. 壁纸

单位面积质量小于 $300g/m^2$ 的纸质、布质壁纸，当直接粘贴在A级基材上时，可作为 B_1 级装修材料使用。

墙布、壁纸实际上属于同一类型的装饰材料。墙布也称墙纸或壁纸，它的种类繁多，按外观装饰效果分类，有印花墙纸、浮雕墙纸等；按其功能分，有装饰墙纸、防火墙纸等。所谓纸质壁纸，是指在纸基、纸面上印成各种图案的墙纸。这种墙纸价格低，强度和韧性差，不耐水。布质壁纸是将纯棉布、化纤布、麻等天然纤维材料经过处理、印花、涂层制作而成的墙纸。这类墙纸强度大，静电小、蠕变性小，无光、无味、无毒、吸声，花型繁多，色泽美观大方。

这两类壁纸的材质主要是纸和布。它们热分解时产生的可燃气体少，发烟量小。尤其当它们被直接贴在A级基材上且单位面积质量小于或等于300g/m^{2}时，在试验过程中，几乎不出现火焰蔓延的现象，为此，确定这类直接贴在A级基材上的壁纸可作为B_1级装修材料来使用。

3. 涂料

施涂于A级基材上的无机装饰涂料，可作为A级装修材料使用；施涂于A级基材上，湿涂覆比小于1.5kg/m^{2}且涂层干膜厚度不大于1.0mm的有机装饰涂料，可作为B_1级装修材料使用。

目前涂料在室内装修中量大面广，一般室内涂料涂覆比小，涂料中的颜料、填料多，火灾危险性不大。一般室内涂料湿涂覆比不会超过1.5kg/m^2，故规定施涂于不燃性基材上的有机涂料均可作为B_1级材料。

4. 多层及复合装修材料

当采用不同装修材料进行分层装修时，各层装修材料的燃烧性能等级均应符合规范的规定。复合型装修材料应由专业检测机构进行整体测试并划分其燃烧性能等级。

分层装修是指，由于设计师的构思，采用生产来源不同的几层装修材料同时装修同一个部位时，各层的装修材料只有贴在等于或高于其耐火等级的材料之上时，这些装修材料燃烧性能等级的确认才是有效的。但有时会出现一些特殊的情况，如一些隔声、保温材料与其他不燃、难燃材料复合形成一个整体的复合材料时，其燃烧性能应通过整体的试验来确定。

2.4 建筑防火涂料

2.4.1 防火涂料概述

1. 概述

在建筑材料的阻燃技术中，除了对各类可燃、易燃的建筑材料本身进行阻燃改性外，还可以应用各种外部防护措施及阻燃防护材料使可燃的材料及制品获得足够的防火性能。这也是现代阻燃技术研究的一个重要方面。在这类阻燃防火材料或措施中，应用最广、效果最为显著的是防火涂料。

防火涂料是指涂覆在建筑构件的表面，能降低可燃性基材的火焰传播速率或阻止热量向可燃物传递，进而推迟或消除可燃性基材的引燃过程，或者推迟结构失稳或力学强度降低的一种功能涂料。主要由基料及防火助剂两部分组成。防火涂料用作防火，效率高，使用十分方便，应用广泛。

防火涂料具有两种特殊性能：一是涂层本身具有不燃性或难燃性，即能防止被火焰点燃；二是能阻止燃烧或对燃烧的发展有延滞作用，即在一定的时间内阻止燃烧或抑制燃烧的扩展。也就是说，防火涂料除具有一般涂料的防锈性、防水性、防腐性、耐磨性以及涂层坚韧性、着色性、粘附性、易干性和一定的光泽以外，还具有耐火、阻燃和隔热性。

我国从20世纪60年代末开始防火涂料的研制。20世纪70年代中期，公安部四川消防科学研究所研制成功膨胀型聚丙烯酸酯乳液防火涂料，此后又相继研制了膨胀型改性氨基防火涂料、膨胀型过氯乙烯防火涂料（1983年）以及硅酸盐钢结构防火涂料（1985年）。20世纪90年代以来，已发展形成钢结构防火涂料、饰面型防火涂料、电缆防火涂料和混凝土结构防火涂料等多个类型、数十种品种的防火涂料产品体系。

2. 防火涂料的类型

防火涂料根据配方组成、性能特点、主要用途及适用范围不同，可从不同角度对其进行分类。

按防火涂料基料的组成可分为无机涂料、有机涂料和有机无机复合型三类。

按防火涂料分散介质的不同也可分为两类。采用有机溶剂为分散介质的称为溶剂型防火涂料；用水做溶剂或分散介质的称为水性防火涂料。溶剂型防火涂料一般理化性能好、易干，但价格较贵，且溶剂的挥发污染环境。水性防火涂料包括水性防火涂料和乳胶型防火涂料。它价廉、低毒、不污染环境，是今后防火涂料的发展方向；但干燥时间较长，粘结性能不如溶剂型高，就目前的技术水平看，水性防火涂料的总体质量不如溶剂型防火涂料，因此在国内的使用目前尚不如溶剂型防火涂料广泛。国外75%的防火涂料为水性防火涂料。

按防火机理的不同可将防火涂料分为非膨胀型防火涂料和膨胀型防火涂料两类。非膨胀型防火涂料受热时会生成一种玻璃状釉化物，覆盖在材料表面，起到隔绝空气和热量的作用，使基材不易着火。由于这层玻璃状釉化物覆盖层较薄，隔热性能有限且在高温中易损坏，故防火效果较差。但非膨胀型防火涂料具有较好的装饰效果，着色方便，耐水性、耐腐蚀性、硬度均比较好。

膨胀型防火涂料在火灾中受热时，表面涂层会熔融、起泡、隆起，形成海绵状隔热层，并释放出不燃性气体，充满海绵状的隔热层。这种膨胀层的厚度往往是涂层原有厚度的十几倍、几十倍甚至上百倍，隔热效果显著，阻燃性能良好。

按防火涂料适用范围的不同可将其分为饰面型防火涂料、钢结构防火涂料、混凝土结构防火涂料及电缆防火涂料四大类。

1）饰面型防火涂料是施涂于可燃性基材（如木材、纤维板及纸板等）表面，能形成具有防火阻燃保护和装饰作用涂膜的防火涂料。

2）钢结构防火涂料是施涂于钢构件表面，能形成耐火隔热保护层，以提高钢结构耐火极限的防火涂料。

3）混凝土结构防火涂料是施涂于混凝土结构表面，能形成耐火隔热保护层，以提高其耐火极限的防火涂料。

4）电缆防火涂料是施涂于电线电缆表面，能形成防火阻燃涂层，以防止电线电缆延燃的防火涂料。这类产品与饰面型防火涂料相似，膨胀型的居多，但防火性能的要求和试验方法与饰面型防火涂料不同。

各类防火涂料的基本特征见表2-11。

表 2-11 各类防火涂料的基本特征

分类依据	类别	基本特征
溶剂	水性	水为介质,无环境污染,生产、施工、运输安全
	溶剂型	有机溶剂为介质,施工条件受限制较少,涂层性能好,但环境污染严重
基料	无机型	磷酸盐、硅酸盐为粘结材料,自身不燃,价格便宜
	有机型	合成树脂为粘结材料,易形成膨胀发泡层,防火性能好
受火后状态	非膨胀型	自身有良好的隔热阻燃性能,遇火不膨胀,密度较小
	膨胀型	遇火迅速膨胀,防火效果好,并有较好的装饰效果
涂料厚度	厚涂型(H)	涂层厚 5 ~ 25mm,耐火极限不低于 2.0h
	薄涂型(B)	涂层厚 2 ~ 5mm,耐火极限不低于 1.0h
	超薄型(CB)	涂层厚小于 2mm,耐火极限不低于 1.0h
适用对象	钢结构	适用于钢结构防火,装饰性不强
	饰面型	适用于可燃性基材(如木结构)防火,有良好的装饰性
	电缆	适用于电缆的防火,涂层有良好的柔性,装饰性不强
	混凝土结构	适用于混凝土构件、防火堤和隧道结构混凝土表面防火,装饰性不强
应用范围	室内型	主要用于建筑物室内的防火,要求良好的装饰性
	室外型	应用于室外的钢结构,有耐水、耐候、耐腐蚀等要求

2.4.2 饰面型防火涂料

饰面型防火涂料按其防火机理可分为膨胀型、非膨胀型两大类，目前实际应用的均为膨胀型防火涂料。按分散介质类型的不同，可分为溶剂型和水性两类。透明防火涂料是近几年发展起来并趋于成熟的一类饰面型防火涂料，产品广泛地用于宾馆、医院、剧场、计算机房等木结构的装修，各种高层建筑及古建筑的装饰和防火保护。随着我国工业的迅速发展及市场上的需求，对透明防火涂料提出了更高的要求，不但要具有良好的防火性能，而且要求漆膜透明光亮，耐候性能好。

膨胀型防火涂料其成膜后，常温下与普通涂膜无异。但当涂层受到高热或火焰作用时，涂料表面的薄膜膨胀形成致密的蜂窝状炭质泡沫层。这种泡沫层多孔且致密，可塑性大，即使经高温灼烧也不易破裂，不仅具有很好的隔绝氧气的作用，而且有良好的隔热作用。

非膨胀型防火涂料在受火时涂层基本上不发生体积变化。主要是涂层本身具有难燃性或不燃性，能阻止火焰蔓延；涂层在高温或火焰作用下可以分解出不燃性气体，以冲淡空气中的氧气和可燃性气体浓度，从而有效地阻止或延缓燃烧。另外，涂层在高温或火焰作用下能形成不燃性无机釉状保护层，覆盖在可燃性基材表面，以隔绝可燃性基材与氧气的接触，从而避免或减少燃烧反应的发生，并在一定时间内具有一定的隔热作用。

1. 技术要求

国际上对饰面型防火涂料的评价标准，较为著名的有美国的 ASTM E84 和 ASTM D1360，以及日本的 JIS A1321 和 JIS K5661。我国的饰面型防火涂料的性能检测和定级标准按 GB

12441—2005《饰面型防火涂料》执行。比较中美日的标准，在防火性能方面总体上的要求是一致的，但美、日标准中都有烟浓度或发烟量测定的规定，而我国标准中却没有类似的规定。事实上，我国防火涂料中大量使用含卤素树脂和阻燃剂，发烟量和烟密度问题严重存在。因此如何评价防火涂料的发烟量问题，对提高我国防火涂料质量和品位将有极其重要的导向性作用。

表 2-12 所列为饰面型防火涂料在理化性能和防火性能两方面的技术指标。

表 2-12　饰面型防火涂料技术指标

序号	项目		技术指标	缺陷类别
1	在容器中的状态		无结块，搅拌后呈均匀状态	C
2	细度/μm		≤90	C
3	干燥时间	表干/h	≤5	C
		实干/h	≤24	
4	附着力/级		≤3	A
5	柔韧性/mm		≤3	B
6	耐冲击性/cm		≥20	B
7	耐水性/h		经 24h 试验，不起皱，不剥落，起泡在标准状态下 24h 能基本恢复，允许轻微失光和变色	B
8	耐湿热性/h		经 48h 试验，涂膜无起泡、无脱落，允许轻微失光和变色	B
9	耐燃时间/min		≥15	A
10	火焰传播比值		≤25	A
11	质量损失/g		≤5.0	A
12	炭化体积/cm^3		≤25	A

注：A 为致命缺陷，B 为严重缺陷，C 为轻缺陷。

2. *试验方法*

理化性能试验用基材的选择和制备应符合 GB/T 1727—1992《漆膜一般制备法》的规定要求。防火性能包括耐燃时间、火焰传播比值、质量损失及炭化体积等四项指标，其试验用基材的选择和制备应该符合 GB 12441—2005《饰面型防火涂料》中大板燃烧法、隧道燃烧法和小室燃烧法的要求。

各项理化性能指标应根据 GB 12441—2005《饰面型防火涂料》中规定的各个规范来测定，防火性能指标则根据 GB 12441—2005《饰面型防火涂料》中大板燃烧法、隧道燃烧法和小室燃烧法来测定。大板燃烧法规定了在规定条件下，测试涂覆于可燃基材表面的饰面型防火涂料的耐燃特性的试验方法；隧道燃烧法规定了以小型试验炉测试涂覆于可燃基材表面的饰面型防火涂料的火焰传播特性的试验方法；小室燃烧法规定了在实验室条件下测试涂覆于可燃基材表面的饰面型防火涂料的阻火性能的试验方法（以燃烧质量损失和炭化体积表示）。

2.4.3　钢结构防火涂料

钢结构具有强度高、自重轻、抗震性好、施工快、建筑基础费用低、结构面积小等诸多优点而得到广泛重视，尤其在高层建筑、大空间建筑中广泛应用。但从防火安全的角度看，钢材虽为不燃烧体，却极易导热，在高温下强度会急剧下降，致使钢构件发生塑性变形，产生局部破坏，丧失支撑能力而引起结构的倒塌。裸钢的耐火极限通常只有 15min。可见，不做防火保护的钢构件，火灾危险性是非常大的。钢结构火灾的主要特点是：钢结构倒塌快、难扑救；火灾影响大，损失大；建筑物易损坏，难修复。

根据我国有关建筑防火规范的要求，建筑中的钢材视承重情况及使用情况的不同，耐火极限要求从0.5～3.0h不等，因此必须实施防火保护。

1. 防火机理

钢结构防火涂料覆盖在钢基材的表面，起防火隔热保护作用，防止钢结构在火灾中迅速升温而失去强度，挠曲变形塌落。防火隔热机理是：

1）涂层不燃或不助燃，能对钢基材起屏蔽和防止热辐射作用，隔离火焰，避免钢构件直接暴露在火焰或高温中。

2）涂层中部分物质吸热和分解出水蒸气、二氧化碳等不燃性气体，起到消耗热量、降低火焰温度和燃烧速度、稀释氧气的作用。

3）防火保护层最主要的作用是涂层本身多孔轻质或热膨胀后形成炭化泡沫层，热导率降低，有效地阻止热量向钢基材传递，推迟钢构件升温至极限温度的时间，从而提高钢结构的耐火极限。对于厚涂型钢结构防火隔热涂料，涂层厚度为几厘米，火灾中基本不变，自身密度小，热导率低；对于薄涂型钢结构膨胀防火涂料，涂层在火灾中由于膨胀，热导率明显降低，较厚涂型效果更明显。

2. 涂料类型

按照GB 14907—2002《钢结构防火涂料》，钢结构防火涂料根据使用场所可分为室内钢结构防火涂料和室外钢结构防火涂料两类；根据其涂层的厚度可分为超薄型、薄型和厚型三类。超薄型钢结构防火涂料的涂层厚度小于或等于3mm；薄型钢结构防火涂料的涂层厚度大于3mm且小于或等于7mm。这两类涂料有一定的装饰效果，高温时膨胀增厚，耐火隔热，常称为钢结构膨胀型防火涂料。厚型钢结构防火涂料的涂层厚度大于7mm且小于或等于45mm。这类涂料呈现粒状面，密度较小，热导率低，耐火极限可达0.3～3.0h，常称为钢结构防火隔热涂料。

3. 技术要求

表2-13和表2-14分别列出室内钢结构防火涂料和室外钢结构防火涂料的技术指标要求。

表2-13 室内钢结构防火涂料的技术指标要求

序号	检验项目	技术指标			缺陷分类
		NCE	NB	NH	
1	在容器中的状态	经搅拌后呈均匀细腻状态，无结块	经搅拌后呈均匀液态或稠厚流体状态，无结块	经搅拌后呈均匀稠厚流体状态，无结块	C
2	干燥时间（表干）/h	≤8	≤12	≤24	C
3	外观与颜色	涂层干燥后，外观与颜色同样品相比应无明显差别	涂层干燥后，外观与颜色同样品相比应无明显差别	—	C
4	初期干燥抗裂性	不应出现裂纹	允许出现1～3条裂纹，其宽度应≤0.5mm	允许出现1～3条裂纹，其宽度应≤1mm	C
5	粘结强度/MPa	≥0.20	≥0.15	≥0.04	B
6	抗压强度/MPa	—	—	≥0.3	C

（续）

序号	检验项目		技术指标			缺陷分类
			NCE	NB	NH	
7	干密度/(kg/m³)		—	—	≤500	C
8	耐水性/h		≥24,涂层应无起层、发泡、脱落现象	≥24,涂层应无起层、发泡、脱落现象	≥24,涂层应无起层、发泡、脱落现象	B
9	耐冷热循环性/次		≥15,涂层应无开裂、剥落、起泡现象	≥15,涂层应无开裂、剥落、起泡现象	≥15,涂层应无开裂、剥落、起泡现象	B
10	耐火性能	涂层厚度(不大于)/mm	2.00±0.20	5.0±0.5	25±2	A
		耐火极限(不低于)/h(以工36b或工40b标准工字钢梁作基材)	1.0	1.0	2.0	

注：1. 裸露钢梁耐火极限为15min（工36b、工40b验证数据），作为表中0mm涂层厚度耐火极限基础数据。
2. A为致命缺陷，B为严重缺陷，C为轻缺陷。

表2-14　室外钢结构防火涂料的技术指标要求

序号	检验项目	技术指标			缺陷分类
		WCB	WB	WH	
1	在容器中的状态	经搅拌后呈细腻状态,无结块	经搅拌后呈均匀液态或稠厚流体状态,无结块	经搅拌后呈均匀稠厚流体状态,无结块	C
2	干燥时间(表干)/h	≤8	≤12	≤24	C
3	外观与颜色	涂层干燥后,外观与颜色同样品相比应无明显差别	涂层干燥后,外观与颜色同样品相比应无明显差别	—	C
4	初期干燥抗裂性	不应出现裂纹	允许出现1~3条裂纹,其宽度应≤0.5mm	允许出现1~3条裂纹,其宽度应≤1mm	C
5	粘结强度/MPa	≥0.20	≥0.15	≥0.04	B
6	抗压强度/MPa	—	—	≥0.5	C
7	干密度/(kg/m³)	—	—	≤650	C
8	耐曝热性/h	≥720,涂层应无起层、脱落、空鼓、开裂现象	≥720,涂层应无起层、脱落、空鼓、开裂现象	≥720,涂层应无起层、脱落、空鼓、开裂现象	B
9	耐湿热性/h	≥504,涂层应无起层、脱落现象	≥504,涂层应无起层、脱落现象	≥504,涂层应无起层、脱落现象	B
10	耐冻融循环性/次	≥15,涂层应无开裂、脱落、起泡现象	≥15,涂层应无开裂、脱落、起泡现象	≥15,涂层应无开裂、脱落、起泡现象	B
11	耐酸性/h	≥360,涂层应无起层、脱落、开裂现象	≥360,涂层应无起层、脱落、开裂现象	≥360,涂层应无起层、脱落、开裂现象	B
12	耐碱性/h	≥360,涂层应无起层、脱落、开裂现象	≥360,涂层应无起层、脱落、开裂现象	≥360,涂层应无起层、脱落、开裂现象	B

（续）

序号	检验项目		技术指标			缺陷分类
			WCB	WB	WH	
13	耐盐雾腐蚀性/次		≥30，涂层应无起泡，明显的变质、软化现象	≥30，涂层应无起泡，明显的变质、软化现象	≥30，涂层应无起泡，明显的变质、软化现象	B
14	耐火性能	涂层厚度（不大于）/mm	2.00±0.20	5.0±0.5	25±2	A
		耐火极限（不低于）/h（以工36b或工40b标准工字钢梁作基材）	1.0	1.0	2.0	

注：1. 裸露钢梁耐火极限为15min（工36b、工40b验证数据），作为表中0mm涂层厚度耐火极限基础数据。耐久性项目（耐曝热性、耐湿热性、耐冻融循环性、耐酸性、耐碱性、耐盐雾腐蚀性）的技术要求除表中规定外，还应满足附加耐火性能的要求，方能判定该对应项性能合格。耐酸性和耐碱性可仅进行其中一项测试。

2. A为致命缺陷，B为严重缺陷，C为轻缺陷。

4. 试验方法

涂层理化性能的试件应按GB 14907—2002《钢结构防火涂料》来制备，相应性能指标的测定也应符合该规范的规定。

测试涂层耐火性能的试验装置和试验条件应符合GB/T 9978.1～9—2008的规定。试件选用工程中有代表性的工36b或工40b工字型钢梁，依据涂料产品使用说明书规定的工艺条件对试件受火面进行涂覆，形成涂覆钢梁试件，并放在通风干燥的室内自然环境中干燥养护，按GB 14907—2002《钢结构防火涂料》的相关要求安装、加载和测试。钢结构防火涂料的耐火极限以涂覆钢梁失去承载能力的时间来确定，当试件最大挠度达到$L_0/20$（L_0是计算跨度）时试件失去承载能力。耐火性能以涂覆钢梁的涂层厚度（mm）和耐火极限（h）来表示，并注明涂层构造方式和防锈处理措施。

测试涂层的附加耐火性能的试验必须在各项理化性能试验合格之后方可进行。试验试件为7根I16热轧普通工字钢梁（长度500mm），按要求预埋热电偶（由于预埋热电偶产生的孔、洞应作可靠封堵）。按涂料规定的施工工艺对7根短钢梁的每个表面进行施工，涂层厚度规定为WCB取1.5～2.0mm，WB取4.0～5.0mm，WH取20～25mm。但每根短钢梁试件的涂层厚度偏差不能大于10%。取6根达到规定的养护期的钢梁分别进行理化性能测试试验后放在（30±2）℃的环境中养护干燥后同第7根涂覆钢梁一起进行耐火试验。将试件放入试验炉中，水平放置，三面受火，按GB/T 9978.1～9—2008规定的升温条件升温，同时监测三个受火面相应位置的温度。以第7根钢梁内部达到临界温度（平均温度538℃，最高温度649℃）的时间为基准，第1～6根钢梁试件达到临界温度的时间衰减不大于35%者，可判定该对应项理化性能合格。

5. 选用原则

钢结构防火涂料在工程中实际应用涉及范围较广，对涂料品种的选用、产品质量、施工要求等均需加以重视，一般需遵循以下原则：

选用的钢结构防火涂料必须具有国家级检测中心出具的合格检测报告，其质量应符合有关国家标准的规定。应根据钢结构的类型特点、耐火等级及适用环境，选择符合性能要求的防火涂料。

（1）根据建筑的重要性选用。对于重点的工业（如核能、电力、石油、化工等）建筑工程，应以厚型防火涂料为主。对于一般民用建筑工程（如市场、办公室等），以薄型或超薄型防火涂料为主。

（2）根据建筑构件的部位选用。对于建筑物中的隐藏钢结构，其对涂层的外观质量要求不高，应尽量采用厚型防火涂料。裸露的钢网架、钢屋架及屋顶承重结构，其对装饰效果要求较高，则可选择薄型或超薄型钢结构防火涂料，但必须达到防火规范规定的耐火极限。若耐火极限要求为2.0h以上时，应慎用。

（3）根据钢结构的耐火极限要求选用。对于建筑构件的耐火极限要求超过2.5h时，应选用厚型防火涂料；耐火极限要求1.5h以下时，可选用超薄型钢结构防火涂料。

（4）根据建筑的适用环境要求选用。对于露天钢结构及建筑顶层钢结构上部采用透光板时，由于受到阳光曝晒、雨淋，环境条件较为苛刻，应选用室外型钢结构防火涂料，切不可把技术性能仅满足室内要求的防火涂料用于室外。

2.4.4　混凝土结构防火涂料

混凝土是建筑行业中广泛采用的建筑材料之一。混凝土本身是不燃的，但是其耐热能力很差，高温下强度会大幅度下降，造成结构损坏和坍塌。预应力钢筋混凝土由于比普通钢筋混凝土的抗裂性、刚度、抗剪性和稳定性更好，质量更轻，并能节省混凝土和钢材，在现代建筑中得到了非常广泛的应用，尤其是预应力钢筋混凝土空心楼板。但是预应力钢筋混凝土的耐火性很差，因此其耐火性能成为贯彻《建筑设计防火规范》的一个难题。预应力钢筋混凝土楼板耐火性能差的原因是：预应力钢筋的温度达200℃时，屈服强度开始下降，300℃时，预应力几乎全部消失，蠕变加快，致使预应力板的强度、刚度迅速降低，从而板中的挠度变化加快，板下面出现裂缝，预应力钢筋直接受到高温作用，其刚度和强度进一步下降，混凝土在高温下性能也在改变，板下的混凝土受热膨胀方向与板受拉方向一致，助长了板中挠度的变化。混凝土在300℃时，强度开始下降，500℃强度降低一半左右，800℃强度几乎丧失。在建筑火灾中，这类楼板均在0.5h左右即断裂垮塌。

混凝土结构防火涂料是指涂覆在石油化工储罐区防火堤等建（构）筑物和公路、铁路、城市交通隧道混凝土表面，能形成耐火隔热保护层以提高其结构耐火极限的防火涂料，是在钢结构防火涂料的研究成果基础上发展起来的。按其使用场所可分为防火堤防火涂料和隧道防火涂料，前者用于石油化工储罐区防火堤混凝土表面的防护，后者用于公路、铁路、城市交通隧道混凝土表面的防护。按其涂层燃烧后的状态变化和性能特点分为膨胀型和非膨胀型两类。前者涂层较薄，受火时涂层发泡膨胀，形成耐火隔热层；后者涂层较厚，密度较小，热导率低，高温时具有耐火隔热作用。根据混凝土结构、材料和防火要求的特点，目前以非膨胀型防火涂料应用较为普遍。混凝土结构防火涂料的类别分为三种：H代表混凝土结构防火涂料，DH代表防火堤防火涂料，SH代表隧道防火涂料。

1. 技术要求

隧道防火涂料是指用于涂覆在隧道拱顶和侧壁上，能形成隔热耐火保护层，以提高隧道结构材料耐火极限的防火涂料，其技术指标见表2-15。

表 2-15 隧道防火涂料的技术指标

序号	检验项目	技术指标	缺陷分类
1	在容器中的状态	经搅拌后呈均匀稠厚流体,无结块	C
2	干燥时间(表干)/h	≤24	C
3	粘结强度/MPa	≥0.15(冻融前)	A
		≥0.15(冻融后)	
4	干密度/(kg/m^3)	≤700	C
5	耐水性/h	≥720,试验后,涂层不开裂、起层、脱落,允许轻微发胀和变色	A
6	耐酸性/h	≥360,试验后,涂层不开裂、起层、脱落,允许轻微发胀和变色	B
7	耐碱性/h	≥360,试验后,涂层不开裂、起层、脱落,允许轻微发胀和变色	B
8	耐湿热性/h	≥720,试验后,涂层不开裂、起层、脱落,允许轻微发胀和变色	B
9	耐冻融循环试验/次	≥15,试验后,涂层不开裂、起层、脱落,允许轻微发胀和变色	B
10	产烟毒性	不低于 GB/T 20285—2006 规定产烟毒性危险分级 ZA_1 级	B
11	耐火性能/h	≥2.00(标准升温)	A
		≥2.00(HC 升温)	
		升温≥1.50,降温≥1.83(RABT 升温)	

注:1. A 为致命缺陷,B 为严重缺陷,C 为轻缺陷。
2. 型式检验时,可选择一种升温条件进行耐火性能的检验和判定。

防火堤防火涂料是用于石油化工储罐区防火堤混凝土表面防护的防火涂料,其技术要求见表 2-16。

表 2-16 防火堤防火涂料的技术要求

序号	检验项目	技术指标	缺陷分类
1	在容器中的状态	经搅拌后呈均匀稠厚流体,无结块	C
2	干燥时间(表干)/h	≤24	C
3	粘结强度/MPa	≥0.15(冻融前)	A
		≥0.15(冻融后)	
4	抗压强度/MPa	≥1.50(冻融前)	B
		≥1.50(冻融后)	
5	干密度/(kg/m^3)	≤700	C
6	耐水性/h	≥720,试验后,涂层不开裂、起层、脱落,允许轻微发胀和变色	A
7	耐酸性/h	≥360,试验后,涂层不开裂、起层、脱落,允许轻微发胀和变色	B
8	耐碱性/h	≥360,试验后,涂层不开裂、起层、脱落,允许轻微发胀和变色	B
9	耐曝热性/h	≥720,试验后,涂层不开裂、起层、脱落,允许轻微发胀和变色	B
10	耐湿热性/h	≥720,试验后,涂层不开裂、起层、脱落,允许轻微发胀和变色	B
11	耐冻融循环试验/次	≥15,试验后,涂层不开裂、起层、脱落,允许轻微发胀和变色	B
12	耐盐雾腐蚀性/次	≥30,试验后,涂层不开裂、起层、脱落,允许轻微发胀和变色	B
13	产烟毒性	不低于 GB/T 20285—2006 规定产烟毒性危险分级 ZA_1 级	B
14	耐火性能/h	≥2.00(标准升温)	A
		≥2.00(HC 升温)	
		≥2.00(石油化工升温)	

注:1. A 为致命缺陷,B 为严重缺陷,C 为轻缺陷。
2. 型式检验时,可选择一种升温条件进行耐火性能的检验和判定。

2. 试验方法

试验应符合 GB 28375—2012《混凝土结构防火涂料》的规定。混凝土结构防火涂料的理化性能试验用底板采用符合 JC/T 626—2008《纤维增强低碱度水泥建筑平板》规定的纤维增强低碱度水泥建筑平板和符合 GB 14907—2002《钢结构防火涂料》规定的试件。按涂料产品的施涂工艺要求，将待测涂料施涂于试件底板的表面上。涂料厚度达到规定后，再适当抹平和修边，使其均匀平整。涂好的试件涂层面向上，水平放置干燥养护，然后按规定的方法进行试验。

混凝土结构防火涂料耐火性能试验用底板采用强度等级符合 GB 50010—2010《混凝土结构设计规范》规定的 C30 混凝土板，尺寸为 1450mm×1450mm。防火堤防火涂料试验用底板的厚度为 200mm，底面钢筋保护层厚度为 30mm；隧道防火涂料试验用底板的厚度为 150mm，底面钢筋保护层厚度为 25mm。混凝土板的结构和混凝土板中热电偶的位置按规范要求布置。按照施涂工艺要求，将防火涂料均匀施涂于试验用底板下表面至规定的厚度，放置通风干燥的室内自然环境中养护。然后按照《混凝土结构防火涂料》的有关规定进行耐火试验。

耐火试验过程中当下列任一项出现时，则表明试件达到耐火极限：①混凝土板底面上任一测温点的温度大于 380℃；②对于涂覆防火堤防火涂料的试件，混凝土板内 30mm 保护层钢筋网底面上任一测温点的温度大于 250℃；③对于涂覆隧道防火涂料的试件，混凝土板内 25mm 保护层钢筋网底面上任一测温点的温度大于 250℃。耐火性能以涂覆混凝土板的涂层厚度（mm）和耐火性能试验时间或耐火极限（h）来表示，并注明耐火性能的升温方式和涂层构造方式。

2.4.5 电缆防火涂料

电缆是人们日常生活、工农业建设和国防、科技等各领域不可缺少的重要产品。电缆在正常工作条件下是安全的，但当其在过载、短路、长期使用等情况下会发生局部过热等故障，或在外热作用下都会引起绝缘层的绝缘电阻下降，导致击穿、燃烧，从而引发火灾事故。因此，在电缆密集敷设的场所，如高层及超高层建筑、电力系统、大型娱乐场馆、邮电通信系统、大型工矿企业及地下铁路等场所，极易由电缆的故障引起火灾。而且，电缆一旦发生火灾，火势会顺着电缆的延燃而蔓延，从而造成大面积的经济损失。电缆燃烧过程中释放出大量的烟雾和有害气体，会严重威胁人们的生命。电缆火灾具有以下几个特点：隐蔽性、潜在性、毒害性和延燃性。近年来，由于电缆密度和电力负荷的增加，电缆火灾事故频发，重特大火灾事故屡见不鲜。

电缆防火涂料是指涂覆于电缆（如以橡胶、聚乙烯、聚氯乙烯、交联聚乙烯等材料作为导体绝缘和护套的电缆）表面，具有防火阻燃保护及一定装饰作用的防火涂料。我国电缆防火涂料产品的研制始于 20 世纪 70 年代末，它是在饰面型防火涂料基础上结合自身要求发展起来的，集装饰和防火为一体的新型防火涂料品种，具有阻燃和防火两方面的作用。电缆防火涂料的理化性能及耐候性能较好，涂层较薄，遇火能生成均匀致密的海绵状泡沫隔热层，有显著的隔热防火效果，从而达到保护电缆、阻止火焰蔓延、防止火灾的发生和发展的目的。电缆防火涂料主要适用于电厂、工矿、电信和民用建筑的电线电缆的阻燃处理，也可用于木结构、金属结构建筑物的可燃烧性基材等物体的防火保护。

从所采用的溶剂类型来分，电缆防火涂料可分为溶剂型和水性两类。溶剂型电缆防火涂料的综合性能优于水性电缆防火涂料，因此目前市场上主要以溶剂型的为主。由于现代社会的飞速发展，电缆使用的环境、敷设的方式的多样化，从电缆防火涂料多年的应用情况看，现行的水性防火涂料还有些性能需要改进提高，才能满足电缆使用环境要求。目前使用情况较好的溶剂型防火涂料，本身易燃，使用的火灾隐患也相当大，加之溶剂对人体会有不同程度的伤害，因此特别是在电缆竖井、电缆沟、电缆隧道等空间狭窄或不易通风的场所使用时应加强安全防护措施。从环保的角度考虑，今后应努力开发研制理化性能和耐候性能优良的水性防火涂料。

1. 技术要求

根据 GB 28374—2012《电缆防火涂料》的要求，电缆防火涂料应该满足表 2-17 中的技术要求。

表 2-17 电缆防火涂料技术性能指标

序号	项目		技术性能指标	缺陷类别
1	在容器中的状态		无结块，搅拌后呈均匀状态	C
2	细度/μm		≤90	C
3	黏度/(Pa·s)		≥70	C
4	干燥时间	表干/h	≤5	C
		实干/h	≤24	
5	耐油性/d		浸泡 7d，涂层无起皱、无剥落、无起泡	B
6	耐盐水性/d		浸泡 7d，涂层无起皱、无剥落、无起泡	B
7	耐湿热性/d		经过 7d 试验，涂层无开裂、无剥落、无起泡	B
8	耐冻融循环/次		经过 15 次循环，涂层无起皱、无剥落、无起泡	B
9	抗弯性		涂层无起层、无脱落、无剥落	A
10	阻燃性/m		炭化高度≤2.50	A

注：A 为致命缺陷，B 为严重缺陷，C 为轻缺陷。

2. 试验方法

试验方法应符合 GB 28374—2012《电缆防火涂料》的规定。试验用基材为全塑铝芯电缆，护套的氧指数值应为 25.0±0.5，电缆外径为 30mm±2mm，导体为四芯，其截面积为 $50mm^2\times3+25mm^2\times1$，电缆表面应平整光滑。试件应按产品说明书的规定进行刷涂或喷涂，两次涂刷的间隔时间不小于 24h，每次涂刷应均匀。阻燃性试件其一端 500mm 的长度不应涂覆电缆防火涂料。电缆防火涂料的干涂层厚度应为 1mm±0.1mm。

试件安装应符合 GB/T 18380.32—2008 中的 AF/R 类的试件安装要求，试件未涂覆电缆防火涂料的一端置于钢梯下方。持续供火时间为 40 min。在燃烧完全停止后（如果在停止供火 1h 后试件仍燃烧不止可以将其强行熄灭），除去防火涂料膨胀层，用尖锐物体按压试样表面，如从弹性变为脆性（粉化）则表明电缆基材开始炭化。然后用钢卷尺或钢直尺测量喷灯喷口的底边至电缆基材炭化处的最大长度，即为试件炭化高度（m）。

第 3 章

第 3 章　建筑耐火设计

3.1　建筑耐火设计方法

发生火灾时，应确保受灾人员有充分的时间从建筑中及时疏散出来，并保证消防救援人员在灭火过程中不因建筑结构主体倒塌而造成人身伤亡，因此应对建筑物进行耐火设计，保证火灾情况下建筑结构的整体稳定性。在进行建筑结构的耐火设计时，应充分考虑建筑结构体系的特点、材料的力学性能以及高温对构件及材料的影响。

建筑物的耐火能力不仅和构件的耐火极限有关，还与构件的燃烧性能有着密切的关系。由于火灾时影响建筑物室内空气升温过程的因素很多，因此，在进行建筑耐火设计过程中，要求对所用构件的耐火性能、燃烧性能及建筑物内的布局作全面的了解。

建筑物耐火等级的划分是按建筑物的使用性质、体形特征、防火间距等诸多因素而确定的。我国工业与民用建筑耐火等级多层分为四级，高层分为二级，汽车库、修车库分为三级。不同耐火等级建筑物中构件的耐火极限及其燃烧性能的要求亦不相同。在确定耐火极限时，依据柱、梁、楼板、墙等构件重要性先后次序，以楼板为基准先确定其耐火极限，梁和柱则在此基础上分别增加 0.5h 和 1h。但对于防火墙，实际火灾表明，由于它的合理设置可很好地阻止火灾的蔓延，因此耐火极限被相应地提高，以增强一般火灾情况下阻止火灾蔓延的效用。

建筑设计中的构件耐火性能及燃烧性能，必须按照规范中的要求进行设计，并在工程施工及验收时对构件耐火性能及燃烧性能进行核查，以确保建筑构件具有基本的耐火能力，不至于在火灾时发生过早坍塌事故。

此外，由于影响火灾时建筑室内空气升温的因素很多，如室内可燃物的燃烧性能、数量、分布情况，以及着火房间的大小、形状和通风状况等，因此实际火灾空气升温曲线具有多样性。采用标准升温曲线方便建筑耐火设计，但是一般与真实火灾的升温曲线相差较大，特别是大空间室内火灾（目前，国际上对大空间室内火灾还未有一致定义）等情况。为了更好地反映建筑火灾的实际破坏程度，在能确定建筑物室内的有关参数以及火灾荷载的情况下，在进行建筑耐火设计时，允许采用实际的火灾升温曲线。

建筑结构不仅承载着整个建筑本身的安全，而且也维系着使用者的生命，如同生命线一样是人们危险境遇下的最后防线。但它区别于那些可主动进行防范的设备，只能被动地为人们提供安全保障，因此通常将组成建筑结构体系的建筑构件称作被动防火构件。

一般情况下建筑结构耐火设计可采用以下三种方式确定其构件的耐火性能：①表格法。这种方法是依据已有的研究结果和实际火灾工程经验等，经过分析、简化建立起来的数据信息。②耐火试验。通过对构件进行耐火性能试验，直接将其结果应用于其设计。③耐火计算。对构件及其结构的耐火性能进行计算。

“表格法”和“耐火试验”一般局限于构件的耐火性能，目前，大多数国家的建筑耐火设计均采用“耐火试验”这种方法，我国也不例外。这种方法的原理如图 3-1 所示。

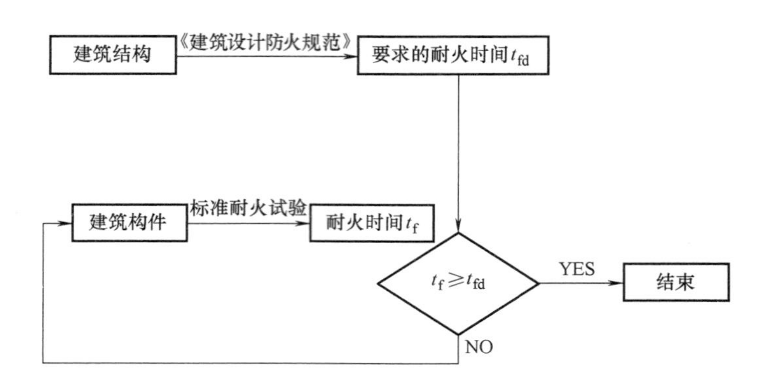

图 3-1 耐火试验的原理图

“耐火试验”方法主要包括两部分：

(1) 按照 ISO 834 标准升温曲线对构件加热，进行耐火试验。试验进行的时间应符合《建筑设计防火规范》对构件所作的规定。

(2) 按照 ISO 834 标准升温曲线进行耐火试验。构件的耐火时间由试验确定。

若试验所得的构件耐火时间符合所要求的耐火时间，就认为这个构件满足防火设计要求。

这是目前国际上最通用的一种方法，广泛用于对墙、隔断、柱、梁、楼板及屋面等建筑构件的耐火性能进行评价和分级。但是这种方法存在一些缺点。例如：

(1) ISO834 中规定的标准升温曲线只是一种标准化的人为总结的升温规律，它不能全面反映出实际火灾千变万化的各种温度变化过程，因此耐火试验的结果往往不能准确地说明构件在实际火灾中的耐火性能。

(2) 按标准升温曲线对建筑构件进行标准耐火试验时，由于热流状况、约束条件、试验荷载、测量等试验条件不易精确控制，即使使用同一座试验炉重复进行试验，试验结果的数据也较分散，若使用不同的试验炉对同一种构件进行耐火试验，其差异就更大了。

(3) 由于耐火试验炉的尺寸有限，超出炉尺寸的建筑构件不得不按某种原则压缩尺寸，因而其试验结果不可能准确地代表实际构件的情况。

“耐火计算”方法则可对构件及其结构体系进行耐火计算，但由于条件的复杂性，以及火灾的不可预见性，这样的计算应该是在整个楼宇火灾评估的基础上完成的。而这种评估也受控于经验因素以及不可预测的火灾条件，所以实际上也存在不确定性问题。耐火计算一般包括以下两种：

(1) 基于试验的构件耐火设计方法（传统方法）。该法可根据试验结果选取相应的防火保护措施，如英国 BS476、美国 ASTM E119 和我国 GB/T 9978.1 ~ 9—2008《建筑构件耐火试验方法》等标准均有规定。

(2) 基于计算的构件耐火设计方法。即先设定结构耐火设计的目标，为实现该目标，必须保证结构或构件的耐火时间不得低于某一数值。一般来说，结构耐火设计的目标是：通过结构耐火设计，安全、经济、合理地采取结构防火保护措施，从而减轻结构火灾损伤，避免出现结构局部或整体倒塌造成人员伤亡及其疏散和火灾扑灭困难，并减少灾后结构的修复费用与间接经济损失。结构耐火设计的计算判定具体有三种形式：

1）在各种荷载效应组合下，结构或构件的耐火时间 t_d 应不小于规定的结构或构件耐火极限时间 t_m，即 $t_d \geq t_m$。

2）耐火极限时间内结构或构件的最高温度 T_m 不应大于结构或构件的极限温度 T_d，即 $T_d \geq T_m$。

3）在规定的结构耐火极限时间内，结构或构件的承载力 R_d 应不小于各种作用所产生的组合效应 S_m，即 $R_d \geq S_m$。

上述三个判定式本质上是等效的，进行建筑结构耐火设计时，只要满足其中一个即可。

值得指出的是，基于试验的构件耐火设计方法由于难以模拟诸如实际荷载分布、构件的端部约束情况、温度内力的影响等因素，现已逐渐被基于计算的构件耐火设计方法所取代。

3.2 建筑构件的耐火性能

建筑物是由许多建筑构件组成的（如墙、柱、梁、板、屋顶承重构件、吊顶、门窗、楼梯等）。因此，建筑物的耐火程度高低，直接决定于这些建筑构件在火灾高温作用下的耐火性能，即建筑构件的燃烧性能和耐火极限。

3.2.1 建筑构件的燃烧性能

当材料、产品和构件燃烧或遇火时，所发生的一切物理和（或）化学变化，称为该材料的燃烧性能。

关于建筑材料的燃烧性能分级，各个国家所采用的方法差异很大。迄今为止，国际标准化组织尚未制定出一套完整、统一的分级方法。我国建筑材料燃烧性能分级是按照 GB 8624—2012《建筑材料及制品燃烧性能分级》执行的，将建筑材料及制品燃烧性能分为四个等级，详细情况见第 2 章 2.2 部分。

建筑构件的燃烧性能，反映了建筑构件遇火燃烧或高温作用时的燃烧特点，它由制成建筑构件的材料的燃烧性能而定。按照现行《建筑设计防火规范》的规定，不同燃烧性能建筑材料制成的建筑构件可分为三类，不燃性构件、难燃性构件、可燃性构件。

3.2.2 建筑构件的耐火极限

建筑构件耐火极限是划分建筑耐火等级的基础数据，也是进行建筑物构造防火设计和火灾后制定建筑物修复方案的科学依据。

1. 耐火极限的定义

建筑构件的耐火极限是指在标准耐火试验条件下（测定方法按照 GB/T 9978.1～9—2008 进行），建筑构件、配件或结构从受到火的作用时起，至失去承载能力、完整性或隔热性时止所用时间，用小时表示。

对构件进行标准耐火试验，测定其耐火极限是通过燃烧试验炉进行的。耐火试验采用明火加热，使试验构件受到与实际火灾相似的火焰作用。为了模拟一般室内火灾的全面发展阶段，试验时炉内温度按照 ISO834 火灾标准升温曲线来升温。目前，世界上大多数国家都采用该升温曲线来升温，这就在基本试验条件上趋于一致。

构件的受火条件是：①墙壁和隔板、门窗，一面受火；②楼板、屋面板、吊顶，下面受火；③横梁，底面和两侧面共三面受火；④柱子，所有轴向侧面均受火。

判断构件达到耐火极限的条件有三个，即失去承载能力、失去完整性、失去隔热性，这三个条件的具体含义是：

（1）承载能力。承载能力是指承重构件承受规定的试验荷载，其变形的大小和速率均未超过标准规定极限值的能力。失去承载能力是指构件在耐火试验中出现坍塌的情况。此条件主要针对承重构件。判定试件承重能力的参数是变形量（挠度和轴向变形）和变形速率。试件变形在达到稳定阶段后将会产生相对快速的变形速率，因此依据变形速率的判定应在变形量超过 $L/30$ 之后才可应用。当试件超过以下任一判定准则限定时，均认为试件丧失承载能力：对楼板、梁和柱试件规定了极限变形速率和极限变形量。

1）抗弯构件。极限弯曲变形量为 $D=\dfrac{L^2}{400d}$，极限弯曲变形速率为 $\dfrac{\mathrm{d}D}{\mathrm{d}t}=\dfrac{L^2}{9000d}$mm/min。式中，$L$ 为试件的净跨度，单位为 mm；d 为试件截面上抗压点与抗拉点之间的距离，单位为 mm。

2）轴向承重构件。极限轴向压缩变形量 $C=\dfrac{h}{100}$，极限轴向压缩变形速率 $\dfrac{\mathrm{d}C}{\mathrm{d}t}=\dfrac{3h}{1000}$mm/min。式中，$h$ 为初始高度，单位为 mm。

（2）完整性。完整性是指在标准耐火试验条件下，建筑构件当某一面受火时，在一定时间内阻止火焰和热气穿透或在背火面出现火焰的能力。该指标适用于分隔构件。试件出现以下任一限定情况均认为试件丧失完整性：①棉垫被点燃；②缝隙探棒可以穿过；③背火面出现火焰且持续时间超过 10s。

（3）隔热性。隔热性是指在标准耐火试验条件下，建筑构件当某一面受火时，在一定时间内背火面温度不超过规定极限值的能力。该指标适用于分隔构件。试件背火面温度温升超过以下任一限定情况均认为试件丧失隔热性：①平均温度温升超过初始平均温度 140℃；②任一位置的温度温升超过初始温度（包括移动热电偶）180℃（初始温度应是试验开始时背火面的初始平均温度）。

2. 耐火极限的判定

GB/T 9978.1～9—2008 规定，耐火极限的判定分为分隔构件、承重构件以及具有承重、分隔双重作用的承重分隔构件。

分隔构件，如隔墙、吊顶、门窗等，当构件失去完整性或隔热性时，构件达到其耐火极限。也就是说，此类构件的耐火极限由完整性和隔热性两个条件共同控制。承重构件，如梁、柱、屋架等，此类构件不具备隔断火焰和过量热的功能，所以由失去承载能力单一条件来控制是否达到其耐火极限。承重分隔构件，如承重墙、楼板、屋面板等，此类构件具有承重分隔双重功能，所以当构件在试验中失去承载能力、完整性、隔热性任一条件时，构件即达到其耐火极限。它的耐火极限由三个条件共同控制。

对于耐火极限的判定需要遵循以下准则：①隔热性和完整性对应承载能力，如果试件的

“承载能力”已不符合要求，则将自动认为试件的“隔热性”和“完整性”不符合要求；②隔热性对应完整性，如果试件的“完整性”已不符合要求，则将自动认为试件的“隔热性”不符合要求。

3. 影响构件耐火极限的因素

所有影响构件承重能力、完整性和隔热性的因素都会影响构件的耐火极限。

（1）承载能力。

1）构件材料的燃烧性能。可燃材料构件由于本身发生燃烧，截面不断削弱，承载力不断降低。当构件自身承载力小于有效荷载作用下的内力时，构件被破坏而失去稳定性。

2）有效荷载量值。所谓有效荷载，是指试验时构件所承受的实际重力荷载。有效荷载大时，产生的内力大，构件失去承载力的时间短，所以耐火性差。

3）钢材品种。不同的钢材，在温度作用下强度降低系数不同。普通低合金钢优于普通碳素钢，普通碳素钢优于冷加工钢，而高强钢丝最差。所以配置16Mn钢的构件稳定性好，而预应力构件（多配冷拉钢筋或高强钢丝）稳定性差。

4）实际材料强度。钢材和混凝土的强度受各种因素影响，是一个随机变量。构件材料实际测定强度高者，耐火性好；反之则差。

5）截面形状与尺寸。同为矩形截面，截面周长与截面面积之比大者，截面接受热量多，内部温度高，耐火性较差。矩形截面宽度小者，温度易于传入内部，耐火性较差。构件截面尺寸大，热量不易传入内部，其耐火性则好。

6）配筋方式。当截面双层配筋或将大直径钢筋配于中部，小直径钢筋配于角部时，则里层或中部钢筋温度低，强度高，耐火性好；反之则差。

7）配筋率。柱子配筋率高者，耐火性差。因钢材强度降低幅度大于混凝土。

8）表面保护。当构件表面有不燃性材料保护时，如抹灰、喷涂防火涂料等，构件温度低，耐火性好。

9）受力状态。轴心受压柱耐火性优于小偏心受压柱，小偏心受压柱优于大偏心受压柱。

10）支承条件和计算长度。连续梁或框架梁受火后会产生塑性变形出现内力重分布现象，所以耐火性大大优于简支梁。柱子计算长度越大，纵向弯曲作用越明显，耐火性越差。

（2）完整性。根据试验结果，凡易发生爆裂、局部破坏穿洞，构件接缝等都可能影响构件的完整性。当构件混凝土含水量较大时，受火时易发生爆裂，使构件局部穿透，失去完整性。当构件接缝、穿管密封处不严密，或填缝材料不耐火时，构件也易在这些地方形成穿透性裂缝而失去完整性。

（3）隔热性。影响构件绝热性的因素主要有两个：材料的热扩散率和构件厚度。材料热扩散率越大，热量越易于传到背火面，所以绝热性差；反之则好。由于金属的热扩散率比混凝土、砖大得多，所以墙体或楼板当有金属管道穿过时，热量会由管道传向背火面而导致失去绝热性。当构件厚度较大时，背火面达到某一温度的时间则长，故其绝热性好。

4. 提高建筑构件燃烧性能和耐火极限的方法

在进行耐火设计时，当遇到某些建筑构件的耐火极限和燃烧性能达不到规范要求时，应采用适当的方法加以解决。常用方法有以下几种：

（1）适当增加构件的截面尺寸。建筑构件的截面尺寸越大，其耐火极限越长，此法对提高建筑构件的耐火极限十分有效。

（2）对钢筋混凝土构件增加保护层厚度。钢筋混凝土构件的耐火性能主要取决于其受力筋在高温下的强度变化。增加保护层厚度可以延缓和减少火灾高温场所的热量向建筑构件内钢筋的传递，使钢筋温升减慢，强度不致降低过快，从而提高构件的耐火能力。这是提高钢筋混凝土构件耐火极限的一种简便而常用的方法，对钢筋混凝土屋架、梁、板、柱都适用。

研究表明：砖墙、钢筋混凝土墙的耐火极限基本上是与其厚度成正比增加的；钢筋混凝土梁的耐火极限是随着其主筋保护层厚度成正比增加的；楼板耐火极限随着保护层厚度的增加而增加，随着荷载的增加而减小，并且支撑条件不同时耐火极限也不相同。

（3）在构件表面做耐火保护层。在钢结构表面做耐火保护层的构造做法有以下几种：

1）用砂浆或灰胶泥做耐火保护层。所使用的材料一般有砂浆、轻质砂浆、珍珠岩砂浆或灰胶泥、蛭石砂浆或石膏灰胶泥等。上述材料均有良好的耐火性能，其施工方法常为在金属网上涂抹上述材料。

2）用矿物纤维做耐火保护层。所使用的材料有石棉、岩棉及矿渣棉等。具体施工方法是将矿物纤维与水泥混合，再用特殊喷枪与水的喷雾同时向底子喷涂，则构成海绵状的覆盖层，然后抹平或任其呈凹凸状。上述方法可直接喷在钢构件上，也可以向其上的金属网喷涂，且后者效果较好。

3）用防火板材做耐火保护层。所用材料有轻质混凝土板、泡沫混凝土板、硅酸钙成型板及石棉成型板等。其构造做法是，以上述预制防火板材包覆钢构件，板间连接可采用钉合及粘合。

（4）在构件表面涂覆防火涂料。防火涂料涂覆在被保护的可燃基材上时，具有装饰、防锈、防腐及延长被保护材料使用寿命的作用；同时当遇到火焰或热辐射的作用时，防火涂料则迅速发生物理和化学变化，具有隔热、阻止火焰传播蔓延的作用。

（5）进行合理的耐火构造设计。构造设计的目的就是通过采用巧妙的约束去抵抗结构的过大挠曲和断裂。合理的构造设计可以延长构件的耐火极限，提高结构的安全性和经济性，包括在构件支座部位、柱牛腿部位、梁翼缘部位等处的构造处理等。

（6）钢梁、钢屋架下做耐火吊顶。在钢梁、钢屋架下做耐火吊顶，其结构表面虽无耐火保护层，但耐火能力却会大大提高。此时则不能仅按钢构件本身的耐火极限来考虑，因为在无保护的钢梁、钢屋架下做耐火吊顶后，使钢梁的升温大为延缓。这种构造方法还能增加室内的美观。

（7）其他方法。如做好构件接缝的构造处理，防止发生穿透性裂缝；改变构件的支承情况，增加多余约束，做成超静定梁等。

3.3 建筑物耐火等级

3.3.1 耐火等级的定义

为了确保建筑的安全性和经济性，建筑的防火设计应适应主动性防火的要求，提高建筑被动性防火的能力，确定不同建筑的耐火等级，为消防扑救创造必要的条件。同时，建筑的防火设计应利于阻滞和控制火势，为人员疏散提供必需的安全撤离时间，为灾后修复提供更好的条件。

所谓耐火等级，是衡量建筑物耐火程度的分级标度。它是由组成建筑物的构件的燃烧性能和耐火极限的最低者所决定的。规定建筑物的耐火等级是现行《建筑设计防火规范》中规定的防火技术措施中最基本的措施之一。

3.3.2　耐火等级的划分目的及作用

划分建筑物耐火等级的目的在于根据建筑物不同用途提出不同的耐火等级要求，做到既有利于安全，又节约基本建筑造价。大量火灾实例说明，耐火等级越高的建筑，火灾时被烧坏、倒塌得越少；耐火等级越低的建筑，火灾时不耐火，燃烧快，损失大。

建筑物具有较高的耐火等级，可以起到以下作用：

（1）在建筑物发生火灾时，确保其能在一定的时间内不破坏，不传播火灾，延缓和阻止火势的蔓延。

（2）为人们安全疏散提供必要的疏散时间。建筑物的高度越高，疏散到地面的距离就越长，所需疏散时间也越长。为了使高度较大的高层建筑有较高的耐火能力，在火灾时不致很快被烧坏甚至倒塌，能给人们较多的安全疏散时间，并为消防扑救创造必要的安全储备，对其耐火等级要求应该严格一些。

（3）为消防人员扑救火灾创造有利条件。扑救建筑火灾时，消防人员大多要进入建筑物内进行扑救。如果其主体结构没有足够的抗火能力，在较短时间内发生局部或全部破坏、倒塌，不仅会给消防扑救工作造成许多困难，而且还可能造成重大伤亡事故。

（4）为建筑物火灾后重新修复使用提供有利条件。在通常情况下，其主体结构耐火能力好，抵抗火烧时间长，则其火灾时破坏少，灾后修复快。

3.3.3　建筑物耐火等级的划分标准和依据

1. 划分标准

按照我国建筑设计、建筑结构及施工实际情况，并考虑到今后建筑发展趋势，同时参考国外划分耐火等级的经验，将普通建筑的耐火等级划分为四级。一般说来，一级耐火等级建筑是钢筋混凝土结构或砖混结构。二级耐火等级建筑和一级耐火等级建筑基本上相似，但其构件的耐火极限可以适当降低，而且可以采用未加保护的钢屋架。三级耐火等级建筑是木屋顶、钢筋混凝土楼板、砖墙组成的砖木结构。四级耐火等级建筑是木屋顶、难燃烧材料作墙壁的建筑。

2. 划分依据

建筑物耐火等级的划分以楼板的耐火极限为基准。根据建筑结构的传力路线，楼板是直接承受荷载的构件，然后楼板再将这些荷载传给梁，梁再传给柱（或是墙）、柱（或是墙）再将荷载传给基础。因此，楼板是最基本的承重构件。

各耐火等级建筑物中楼板的耐火极限确定以后，其他建筑构件的耐火极限再根据构件在建筑结构安全中的地位，来确定合适的耐火极限。在建筑结构中所占的地位比楼板重要者（如梁、柱、承重墙等），其耐火极限应当高于楼板；比楼板次要者（如隔墙、吊顶等），其耐火极限可适当降低。

楼板耐火极限的确定是以我国火灾情况和建筑特点为依据的。火灾统计表明，我国95%的火灾的延续时间均在2h以内，在1.5h以内扑灭的约占90%，在1h内扑灭的约占

80%。同时，建筑物所采用的普通钢筋混凝土空心楼板保护层厚度为10mm的，其耐火极限可达1.00h；现浇钢筋混凝土整体式梁板的耐火极限大都在1.50h以上。因此，将一级耐火等级建筑物楼板的耐火极限定在1.50h，二级耐火等级的定在1.00h，三级耐火等级的定在0.50h，四级耐火等级的定在0.25h。这样80%以上的一、二级建筑物不会被烧垮。其他建筑构件的耐火极限以二级耐火等级建筑物的楼板为基准，比楼板重要的建筑构件的耐火极限要求高一些，比楼板次要的建筑构件的耐火极限要求低一些。以二级耐火等级建筑为例：楼板由梁来支承，梁的耐火极限比楼板要求高，定为1.50h；而梁又由墙和柱来支承，墙和柱的耐火极限分别定为2.00h和2.50h。其他以此类推。

3.3.4 建筑耐火等级的选定

选定建筑物耐火等级的目的在于使不同用途的建筑物具有与之相适应的耐火安全储备，这样既利于安全，又节约投资。消防安全投资要受到建筑总投资的限制，它在建筑总投资里占有一定的比例，而这个比例的大小与建筑物的重要程度及其在使用过程中的火灾危险性相适应，以求获得最佳的经济效果。为此，在选定建筑耐火等级时主要考虑以下因素：

1. 建筑物的重要性

对于功能多、设备复杂、性质重要、扑救困难的重要建筑，应优先采用一级耐火等级。这些建筑包括多功能高层建筑、高级机关重要的办公楼、通信中心大楼、广播电视大厦、重要的科学研究楼、图书档案楼、重要的旅馆及公寓、重要的高层工业厂房、自动化多层及高层库房等。这些建筑一旦发生火灾，因人员、物资集中，扑救困难，疏散困难，经济损失大，人员伤亡多，造成的影响大，对这类建筑采用一级耐火等级是完全必要的。而对一般的办公楼、旅馆、教学楼等，由于其可燃物相对较少，起火后危险也会较小，可采用二级甚至三级耐火等级。

2. 建筑物的高度

建筑物的高度越高，功能越复杂，经常停留在建筑物内的人员就越多，物资也就越多，火灾时蔓延快，燃烧猛烈，疏散和扑救工作就越困难。另外，从火灾发生的楼层统计来看，高层建筑火灾发生率基本上是自上而下增多。根据高层建筑火灾的这些特点，我国规定：一类高层建筑的耐火等级为一级，二类高层建筑的耐火等级不应低于二级。

此外，高层工业厂房和高层库房应采用一级或二级耐火等级的建筑。当采用二级建筑、容纳的可燃物量平均超过220kg/m^{2}时，其梁、楼板应符合一级耐火等级的要求。但是，设有自动灭火设备时，则发生火灾的概率较小，火灾规模也会相应减小，可不再提高耐火等级。

3. 建筑物的使用性质和火灾危险性

对于民用建筑来说，使用性质有很大差异，因而诱发火灾的可能性也不同。而且发生火灾后的人员疏散、火灾扑救的难度也不同。例如：医院的住院部、外科手术室等，不仅病人行动不便，疏散困难，而且手术中的病人也不能转移和疏散，应优先采用一级耐火等级。旅游宾馆、饭店等建筑，投宿旅客多，并对疏散通道不够了解，发生火灾时，旅客不易找到疏散通道，因而疏散时间长，易造成伤亡事故，所以也应选一、二级耐火等级。相反，使用人员相对固定，对建筑物情况熟悉，可燃物相对较少的大量民用建筑，其耐火等级可适当低些。

对于工业厂房或库房，根据其生产和储存物品火灾危险性的大小，提出与之相应的耐火等级要求，特别是对有易燃、易爆危险品的甲、乙类厂房和库房，发生事故后造成的影响大，损失大，所以，甲、乙类厂房和库房应采用一、二级耐火等级建筑；丙类厂房和库房不得采用低于三级耐火等级的建筑；丁、戊类厂房和库房的耐火等级不应低于四级。

为了避免火灾后造成巨大损失，厂房或库房如有贵重的机器设备、贵重物资时，应该采用不低于二级耐火等级的建筑。

中小企业的甲、乙类生产厂房最好采用一、二级耐火等级建筑。但在面积较小，且为独立的单层厂房，考虑到投资的实际情况，并估计到火灾损失不大的前提下，也可以采用三级耐火等级的建筑。此外，使用或生产可燃液体的丙类生产厂房，有火花、炽热表面、明火的丁类生产厂房均应采用一、二级耐火等级建筑。

3.4　建筑的耐火设计

3.4.1　民用建筑耐火等级

民用建筑的耐火等级分类是为了便于根据建筑自身结构的防火能力来对该建筑的其他防火要求作出规定。根据现行《建筑设计防火规范》的规定，民用建筑的耐火等级应分为一、二、三、四级。民用建筑的耐火等级应根据其建筑高度、使用功能、重要性和火灾扑救难度等确定，并应符合下列规定：

（1）耐火等级低于四级的原有建筑，其耐火等级可按四级确定；除《建筑设计防火规范》另有规定者外，以木柱承重且以不燃烧材料作为墙体的建筑物，其耐火等级应按四级确定。

（2）地下、半地下建筑（室），一类高层建筑的耐火等级不应低于一级。

（3）单层、多层重要公共建筑和二类高层建筑的耐火等级不应低于二级。

除另有规定外，不同耐火等级建筑相应构件的燃烧性能和耐火极限不应低于表3-1的规定。

表3-1　不同耐火等级建筑相应构件的燃烧性能和耐火极限　（单位：h）

构件名称		耐火等级			
		一级	二级	三级	四级
墙	防火墙	不燃性 3.00	不燃性 3.00	不燃性 3.00	不燃性 3.00
	承重墙	不燃性 3.00	不燃性 2.50	不燃性 2.00	难燃性 0.50
	非承重外墙	不燃性 1.00	不燃性 1.00	不燃性 0.50	可燃性
	楼梯间和前室的墙 电梯井的墙 住宅建筑单元之间的墙和分户墙	不燃性 2.00	不燃性 2.00	不燃性 1.50	难燃性 0.50
	疏散走道两侧的隔墙	不燃性 1.00	不燃性 1.00	不燃性 0.50	难燃性 0.25
	房间隔墙	不燃性 0.75	不燃性 0.50	难燃性 0.50	难燃性 0.25

（续）

构件名称	耐火等级			
	一级	二级	三级	四级
柱	不燃性 3.00	不燃性 2.50	不燃性 2.00	难燃性 0.50
梁	不燃性 2.00	不燃性 1.50	不燃性 1.00	难燃性 0.50
楼板	不燃性 1.50	不燃性 1.00	不燃性 0.50	可燃性
屋顶承重构件	不燃性 1.50	不燃性 1.00	可燃性	可燃性
疏散楼梯	不燃性 1.50	不燃性 1.00	不燃性 0.50	可燃性
吊顶(包括吊顶搁栅)	不燃性 0.25	难燃性 0.25	难燃性 0.15	可燃性

表3-1中的有关规定是一般的原则性要求，由于建筑的形式多样、功能迥异、火灾荷载密度及其分布与类型等在不同建筑中均有较大差异，表中的规定不一定能满足某些特殊建筑设计要求。对此，可根据国家相关规定进行详细、科学的技术论证，确定其具体的耐火性能设计要求和采取相适应的防火措施。

在确定民用建筑耐火等级和构件耐火极限时，还应注意以下情况：

（1）建筑高度大于100m的民用建筑的楼板，其耐火极限不应低于2.00h。近年来，高层民用建筑在我国呈快速发展之势，建筑高度大于100m的建筑越来越多，火灾也呈多发态势，火灾后果严重。各国对高层建筑的防火要求均有所区别，建筑高度分段也不同。如我国现行标准按24m、32m、50m、100m和250m，新加坡规范按24m和60m，英国规范按18m、30m和60m，美国按23m、37m、49m和128m等分别进行规定，其构件耐火极限、安全疏散和消防救援等均与建筑高度有关。对于建筑高度大于100m的建筑，其主要承重构件的耐火极限要求对比情况见表3-2。从表3-2可以看出，我国规范中有关柱、梁、承重墙等承重构件的耐火极限要求与其他国家的规定比较接近，但楼板的耐火极限相对偏低。为保证超高层建筑的防火性能，将其楼板的耐火极限从1.50h提高到2.00h。

表3-2　各国对建筑高度大于100m的建筑主要承重构件耐火极限的要求（单位：h）

名称	中国	美国	英国	法国
柱	3.00	3.00	2.00	2.00
承重墙	3.00	3.00	2.00	2.00
梁	2.00	2.00	2.00	2.00

（2）上人屋面的耐火极限除应考虑其整体性外，还应考虑应急避难人员在其上停留时的实际需要，因此，一、二级耐火等级建筑的上人平屋顶，其屋面板的耐火极限应与相应耐火等级建筑楼板的耐火极限一致，分别不应低于1.50h和1.00h。

（3）一、二级耐火等级建筑的屋面板应采用不燃烧材料，以防止火灾蔓延。但考虑到屋面防水层的材料性能和安全要求，防水层可采用可燃材料。

（4）为使一些新材料、新型建筑构件能得到推广应用，同时能较好地保证建筑达到整体防火性能不降低，保障人员疏散安全和控制火灾蔓延，本着燃烧性能和耐火极限相平衡的原则，当降低建筑构件的燃烧性能要求时，其耐火极限应相应提高。二级耐火等级建筑中采用难燃烧体的房间隔墙，其耐火极限不应低于0.75h；当房间的建筑面积不大于$100m^2$时，该房间的隔墙可采用耐火极限不低于0.50h的难燃性墙体或耐火极限不低于0.30h的不燃性墙体。二级耐火等级多层住宅建筑中采用预应力钢筋混凝土的楼板，其耐火极限不应低于0.75h。设计应注意尽量采用发烟量低、烟气毒性低的材料；对于人员密集场所以及重要的公共建筑，仍应严格控制使用这些材料。

（5）为防止吊顶受火作用塌落而影响人员疏散，避免火灾通过吊顶蔓延，吊顶的耐火极限应满足以下要求。二级耐火等级建筑中采用不燃材料的吊顶，其耐火极限不限。三级耐火等级的医疗建筑、中小学校建筑、老年人建筑及托儿所、幼儿园的儿童用房和儿童游乐厅等儿童活动场所的吊顶，应采用不燃材料或耐火极限不低于0.25h的难燃材料。二、三级耐火等级建筑中门厅、走道的吊顶应采用不燃材料。

（6）对于装配式钢筋混凝土结构和钢结构，其节点缝隙和明露钢支承构件部位一般是构件的防火薄弱环节，容易被忽视，而这些部位确是保证结构整体承载力的关键部位，要求采取防火保护措施。因此，建筑中预制钢筋混凝土构件的节点外露部位，应采取防火保护措施，且该节点的耐火极限不应低于相应构件的规定。

（7）住宅建筑构件的耐火极限和燃烧性能可按现行国家标准《住宅建筑规范》的规定执行。

3.4.2　厂房（仓库）耐火等级

厂房（仓库）的耐火等级可分为一、二、三、四级，相应建筑构件的燃烧性能和耐火极限，除现行《建筑设计防火规范》另有规定外，不应低于表3-3的规定。

表3-3　不同耐火等级厂房（仓库）建筑构件的燃烧性能和耐火极限　（单位：h）

构件名称		耐火等级			
		一级	二级	三级	四级
墙	防火墙	不燃性 3.00	不燃性 3.00	不燃性 3.00	不燃性 3.00
	承重墙	不燃性 3.00	不燃性 2.50	不燃性 2.00	难燃性 0.50
	楼梯间和电梯井的墙	不燃性 2.00	不燃性 2.00	不燃性 1.50	难燃性 0.50
	疏散走道两侧的隔墙	不燃性 1.00	不燃性 1.00	不燃性 0.50	难燃性 0.25
	非承重外墙	不燃性 0.75	不燃性 0.50	难燃性 0.50	难燃性 0.25
	房间隔墙	不燃性 0.75	不燃性 0.50	难燃性 0.50	难燃性 0.25

（续）

构件名称	耐火等级			
	一级	二级	三级	四级
柱	不燃性 3.00	不燃性 2.50	不燃性 2.00	难燃性 0.50
梁	不燃性 2.00	不燃性 1.50	不燃性 1.00	难燃性 0.50
楼板	不燃性 1.50	不燃性 1.00	不燃性 0.75	难燃性 0.50
屋顶承重构件	不燃性 1.50	不燃性 1.00	难燃性 0.50	可燃性
疏散楼梯	不燃性 1.50	不燃性 1.00	不燃性 0.75	可燃性
吊顶(包括吊顶搁栅)	不燃性 0.25	难燃性 0.25	难燃性 0.15	可燃性

注：二级耐火等级建筑内采用不燃材料的吊顶时，其耐火极限不限。

对于厂房（仓库）的耐火等级的选取，应满足以下规定：

（1）使用或储存特殊贵重的机器、仪表、仪器等设备或物品的建筑，其耐火等级不应低于二级。

（2）高层厂房，甲、乙类厂房的耐火等级不应低于二级，建筑面积不大于300m^{2}的独立甲、乙类单层厂房可采用三级耐火等级的建筑。单、多层丙类厂房，多层丁、戊类厂房的耐火等级不应低于三级。

（3）使用或产生丙类液体的厂房和有火花、赤热表面、明火的丁类厂房，其耐火等级均不应低于二级，当为建筑面积不大于500m^{2}的单层丙类厂房或建筑面积不大于1000m^{2}的单层丁类厂房时，可采用三级耐火等级的建筑。

（4）锅炉房的耐火等级不应低于二级，当为燃煤锅炉房且锅炉的总蒸发量不大于4t/h时，因这类锅炉房一般属于规模不大的企业或非采暖地区的工厂，专为厂房生产用汽而设置的、规模较小的锅炉房，其建筑面积一般为350～400m^2，故可采用三级耐火等级的建筑。

（5）油浸变压器是一种多油电气设备。当它长期过负荷运行或发生故障产生电弧时，易因油温过高而着火或产生电弧使油剧烈气化，可能使变压器外壳爆裂酿成事故，因此运行中的变压器存在燃烧或爆裂的可能。为此，油浸变压器室、高压配电装置室的耐火等级不应低于二级。

（6）高架仓库、高层仓库、甲类库房、多层乙类仓库和储存可燃液体的多层丙类仓库，其耐火等级不应低于二级。单层乙类库房，单层丙类库房储存可燃固体的多层丙类仓库和多层丁、戊类仓库，其耐火等级不应低于三级。

（7）粮食筒仓的耐火等级不应低于二级；二级耐火等级的粮食筒仓可采用钢板仓。粮食平房仓的耐火等级不应低于三级；二级耐火等级的散装粮食平房仓可采用无防火保护的金属承重构件。

在确定厂房（仓库）建筑耐火等级和构件耐火极限时，还应注意以下情况：

（1）甲、乙类厂房和甲、乙、丙类仓库的防火墙，其耐火极限不应低于4.00h。

（2）一、二级耐火等级的单层厂房（仓库）的柱，其耐火极限分别不应低于2.50h和2.00h。

（3）除一级耐火等级的建筑外，下列建筑的梁、柱、屋顶承重构件可采用无防火保护的金属结构，其中能受到甲、乙、丙类液体或可燃气体火焰影响的部位应采取外包敷不燃材料或其他防火保护措施：采用自动喷水灭火系统全保护的一级耐火等级单、多层厂房（仓库）的屋顶承重构件，其耐火极限不应低于1.00h。

1）设置自动灭火系统的单层丙类厂房的梁、柱、屋顶承重构件；2）设置自动灭火系统的多层丙类厂房的屋顶承重构件；3）单层、多层丁、戊类厂房（仓库）的梁、柱和屋顶承重构件。

（4）一、二级耐火等级建筑的非承重外墙应符合下列规定：1）除甲、乙类仓库和高层仓库外，当采用不燃性墙体时，其耐火极限不应低于0.25h；当采用难燃性墙体时，不应低于0.50h：2）4层及4层以下的丁、戊类地上厂房（仓库），当采用不燃性墙体时，其耐火极限不限；当非承重外墙采用难燃性轻质复合墙体时，其表面材料应为不燃材料，内填充材料的燃烧性能不应低于B_2级。材料的燃烧性能分级应符合GB 8624—2012《建筑材料及制品燃烧性能分级》的有关要求。

（5）二级耐火等级厂房（仓库）中的房间隔墙，当采用难燃性墙体时，其耐火极限应提高0.25h；一级耐火等级的建筑，多为性质重要或火灾危险性较大或为了满足其他某些要求（如防火分区建筑面积）的建筑，因此，不允许其房间隔墙做调整。

（6）二级耐火等级多层厂房或多层仓库内采用预应力钢筋混凝土的楼板，其耐火极限不应低于0.75h。

（7）一、二级耐火等级厂房（仓库）的上人平屋顶，其屋面板的耐火极限分别不应低于1.50h和1.00h。

（8）一、二级耐火等级厂房（仓库）的屋面板应采用不燃材料，但其屋面防水层可采用可燃材料；当丁、戊类厂房（仓库）不超过4层时，其屋面可采用难燃性轻质复合板，但板材的表面材料应为不燃材料，内填充材料的燃烧性能不应低于B_2级。

（9）除现行《建筑设计防火规范》另有规定者外，以木柱承重且以不燃烧材料作为墙体的厂房（仓库），其耐火等级应按四级确定。

（10）预制钢筋混凝土构件的节点外露部位，应采取防火保护措施，且该节点的耐火极限不应低于相应构件的规定。

3.4.3 车库的耐火等级

汽车库、修车库的耐火等级应分为三级。对于耐火等级的选择，应符合以下规定：地下、半地下和高层汽车库的耐火等级应为一级。甲、乙类物品运输车的汽车库、修车库和Ⅰ类的汽车库、修车库的耐火等级应为一级。Ⅱ、Ⅲ类汽车库、修车库的耐火等级不应低于二级。Ⅳ类汽车库、修车库的耐火等级不应低于三级。车库各级耐火等级建筑物构件的燃烧性能和耐火极限均不应低于表 3-4 的规定。

表 3-4 汽车库、修车库构件的燃烧性能和耐火极限 （单位：h）

构件名称		耐火等级		
		一级	二级	三级
墙	防火墙	不燃性 3.00	不燃性 3.00	不燃性 3.00
	承重墙	不燃性 3.00	不燃性 2.50	不燃性 2.00
	楼梯间和前室的墙、防火隔墙	不燃性 2.00	不燃性 2.00	不燃性 2.00
	隔墙、非承重外墙	不燃性 1.00	不燃性 1.00	不燃性 0.50
柱		不燃性 3.00	不燃性 2.50	不燃性 2.00
梁		不燃性 2.00	不燃性 1.50	不燃性 1.00
楼板		不燃性 1.50	不燃性 1.00	不燃性 0.50
疏散楼梯、坡道		不燃性 1.50	不燃性 1.00	不燃性 1.00
屋顶承重构件		不燃性 1.50	不燃性 1.00	可燃性 0.50
吊顶（包括吊顶搁栅）		不燃性 0.25	不燃性 0.25	难燃性 0.15

3.5 钢结构耐火保护方法

为了提高钢结构在火灾条件下的安全性能，需要采用保护性构造技术。而采用不同的防火材料，施工方法也会不同。目前，世界各国对钢结构进行耐火保护的方法从原理上讲可划分为两种：绝热式和耗能式，表 3-5 所列是钢结构耐火保护方法分类。英国钢结构协会（BSC）认为，钢梁喷涂矿物纤维灰浆，钢柱贴轻质防火板，是最经济、最有效的做法。

表 3-5 钢结构耐火保护方法分类

原理	类别	耐火保护方法
绝热式	喷涂法	喷、刷耐火涂料
	包封法	包封防火板
		包敷混凝土、水泥砂浆
		包敷耐火材料砌体
		包裹软质耐火绝热材料
	屏蔽法	用耐火构件封闭阻火

（续）

原理	类别	耐火保护方法
耗能式	外部冷却法	水喷淋保护
	内部循环冷却法	内部充水循环冷却保护
	钢管混凝土耗热	充填核心混凝土

3.5.1 绝热式

绝热式是指采用导热系数小、热容量较大的材料对钢构件进行保护，阻止和隔绝火灾的热量和高温烟气向钢构件传热，使构件在设定的时间内温度升高不超过其临界值，从而保持其承载力。绝热式按隔绝热量的方法又可分为喷涂法、包封法和屏蔽法。

1. 喷涂法

喷涂法是将防火保护材料喷涂在钢基材上，以起到阻火隔热的作用。该方法是目前钢结构防火保护使用最多的方法，可分为直接喷涂和先在工字形钢构件上焊接钢丝网，再将防火保护材料喷涂在钢丝网上，形成中空层的方法。防火保护材料有防火涂料和无机纤维材料，如钢结构防火涂料、岩棉、矿棉等绝热材料。

喷涂法的优点是，价格低，适合于形状复杂的钢构件，施工快，并可形成装饰层。其缺点是，养护、清扫麻烦，涂层厚度难以掌握，因工人技术水平而质量有差异，表面较粗糙。

喷涂法首先要严格控制喷涂厚度，每次不超过20mm，否则会出现滑落或剥落；其次是在一周之内不得使喷涂结构发生振动，否则会发生剥落或造成日后剥落。

2. 包封法

这种方法多采用无机防火板材（如石膏板、蛭石板）、混凝土、水泥砂浆和砌体等材料对大型钢构件进行箱式包裹，包板的厚度根据耐火极限要求而定。根据使用材料的不同一般又可以分为现浇法和粘贴法两种。

（1）现浇法。现浇法的防护材料一般为普通混凝土、轻质混凝土或加气混凝土，是最可靠的钢结构防火方法。其优点是，防护材料费低，而且具有一定的防锈作用，无接缝，表面装饰防爆，耐冲击，可以预制。其缺点是，支模、浇筑、养护等施工周期长，用普通混凝土时，自重较大。

现浇施工采用组合钢模，用钢管加扣件作抱箍。浇灌时每隔1.5～2m设一道门子板，用振动棒振实。为保证混凝土层断面尺寸的准确，先在柱脚四周地坪上弹出保护层外边线，浇灌高50mm的定位底盘作为模板基准，模板上部位置则用厚65mm的小垫块控制。

（2）粘贴法。先将石棉硅酸钙、矿棉、轻质石膏等防火保护材料预制成板材，用粘结剂粘贴在钢结构构件上，当构件的结合部有螺栓、铆钉等不平整时，可在螺栓、铆钉等附近粘垫衬板材，然后将保护板材再粘贴在垫衬板材上（图3-2）。

粘贴法的优点是材质、厚度等容易掌握，对周围无污染，容易修复；对于质地好的石棉硅酸钙板，可以直接用作装饰层。其缺点是这种成型板材不耐撞击，易受潮吸水，降低粘结剂的粘结强度。

从板材的品种来看，矿棉板因成型后收缩大，结合部会出现缝隙，且强度较低，较少使用。石膏系列板材，因吸水后强度降低较多，破损率高，现在基本上不再使用。

防火板材与钢构件的粘结，关键要注意粘结剂的涂刷方法。钢构件与防火板材之间的粘结涂刷面积应在30%以上，且涂成不少于3条带状，下层垫板与上层板之间应全面涂刷，不应采用金属件加强。

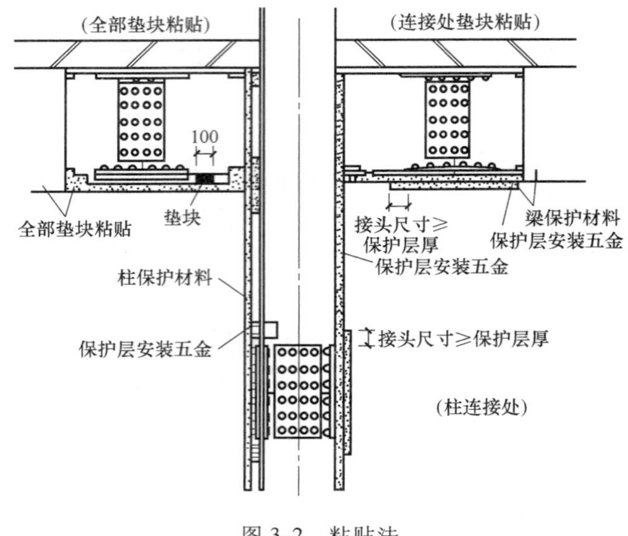

图3-2 粘贴法

3. 屏蔽法

屏蔽法和包封法似乎相同，但其原理却区别很大。包封法本身是以直接保护钢构件为目的，把隔热耐火材料包封或包敷、包裹在钢构件上，钢构件是保护材料的承载体。保护材料可以密实无间地附着在钢基材上，也可以部分地存在空隙，但钢基材封闭于防火材料之中。而屏蔽法的钢构件本身不直接受到耐火材料的保护，耐火材料是以构件的形式作为防火屏障，使火焰、烟气在耐火构件的阻挡下，不会直接作用于钢构件，因而耐火构件间接地保护了钢构件。

常见的屏蔽法为吊顶法。用轻质、薄型、耐火的材料，制作吊顶，使吊顶具有防火性能，而省去钢桁架、钢网架、钢屋面等的防火保护层。采用滑槽式连接，可有效防止防火保护板的热变形。吊顶法的优点是，省略了吊顶空间内的耐火保护层施工（但主梁还是要做保护层），施工速度快。缺点是，竣工后要有可靠的维护管理。

3.5.2 耗能式

耗能式是允许热量传递到构件上，但采取其他介质从钢构件处导走或消耗掉，同样使构件在设定的时间内温度升高，不超过其临界值，从而保持其承载力起到保护作用。按照耗散热量的方法可分为水冷却法和钢管混凝土法，其中水冷却法又可分为外部喷淋冷却方式和内部循环冷却方式。

耗能式采用充水冷却循环保护的方法，主要适用于空心的钢柱，图3-3是采用压力水箱对钢柱群进行循环保护的示意图。该方法是在空心钢柱内充满水，火灾时钢柱内的水被加热而上升，水箱冷水流下而产生循环，以水的循环将火灾产生的热量带走，以保证钢柱不会升温过高而丧失承载能力。为防止冬季柱内水体结冰，可加入防冻剂如碳酸钾防冻。为防止水体腐蚀钢材，可加入专门的防锈外加剂如硝酸钾防锈蚀。在高位水箱中还设有水位调节装置，由它维持水位的恒定。美国匹兹堡64层的美国钢铁公司大厦即采用这样的防火保护方式。这种方法由于对结构设计有专门要求，目前实际很少应用。

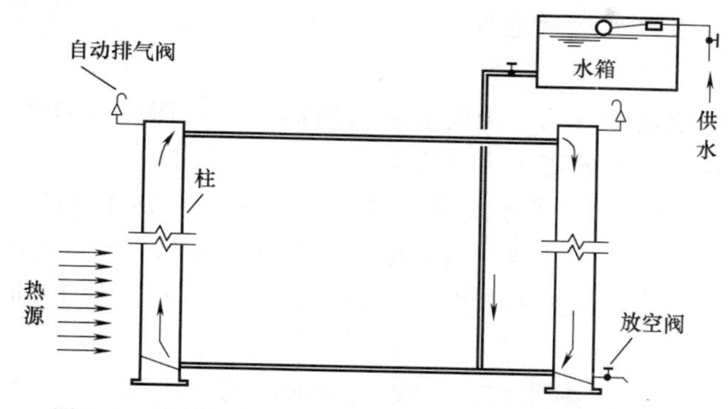

图3-3　采用压力水箱对钢柱群进行循环保护的示意图

水喷淋外部冷却保护是从钢结构的外部向钢表面喷水，在钢表面形成水膜，阻止热量向钢内部传递，属于隔热性质。

钢管混凝土耗热是在钢结构中填充核心混凝土，形成钢材和混凝土的组合体，属于组合结构。如在方形或圆形核心填充混凝土，在工字钢梁的两个翼缘间充填混凝土，前者称为CFT柱，后者称为SC梁。

火灾时，核心混凝土并不直接受火的作用，而是在钢管升温时，从钢构件内壁夺取热量。由于混凝土的热容量大，使钢管温度的上升在一定程度上得到抑制。CFT柱和SC梁不仅使结构的耐火性能得到改善，而且还会提高其强度，增强其塑性、延性和稳定性。但是，这种耐火保护方法耗散热量的作用是有限的，通常只能作为一种辅助措施应用。

3.6　建筑耐火构造

3.6.1　预应力钢筋混凝土楼板耐火构造

预应力混凝土楼板在火灾温度作用下，钢筋很快松弛，预应力迅速消失。当钢筋温度超过300℃后，预应力很快地全部损失，板中挠度增加迅速，板下产生裂缝，使钢筋局部受热加剧，导致楼板失去支持能力而垮塌。大量试验证明，当预应力钢筋混凝土楼板的受力钢筋的保护层厚度为10mm时，耐火极限低于0.5h，不能满足二级耐火等级楼板的耐火极限1h的要求。提高预应力钢筋混凝土楼板耐火极限的方法如下。

1. 增加预应力楼板保护层的厚度

适当提高预应力钢筋混凝土楼板钢筋的保护层厚度，可以提高其耐火极限。当保护层的厚度达到30mm时，耐火极限可达50min。但是，较大地增加保护层厚度是不经济的，因为增加保护层厚度会增加楼板的重量和占用了更多的有效空间。而做板底抹灰是一种比较实际可行的方法，如果能使保护层和抹灰厚度总和在35mm以上，就能基本满足二级耐火等级的要求。

2. 使用混凝土结构防火涂料

借鉴钢结构防火涂料用于保护钢结构的原理，采用混凝土结构防火涂料保护预应力混凝土楼板取得了较大的成功。将这类涂料喷涂在预应力混凝土楼板配筋的一面，当遭遇火灾时，涂层有效地阻隔火焰的攻击和热量向混凝土及其内部预应力钢筋的传递，以推迟其温升和强度变弱的时间，可以较大幅度地提高预应力混凝土楼板的耐火极限，达到防火保护的目的。

国内现已开发研究成功多种用于预应力楼板的混凝土结构防火涂料，106 和 TA 是两种使用广泛的预应力混凝土楼板的防火隔热涂料。

106 预应力混凝土楼板的防火隔热涂料以无机、有机复合物作粘结剂，配以珍珠岩、硅酸铝纤维等绝热、吸热、膨胀和增强材料，用水作溶剂，经混合搅拌而成。在预应力混凝土楼板的下表面喷涂 5mm 涂料，楼板的耐火极限由 0.5h 以下提高到 1.8h 以上，可满足一级耐火等级的要求。

TA 预应力楼板防火隔热涂料用 32.5 级以上普通硅酸盐水泥或矿渣水泥为粘结材料，以膨胀珍珠岩等材料为集料配制而成。该涂料在预应力混凝土楼板表面涂 8mm 时，其耐火极限由 0.5h 以下提高到 1.6h 以上。该涂料原料丰富，价格低，施工方便，防火隔热性能好。

用防火涂料提高预应力混凝土楼板的耐火极限比增加钢筋混凝土保护层厚度的方法要好，其优点是：涂层厚度小，自重小，耐火极限提高的幅度大，是目前国内提高预应力钢筋混凝土楼板耐火极限的一种好方法。

3.6.2 隔墙的耐火构造

为了减轻建筑物自重荷载，有利于防震、防火，对于建筑物的隔墙，尤其是高层建筑中的隔墙必须采用具有较高耐火能力的不燃性轻质板材。一、二级耐火等级的疏散走道两侧隔墙应为耐火极限为 1h 的不燃性墙体。由于疏散走道关系到人员疏散的安全，故必须给予充分保障。房间隔墙应分别为耐火 0.75h 及 0.5h 的不燃性墙体。它对疏散安全的影响较小，所以规定也有所放宽。对于规模、高度不大的非重要建筑，不燃性隔墙难以做到时，二级耐火等级的房间隔墙还可以考虑采用难燃性材料制作，但必须满足耐火极限的要求。

随着我国建材工业的发展，不燃、耐火的轻质材料不断被开发利用。例如，目前国内广泛用作隔墙的加气混凝土砌块，其耐火性能见表 3-6。从表中可看出，加气混凝土砌块隔墙的耐火极限远远超过了规范的规定。加气混凝土材料还可用于屋面板及钢板件的耐火保护层。

表 3-6 加气混凝土构件的耐火极限

构件名称	规格/(cm×cm×cm)	结构厚度/cm	耐火极限/h
加气混凝土砌块墙	60×50×7.5	7.5	2.50
	60×25×10	10	3.75
	60×25×15	15	5.75
	60×20×20	20	8.00
加气混凝土墙板	2.70×60×15	15	5.75
加气混凝土屋面板	600×60×15	15	1.25
	330×60×15	15	1.25

此外，用轻钢龙骨外钉玻璃纤维石膏板、轻钢龙骨钢丝网抹灰作为隔墙，其耐火极限随

饰面层厚度而增加，属于不燃性隔墙，可以满足一级耐火等级的要求。可燃性龙骨外加不燃材料面层的隔墙，耐火极限可随不燃饰面层厚度的增加而提高，但它属于难燃性隔墙，只能用于二级耐火等级的建筑。

3.6.3 吊顶的耐火构造

吊顶（包括吊顶搁栅）是建筑室内重要的装饰性构件。吊顶空间内往往密布电线或采暖、通风、空调设备管道，起火因素较多。吊顶及其内部空间，常常成为火灾蔓延的途径，严重影响人员的安全疏散。其主要原因是面层的厚度往往较小，受火时其背火面的材料很快被加热。同时，多数吊顶构造采用的可燃的木搁栅或木板条，当其受高温作用时就逐渐炭化燃起明火。即使采用了不燃的钢搁栅，也不能耐高温的侵袭。

吊顶的不燃或难燃化的途径之一是采用轻质、耐火、易于加工的材料，使其满足一级耐火等级的要求；之二是发展新型防火涂料，采用经防火处理过的木质吊顶，使其满足二级耐火等级的要求。

1. 不燃材料吊顶

这里仅介绍几种符合一级耐火等级的吊顶构造。

（1）轻钢搁栅钉石膏板吊顶。经试验研究证明，采用轻钢搁栅、石膏装饰板吊顶，板厚10mm，耐火极限可达0.25h；采用轻钢搁栅、表面装饰石膏板吊顶，板厚12mm，耐火极限可达0.30h；轻钢搁栅、双层石膏板吊顶，板厚（8+8）mm，耐火极限可达0.45h。这三种吊顶均为不燃烧体，耐火极限符合一级耐火等级要求。

（2）轻钢搁栅钉石棉型硅酸钙板吊顶。经耐火试验证明，以钢搁栅钉10mm厚石棉型硅酸钙板吊顶，耐火极限达0.30h，符合一级耐火等级要求，如图3-4所示。

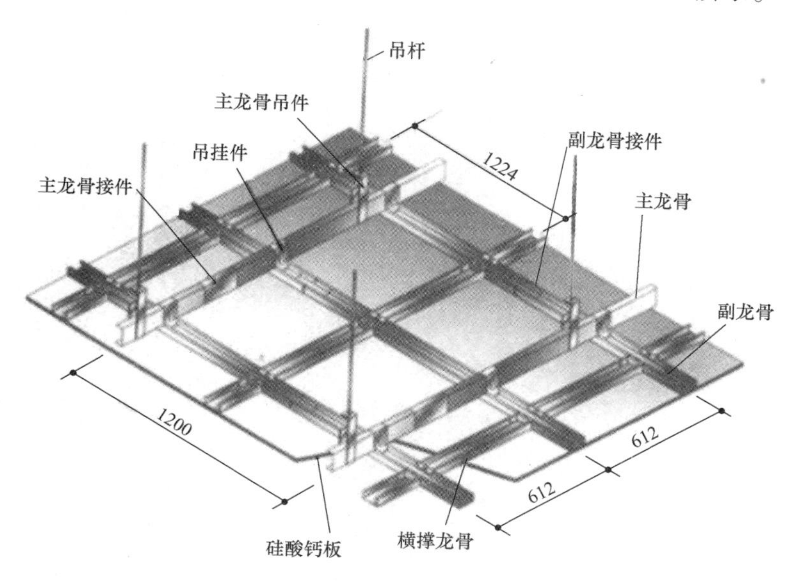

图3-4 硅酸钙板吊顶构造示意

（3）轻钢搁栅复合板吊顶。这种吊顶始用于船舶中。其构造是：轻钢搁栅，铺0.5mm厚的两层薄钢板，中间填充39mm厚的陶瓷棉，其耐火极限可达0.40h。用于建筑的吊顶，可适当减薄陶瓷棉夹层，使其耐火极限符合0.25h的要求。根据需要，还可以在板面上压制图案、花纹和进行表面涂饰处理。这种复合板质轻、美观、耐火性能好，除适用于一级耐火等级的高层建筑外，还特别用于空间高、吊顶面积开阔的建筑，如候机厅、候车室、影剧院、礼堂、展览厅等场所。

2. 经防火处理的难燃吊顶

用防火涂料对可燃建筑材料进行难燃化处理，效果较好。这些涂料用于胶合板、装饰吸声板、纤维板等吊顶，可由燃烧体变为难燃烧体，防火性能得到显著改善，能够有效阻止火灾初期的蔓延扩大。经难燃处理的吊顶，其耐火极限可达0.25h，符合二级耐火等级的要求。

此外，国内还研制了阻燃胶合板，可以作为吊顶等装修构件，其耐火极限能够达到0.25h。但它属于难燃性吊顶，限于二级耐火等级建筑中使用。

第 4 章

第 4 章　建筑总平面防火设计

4.1　建筑总平面防火布局

4.1.1　城市总体布局防火

为了保障城市的消防安全，城市总体布局必须符合以下要求：

（1）在城市总体布局中，必须将易燃易爆物品工厂、仓库设在城市边缘的独立安全地区，并应与影剧院、会堂、体育馆、大商场、游乐场等人员密集的公共建筑或场所保持规定的防火距离。选择好大型公共建筑的位置，确保其周围通道畅通无阻。

（2）散发可燃气体、可燃蒸气和可燃粉尘的工厂和大型液化石油气储存基地应布置在城市全年最小频率风向的上风侧，并与居住区、商业区或其他人员集中地区保持规定的防火距离。大中型石油化工企业、石油库、液化石油气储存站等沿城市河流布置时，宜布置在城市河流的下游，并应采取防止液体流入河流的可靠措施。

（3）在城市总体布局中，应合理确定液化石油气供应站瓶库，汽车加油站和煤气、天然气调压站的位置，使之符合防火规范要求，并采取有效的措施，确保其安全。合理确定城市输送甲、乙、丙类液体、可燃气体管道的位置，严禁在输油、输送可燃气体管道上修建任何建筑物、构筑物或堆放物资。

（4）装运液化石油气和其他易燃易爆化学物品的专用车站、码头，必须布置在城市或港区的独立安全地段。

装运液化石油气和其他易燃易爆化学物品的专用码头，与其他物品码头之间的距离不应小于最大装运船舶长度的两倍，距主航道的距离不小于最大装运船舶长度的一倍。

（5）城区内新建的各种建筑物，应建造一、二级耐火等级的建筑物，控制三级耐火等级建筑，严格限制修建四级耐火等级建筑。

（6）地下铁道、地下隧道、地下街、地下停车场的布置与城市其他建筑应有机地结合起来，严格按照规定合理设置防火分隔、疏散通道、安全出口和自动报警、自动灭火、防排烟等设施。安全出口必须满足紧急疏散的需要，并应直接通到地面安全地点。

（7）设置必要的防护带。工业区与居民区之间要有一定的安全距离，形成防护带，带内加以绿化，以起到阻止火灾蔓延的作用。

（8）布置工业区应注意靠近水源，以满足消防用水的需要。

（9）消防站是城市的重要公共设施之一，是保护城市安全的重要组成部分，由此要合理确定消防站的位置和分布。

（10）城市汽车加油站要远离人员集中的场所、重要的公共建筑以及有明火和散发火花的地点。

（11）街区的道路应考虑消防车的通行，其相邻道路中心线间距不宜超过160m。

4.1.2 建筑总平面防火设计

1. 民用建筑

在进行总平面设计时，应根据城市规划，合理确定民用建筑、其他重要公共建筑的位置、防火间距、消防车道和消防水源等。民用建筑的布置，不仅要满足建筑使用功能的要求，还要解决景观、通风、采光以及对周边环境、附属建筑和相邻建筑物的影响等问题，更重要的还要考虑其自身的防火安全要求。因此，不宜将民用建筑布置在甲、乙类厂（库）房，甲、乙、丙类液体储罐，可燃气体储罐和可燃材料堆场的附近。

1983年4月17日哈尔滨市发生了一场特大火灾，火场面积达88000 m^2，延烧5条街道，烧毁房屋215幢，共758户，居民2856人和15个企事业单位受灾，令人记忆犹新。2004年1月12日菲律宾一个贫民区发生特大火灾，烧毁房屋2503间，4500个家庭共22000人无家可归。教训告诉人们，在进行设计时，建筑物总平面布置必须合理、规范。

2. 工业建筑

各种工业企业总平面防火要根据本身及相邻单位的火灾危险性，考虑地形、周围环境以及风向等，进行合理布置，一般应符合以下要求：

（1）规模较大的工厂、仓库，要根据实际需要，合理划分生产区，储存区（包括露天储存区），生产辅助设施区和行政办公、生活区等。

（2）同一生产企业内，若有火灾危险性大小不同的生产建筑，则宜尽量将火灾危险性相同或相近的建筑集中布置，以便分别采取防火防爆措施，便于安全管理。

（3）注意周围环境。在选取工厂、仓库地点时，既要考虑本单位的安全，又要考虑建厂地区的企业和居民的安全。易燃、易爆工厂、仓库的生产区不得修建办公楼、宿舍等民用建筑。

为了便于警卫和防止火灾蔓延，易燃、易爆工厂、仓库，应用实体围墙与外界隔开。

（4）地势条件。甲、乙、丙类液体仓库，宜布置在地势较低的地方，以免对周围环境造成火灾威胁；若其必须布置在地势较高处，则应采取一定的防火措施（如设能截挡全部流散液体的防火堤）。乙炔站等遇水产生可燃气体会发生火灾爆炸的工业企业，严禁布置在易被水淹没的地方。

对于爆炸物品仓库，宜优先利用地形，如选择多面环山，附近没有建筑物的地方，以减少爆炸危险。

（5）注意风向。散发可燃气体、可燃蒸气和可燃粉尘的车间、装置等，应布置在厂区的全年主导风向的下风向。

（6）物质接触能引起燃烧、爆炸的建筑物或露天生产装置应分开布置，并应保持足够的安全距离。

3. 汽车库的总平面布置

随着经济的发展，汽车（特种车辆）剧增，汽车库、修车库和停车场建筑也越来越多。汽车主要使用汽油、柴油，现在又开始使用液化石油气等易燃、可燃液体。在停车或修车时，往往会因各种原因引起火灾，有时还会自燃引起火灾，造成损失。车辆价格动辄数万、数十万，特种车辆数百万元一辆，一般停车库停放数十辆、数百辆，经济价值大。车辆出入频繁，停放兼维修车辆是常有的事，维修有不同工种，需使用易燃品进行明火作业（如电焊），或使用有机溶剂，火灾危险性大，车辆本身燃料又不少，火险隐患多。因此，在总平面布置时，不应将汽车库、修车库、停车场设在易燃、可燃液体和气体的生产或储存区域内。

4.2 建筑防火间距

防火间距是指防止着火建筑在一定时间内引燃相邻建筑，便于消防扑救的间隔距离。火灾在相邻建筑物间蔓延的主要方式为热辐射、热对流、飞火和火焰直接接触燃烧。通过对建筑物进行合理布局和设置防火间距，可防止火灾在相邻的建筑物之间相互蔓延，合理利用和节约土地，并为人员疏散、消防人员的救援和灭火提供条件。

4.2.1 影响防火间距的因素

影响防火间距的因素很多，如飞火、热对流、热辐射、风向、风速、外墙材料的燃烧性能及外墙开口面积大小、室内的可燃物种类及数量、相邻建筑物的高度、室内消防设施情况、着火时的气温和湿度、消防车到达的时间及扑救情况等。

（1）飞火。飞火与风力、火焰高度有关。在大风情况下，从火场飞出的“火团”可达数十米至数百米。显然，如以飞火为主要危险源，要求距离太大，难以做到。

（2）热对流。主要考虑热气流喷出窗口后会向上升腾，对相邻建筑的火灾蔓延影响较“热辐射”小，可以不考虑。

（3）热辐射。火灾时建筑物可能产生的热辐射强度是确定防火间距应考虑的主要因素。热辐射强度与消防扑救力量、火灾延续时间、可燃物的性质和数量、相对外墙开口面积的大小、建筑物的长度和高度以及气象条件等有关。国外虽有按热辐射强度理论计算防火间距的公式，但没有把影响热辐射的一些主要因素（如发现和扑救火灾早晚、火灾持续时间）考虑进去，计算数据往往偏大，目前国内还缺乏这方面的研究成果。

（4）风向和风速。风能加剧可燃物的燃烧，加快火灾蔓延的速度，给火灾的扑救带来困难。

（5）外墙材料的燃烧性能和门窗洞口的面积。外墙材料本身的燃烧性能会影响火灾的蔓延。另外，当建筑物外墙上门窗洞口面积较大时，在室内可燃物的种类和数量相同的条件下，由于通风条件好、燃烧速度快、火焰温度高，导致热辐射增强，因此相邻建筑物接受的辐射热也多，当累积到一定程度后可能造成火灾事故。

（6）建筑物的可燃物种类和数量。可燃物种类和数量不同，火场中达到的最高温度不同，燃烧速度和发热量亦不同。一般来说，可燃物的数量与发热量成正比关系。

（7）相邻建筑物的高度。一般来说，较高的建筑物着火对较低的建筑物威胁小，反之则较大。尤其是当屋顶承重构件被烧毁、火焰蹿出屋顶时，威胁更大。据测定，较低建筑物着火时对较高建筑物辐射角在30°~45°之间时，辐射强度最大。

（8）建筑物内的消防设施情况。建筑内设有火灾自动报警系统、火灾自动灭火系统和防排烟设施等消防设施时，可以将火灾扑灭在初期阶段，减少着火建筑内的火灾损失，同时可减小火灾蔓延到相邻其他建筑物的可能性。

（9）灭火时间。火灾持续时间是衡量火灾严重性的一项重要参数。因为火灾持续时间越长，火场温度越高，对周围建筑物的威胁就越大，因此应该尽快扑灭火灾。

4.2.2 确定防火间距的原则

影响防火间距的因素很多，在实际工程中不可能都考虑。在确定建筑的防火间距时，综合考虑了灭火救援需要，防止火势向邻近建筑蔓延扩大，节约用地等因素以及灭火救援力量、实例和灭火救援的经验教训。

1. 防止火灾蔓延

根据火灾发生后产生的辐射热对相邻建筑的影响，一般不考虑飞火、风速等因素。火灾实例表明，一、二级耐火等级的低层建筑，保持6~10m的防火间距，在有消防队进行扑救的情况下，一般不会蔓延到相邻建筑物。根据建筑的实际情形，将一、二级耐火等级多层建筑的防火间距定为6m。其他三、四级耐火等级的民用建筑的防火间距，因耐火等级低，受热辐射作用易着火而致火势蔓延，其防火间距在一、二级耐火等级建筑的要求基础上有所增加。

2. 保障灭火救援场地需要

防火间距应满足消防车的最大工作回转半径和扑救场地的需要。建筑物高度不同，需使用的消防车不同，操作场地也就不同。对低层建筑，普通消防车即可；而对高层建筑，则还要使用曲臂车、云梯登高消防车等车辆。为满足消防车辆通行、停靠、操作的需要，结合实践经验，规定一、二级耐火等级高层建筑的防火间距不应小于13m。

3. 节约土地资源

在考虑防止火灾向邻近建筑蔓延扩大和灭火救援需要的同时，还需要考虑节约用地的因素。若设定的防火间距过大，则会造成土地资源的浪费。

4. 防火间距的计算

防火间距应按相邻建筑物外墙的最近距离计算，如外墙有凸出的可燃构件，则应从其凸出部分外缘算起，如为储罐或堆场，则应从储罐外壁或堆场的堆垛外缘算起，如图4-1所示。

5. 其他

耐火等级低于四级的原有生产厂房和民用建筑，其防火间距可按四级确定。

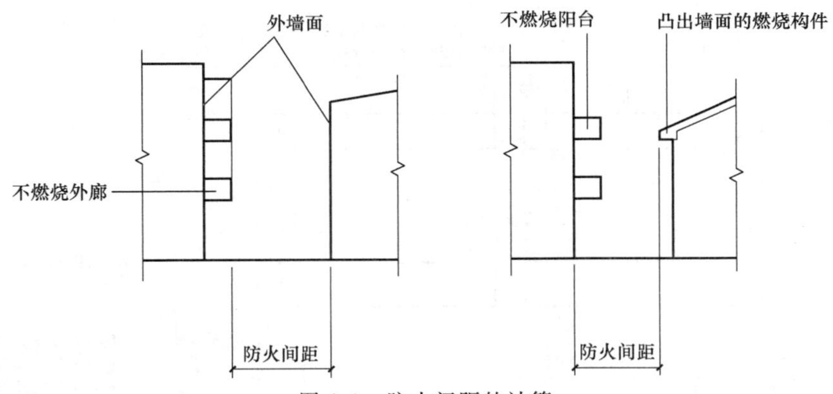

图 4-1 防火间距的计算

4.2.3 防火间距

为了防止火灾在建筑物、构筑物等之间蔓延，现行《建筑设计防火规范》规定了各类建筑的防火间距，在总平面设计时应严格执行。

1. 民用建筑的防火间距

民用建筑的防火间距，不应小于表 4-1 的规定。

表 4-1 民用建筑的防火间距 （单位：m）

建筑类别		高层民用建筑	裙房和其他民用建筑		
		一、二级	一、二级	三级	四级
高层民用建筑	一、二级	13	9	11	14
裙房和其他民用建筑	一、二级	9	6	7	9
建筑	三级	11	7	8	10
	四级	14	9	10	12

在确定民用建筑的防火间距时，还应注意以下几点：

（1）相邻两座单、多层建筑，当相邻外墙为不燃性墙体且无外露的可燃性屋檐，每面外墙上无防火保护的门、窗、洞口不正对开设且该门、窗、洞口的面积之和不大于该外墙面积的 5% 时，其防火间距可按表 4-1 的规定减小 25% 。

（2）相邻建筑通过连廊、天桥或底部的建筑物等连接时，需将该相邻建筑视为不同的建筑来确定防火间距，其间距不应小于表 4-1 的规定。

（3）除高层民用建筑外，数座一、二级耐火等级的住宅建筑或办公建筑，当建筑物的占地面积总和不大于 $2500m^2$ 时，可成组布置，但组内建筑物的间距不宜小于 4m。组与组或组与相邻建筑物的防火间距不应小于表 4-1 的规定，如图 4-2 所示。

考虑到建筑在改建和扩建过程中，不可避免地会遇到一些诸如用地限制等具体困难，对两座建筑物的防火间距作了有条件的调整。但是，对于建筑高度大于 100m 的民用建筑，由于灭火救援和人员疏散均需要建筑周边有相对开阔的场地，因此，其与相邻建筑的防火间距，当符合下列允许减小的条件时，仍不应减小。

相邻两座建筑符合下列条件时，其防火间距可不限：

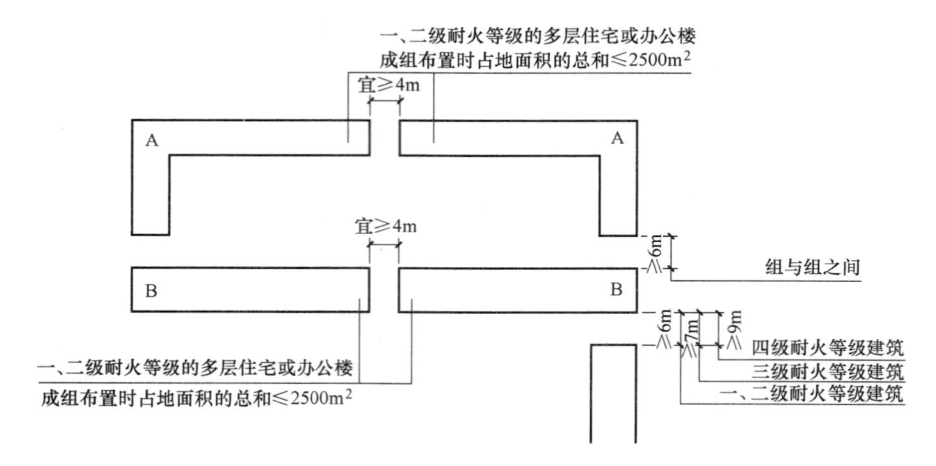

图 4-2 多层住宅建筑或办公建筑成组布置防火间距示意图

（1）两座建筑相邻较高一面外墙为防火墙，或高出相邻较低一座一、二级耐火等级建筑的屋面 15m 及以下范围内的外墙为防火墙，如图 4-3 所示。

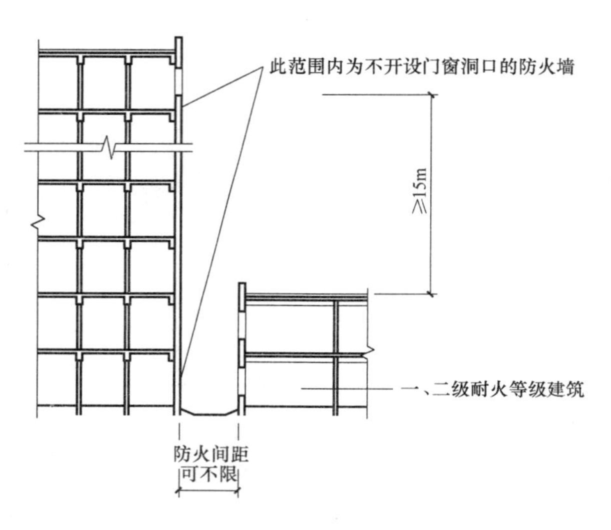

图 4-3 民用建筑防火间距示意图一

（2）相邻两座高度相同的一、二级耐火等级建筑中相邻任一侧外墙为防火墙，屋顶的耐火极限不低于 1.00h 。

相邻两座建筑符合下列条件时，其防火间距不应小于 3.5m；对于高层建筑，不应小于 4m：

（1）较低一座建筑的耐火等级不低于二级，相邻较低一面外墙为防火墙且屋顶无天窗，屋顶的耐火极限不低于 1.00h，如图 4-4 所示。

（2）较低一座建筑的耐火等级不低于二级且屋顶无天窗，较高一面外墙高出较低一座建筑的屋面 15m 及以下范围内的开口部位，设置甲级防火门窗或符合现行国家标准《自动喷水灭火系统设计规范》规定的防火分隔水幕或满足《建筑设计防火规范》规定的防火卷帘，如图 4-5 所示。

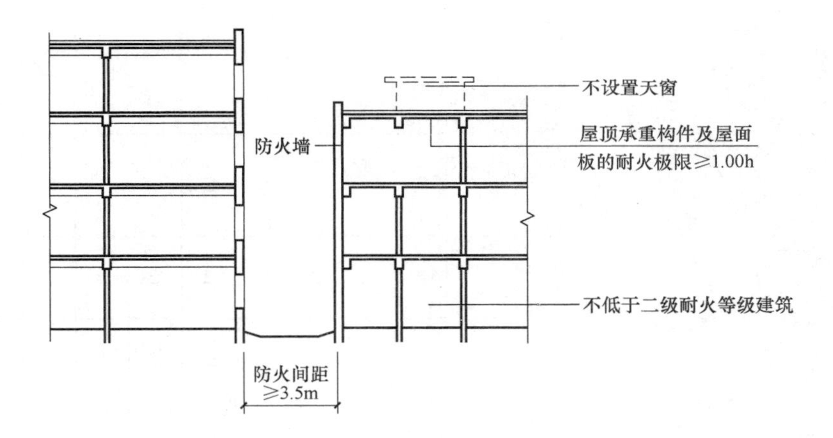

图 4-4　民用建筑防火间距示意图二

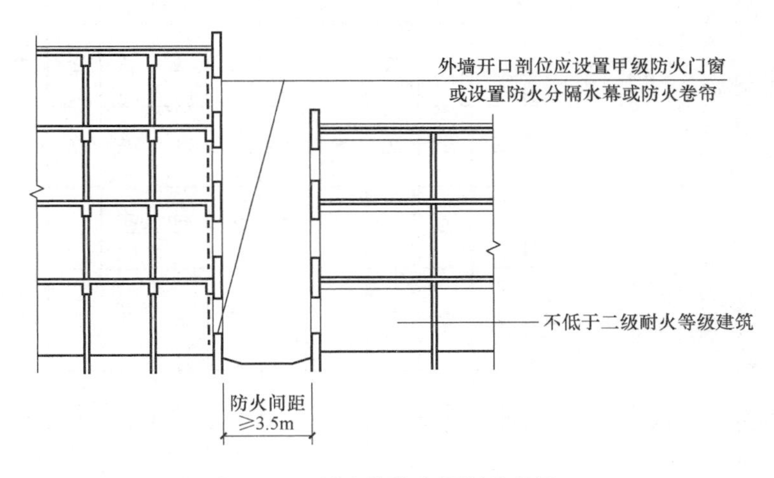

图 4-5　民用建筑防火间距示意图三

2. 厂房的防火间距

厂房之间及其与乙、丙、丁、戊类仓库，民用建筑等的防火间距不应小于表 4-3 的规定，与甲类仓库的防火间距应符合表 4-4 的规定。

在按表 4-3 确定厂房的防火间距时应注意以下几点：

（1）甲类厂房与重要公共建筑的防火间距不应小于 50m，与明火或散发火花地点的防火间距不应小于 30m。

（2）散发可燃气体、可燃蒸气的甲类厂房与铁路，道路等的防火间距不应小于表 4-2 的规定，但甲类厂房所属厂内铁路装卸线当有安全措施时，其间距可不受表 4-2 规定的限制。

表 4-2　散发可燃气体、可燃蒸气的甲类厂房与铁路，道路等的防火间距（单位：m）

名称	厂外铁路线中心线	厂内铁路线中心线	厂外道路路边	厂内道路路边	
				主要	次要
甲类厂房	30	20	15	10	5

（3）乙类厂房与重要公共建筑的防火间距不宜小于 50m；与明火或散发火花地点不宜小于 30m。

表 4-3 厂房之间及其与乙、丙、丁、戊类仓库，民用建筑等的防火间距

（单位：m）

名称			甲类厂房	乙类厂房（仓库）			丙、丁、戊类厂房（仓库）				民用建筑				
			单层或多层	单层或多层		高层	单层或多层			高层	裙房，单层或多层			高层	
			一、二级	一、二级	三级	一、二级	一、二级	三级	四级	一、二级	一、二级	三级	四级	一、二级	三级
甲类厂房	单层或多层	一、二级	12	12	14	13	12	14	16	13	25			50	
乙类厂房	单层或多层	一、二级	12	10	12	13	10	12	14	13					
		三级	14	12	14	15	12	14	16	15					
	高层	一、二级	13	13	15	13	13	15	17	13					
丙类厂房	单层或多层	一、二级	12	10	12	13	10	12	14	13	10	12	14	20	15
		三级	14	12	14	15	12	14	16	15	12	14	16	25	20
		四级	16	14	16	17	14	16	18	17	14	16	18		
	高层	一、二级	13	13	15	13	13	15	17	13	13	15	17	20	15
丁、戊类厂房	单层或多层	一、二级	12	10	12	13	10	12	14	13	10	12	14	15	13
		三级	14	12	14	15	12	14	16	15	12	14	16	18	15
		四级	16	14	16	17	14	16	18	17	14	16	18		
	高层	一、二级	13	13	15	13	13	15	17	13	13	15	17	15	13
室外变、配电站	变压器总油量/t	≥5，≤10	25	25	25	25	12	15	20	12	15	20	25	20	
		>10，≤50					15	20	25	15	20	25	30	25	
		>50					20	25	30	20	25	30	35	30	

(4) 单、多层戊类厂房及其与戊类仓库的防火间距，可按表4-3的规定减小2m，与民用建筑的防火间距可将戊类厂房等同民用建筑按现行《建筑设计防火规范》的相关规定执行。为丙、丁、戊类厂房服务而单独设立的生活用房应按民用建筑确定，与所属厂房的防火间距不应小于6m。必须相邻建造时，应符合下列 (5)、(6) 的规定。

(5) 两座厂房相邻较高一面的外墙为防火墙，或相邻两座高度相同的一、二级耐火等级建筑中相邻任一侧外墙为防火墙且屋顶的耐火极限不低于1.00h时，其防火间距不限，但甲类厂房之间不应小于4m。两座丙、丁、戊类厂房相邻两面外墙均为不燃性墙体，当无外露的燃烧体屋檐，每面外墙上的门窗洞口面积之和各不大于该外墙面积的5%，且门窗洞口不正对开设时，其防火间距可按表4-3的规定减小25%。

(6) 两座一、二级耐火等级的厂房，当相邻较低一面外墙为防火墙且较低一座厂房的屋顶无天窗，屋顶的耐火极限不低于1.00h，或相邻较高一面外墙的门窗等开口部位设置甲级防火门窗或防火分隔水幕或按现行《建筑设计防火规范》的相关规定设置防火卷帘时，甲、乙类厂房的防火间距不应小于6m；丙、丁、戊类厂房的防火间距不应小于4m。

(7) 发电厂内的主变压器，其油量可按单台确定。

(8) 当丙、丁、戊类厂房与丙、丁、戊类仓库相邻时，应符合上述 (5)、(6) 的规定。

(9) 丙、丁、戊类厂房与民用建筑的耐火等级均为一、二级时，当较高一面外墙为不开设门窗洞口的防火墙，或比相邻较低一座建筑屋面高15m及以下范围内的外墙为不开设门窗洞口的防火墙时，其防火间距可不限；相邻较低一面外墙为防火墙，且屋顶不设天窗、屋顶耐火极限不低于1.00h，或相邻较高一面外墙为防火墙，且墙上开口部位采取了防火保护措施，其防火间距可适当减小，但不应小于4m。

(10) 同一座U形或山形厂房中相邻两翼的防火间距，不宜小于《建筑设计防火规范》的相关规定。但当该厂房的占地面积小于该规范规定的每个防火分区的最大允许建筑面积时，其防火间距可为6m。

(11) 除高层厂房和甲类厂房外，其他类别的数座厂房占地面积之和小于《建筑设计防火规范》规定的防火分区最大允许建筑面积（按其中较小者确定，但防火分区的最大允许建筑面积不限者，不应大于10000 m^2）时，可成组布置。当厂房建筑高度不大于7m时，组内厂房的防火间距不应小于4m；当厂房建筑高度大于7m时，组内厂房的防火间距不应小于6m。组与组或组与相邻建筑的防火间距，应根据相邻两座耐火等级较低的建筑，按现行《建筑设计防火规范》的规定确定。

如图4-6所示，假设3座二级耐火等级的单层丙、丁、戊类厂房，其中丙类火灾危险性最高，单层丙类二级耐火等级多层建筑的防火分区最大允许建筑面积为8000m^2，则3座厂房面积之和应控制在8000m^2以内；若丁类厂房高度大于7m，则丁类厂房与丙、戊类厂房间距不应小于6m；若丙、戊类厂房高度均不大于7m，则丙、戊类厂房间距不应小于4m。

(12) 厂房外附设化学易燃物品的设备时，其室外设备外壁与相邻厂房室外附设设备的外壁或相邻厂房外墙的防火间距，不应小于表4-3的规定。用不燃材料制作的室外设备，可按一、二级耐火等级建筑确定。总容量不大于15m^3的丙类液体储罐，当直埋于厂房外墙外，且面向储罐一面4.0m范围内的外墙为防火墙时，其防火间距可不限，如图4-7所示。

(13) 厂区围墙与厂区内建筑的间距不宜小于5m，围墙两侧建筑的间距应满足相应建筑的防火间距要求。

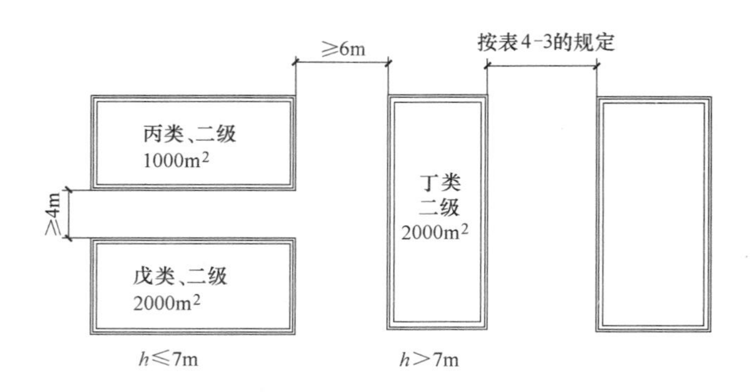

图 4-6　厂房成组布置防火间距示意图

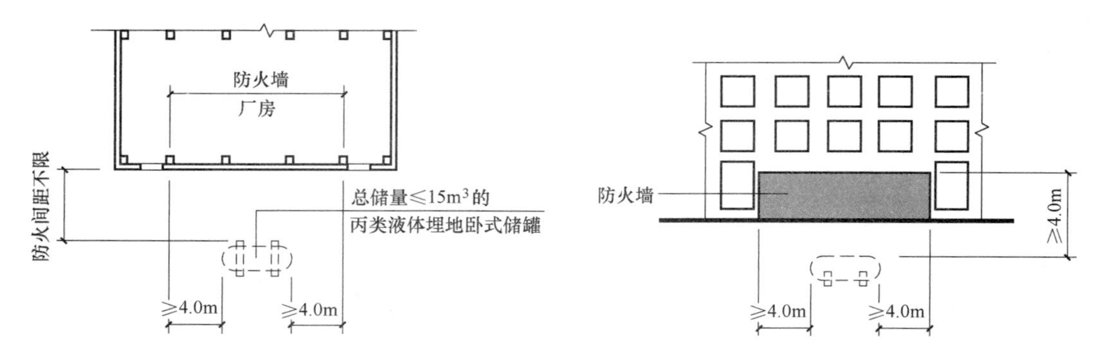

图 4-7　丙类液体储罐与厂房的防火间距示意图

3. 仓库的防火间距

(1) 甲类仓库与其他建筑物、构筑物等的防火间距。甲类仓库及其与其他建筑、明火或散发火花地点、铁路、道路等的防火间距不应小于表 4-4 的规定。

表 4-4　甲类仓库及其与其他建筑、明火或散发火花地点、铁路、道路等的防火间距

（单位：m）

名称		甲类仓库及其储量/t			
		甲类储存物品第 3、4 项		甲类储存物品第 1、2、5、6 项	
		≤5	>5	≤10	>10
高层民用建筑、重要公共建筑		50			
裙房、其他民用建筑、明火或散发火花地点		30	40	25	30
甲类仓库		20	20	20	20
厂房和乙、丙、丁、戊类仓库	一、二级耐火等级	15	20	12	15
	三级耐火等级	20	25	15	20
	四级耐火等级	25	30	20	25
电力系统电压为 35 ~ 500kV 且每台变压器容量在 10MV · A 以上的室外变、配电站 工业企业的变压器总油量大于 5t 的室外降压变电站		30	40	25	30

（续）

名　　称		甲类仓库及其储量/t			
		甲类储存物品第3、4项		甲类储存物品第1、2、5、6项	
		≤5	>5	≤10	>10
厂外铁路线中心线		40			
厂内铁路线中心线		30			
厂外道路路边		20			
厂内道路路边	主要	10			
	次要	5			

注：甲类仓库的防火间距，当第3、4项物品储量不大于2t，第1、2、5、6项物品储量不于5t时，不应小于12m，甲类仓库与高层仓库的防火间距不应小于13m。

（2）乙、丙、丁、戊类仓库与其他建筑的防火间距。乙、丙、丁、戊类仓库及其与民用建筑的防火间距，不应小于表4-5的规定。

表4-5　乙、丙、丁、戊类仓库及其与民用建筑的防火间距　（单位：m）

名称			乙类仓库			丙类仓库				丁、戊类仓库			
			单层或多层		高层	单层或多层			高层	单层或多层			高层
			一、二级	三级	一、二级	一、二级	三级	四级	一、二级	一、二级	三级	四级	一、二级
乙、丙、丁、戊类仓库	单层或多层	一、二级	10	12	13	10	12	14	13	10	12	14	13
		三级	12	14	15	12	14	16	15	12	14	16	15
		四级	14	16	17	14	16	18	17	14	16	18	17
	高层	一、二级	13	15	13	13	15	17	13	13	15	17	13
民用建筑	裙房，单层或多层	一、二级	25			10	12	14	13	10	12	14	13
		三级	25			12	14	16	15	12	14	16	15
		四级	25			14	16	18	17	14	16	18	17
	高层	一级	50			20	25	25	20	15	18	18	15
		二级	50			15	20	20	15	13	15	15	13

在按表4-5确定乙、丙、丁、戊类物品库房的防火间距时应注意以下几点：

1）单层或多层戊类仓库的防火间距，可按表4-5减小2m。

2）两座仓库相邻较高一面外墙为防火墙，或相邻两座高度相同的一、二级耐火等级建筑中相邻任一侧外墙为防火墙且屋顶的耐火极限不低于1.00h，且总占地面积不大于《建筑设计防火规范》关于一座仓库的最大允许占地面积规定时，其防火间距不限。

3）除乙类第6项物品外的乙类仓库，与民用建筑的防火间距不宜小于25m，与重要公共建筑的防火间距不应小于50m，与铁路、道路等的防火间距不宜小于表4-4中甲类仓库与铁路、道路等的防火间距。

4）丁、戊类仓库与民用建筑的耐火等级均为一、二级时，当较高一面外墙为不开设门窗洞口的防火墙，或比相邻较低一座建筑屋面高15m及以下范围内的外墙为不开设门窗洞口的防火墙时，其防火间距可不限。

5）丁、戊类仓库与民用建筑的耐火等级均为一、二级时，相邻较低一面外墙为防火墙，且屋顶不设天窗、屋顶耐火极限不低于1.00h，或相邻较高一面外墙为防火墙，且墙上开口部位采取了防火保护措施，其防火间距可适当减小，但不应小于4m。

6）库区围墙与库区内建筑的间距不宜小于5m，围墙两侧建筑的间距应满足相应建筑的防火间距要求。

4. 汽车库防火间距

汽车主要使用汽油、柴油等易燃、可燃液体。在停车或修车时，往往因各种原因引起火灾，造成损失。特别是对于Ⅰ、Ⅱ类停车库，一般停放车辆在100辆以上，停放车辆多，经济价值大，车辆出入频繁，火灾隐患多；Ⅰ、Ⅱ类汽车修车库的停放维修车位在6辆以上；一座修车库内还常有不同的工种，需使用易燃物品和进行明火作业，如有机溶剂、电焊等，火灾危险性大。因此，在总平面布置时，与其他建筑物应保持一定的防火间距。表4-6所列为车库之间以及车库与其他建筑物、场所的防火间距。

表4-6 车库之间以及车库与其他建筑物、场所的防火间距 （单位：m）

建筑名称	耐火等级或总储量	汽车库、修车库		停车场
		一、二级	三级	
汽车库、停车库、厂房、库房（甲类库房除外）、民用建筑	一、二级	10	12	6
	三级	12	14	8
	四级	14	16	10
易燃液体储罐/m^3	1～50	12	15	12
	51～200	15	20	15
	201～1000	20	25	20
	1001～5000	25	30	25
可燃液体储罐/m^3	5～250	12	15	12
	251～1000	15	20	15
	1001～5000	20	25	20
	5001～25000	25	30	25
湿式可燃气体储罐/m^3	≤1000	12	15	12
	1001～10000	15	20	15
	>10000	20	25	20
液化石油气储罐/m^3	1～30	18	20	18
	31～200	20	25	20
	201～500	25	30	25
	>500	30	40	30

（续）

建筑名称		耐火等级或总储量	汽车库、修车库		停车场
			一、二级	三级	
甲类物品库/t	3、4 项	≤5	15	20	15
		>5	20	25	20
	1、2、5、6 项	≤10	12	15	12
		>10	15	20	15

在确定车库的防火间距时，还应注意以下几点：

（1）防火间距应从距车库最近的储罐外壁算起，但设有防火堤的储罐，其防火堤外侧基脚线距车库的距离不应小于 10m。

（2）高层汽车库与其他建筑物，汽车库、修车库与高层工业、民用建筑的防火间距应按表 4-6 规定值增加 3m。

（3）汽车库、修车库与甲类厂房的防火间距应按表 4-6 规定值增加 2m。

（4）计算易燃、可燃液体储罐区总储量时，$1m^3$ 的易燃液体按 $5m^3$ 的可燃液体计算。

（5）干式可燃气体储罐与车库的防火间距，当可燃气体的密度比空气大时，应按表 4-6 对湿式可燃气体储罐的规定增加 25%；当可燃气体的密度比空气小时，可执行表 4-6 对湿式可燃气体储罐的规定。固定容积的可燃气体储罐与车库的防火间距，不应小于表 4-6 对湿式可燃气体储罐的规定。固定容积的可燃气体储罐的总容积按储罐几何容积和设计储存压力的乘积计算。

（6）甲、乙类物品运输车的车库与民用建筑的防火间距不应小于 25m，与重要公共建筑的防火间距不应小于 50m。甲类物品运输车的车库与明火或散发火花地点的防火间距不应小于 30m，与厂房、库房的防火间距应按表 4-6 的规定值增加 2m，与甲类物品仓库的防火间距应按表 4-6 规定值增加 5m。

（7）两座建筑物相邻较高一面外墙为不开设门、窗、洞口的防火墙或当较高一面外墙比较低建筑高 15m 及以下范围内的墙为不开门、窗、洞口的防火墙时，其防火间距可不限。当较高一面外墙上，同较低建筑等高的以下范围内的墙为不开设门、窗、洞口的防火墙时，其防火间距可按表 4-6 的规定值减小 50%。

（8）相邻的两座一、二级耐火等级建筑，当较高一面外墙耐火极限不低于 2.00h，墙上开口部位设有甲级防火门、窗或防火卷帘、水幕等防火设施时，其防火间距可减小，但不宜小于 4m。

（9）相邻的两座一、二级耐火等级建筑，当较低一座的屋顶无开口，屋顶的耐火极限不低于 1.00h，且较低一面外墙为防火墙时，其防火间距可减小，但不应小于 4m。

（10）容积小于 $1m^3$ 的易燃液体储罐或小于 $5m^3$ 的可燃液体储罐与车库的防火间距，当采用防火墙隔开时，其间距可不限。

（11）停车场的汽车宜分组停放，每组停车的数量不宜超过 50 辆，组与组的防火间距不应小于 6m。

（12）屋面停车区域与建筑其他部分或相邻其他建筑物的防火间距，应按地面停车场与建筑的防火间距确定。

4.2.4 防火间距不足时的消防技术措施

两幢建筑物的防火间距达不到规定的要求时，通常可以采取以下几种办法解决：

(1) 改。改变建筑物的生产和使用性质，减少火灾危险；改变房屋的部分结构来提高建筑的耐火等级。

(2) 调。调整厂房的部分工艺流程和库房物品的储存数量等；调整部分构件的耐火极限和燃烧性能。

(3) 堵。堵塞部分无关紧要的门窗，把普通墙变成防火墙。

(4) 拆。拆除部分耐火等级低、占地面积小、价值较小且与新建筑物相邻的房屋。

(5) 防。设置独立的防火、防爆墙或加高围墙作为防火墙，以缩小防火间距。

(6) 保。依靠先进的防火技术来减小防火间距，如采用相邻外墙用防火卷帘及水幕保护等措施。

4.3 建筑总平面防火设计举例

高层建筑总平面设计之时，一定要妥善处理各类消防车道路、使用场地等问题，不得设置人为或自然的障碍物。如前所述，消防车的转弯半径、道路的宽度、回车场地、消火栓位置、消防车使用空间等，在设计时要反复推敲，认真落实，如图 4-8 所示。

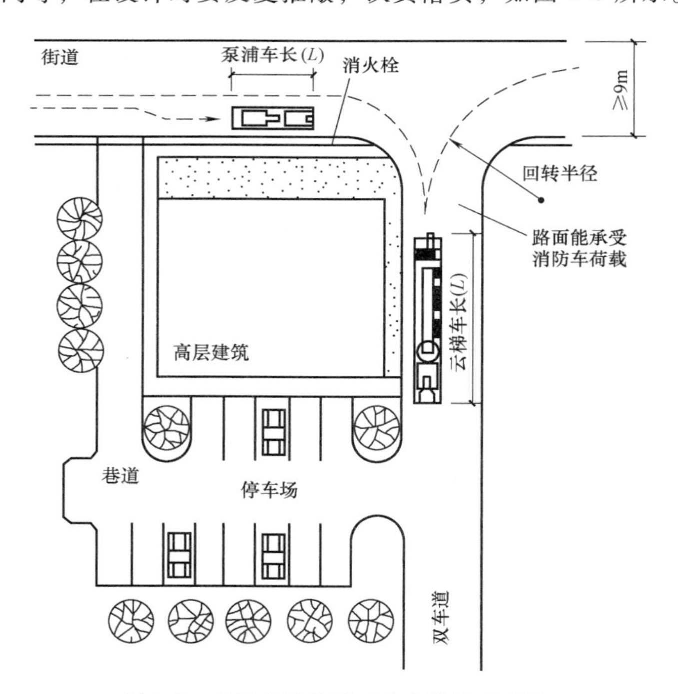

图 4-8 高层建筑总平面防火设计示意图

4.3.1 北京中国国际贸易中心总平面防火设计

北京中国国际贸易中心占地约 $12.8\times10^4\text{m}^2$，建筑面积为 42 万 m^2，拥有高档宾馆、中档宾馆、办公楼、公寓、地下商场及地下车库等建筑。其平面设计如图4-9所示。

（1）在总平面设计方面，为了满足《建筑设计防火规范》关于“高层建筑应至少沿一个长边或周边长度的1/4且不小于一个长边长度的底边连续布置消防车登高操作场地，该范围内的裙房进深不应大于4.0m”的规定，在裙房的后部设消防车道，可使消防车达到裙房屋顶，靠近高层建筑主体，开展救火活动。当然，裙房屋顶结构按所用消防车辆的荷载进行设计。

（2）各主要建筑均留出13.0m以上的间距，以便于消防车展开救火活动，同时设有环形消防车道，方便进出。

（3）对于储量为5.0m³的2个柴油储罐，采用了直埋于建筑附近室外地下的做法，对于储量为200m³的1个大的柴油储罐，按《建筑设计防火规范》的规定处理。

（4）建筑群100kV的变电站，设于低层办公楼南侧地下室中，用耐火极限为4.00h的防火墙与其他地下室分隔，形成专用的防火分区。5个10kV的变电站，均设于建筑物的地下室内，分别用防火墙分隔为独立的防火分区。

（5）建筑群设有1个防灾总监控中心和4个监控分中心，其中1个监控分中心与总监控中心在一起，设于低层办公楼一层西北角，其他3个分别设于展览厅北侧一层、南公寓一层、国贸饭店一层。总监控中心只执行监视功能，监控分中心执行监视和控制双重功能。

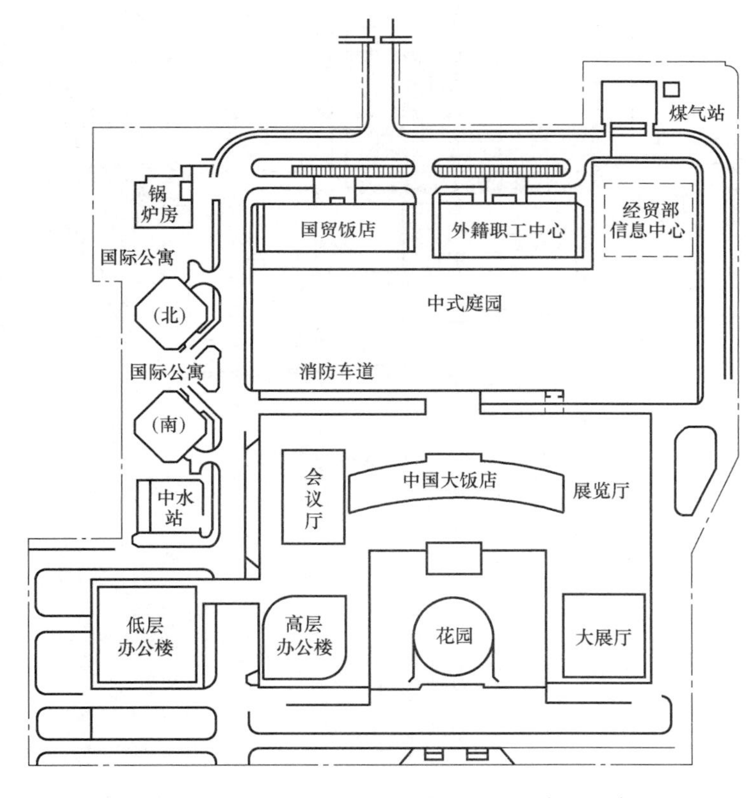

图4-9 北京中国国际贸易中心总平面布置示意

4.3.2 日本新宿中心大厦总平面防火设计

日本新宿中心大厦是一栋集办公、商场、停车场、诊疗所为一体的综合性大厦。占地面积 14920m²，总建筑面积 183063m²，地上 55 层，地下 5 层，塔楼 3 层，高度 222.95m。

该大厦位于超高层建筑集中的东京副都心新宿区。与朝日生命大厦、安田火灾海上保险大厦等隔街相望。大厦南面为 4 号大街、东侧为 8 号大街、北侧为 5 号大街、西侧为 9 号大街，交通方便，道路环绕，消防车进出与施救方便；与附近建筑的防火间距满足要求；同时，各个方向都布置了疏散道路，为消防救助活动创造了有利条件。新宿中心大厦总平面示意图如图 4-10 所示。

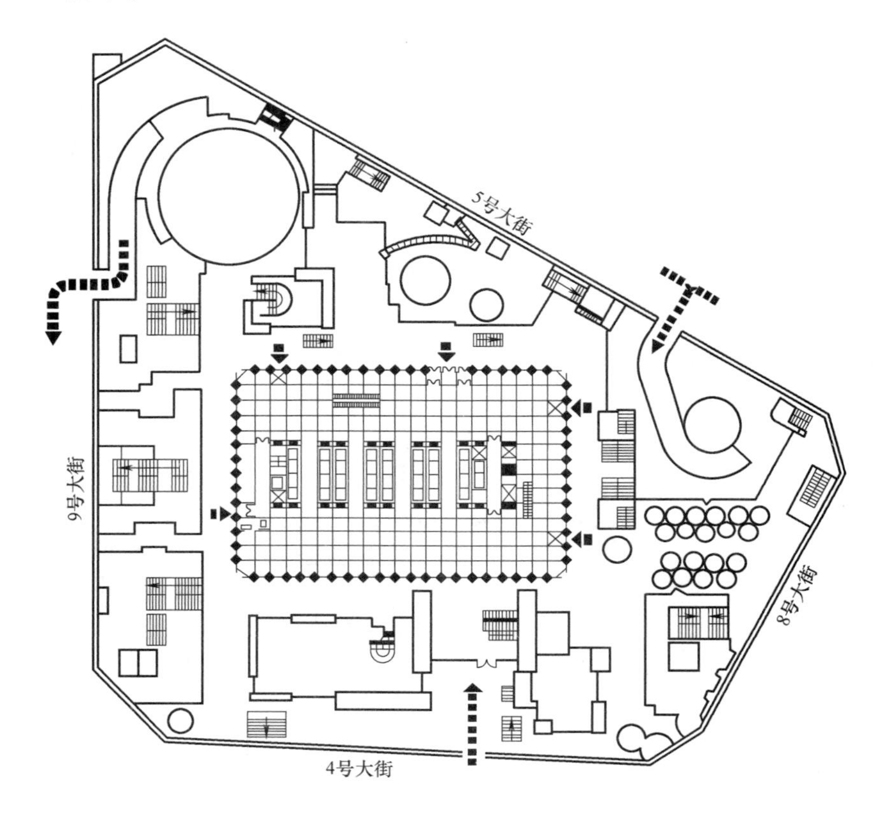

图 4-10　新宿中心大厦总平面示意图

第 5 章　防火分区和平面布置防火设计

5.1　防火分区的定义、作用和类型

5.1.1　防火分区的定义和作用

建筑物的某空间发生火灾后，火势会因热气体对流、辐射作用，或者是从楼板、墙壁的烧损处和门窗洞口向其他空间蔓延，最后发展成为整座建筑的火灾。因而，对规模和面积大的多层和高层建筑，在一定时间内把火势控制在着火区域，是非常重要的。

防火分区是指在建筑内部采用防火墙、楼板及其他防火分隔设施分隔而成，能在一定时间内防止火灾向同一建筑的其余部分蔓延的局部空间。在建筑物内划分防火分区，一旦发生火灾，可以有效地把火势控制在一定的范围内，减少火灾损失，同时为人员安全疏散和消防扑救提供有利条件。

防火分区的有效性已被许许多多的建筑火灾实例所证明。位于美国纽约由两栋高 410m、110 层建筑组成的世界贸易中心大厦，于 1975 年 2 月 14 日发生火灾。火灾发生在北边大楼的 11 层，该层建筑面积的 20% 被烧毁。由于防火墙隔开了一个方向相邻的两个房间，火灾烧到这里就停止了蔓延。而另一个方向两个房间之间的墙壁，从墙根到顶棚不是防火墙，因此延烧了过去。

同时，划分防火分区对消防扑救和人员安全疏散也是十分有利的。消防队员为了迅速有效地扑灭火灾，常常采取堵截包围、穿插分割、最后扑灭火灾的方法。而防火分区之间的防火分隔物体本身就起着堵截包围的作用，它能将火灾控制在一定范围内，从而避免了扑救大面积火灾带来的种种困难。在发生火灾时，起火防火分区以外的分区是较为安全的区域，因此，对于安全疏散而言，人员只要从着火防火分区逃出，其安全就相对地得到了保障。

5.1.2　防火分区的类型

1. 水平防火分区

所谓水平防火分区，就是采用具有一定耐火能力的墙体、门、窗等水平防火分隔物，按规定的建筑面积标准，将建筑物各层在水平方向上分隔为若干个防火区域，其作用是防止火灾在水平方向蔓延扩大。

2. 竖向防火分区

为了把火灾控制在一定的楼层范围内，防止其从起火层向其他楼层垂直蔓延，应沿建筑高度划分防火分区。由于竖向防火分区是以每个楼层为基本防火区域的，所以也称为层间防火分区。竖向防火分区主要是用具有一定耐火性能的钢筋混凝土楼板、上下楼层之间的窗间墙作分隔构件。

3. 特殊部位和重要房间的防火分隔

用具有一定耐火性能的分隔物将建筑物内某些特殊部位和重要房间等加以分隔，可以使其不构成蔓延火灾的途径，防止火势迅速蔓延扩大，或者保证其在火灾时不受威胁，为火灾扑救、人员安全疏散创造可靠条件，保护贵重设备、物品，减少损失。特殊部位和重要房间包括：各种竖向井道，附设在建筑物内的消防控制室，固定灭火装置的设备室（如钢瓶间、泡沫间），通风空调机房，设置贵重设备和储存贵重物品的房间，火灾危险性大的房间，避难间等。

防火分隔划分的范围大小、分隔的对象和分隔物的耐火性能要求，与上述两类防火分区有些不同。

5.2 防火分区设计

从防火的角度看，防火分区划分得越小，越有利于保证建筑物的防火安全。但如果划分得过小，则势必会影响建筑物的使用功能，这样做显然是行不通的。防火分区面积大小的确定应考虑建筑物的使用性质、重要性、火灾危险性，建筑物高度，消防扑救能力以及火灾蔓延速度等因素。

关于防火分区最大允许面积各国均作了具体规定：美国为 1400m^2；法国规定每个防火分区最大允许面积为 2500m^2；前西德规定高层住宅每隔 30m 设一道防火墙，一般高层建筑每隔 40m 设一道防火墙；前苏联规定非单元式住宅每个分区面积为 500m^2（地下室与此相同）。日本的规定比较详细，对一座建筑物的高、低层部分分别对待：10 层以下每个防火分区面积为 1500m^2，11 层及以上则按室内装修材料燃烧性能分别规定为 500m^2、200m^2、100m^2。对比之下，日本的规定更为合理。虽然各国划定的防火分区面积有一定差别，但其目的和基本做法是一致的。

我国现行《建筑设计防火规范》和《汽车库、修车库、停车场设计防火规范》等规范对建筑的防火分区面积作了规定，在设计时必须结合工程实际，严格执行。

防火分区的划分应遵循以下原则：

1）防火分区一般按建筑面积划分，《建筑设计防火规范》《汽车库、修车库、停车场设计防火规范》等规范均对各类建筑的防火分区的最大允许面积作了具体规定，防火分区划分应符合规范规定的面积及构造要求。

2）防火分区还必须结合建筑物的使用功能、平面形状、人员交通和疏散要求等实际情况进行划分。

3）作为人员疏散通道的楼梯间、前室和某些有避难功能的场所，以及为扑救火灾而设置的消防通道，必须受到完全保护。

4）建筑内有特殊防火要求的场所和部位，应设置更小的防火区域进行特殊的防火分隔。

5）建筑物设有自动喷水灭火系统时，防火分区的面积可适当加大。

5.2.1 民用建筑防火分区设计

民用建筑防火分区面积是以建筑面积计算的，每个防火分区的最大允许建筑面积应符合表5-1的要求。

表5-1　不同耐火等级建筑的允许建筑高度或层数和防火分区的最大允许建筑面积

名称	耐火等级	建筑高度或允许层数	防火分区的最大允许建筑面积/m^2	备　注
高层民用建筑	一、二级	符合表1-27的规定	1500	体育馆、剧院的观众厅，其防火分区允许建筑面积可适当放宽
单层或多层民用建筑	一、二级	符合表1-27的规定	2500	
	三级	5层	1200	—
	四级	2层	600	—
地下、半地下建筑（室）	一级	—	500	设备用房的防火分区允许建筑面积不应大于1000m^2

在按表5-1进行防火分区设计时应注意以下几点：

1）防火分区间应采用防火墙分隔，如有困难时，可采用复合防火卷帘（3.00h以上）、防火卷帘加水幕和防火水幕带分隔。防火墙上设门窗时，应采用甲级防火门窗，并应能自行关闭。

2）当设有自动灭火系统时，可及时扑灭初期火灾，有效控制火势蔓延，使建筑物的安全度大大提高。因此，建筑内设有自动灭火系统时，每层最大允许建筑面积可按表5-1增加一倍。局部设置时，防火分区的增加面积可按该局部面积的1.0倍计算，如图5-1所示。

3）与高层建筑相连的裙房建筑高度较低，火灾时疏散较快，且扑救难度也比较小，易于控制火势蔓延。因此，当裙房与高层建筑主体之间设置防火墙，且相互间的疏散和灭火设施设置均相对独立时，裙房与高层主体之间的火灾相互影响能受到较好的控制，裙房的防火分区可按单、多层建筑的要求确定。如果裙房与高层建筑主体未采取上述措施时，裙房的防火分区要按照高层建筑主体的要求确定。

4）建筑物内设置自动扶梯、敞开楼梯等上、下层相连通的开口时，其防火分区的建筑面积应按上、下层相连通的建筑面积叠加计算；当叠加计算后的建筑面积大于表5-1的规定时，应划分防火分区。对于《建筑设计防火规范》允许采用敞开楼梯间的建筑，如5层或5层以下的教学建筑、普通办公建筑等，该敞开楼梯间可以不按上、下层相连通的开口考虑，如图5-2所示。

目前有些商业营业厅、展览厅附设在高层建筑下部，面积往往超过规范较多，还有些商

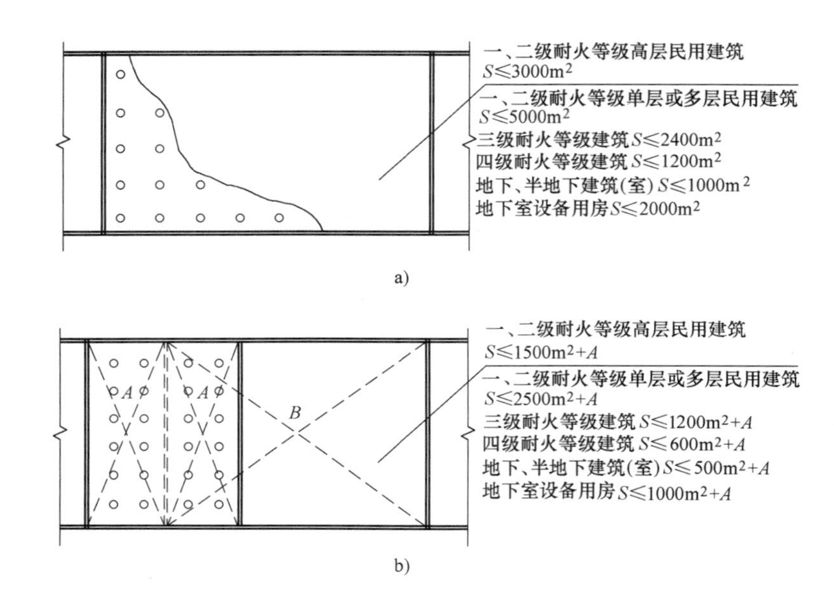

图 5-1 设置自动灭火系统的防火分区面积

a）当建筑内设置自动灭火系统时防火分区的最大允许建筑面积 S

b）局部设置自动灭火系统（面积为 $2A$）时防火分区的最大允许建筑面积 S

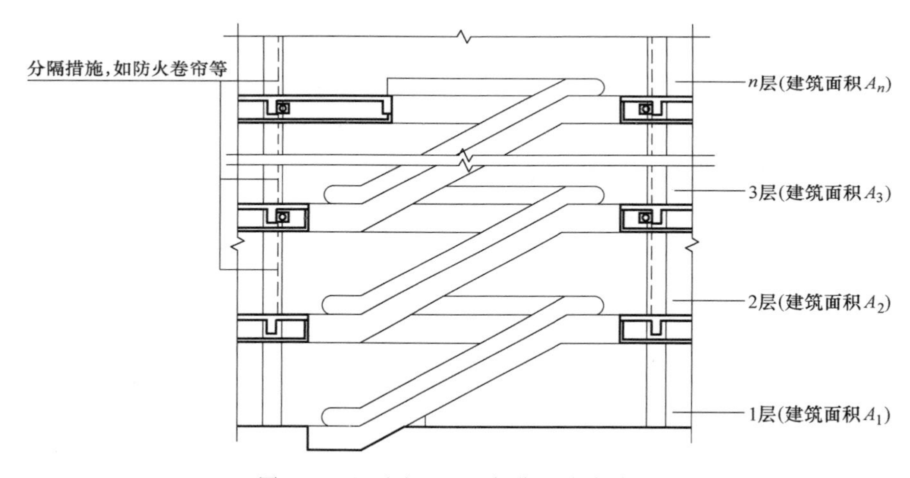

图 5-2 上下连通开口部位的防火分隔

业高层建筑每层面积较大。为了能满足这类建筑的使用要求，对这类建筑的防火分区面积可以作适当调整。一、二级耐火等级建筑内的营业厅、展览厅，当设置自动灭火系统和火灾自动报警系统并采用不燃或难燃装修材料时，其每个防火分区的最大允许建筑面积可适当增加。当设置在高层建筑内时，不应大于 $4000m^2$。设置在多层建筑（包括与高层建筑主体采用防火墙分隔的裙房）的首层或所在建筑本身为单层建筑时，考虑到其人员安全疏散和灭火救援均具有较好的条件，且营业厅和展览厅需与其他功能区域划分为不同的防火分区，分开设置各自的疏散设施，不应大于 $10000m^2$；当营业厅、展览厅设置在多层建筑的首层及其他楼层时，考虑到涉及多个楼层的疏散和火灾蔓延危险，防火分区仍应按照表 5-1 的要求来确定。设置在地下或半地下时，不应大于 $2000m^2$。当营业厅内设置餐饮场所时，其防火分区的建筑面积需要按照民用建筑的其他功能的防火分区要求划分，并要与其他商业营业厅进行防火分隔。

另外，随着城市发展和用地紧张，出现了越来越多的大面积地下商场。目前实际工程中存在地下商店规模越建越大，并大量采用防火卷帘门作防火分隔，以致数万平方米的地下商店连成一片，不利于安全疏散和扑救。为最大限度地减少火灾的危害，同时考虑到使用和经营的需要，并参照国外有关标准和我国商场内的人员密度和管理等多方面情况，对于总建筑面积大于 20000m^2（总建筑面积包括营业面积、储存面积及其他配套服务面积）的地下或半地下商店，应采用无门、窗、洞口的防火墙，耐火极限不低于 2.00h 的楼板分隔为多个建筑面积不大于 20000m^2 的区域。相邻区域确需局部水平或竖向连通时，应采用符合下列规定的下沉式广场等室外开敞空间、防火隔间、避难走道、防烟楼梯间等方式进行连通：

1）下沉式广场等室外开敞空间应能防止相邻区域的火灾蔓延和便于安全疏散，并应符合下列规定（图 5-3）：

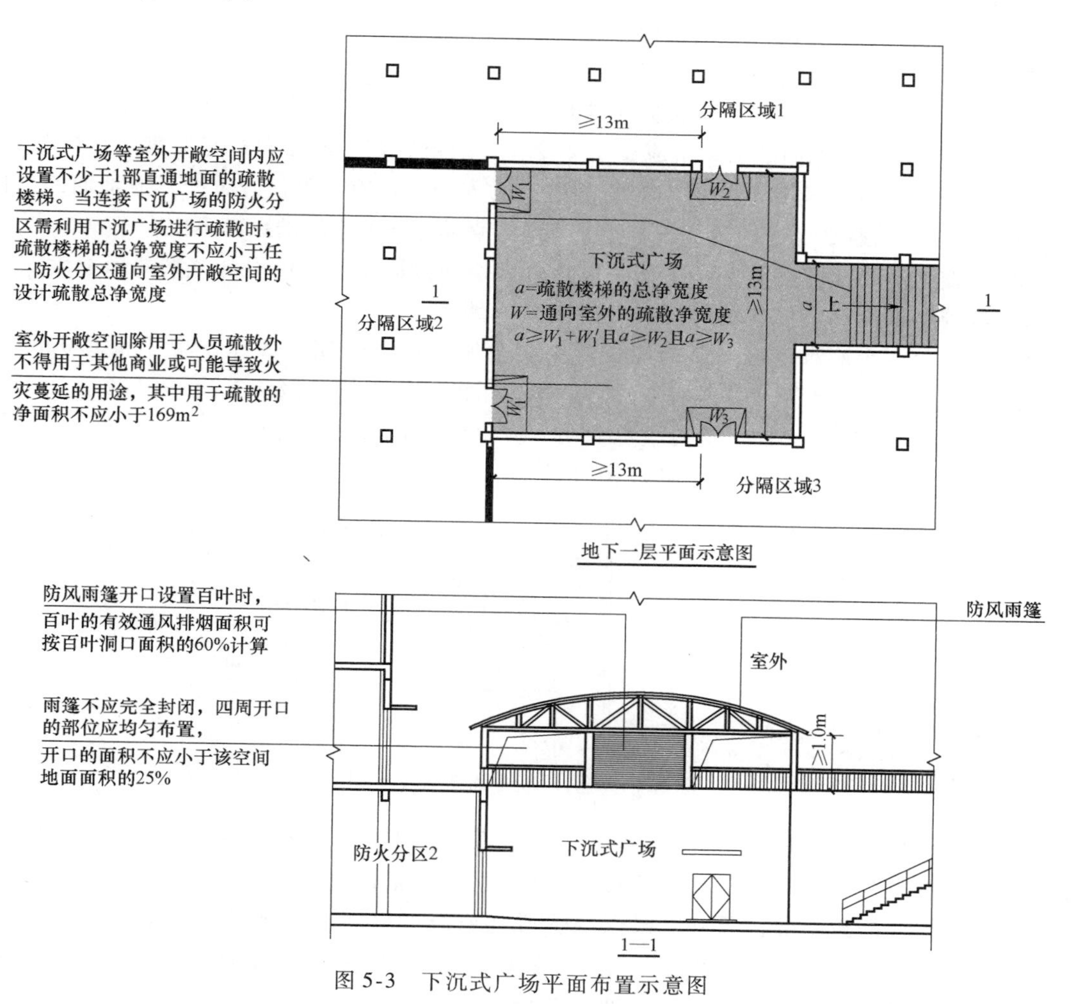

图 5-3　下沉式广场平面布置示意图

① 不同防火分区通向下沉式广场等室外开敞空间的安全出口，其最近边缘之间的水平

距离不应小于13m。室外开敞空间除用于人员疏散外不得用于其他商业或可能导致火灾蔓延的用途，其中用于疏散的净面积不应小于169m²。

② 下沉式广场等室外开敞空间内应设置不少于1部直通地面的疏散楼梯。当连接下沉式广场的防火分区需利用下沉式广场进行疏散时，疏散楼梯的总净宽度不应小于任一防火分区通向室外开敞空间的设计疏散总净宽度。

③确需设置防风雨篷时，防风雨篷不应完全封闭，四周开口部位应均匀布置，开口的面积不应小于室外开敞空间地面面积的25%，开口高度不应小于1.0m；开口设置百叶时，百叶的有效排烟面积可按百叶通风口面积的60%计算。

2）防火隔间的墙应为实体防火墙，并应符合下列规定（图5-4）：

① 隔间的建筑面积不应小于6.0m²。

② 隔间上的门应采用甲级防火门。

③ 不同防火分区通向防火隔间的门不应计作安全出口，其最小间距不应小于4m。

④ 隔间内部应全部采用A级装修材料。

⑤ 不应用于除人员通行外的其他用途。

3）避难走道应符合下列规定（图5-5）：

① 避难走道防火隔墙的耐火极限不应低于3.00h，楼板的耐火极限不应低于1.50h。

② 避难走道直通地面的出口不应少于2个，并应设置在不同方向；当避难走道仅与一个防火分区相通且该防火分区至少有1个直通室外的安全出口时，可设置1个直通地面的出口。任一防火分区通向避难走道的门至该避难走道最近直通地面的出口的距离不应大于60m。

③ 避难走道的净宽度不应小于任一防火分区通向该避难走道的设计疏散总净宽度。

④ 避难走道内部装修材料的燃烧性能应为A级。

⑤ 防火分区至避难走道入口处应设置防烟前室，前室的使用面积不应小于6.0m²，开向前室的门应采用甲级防火门，前室开向避难走道的门应采用乙级防火门。

⑥走道内应设置消火栓、消防应急照明、应急广播和消防专线电话。

4）防烟楼梯间的门应采用甲级防火门。

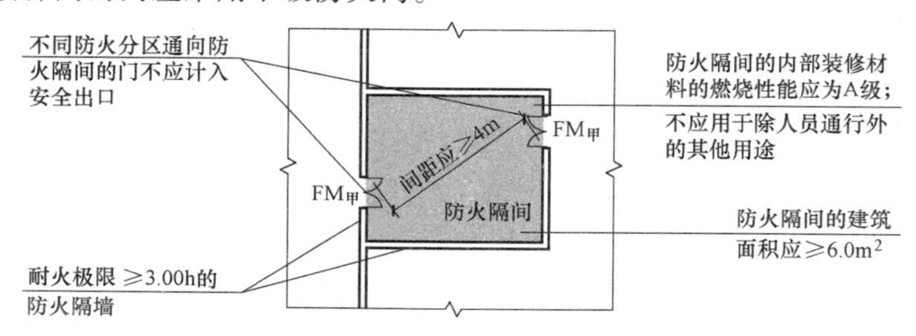

图5-4 防火隔间平面布置示意图

常开式通道防火门是指有防火要求的、有大流量人群出入的门。通常此门处于主要通道上，日常保持敞开状态，但同时其又处于防火分区上。常开通道防火门在日常使用时如遇火警，在消防中心的控制下，门可以根据烟感器（或温度感应器）触发、断电触发及手动强制等三种关闭方式，触动闭门器内停门机械装置或在消防中心控制下将电磁门吸释放，使门关闭起到隔离防火区域的作用。常开通道防火门必须使用无停门功能的闭门器、电控限位器、顺序器（作为常开的通道门通常为双扇门）、电控系统、电磁门吸及烟感火灾探测器

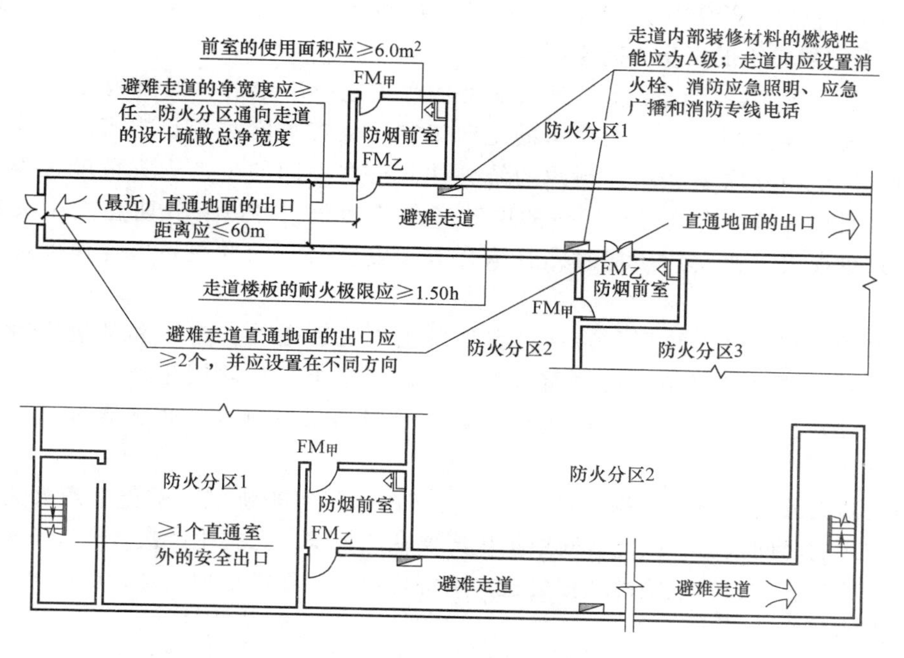

图 5-5　避难走道平面布置示意图

注：避难走道内设置的明装消火栓等突出物，不应影响避难走道的有效疏散宽度。

（或温度感应器）等组成控制系统。一般有两种方式：①烟感器、电磁门吸和火灾报警系统连在一起，配合安装普通闭门器；②烟感器、常开专门的闭门器（内设有一个门吸器）。由于火警状态下气压压差较大，应选择重型闭门器，如图 5-6 所示。

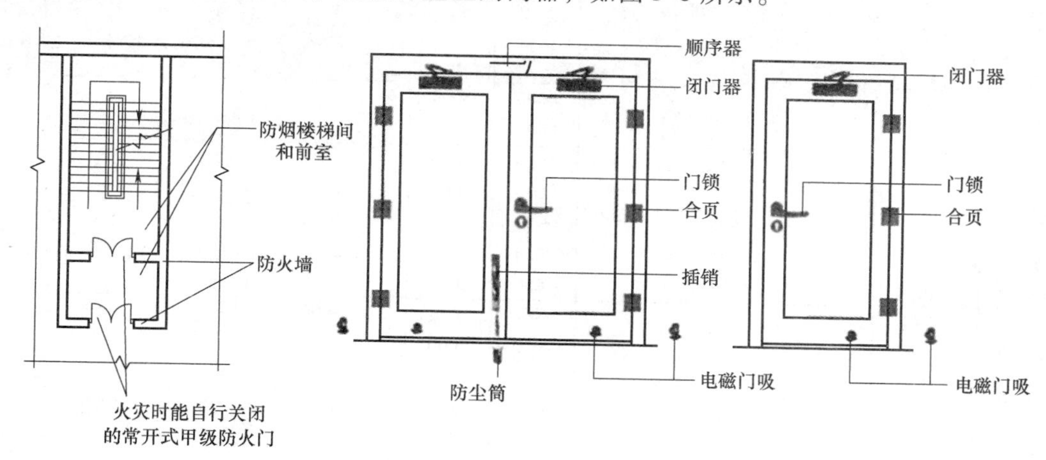

图 5-6　常开式甲级防火门

5.2.2　工业建筑防火分区设计

1. 厂房的防火分区面积

工业厂房可分为单层、多层和高层厂房。单层工业厂房，包括建筑高度超过 24m 的单层厂房；建筑高度等于或小于24m、二层及二层以上的厂房为多层厂房；建筑高度大于24m、二层及二层以上的厂房为高层厂房。

对于工业厂房而言，其层数和面积是由生产工艺所决定的，同时也受生产的火灾危险类别和耐火等级的制约。工业厂房的生产工艺、火灾危险类别、建筑耐火等级、层数和面积构成一个相互联系、相互制约的统一体。根据不同的生产火灾危险性类别，正确选择厂房的耐火等级，合理确定厂房的层数和建筑面积，可以有效防止发生火灾及其蔓延扩大，减少损失。在设计厂房时，要综合考虑安全与节约的关系，合理确定其层数和建筑面积。

甲类生产具有易燃、易爆的特性，容易发生火灾和爆炸，疏散和救援困难，如层数多则更难扑救，严重者对结构有严重破坏。因此，甲类厂房除因生产工艺需要外，要尽量采用单层建筑。少数因工艺生产需要，确需采用高层建筑者，必须通过必要的程序进行充分论证。

厂房的防火分区面积应根据生产特点及厂房耐火等级来确定。甲类生产火灾危险性最大，允许疏散的时间极短，因此，对甲类生产要从严要求，乙类生产次之，以下类推。考虑到高层厂房发生火灾时，危险性和损失比多层厂房更大，扑救更加困难，防火分区面积限制的要求也更加严格。

厂房的耐火等级、层数和每个防火分区的最大允许占地面积应符合表5-2的要求，表中最大允许占地面积系指每层允许最大建筑面积。

表5-2 厂房的层数和每个防火分区的最大允许建筑面积

生产类别	厂房的耐火等级	最多允许层数	每个防火分区的最大允许建筑面积/m^2			
			单层厂房	多层厂房	高层厂房	地下、半地下厂房（包括厂房的地下室、半地下室）
甲	一级	宜采用单层	4000	3000	—	—
	二级		3000	2000		—
乙	一级	不限	5000	4000	2000	—
	二级	6	4000	3000	1500	—
丙	一级	不限	不限	6000	3000	500
	二级	不限	8000	4000	2000	500
	三级	2	3000	2000	—	—
丁	一、二级	不限	不限	不限	4000	1000
	三级	3	4000	2000	—	—
	四级	1	1000	—	—	—
戊	一、二级	不限	不限	不限	6000	1000
	三级	3	5000	3000	—	—
	四级	1	1500	—	—	—

在进行防火分区设计时应注意以下几点：

1）防火分区之间应采用防火墙分隔。为适应生产发展需要建设大面积厂房和布置连续生产线工艺时，防火分区采用防火墙分隔有时比较困难。对此，除甲类厂房外的一、二级耐火等级厂房，当其防火分区的建筑面积大于表5-2规定，且设置防火墙确有困难时，可采用防火卷帘或防火分隔水幕分隔。采用防火卷帘时，应符合现行《建筑设计防火规范》的相关规定；采用防火分隔水幕时，应符合现行国家标准《自动喷水灭火系统设计规范》的规定。

2）厂房内设置自动灭火系统时，每个防火分区的最大允许建筑面积可按表5-2的规定增加1.0倍。当丁、戊类的地上厂房内设置自动灭火系统时，每个防火分区的最大允许建筑面积不限。厂房内局部设置自动灭火系统时，其防火分区的增加面积可按该局部面积的1.0倍计算。

3）除麻纺厂房外，一级耐火等级的多层纺织厂房和二级耐火等级的单、多层纺织厂房，其每个防火分区的最大允许建筑面积可按表5-2的规定增加0.5倍，但厂房内的原棉开包、清花车间与厂房内其他部位之间均应采用耐火极限不低于2.50h的防火隔墙分隔，需要开设门、窗、洞口时，应设置甲级防火门、窗。

4）一、二级耐火等级的单、多层造纸生产联合厂房，其每个防火分区的最大允许建筑面积可按表5-2的规定增加1.5倍。一、二级耐火等级的湿式造纸联合厂房，当纸机烘缸罩内设置自动灭火系统，完成工段设置有效灭火设施保护时，其每个防火分区的最大允许建筑面积可按工艺要求确定。

5）一、二级耐火等级的谷物筒仓工作塔，当每层工作人数不超过2人时，其层数不限。

6）一、二级耐火等级卷烟生产联合厂房内的原料、备料及成组配方、制丝、储丝和卷接包、辅料周转、成品暂存、二氧化碳膨胀烟丝等生产用房，应划分独立的防火分隔单元，当工艺条件许可时，应采用防火墙进行分隔。其中制丝、储丝和卷接包车间可划分为一个防火分区，且每个防火分区的最大允许建筑面积可按工艺要求确定。但制丝、储丝及卷接包车间之间应采用耐火极限不低于2.00h的防火隔墙和1.00h的楼板进行分隔。厂房内各水平和竖向防火分隔之间的开口应采取防止火灾蔓延的措施。

7）厂房内的操作平台、检修平台主要布置在高大的生产装置周围，在车间内多为局部或全部镂空，面积较小、操作人员或检修人员较少，且主要为生产服务的工艺设备而设置，当使用人数少于10人时，这些平台可不计入防火分区的建筑面积。

2. 仓库的防火分区面积

仓库建筑的特点，一是物资储存集中，而且许多库房超量储存。有的仓库不仅库内超量储存，且库房之间也堆放大量物资。二是库房的耐火等级较低，原有的老库房多数为三级耐火等级，甚至四级以及以下的库房也占有一定比例，一旦失火，大多造成严重损失。三是库区水源不足，消防设施缺乏，扑救难度大。

仓库可以分为单层仓库、多层仓库和高层仓库，其划分高度可参照工业厂房。货架高度大于7m且采用机械化操作或自动化控制的货架仓库，称作高架仓库。高层仓库和高架仓库的共同特点是，储存的物品是普通仓库的几倍甚至几十倍，火灾时，疏散和扑救更加困难。为保障仓库在火灾时不致很快倒塌，赢得扑救时间，减少火灾损失，故而要求其耐火等级不得低于二级。

仓库及其每个防火分区的最大允许建筑面积应符合表5-3的要求。

在进行防火分区设计时应注意以下几点：

1）仓库物资储存比较集中，可燃物数量多，灭火救援难度大，常造成严重经济损失，因此，仓库内的防火分区之间必须采用防火墙分隔。甲、乙类物品，着火后蔓延快、火势猛烈，其中有不少物品还会发生爆炸，危害大，故而甲、乙类仓库内防火分区之间的防火墙不应开设门、窗、洞口，且甲类仓库应采用单层结构。这样做有利于控制火势蔓延，便于扑救，减少灾害。对于丙、丁、戊类仓库，在实际使用中确因物流等使用需要开口的部位，需采用与防火墙等效的措施，如甲级防火门、防火卷帘分隔，开口部位的宽度一般控制在不大于6.0m，高度最好控制在4.0m以下，以保证该部位分隔的有效性。

表5-3 仓库的层数和面积

储存物品的火灾危险性类别		仓库的耐火等级	最多允许层数	每座仓库的最大允许占地面积和每个防火分区的最大允许建筑面积/m^2						
				单层仓库		多层仓库		高层仓库		地下、半地下仓库或仓库的地下室、半地下室
				每座仓库	防火分区	每座仓库	防火分区	每座仓库	防火分区	防火分区
甲	3、4项	一级	1	180	60	—	—	—	—	—
	1、2、5、6项	一、二级	1	750	250	—	—	—	—	—
乙	1、3、4项	一、二级	3	2000	500	900	300	—	—	—
		三级	1	500	250	—	—	—	—	—
	2、5、6项	一、二级	5	2800	700	1500	500	—	—	—
		三级	1	900	300	—	—	—	—	—
丙	1项	一、二级	5	4000	1000	2800	700	—	—	150
		三级	1	1200	400	—	—	—	—	—
	2项	一、二级	不限	6000	1500	4800	1200	4000	1000	300
		三级	3	2100	700	1200	400	—	—	—
丁		一、二级	不限	不限	3000	不限	1500	4800	1200	500
		三级	3	3000	1000	1500	500	—	—	—
		四级	1	2100	700	—	—	—	—	
戊		一、二级	不限	不限	不限	不限	2000	6000	1500	1000
		三级	3	3000	1000	2100	700	—	—	—
		四级	1	2100	700	—	—	—	—	—

2）设置在地下、半地下的仓库，火灾时室内气温高，烟气浓度比较高，热分解产物成分复杂、毒性大，而且威胁上部仓库的安全，要求相对严些。因此，甲、乙类仓库不应附设在建筑物的地下室和半地下室内，对于单独建设的甲、乙类仓库，甲、乙类物品也不应设在该建筑的地下、半地下。地下或半地下仓库（包括地下或半地下室）的最大允许占地面积，不应大于相应类别地上仓库的最大允许占地面积。

3）石油库区内的桶装油品仓库应符合现行国家标准《石油库设计规范》的规定。

4）一、二级耐火等级的煤均化库，每个防火分区的最大允许建筑面积不应大于12000m^2。

5）独立建造的硝酸铵仓库、电石仓库、聚乙烯等高分子制品仓库、尿素仓库、配煤仓库、造纸厂的独立成品仓库，当建筑的耐火等级不低于二级时，每座仓库的最大允许占地面积和每个防火分区的最大允许建筑面积可按表5-3的规定增加1.0倍。

6）一、二级耐火等级粮食平房仓的最大允许占地面积不应大于12000m^2，每个防火分区的最大允许建筑面积不应大于3000m^2；三级耐火等级粮食平房仓的最大允许占地面积不应大于3000m^2，每个防火分区的最大允许建筑面积不应大于1000m^2。

7）一、二级耐火等级且占地面积不大于2000m^2的单层棉花库房，其防火分区的最大允许建筑面积不应大于2000m^2。

8）一、二级耐火等级冷库的最大允许占地面积和防火分区的最大允许建筑面积，应符合表5-4的要求。

表5-4　冷库最大允许建筑面积

（单位：m^2）

库房的耐火等级	最多允许层数	单层		多层	
		每座库房	防火墙间隔	每座库房	防火墙间隔
一、二级	不限	6000	3000	4000	2000
三级	3	2000	700	1200	400

注：多层冷库面积系指每层允许最大建筑面积。

9）仓库内设置自动灭火系统时，除冷库的防火分区外，每座仓库最大允许占地面积和每个防火分区最大允许建筑面积可按表5-3的规定增加1.0倍。

10）“—”表示不允许。

3. 物流建筑的防火分区面积

物流建筑是指同一座建筑内同时具有物品储存与物品装卸、分拣、包装等生产性功能或以其中某种功能为主的建筑。物流建筑的类型主要有作业型、存储型和综合型，不同类型物流建筑的防火要求也有所区别。

对于作业型的物流建筑，由于其主要功能为分拣、加工等生产性质的活动，故其防火分区要根据其生产加工的火灾危险性按对相应的火灾危险性类别厂房的规定进行划分。其中的仓储部分要根据《建筑设计防火规范》有关中间仓库的要求确定其防火分区大小。

对于以仓储为主或分拣加工作业与仓储难以分清哪个功能为主的物流建筑，则可以将加工作业部分采用防火墙分隔后分别按照厂房和仓库的规定确定。其中，当分拣等作业区采用防火墙与储存区完全分隔且符合下列条件时，除自动化控制的丙类高架仓库外，储存区的防火分区最大允许建筑面积和储存区部分建筑的最大允许占地面积，可按《建筑设计防火规范》的规定增加3.0倍：

1）储存除可燃液体、棉、麻、丝、毛及其他纺织品、泡沫塑料等物品外的丙类物品且建筑的耐火等级不低于一级；“泡沫塑料”是指泡沫塑料制品或单纯的泡沫塑料成品，不包括用作包装的泡沫塑料。

2）储存丁、戊类物品且建筑的耐火等级不低于二级。

3）建筑内全部设置自动水灭火系统和火灾自动报警系统。

5.2.3　汽车库的防火分区设计

目前国内新建的汽车库一般耐火等级均为一、二级，且都在车库内安装了自动灭火系统，这类汽车库发生大火的事故较少。在确定汽车库建筑的防火分区面积要求时，立足于提高汽车库的耐火等级，增强车库的自救能力，并参照GB 50016—2014《建筑设计防火规范》丁类仓库防火分隔的要求，根据不同的汽车库的形式，不同的耐火等级分别作了防火分区面积的规定。

单层的一、二级耐火等级的汽车库，其疏散条件和火灾扑救都比其他形式的汽车库较为有利，其防火分区的面积可大些，而三级耐火等级的汽车库，由于建筑物燃烧容易蔓延扩大火灾，其防火分区应控制得小些。多层汽车库较单层汽车库疏散和扑救条件困难些，其防火分区面积要再小些。

汽车库每个防火分区的最大允许建筑面积应符合表 5-5 的规定。

表 5-5 汽车库防火分区的最大允许建筑面积 （单位：m^2）

耐火等级	单层汽车库	多层汽车库、半地下汽车库	地下汽车库、高层汽车库
一、二级	3000	2500	2000
三级	1000	—	—

在进行防火分区设计时应注意以下几点：

1）汽车库应采用火墙、防火卷帘等设施划分防火分区。

2）汽车库内设有自动灭火系统时，其防火分区的最大允许建筑面积不应大于表 5-5 的规定 2 倍。

3）敞开式、错层式、斜楼板式的汽车库的上下连通层面积应叠加计算，其防火分区最大允许建筑面积不应大于表 5-5 规定的 2 倍。

4）复式汽车库与一般的汽车库相比，由于其设备能叠放停车，同样的面积内可多停 30% ~50% 的小汽车，因此其防火分区最大允许建筑面积应按表 5-5 的规定值减小 35%。

5）机械式立体汽车库是一种新型的特殊的汽车库形式，其特点是立体机械化停车，一旦着火上下蔓延迅速，容易扩大成灾，不仅车辆疏散难度很大，而且灭火难度也很大。因此，当停车数超过 100 辆时，应采用无门、窗、洞口的防火墙分隔为多个停车数量不大于 100 辆的区域，但当采用防火隔墙和耐火极限不低于 1.00h 的不燃性楼板分隔成多个停车单元，且停车单元内的停车数量不大于 3 辆时，应分隔为停车数量不大于 300 辆的区域。汽车库内应设置火灾自动报警系统和自动喷水灭火系统，自动喷水灭火系统应选用快速响应喷头；楼梯间及停车区的检修通道上应设置室内消火栓；汽车库内应设置排烟设施，排烟口应设置在运输车辆的通道顶部。

甲、乙类物品运输车的汽车库、修车库，其防火分区最大允许建筑面积不应超过 $500m^2$。

修车库防火分区最大允许建筑面积不应超过 $2000m^2$。当修车部位与相邻的使用有机溶剂的清洗和喷漆工段采用防火墙分隔时，防火分区最大允许建筑面积不应超过 $4000m^2$。

5.3 建筑平面布置

建筑物的平面布置应符合规范要求，通过对建筑内部空间进行合理分隔，防止火灾在建筑内部蔓延扩大，确保火灾时的人员生命安全，减少财产损失：

1）建筑内部某部位着火时，能限制火灾和烟气在（或通过）建筑内部和外部的蔓延，并为人员疏散、消防人员的救援和灭火提供保护。

2）建筑物内部某处发生火灾时，减少对邻近（上下层、水平相邻空间）分隔区域的强辐射热和烟气的影响。

3）消防人员能方便进行救援，利用灭火设施进行灭火活动。

4）有火灾或爆炸危险的建筑设备设置部位，能防止对人员和贵重设备造成影响或危害。

5）设置有火灾或爆炸危险的建筑设备的场所，采取措施能防止发生火灾或爆炸，及时控制灾害的蔓延扩大。

民用建筑的平面布置应结合建筑的耐火等级、火灾危险性、使用功能和安全疏散等因素合理布置。民用建筑的用途多样，往往有多种功能的空间布置在同一座建筑内。不同功能空间的火灾危险性及人员疏散要求是不一样的，不同使用功能场所之间应进行防火分隔；当相互间的火灾危险性差别较大时，其疏散设施也需尽量分开设置，如商业经营与居住部分。即使同一种功能的一座建筑内也存在多种用途的场所，这些用途间的火灾危险性也可能各不一样。通过建筑内平面的合理布置，可以将火灾危险性大的空间相对集中并方便地划分为不同的防火分区，或将这样的空间布置在对建筑结构或人员疏散影响较小的部位等，以尽量降低火灾的危害。设计时需结合规范的防火要求、建筑的功能需要和建筑创意等因素，科学布置不同功能或用途的空间。

除为满足民用建筑使用功能所设置的附属库房外，民用建筑内不应设置生产车间和其他仓库，其平面布置应结合使用功能和安全疏散要求等因素合理布置。库房主要为与所在建筑使用功能无关的库房，不包括商店、展览、宾馆、办公等建筑中的自用物品暂存库房、商品临时周转库房、档案室和资料室等库房。除规范规定的为生产、储存管理直接服务的小型用房外，民用功能的场所也不能布置在厂房或仓库建筑内。经营、存放和使用甲、乙类火灾危险性物品的商店、作坊和储藏间，严禁附设在民用建筑内，不包括独立设置并经营或使用此类物品的建筑。

下面就现行《建筑设计防火规范》和《汽车库、修车库、停车场设计防火规范》中对各类设备用房、商业服务网点、人员密集场所、行为能力较差者场所、汽车库和住宅建筑等的布置问题进行阐述。

5.3.1　设备用房

1. 燃油、燃气锅炉，油浸电力变压器等

随着城市的发展，由于建筑规模的扩大和集中供热的需要，建筑所需锅炉的蒸发量越来越大。我国目前生产的锅炉，其工作压力较高（一般为1～13kg/cm^2）[⊖]，蒸发量较大（1～30t/h），安全保护设备失灵或操作不慎等原因都有导致发生爆炸的可能，特别是燃油、燃气的锅炉，容易发生燃烧爆炸。可燃油油浸电力变压器发生故障产生电弧时，将使变压器内的绝缘油迅速发生热分解，析出氢气、甲烷、乙烯等可燃气体，压力骤增，造成外壳爆裂大量喷油，或者析出的可燃气体与空气混合形成爆炸混合物，在电弧或火花的作用下引起燃烧爆炸。变压器爆裂后，火灾将随着高温变压器油的流淌而蔓延，形成大面积火灾。充有可燃油的高压电容器、多油开关等，也有较大的火灾危险性。因此，燃油或燃气锅炉、油浸变压器、充有可燃油的高压电容器和多油开关等，宜设置在建筑外的专用房间内。

燃油、燃气锅炉房，油浸电力变压器室，充有可燃油的高压电容器、多油开关等确需贴邻民用建筑布置时，应采用防火墙与所贴邻的建筑分隔，且不应贴邻人员密集场所；该专用房间的耐火等级不应低于二级；确需布置在民用建筑内时，不应布置在人员密集场所的上一层、下一层或贴邻，并应符合下列规定（图5-7）：

⊖　1kg/cm^2 = 0.1MPa。

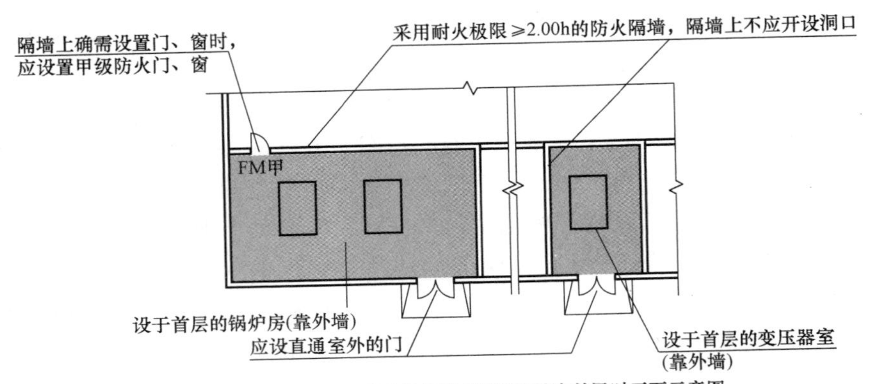

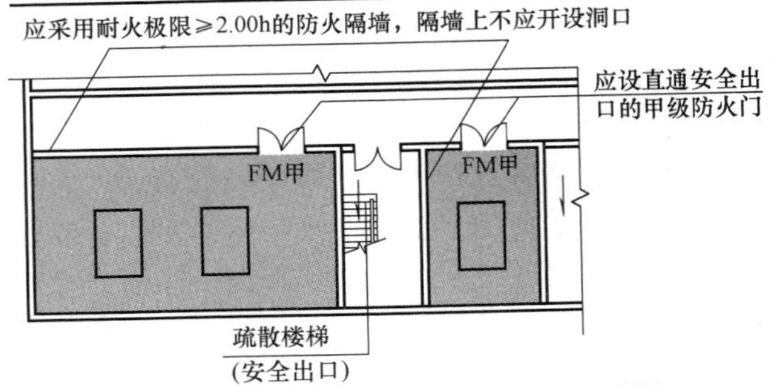

a)

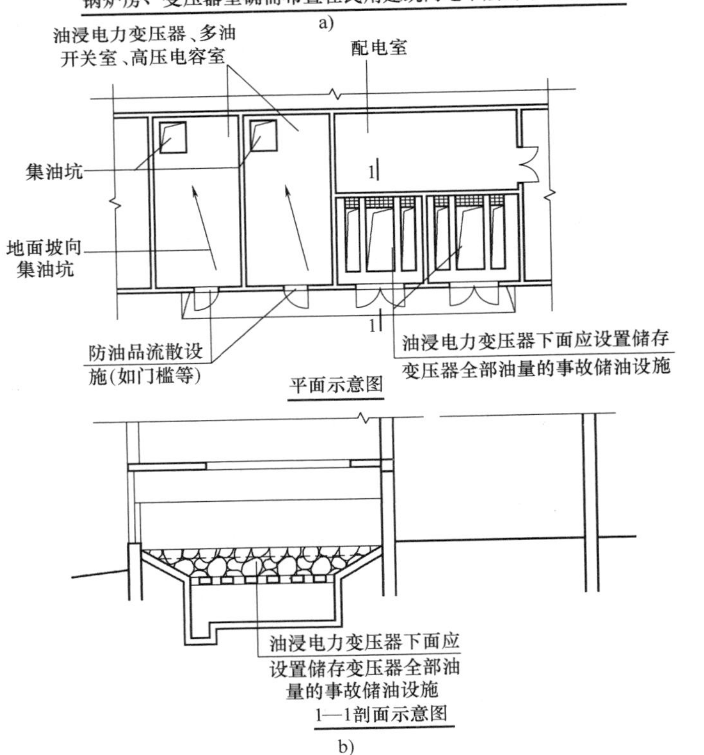

b)

图 5-7 燃油、燃气锅炉，油浸电力变压器等布置图

a）锅炉房、变压器室设首层及地下层的平面示意图 b）变压器室、配电室等防事故储油措施

1）燃油和燃气锅炉房、变压器室应设置在首层或地下一层靠外墙部位，但常（负）压燃油、燃气锅炉可设置在地下二层或屋顶上。设置在屋顶上的常（负）压燃气锅炉，距离通向屋面的安全出口不应小于6m。采用相对密度（与空气密度的比值）不小于0.75的可燃气体为燃料的锅炉，不得设置在地下或半地下。

2）锅炉房、变压器室的疏散门均应直通室外或直通安全出口。

3）锅炉房、变压器室等与其他部位之间应采用耐火极限不低于2.00h的不燃烧体隔墙和不低于1.50h的不燃烧体楼板分隔。在隔墙和楼板上不应开设洞口。确需在隔墙上设置门、窗时，应设置甲级防火门、窗。

4）锅炉房内设置储油间时，其总储存量不应大于$1m^3$，且储油间应采用耐火极限不低于3.00h的防火墙与锅炉间分隔。确需在防火墙上设置门时，应设置甲级防火门。

5）变压器室之间、变压器室与配电室之间，应采用耐火极限不低于2.00h的不燃烧体墙分隔。

6）油浸变压器、多油开关室、高压电容器室，应设置防止油品流散的设施。油浸变压器下面应设置储存变压器全部油量的事故储油设施。

7）锅炉的容量应符合现行国家标准《锅炉房设计规范》的有关规定。油浸变压器的总容量不应大于1260kV·A，单台容量不应大于630kV·A。

8）应设置火灾报警装置。

9）应设置与锅炉、油浸变压器容量和建筑规模相适应的灭火设施，当建筑内其他部位设置自动喷水灭火系统时，应设置自动喷水灭火系统。

10）燃气锅炉房应设置防爆泄压设施，燃油、燃气锅炉房应设置独立的通风系统，并应符合《建筑设计防火规范》的有关规定。

2. 柴油发电机房

柴油发电机房布置在民用建筑内时，应符合下列规定：

1）宜布置在首层或地下一、二层，不应布置在人员密集场所的上一层、下一层或贴邻。

2）应采用耐火极限不低于2.00h的不燃烧体隔墙和不低于1.50h的不燃烧体楼板与其他部位分隔，门应采用甲级防火门。

3）机房内设置储油间时，其总储存量不应大于$1m^3$，储油间应采用耐火极限不低于3.00h的防火隔墙与发电机间分隔。确需在防火隔墙上开门时，应设置甲级防火门。

4）应设置火灾报警装置。

5）应设置与柴油发电机容量和建筑规模相适应的灭火设施，当建筑内其他部位设置自动喷水灭火系统时，机房内应设置自动喷水灭火系统。

3. 消防控制室

消防控制室是建筑物内防火、灭火设施的显示控制中心，是火灾的扑救指挥中心，是保障建筑物安全的要害部位之一，应设在交通方便和发生火灾时不易延烧的部位。因此，消防规范对消防控制室位置、防火分隔和安全出口作了规定。

一般情况下，火灾在起火15～20min后才开始蔓延燃烧，要使消防队员能在轰燃之前赶到现场扑灭火灾，就必须迅速报警。因此，设置火灾自动报警系统和自动灭火系统或设置火灾自动报警系统和机械防（排）烟设施的建筑（群）应设置消防控制室。消防控制室的设置应符合下列规定（图 5-8）：

1）单独建造的消防控制室，其耐火等级不应低于二级。

2）附设在建筑内的消防控制室，宜设置在建筑内首层或地下一层，并宜布置在靠外墙部位。

3）附设在建筑内的消防控制室应采用耐火极限不低于 2.00h 的隔墙和不低于 1.50h 的楼板与其他部位分隔，疏散门应直通室外或安全出口。

4）不应设置在电磁场干扰较强及其他可能影响消防控制设备工作的设备用房附近。

5）应采取防水淹的技术措施。

4. 消防水泵房

消防水泵是消防给水系统的心脏，在火灾延续时间内人员和水泵机组都需要坚持工作。因此，独立建造的消防水泵房，其耐火等级不应低于二级。

为保证在火灾延续时间内人员的进出安全、消防水泵的正常运行，消防水泵房不应设置在地下三层及以下或地下室内地面与室外出入口地坪高差大于 10m 的楼层。消防水泵房设置在首层时，其疏散门应直通室外；设置在地下层或楼层上时，其疏散门应直通安全出口。应采用耐火极限不低于 2.00h 的防火隔墙和 1.50h 的楼板与其他部位分隔，应采取防水淹的技术措施。图 5-9 所示为某消防水泵房布置平面示意图。

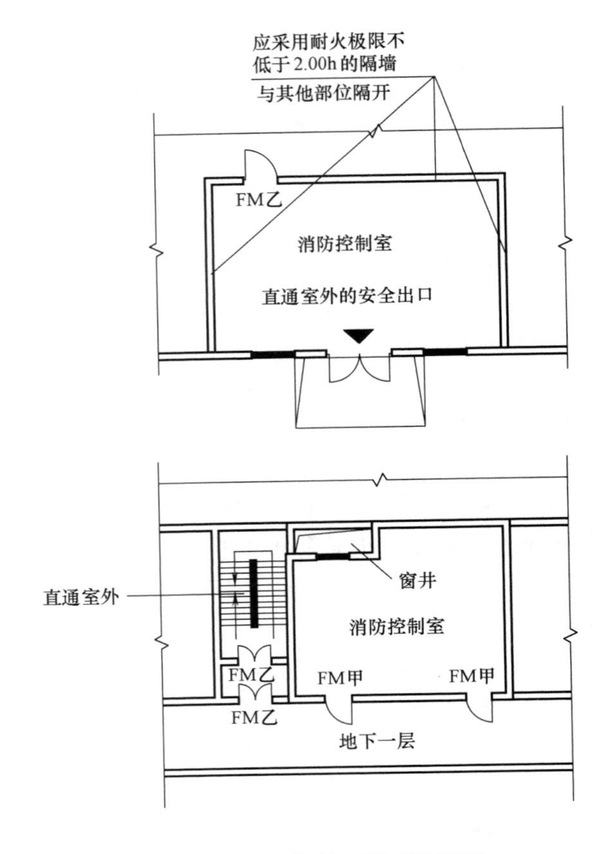

图 5-8 消防控制室平面示意图

5.3.2 人员密集场所

根据《消防法》，人员密集场所是指公众聚集场所，医院的门诊楼、病房楼，学校的教学楼、图书馆、食堂和集体宿舍，养老院，福利院，托儿所，幼儿园，公共图书馆的阅览室，公共展览馆、博物馆的展示厅，劳动密集型企业的生产加工车间和员工集体宿舍，旅游、宗教活动场所等。公众聚集场所，是指宾馆、饭店、商场、集贸市场、客运车站候车室、客运码头候船厅、民用机场航站楼、体育场馆、会堂以及公共娱乐场所等。

1. 观众厅、会议厅、多功能厅

据调查，有些已建成的高层民用建筑内附设有观众厅、会议厅、多功能厅等人员密集的厅、室，有的设在接近首层或低层部位，有的设在顶层（如上海某百货公司顶层就设有一个能容纳千人的礼堂兼电影厅，广州某大厦顶层设有能容纳二三百人的餐厅等），一旦建筑物内发生火灾，将给安全疏散带来很大困难。因此，上述人员密集的厅、室附设在高层建筑内时，最好设在首层或二、三层，这样就能比较经济、方便地在局部增设疏散楼梯，使大量

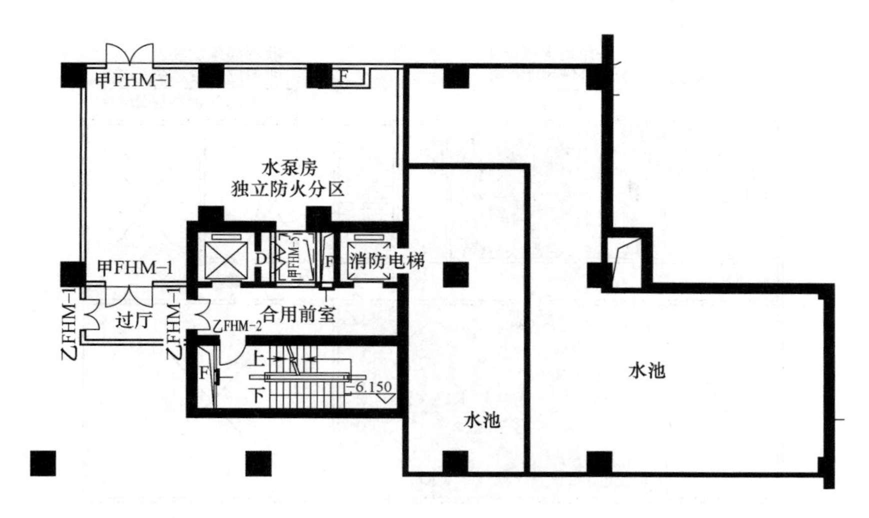

图5-9 某消防水泵房布置平面示意图

人流能在短时间内安全疏散。设置在三级耐火等级的建筑内时，不应布置在三层及以上楼层。当布置在一、二级耐火等级建筑的其他楼层时，一个厅、室的疏散门不应少于2个，且建筑面积不宜大于400m²，设置在高层建筑内时，应设置火灾自动报警系统和自动喷水灭火系统等自动灭火系统；设置在地下或半地下时，宜设置在地下一层，不应设置在地下三层及以下楼层。

2. 歌舞娱乐放映游艺场所

歌舞娱乐放映游艺场所是对歌舞厅、录像厅、夜总会、卡拉OK厅（含具有卡拉OK功能的餐厅）、游艺厅（含电子游艺厅）、桑拿浴室（不包括洗浴部分）、网吧等场所的统称，不包括剧场、电影院、礼堂等。这类场所之所以频频发生火灾，且伤亡惨重，在于其特定的不安全环境和人的不安全行为等因素：①用电量大；②装修豪华；③封闭空间，温度上升快，排烟困难；④人员的不安全行为；⑤管理上的不稳定因素。

歌舞娱乐放映游艺场所宜布置在一、二级耐火等级建筑物内的首层、二层或三层的靠外墙部位，不应布置在地下二层及二层以下。受条件限制必须布置在其他楼层时，一个厅、室的建筑面积不应大于200m²，这里的“一个厅、室”是指歌舞娱乐放映游艺场所中一个相互分隔的独立单元，面积按厅、室建筑面积计算。当布置在地下一层时，地下一层地面与室外出入口地坪的高差不应大于10m。

歌舞娱乐放映游艺场所不宜布置在袋形走道的两侧或尽端。厅、室之间及与建筑的其他部位之间，应采用耐火极限不低于2.00h的防火隔墙和1.00h的不燃性楼板分隔，设置在厅、室墙上的门和该场所与建筑内其他部位相通的门均应采用乙级防火门，如图5-10所示。

3. 剧场、电影院、礼堂

剧场、电影院、礼堂宜设置在独立的建筑内，当采用三级耐火等级的单独建筑时，不应超过2层。

随着大型购物广场和城市综合体等建筑形式的出现，越来越多的电影院设置在商场、市场、购物广场等一、二级耐火等级的建筑内，利用这些建筑中的餐饮、购物、休闲等设施相互促进，从而使双方获得好的经济效益。但是，由于影院与商场的作息时间不同，因此，特

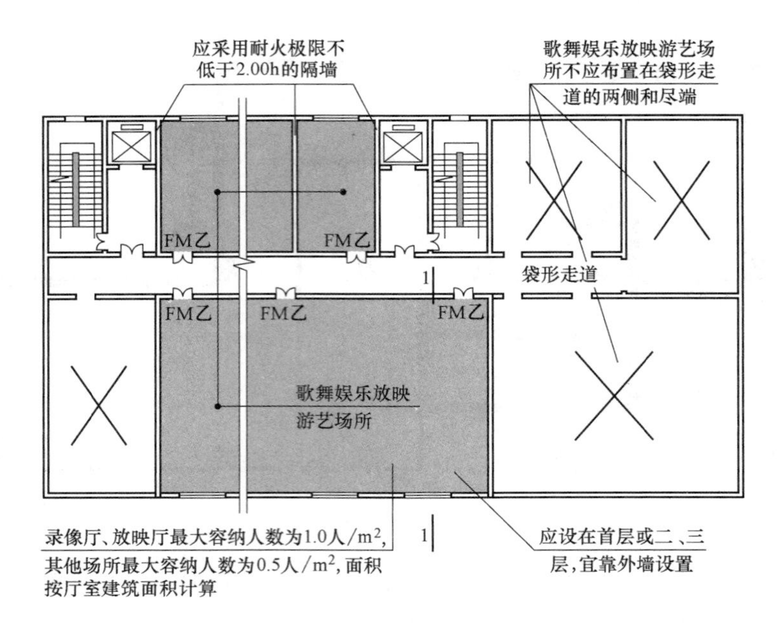

图 5-10 歌舞娱乐放映游艺场所平面示意图

别规定，综合建筑内设置的电影院应设置在独立的竖向交通附近，并应有人员集散空间，应有单独出入口通向室外，同时应设置明显标志。电影院、剧场等不宜设置在住宅楼、仓库、古建筑内。

设置在其他民用建筑内时，至少应设置 1 个独立的安全出口和疏散楼梯，并应满足以下几个规定：①应采用耐火极限不低于 2. 00h 的防火隔墙和甲级防火门与其他区域分隔；②设置在一、二级耐火等级的建筑内时，观众厅宜布置在首层、二层或三层；确需布置在四层及以上楼层时，一个厅、室的疏散门不应少于 2 个，且每个观众厅的建筑面积不宜大于 $400m^2$；③设置在三级耐火等级的建筑内时，不应布置在三层及以上楼层；④设置在地下或半地下时，宜设置在地下一层，不应设置在地下三层及以下楼层；⑤设置在高层建筑内时，应设置火灾自动报警系统及自动喷水灭火系统等自动灭火系统。

4. 教学建筑、食堂、菜市场

教学建筑、食堂、菜市场采用三级耐火等级的建筑时，不应超过二层；采用四级耐火等级的建筑时，应为单层；设置在三级耐火等级的建筑内时，应布置在首层或二层；设置在四级耐火等级的建筑内时，应布置在首层。

5. 商店建筑、展览建筑

商店建筑采用三级耐火等级的建筑时，不应超过二层；采用四级耐火等级的建筑时，应为单层；设置在三级耐火等级的建筑内时，应布置在首层或二层；设置在四级耐火等级的建筑内时，应布置在首层。营业厅、展览厅不应设置在地下三层及以下楼层。地下或半地下营业厅、展览厅不应经营、储存和展示甲、乙类火灾危险性物品。

6. 老年人照料设施、儿童活动场所及医院建筑

老年人照料设施是指床位总数（可容纳老年人总数）大于或等于 20 床（人），为老年人提供集中照料服务的公共建筑，包括老年人全日制照料设施和老年人日间照料设施。儿童

活动场所包括设置在建筑内的儿童游艺场所、亲子儿童乐园、儿童特长培训班、早教中心等。老年人、儿童以及医院的病人，逃生自救能力较差，火灾时无法迅速疏散，容易造成伤亡事故。因此，对于这类场所或者建筑，在楼层布置、防火分隔和疏散出口等方面，都应该严格要求。

老年人照料设施宜独立设置。独立建造的一、二级耐火等级老年人照料设施的建筑高度不宜大于 32m，不应大于 54m；独立建造的三级耐火等级老年人照料设施，不应超过 2 层。当老年人照料设施与其他建筑上、下组合时，老年人照料设施宜设置在建筑的下部，并应符合下列两条规定：①老年人照料设施部分的建筑层数、建筑高度或所在楼层位置的高度应符合前述规定；②老年人照料设施部分应与其他场所进行防火分隔，防火分隔应符合《建筑防火设计规范》相关规定。当老年人照料设施中的老年人公共活动用房、康复与医疗用房设置在地下、半地下时，应设置在地下一层，每间用房的建筑面积不应大于 $200m^2$ 且使用人数不应大于 30 人。老年人照料设施中的老年人公共活动用房、康复与医疗用房设置在地上四层及以上时，每间用房的建筑面积不应大于 $200m^2$ 且使用人数不应大于 30 人。

托儿所、幼儿园的儿童用房和儿童游乐厅等儿童活动场所宜设置在独立的建筑内，且不应设置在地下或半地下；当采用一、二级耐火等级的建筑时，不应超过 3 层；采用三级耐火等级的建筑时，不应超过 2 层；采用四级耐火等级的建筑时，应为单层；确需设置在其他民用建筑内时，应符合下列规定：①设置在一、二级耐火等级的建筑内时，应布置在首层、二层或三层；②设置在三级耐火等级的建筑内时，应布置在首层或二层；③设置在四级耐火等级的建筑内时，应布置在首层；④设置在单、多层建筑内时，宜设置单独的安全出口和疏散楼梯；设置在高层建筑内时，应设置独立的安全出口和疏散楼梯。

病房楼内的火灾荷载大、大多数人员行动能力受限，相比办公楼等公共建筑的火灾危险性更高。医院和疗养院的住院部分不应设置在地下或半地下。医院和疗养院的住院部分采用三级耐火等级的建筑时，不应超过二层；采用四级耐火等级的建筑时，应为单层；设置在三级耐火等级的建筑内时，应布置在首层或二层；设置在四级耐火等级的建筑内时，应布置在首层。医院和疗养院的病房楼内相邻护理单元之间应采用耐火极限不低于 2.00h 的防火隔墙分隔，隔墙上的门应采用乙级防火门，设置在走道上的防火门应采用常开防火门。

5.3.3　住宅建筑

住宅建筑的火灾危险性与其他功能的建筑有较大差别，需独立建造。除商业服务网点外，住宅建筑与其他使用功能的建筑合建时，应符合下列规定：

1）住宅部分与非住宅部分之间，应采用耐火极限不低于 2.00h 且无门、窗、洞口的防火隔墙和 1.50h 的不燃性楼板完全分隔。当为高层建筑时，应采用无门、窗、洞口的防火墙和耐火极限不低于 2.00h 的不燃性楼板完全分隔。建筑外墙上、下层开口之间的防火措施应符合《建筑设计防火规范》的相关规定。

2）住宅部分与非住宅部分的安全出口和疏散楼梯应分别独立设置；为住宅部分服务的地上车库应设置独立的疏散楼梯或安全出口，地下车库与地上部分不应共用楼梯间，确需共用楼梯间时，应在首层采用耐火极限不低于 2.00h 的防火隔墙和乙级防火门将地下或半地下部分与地上部分的连通部位完全分隔，并应设置明显的标志。

3）住宅部分和非住宅部分的安全疏散、防火分区和室内消防设施配置，可根据各自的建筑高度分别按照《建筑设计防火规范》有关住宅建筑和公共建筑的规定执行；该建筑的其他防火设计应根据建筑的总高度和建筑规模按《建筑设计防火规范》有关公共建筑的规定执行。

4）设置商业服务网点的住宅建筑，其居住部分与商业服务网点之间应采用耐火极限不低于2.00h且无门、窗、洞口的防火隔墙和1.50h的不燃性楼板完全分隔，住宅部分和商业服务网点部分的安全出口和疏散楼梯应分别独立设置。商业服务网点中每个分隔单元之间应采用耐火极限不低于2.00h且无门、窗、洞口的防火隔墙相互分隔，当每个分隔单元任一建筑面积大于200m² 时，该层应设置2个安全出口或疏散门，如图5-11所示。每个分隔单元

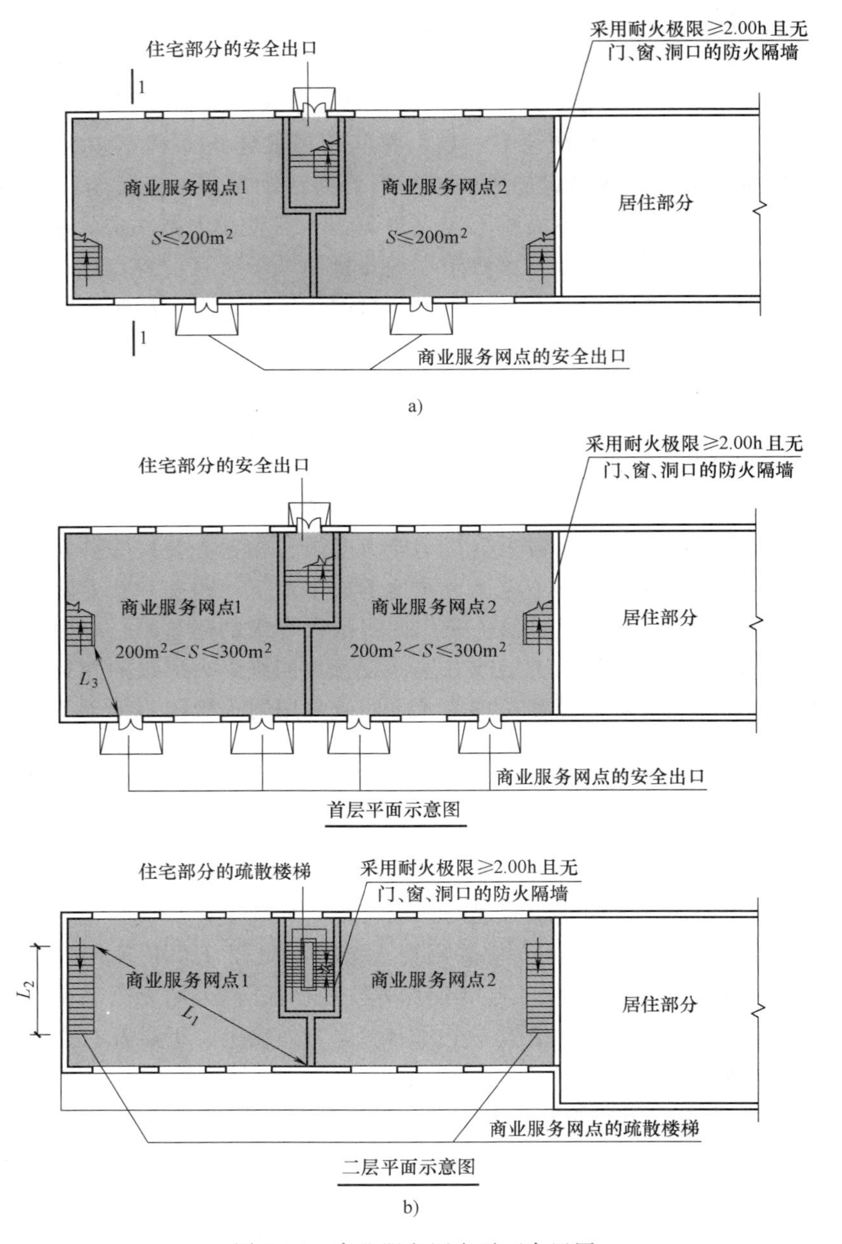

图5-11 商业服务网点平面布置图

a）面积在200m² 以内的商业服务网点平面布置图 b）面积在200m² 以上的商业服务网点平面布置图

内的任一点至最近直通室外的出口的直线距离不应大于《建筑设计防火规范》有关多层其他建筑位于袋形走道两侧或尽端的疏散门至最近安全出口的最大直线距离，其中，室内楼梯的距离可按其水平投影长度的1.50倍计算。

5.3.4 工业建筑内的附属用房

1. 办公室、休息室和员工宿舍

住宿与生产、储存、经营合用场所（俗称“三合一”建筑）在我国造成过多起重特大火灾事故，教训深刻。因此，对于办公室、休息室和员工宿舍等附属用房的布置必须严格遵循以下原则：

1）员工宿舍严禁设置在厂房和仓库内。

2）办公室、休息室等不应设置在甲、乙类厂房内。确需贴邻本厂房时，其耐火等级不应低于二级，并应采用耐火极限不低于3.00h的防爆墙与厂房分隔且应设置独立的安全出口，如图5-12所示。甲、乙类生产过程中发生的爆炸，冲击波有很大的摧毁力，用普通的砖墙很难抗御，即使原来墙体耐火极限再高，也会因墙体破坏而失去性能。为保证人身安全，要求有爆炸危险的厂房内不应设置休息室、办公室等，确因条件限制需要设置时，应采用能够抵御相应爆炸作用的墙体分隔。抗爆墙为在墙体任意一侧受到爆炸冲击波作用并达到设计压力时，能够保持设计所要求的防护性能的实心墙体。抗爆墙的通常做法有：钢筋混凝土墙、砖墙配筋和夹砂钢木板。抗爆墙的设计，应根据生产部位可能产生的爆炸超压值、泄压面积大小、爆炸的概率，结合工艺和建筑中采取的其他防爆措施与建造成本等情况综合考虑。

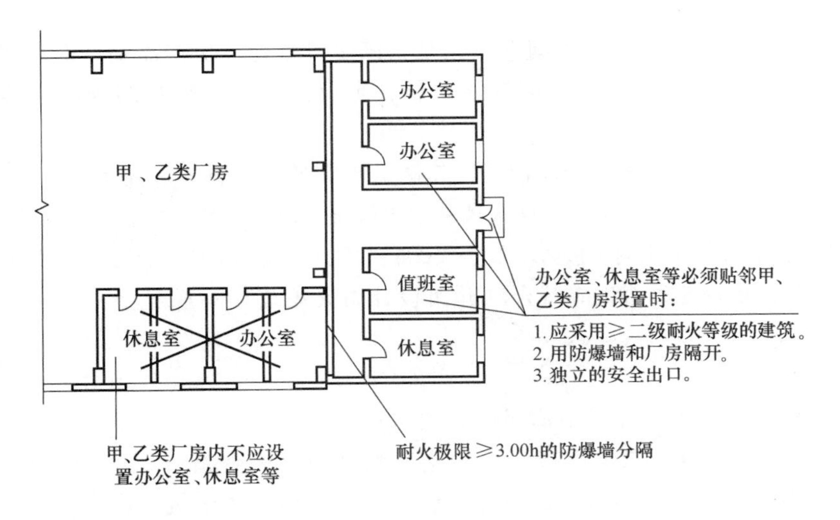

图5-12 办公室、休息室与甲、乙类厂房贴邻建造平面示意图

3）在丙类厂房内设置用于管理、控制或调度生产的办公房间以及工人的中间临时休息室，应采用耐火极限不低于2.50h的防火隔墙和1.00h的楼板与厂房隔开，并应至少设置1个独立的安全出口。如隔墙上设置为方便沟通而与生产区域相通的门时，应采用乙级防火门。

4）甲、乙类仓库内严禁设置办公室、休息室等，并不应贴邻建造。办公室、休息室设置在丙、丁类仓库内时，应采用耐火极限不低于 2.50h 的防火隔墙和不低于 1.00h 的楼板与其他部位分隔，并应设置独立的安全出口。隔墙上需开设相互连通的门时，应采用乙级防火门，如图 5-13 所示。

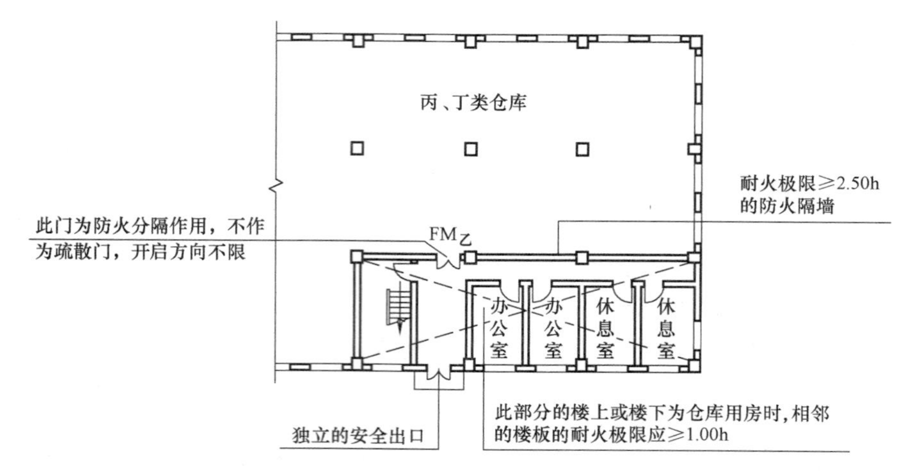

图 5-13 办公室、休息室设在丙、丁类仓库内的平面示意图

2. 液体中间储罐

厂房中的丙类液体中间储罐应设置在单独房间内，其容积不应大于 $1m^3$。设置该中间储罐的房间，其围护构件的耐火极限不应低于二级耐火等级建筑的相应要求，房间的门应采用甲级防火门。

3. 附属仓库

附属仓库是附设在厂房中的中间仓库，是为满足日常连续生产需要，在厂房内存放从仓库或上道工序的厂房（或车间）取得的原材料、半成品、辅助材料的场所，其平面布置应满足以下规定：

1）甲、乙类中间仓库应靠外墙布置，其储量不宜超过 1 昼夜的需要量。

2）甲、乙、丙类中间仓库应采用防火墙和耐火极限不低于 1.50h 的不燃性楼板与其他部位分隔；丁、戊类中间仓库应采用耐火极限不低于 2.00h 的防火隔墙和 1.00h 的楼板与其他部位分隔。

3）仓库的耐火等级和面积应符合《建筑设计防火规范》的规定。

5.3.5 汽车库

汽车库、修车库的平面布置应满足下列要求：

1）汽车库不应与甲、乙类生产厂房、仓库贴邻或组合建造，不应与托儿所、幼儿园、老年人建筑、中小学校的教学楼、病房楼等组合建造；当这些建筑与汽车库之间采用耐火极限不低于 2.00h 的楼板完全分隔，且疏散出口分别独立设置时，其地下部分可设置汽车库。

2）甲、乙类物品运输车的汽车库、修车库应为单层、独立建造。当停车数量不超过 3 辆时，可与一、二级耐火等级的Ⅳ类汽车库贴邻建造，但应采用防火墙隔开。

3）Ⅰ类修车库应单独建造；Ⅱ、Ⅲ、Ⅳ类修车库可设置在一、二级耐火等级的建筑物的首层或与其贴邻建造，但不得与甲、乙类生产厂房、仓库，明火作业的车间或托儿所、幼儿园、中小学校的教学楼、老年人建筑、病房楼及人员密集的公共活动场所组合或贴邻建造。

4）为车库服务的下列附属建筑，可与汽车库、修车库贴邻建造，但应采用防火墙隔开，并应设置直通室外的安全出口：①储存量不超过1.0t的甲类物品库房；②总安装容量不超过5.0m^3/h的乙炔发生器间和储存量不超过5个标准钢瓶的乙炔气瓶库；③一个车位的非封闭喷漆间或不大于两个车位的封闭喷漆间；④建筑面积不大于200m^2的充电间和其他甲类生产场所。

5）地下、半地下汽车库内不应设置修理车位、喷漆间、充电间、乙炔间和甲、乙类物品库房。

6）直通建筑内附设汽车库的电梯，应在汽车库部分设置电梯候梯厅，并应采用耐火极限不低于2.00h的防火隔墙和乙级防火门与汽车库分隔。

7）燃油或燃气锅炉、油浸变压器、充有可燃油的高压电容器和多油开关等，不应设置在汽车库、修车库内。当受条件限制必须贴邻汽车库、修车库布置时，应符合现行《建筑设计防火规范》的有关规定。

8）汽车库、修车库与其他建筑合建时，应符合下列规定：①贴邻建造时，应采用防火墙隔开；②设在建筑物内的汽车库（包括屋顶停车场）、修车库与其他部位之间，应采用防火墙和耐火极限不低于2.00h的不燃性楼板分隔；③汽车库、修车库的外墙门、洞口的上方，应设置耐火极限不低于1.00h、宽度不小于1.0m、长度不小于开口宽度的不燃性防火挑檐；④汽车库、修车库的外墙上、下层开口之间墙的高度，不应小于1.2m或设置耐火极限不低于1.00h、宽度不小于1.0m的不燃性防火挑檐。

9）汽车库内设置修理车位时，停车部位与修车部位之间应采用防火墙和耐火极限不低于2.00h的不燃性楼板分隔。

10）修车库内使用有机溶剂清洗和喷漆的工段，当超过3个车位时，均应采用防火隔墙等分隔措施。

11）除敞开式汽车库、斜楼板式汽车库外，其他汽车库内的汽车坡道两侧应采用防火墙与停车区隔开，坡道的出入口应采用水幕、防火卷帘或甲级防火门等与停车区隔开；但当汽车库和汽车坡道上均设置自动灭火系统时，坡道的出入口可不设置水幕、防火卷帘或甲级防火门。

5.4　水平防火分区分隔设施

防火分区的分隔物一般有防火墙、耐火楼板、甲级防火门、防火卷帘、防火水幕带、上下楼层之间的窗间墙、封闭和防烟楼梯间等。其中，防火墙、甲级防火门、防火卷帘和防火水幕带是水平方向划分防火分区的分隔物，而耐火楼板、上下楼层之间的窗间墙、封闭和防烟楼梯间属于垂直方向划分防火分区的防火分隔物。

5.4.1　防火墙

防止火灾蔓延至相邻建筑或相邻水平防火分区且耐火极限不低于3.00h的不燃性墙体。根据防火墙的建筑平面布置形式，分为横向防火墙（与建筑平面纵轴垂直）、纵向防火墙（与平面纵轴平行）。根据防火墙在建筑中所处的位置，分为室内防火墙（把房屋划分成防火分区的内部分隔墙）、室外防火墙（在两幢建筑物间因防火间距不够而设置无门窗或设防火门、窗的外墙）和独立防火墙（当建筑物间的防火间距不足，又不便于使用外防火墙时，可采用室外独立防火墙，用以遮断两幢建筑之间的火灾蔓延）。

对防火墙的设置部位和构造的要求是：

1）防火墙应直接设置在建筑的基础或框架、梁等承重结构上，框架、梁等承重结构的耐火极限不应低于防火墙的耐火极限。

防火墙应从楼地面基层隔断至梁、楼板底面基层。当高层厂房（仓库）屋顶承重结构和屋面板的耐火极限低于 1.00h，其他建筑屋顶承重结构和屋面板的耐火极限低于 0.50h 时，防火墙应高出屋面 0.5m 以上。

2）防火墙横截面中心线水平距离天窗端面小于4.0m，且天窗端面为可燃性墙体时，应采取防止火势蔓延的措施，如图 5-14 所示。

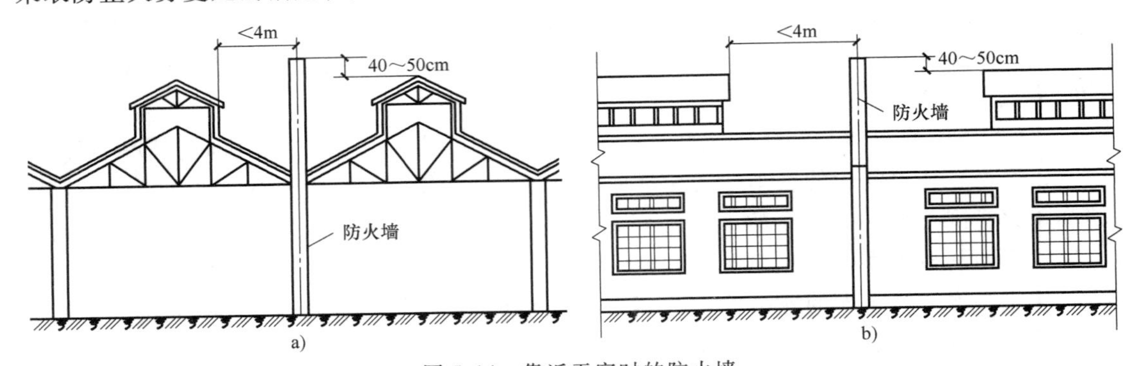

图 5-14 靠近天窗时的防火墙

a）与天窗平行时 b）与天窗垂直时

3）建筑外墙为难燃性或可燃性墙体时，防火墙应凸出墙的外表面 0.4m 以上（图 5-15），且防火墙两侧的外墙应为宽度均不小于 2.0m 的不燃性墙体（图 5-16），其耐火极限不应低于该外墙的耐火极限。

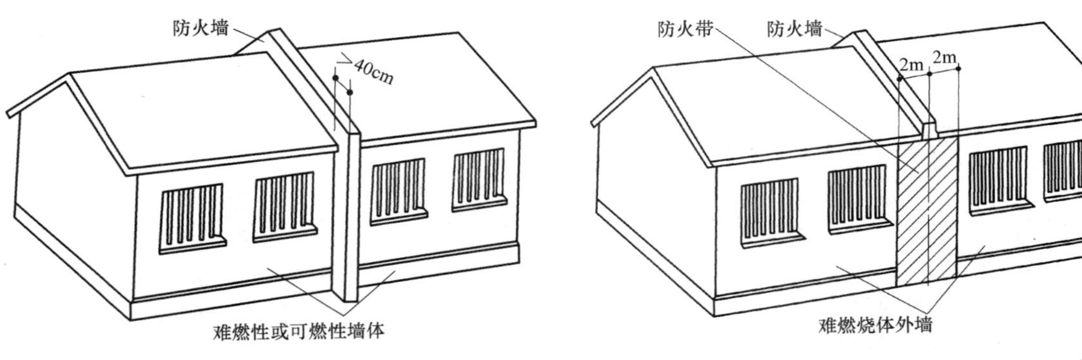

图 5-15 用防火墙分隔难燃性或可燃性外墙

图 5-16 用防火带分隔难燃性或可燃性外墙

建筑外墙为不燃性墙体时，防火墙可不凸出墙的外表面。紧靠防火墙两侧的门、窗、洞口之间最近边缘的水平距离不应小于 2.0m（图 5-17）；装有固定窗扇的乙级防火窗或火灾时可自动关闭的乙级防火窗等防止火灾水平蔓延的设施时，该距离可不限。

4）建筑内的防火墙不宜设置在转角处，确需设置时内转角两侧墙上的门、窗、洞口之间最近边缘的水平距离不应小于4.0m（图5-18），采取设置乙级防火窗等防止火灾水平蔓延的措施时，该距离可不限。设置不可开启窗扇的乙级防火墙、火灾时可自动关闭的乙级防火墙、防火卷帘或防火分隔水幕等，均可视为能防止火灾水平蔓延的措施。

5）可燃气体和甲、乙、丙类液体的管道严禁穿过防火墙。防火墙内不应设置排气道。

6）防火墙上不应开设门、窗、洞口，确需开设时，应设置不可开启或火灾时能自动关闭的甲级防火门窗。

7）除可燃气体和甲、乙、丙类液体的管道外的其他管道不宜穿过防火墙。确需穿过时，应采用防火封堵材料将墙与管道之间的空隙紧密填实，穿过防火墙处的管道保温材料，应采用不燃材料；当管道为难燃及可燃材料时，应在防火墙两侧的管道上采取防火措施。

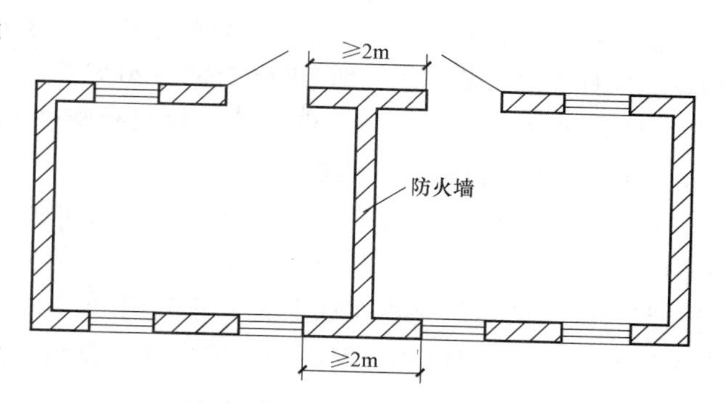

图5-17 防火墙两侧门、窗、洞口之间的距离

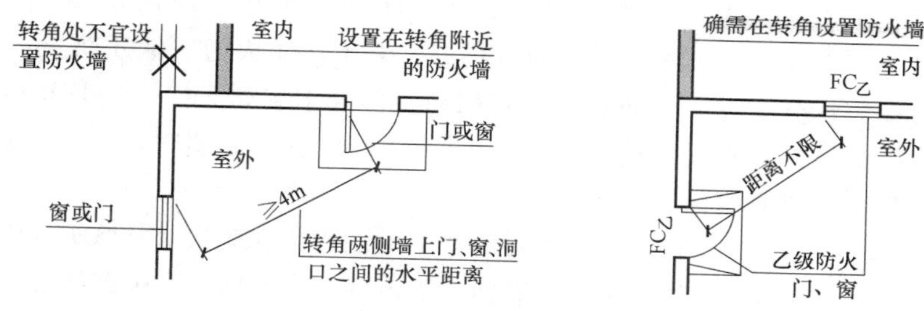

图5-18 设在建筑物转角处的防火墙

8）防火墙的构造应使防火墙任意一侧的屋架、梁、楼板等受到火灾的影响而破坏时，不致使防火墙倒塌（图5-19）。

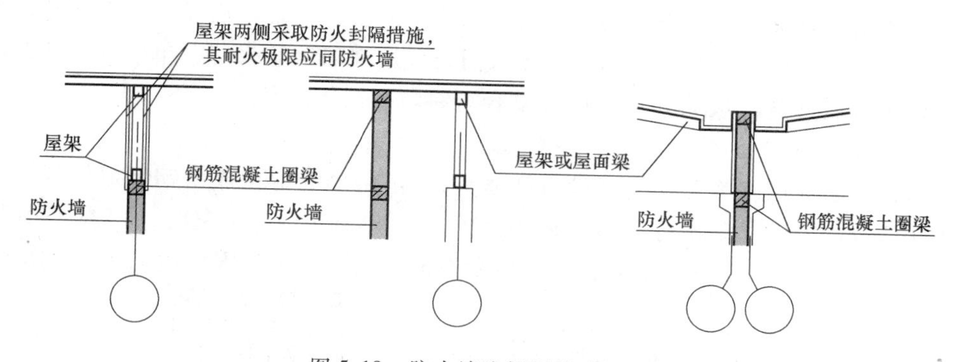

图5-19 防火墙防倒塌构造措施

5.4.2 防火门

防火门是具有一定耐火极限，且在发生火灾时能自行关闭的门。防火门除具备普通门的作用外，还具有防火、隔烟的特殊功能。在建筑物的防火分区之间如需要通行时，应设置甲级防火门（耐火隔热性和完整性大于等于1.5h）。建筑一旦发生火灾，它能在一定程度上阻止或延缓火灾蔓延，确保人员安全疏散。

防火门必须具有合理的选材、良好的结构、可靠的耐火性能。其耐火性能的确定必须通过国家标准规定的试验方法，即 GB/T 7633—2008《门和卷帘的耐火试验方法》进行耐火检测。

民用建筑的防火门除需达到一定的耐火极限外，还应具有轻质、美观、耐久的特点。

5.4.2.1 防火门的分类和构造

防火门按其耐火性能可分为隔热防火门（A 类）、部分隔热防火门（B 类）、非隔热防火门（C 类）。隔热防火门是指在规定时间内，能同时满足耐火完整性和隔热性要求的防火门；部分隔热防火门是指在规定大于等于 0.5h 的时间内，能满足耐火完整性和隔热性要求，在大于 0.5h 后所规定的时间内，能满足耐火完整性要求的防火门；非隔热防火门是指在规定时间内，能满足耐火完整性要求的防火门。其中隔热防火门按照时间不同，可分为五类：A3.00（耐火时间大于等于 3h）、A2.00（耐火时间大于等于 2h）、A1.50（甲级防火门，耐火时间大于等于 1.5h）、A1.00（乙级防火门，耐火时间大于等于 1h）和 A0.50（丙级防火门，耐火时间大于等于 0.5h）。按其所用的材料分，有木质防火门、钢质防火门和复合材料防火门；按其门扇数量分，有单扇防火门、双扇防火门和多扇防火门；按其开启方式分，有平开防火门和推拉防火门；按其结构形式分，有门扇上带防火玻璃防火门、无玻璃防火门、带亮窗防火门和带玻璃带亮窗防火门。

防火门由门框、门扇、控制设备和附件等组成，它的构造和质量对其防火和隔烟性能都有直接影响。确定防火门的耐火极限，主要是看门的稳定性、完整性是否被破坏和是否失去隔火作用。这主要与门扇的材料、构造、抗火烧能力（在一定时间内不垮塌、不发生穿透裂缝或孔洞），门扇与门框之间的间隙、门扇的热传导性能，以及所选用的铰链等附件等有关。

各级防火门最低耐火隔热性和完整性分别为：甲级防火门 1.50h，乙级防火门 1.00h，丙级防火门 0.50h。通常甲级防火门用于防火墙上；乙级防火门用于疏散楼梯间及前室；丙级防火门用于管道井等检查门。

我国常用的防火门有单扇或双扇的钢质防火门；单扇或双扇嵌夹丝玻璃钢质防火门、单扇或双扇嵌透明复合玻璃钢质防火门；单扇或双扇木质防火门、单扇或双扇嵌夹丝玻璃木质防火门、单扇或双扇嵌透明复合玻璃木质防火门；单扇玻璃钢防火门、单扇嵌夹丝玻璃玻璃钢防火门；全玻璃（复合玻璃）防火门；复合材料防火门等品种。

1. 单扇钢质防火门

工业用钢质防火门多为无框门（没有门框）。门扇由薄壁型钢或角钢制成框架，两面焊贴厚度为 1.5mm 以上的冷轧薄钢板，内填矿棉，门厚 60mm。火灾时，门在平衡锤吊绳（易熔片系于绳的中段）断开后靠其自重沿斜轨下滑关闭，耐火极限可达 1.50h（图 5-20）。

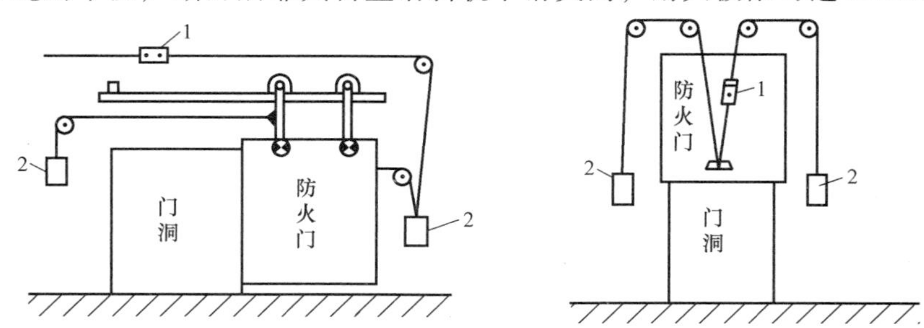

图 5-20 装有易熔合金元件的防火门

1—易熔金属元件 2—重锤

民用钢质防火门多为有框门。门框用 1.5mm 厚冷轧薄钢板折弯成型。在中间的空腔中填满水泥砂浆或珍珠岩水泥砂浆；镶嵌在门洞中时与预埋件焊接；在门框与门扇的接合缝处设置能耐高温的密封条。门扇多用 0.8 ~ 1.0mm 厚冷轧钢板卷边与加强筋定位焊制成，空腔中以硅酸铝纤维毡或岩棉加硅酸钙板填实，门的标准厚度为 45mm。填料若需拼接，宜用榫接，不宜对接。为避免高温时填料体积收缩致使门的耐火性能下降，填充时应加高温胶粘剂。

2. 双扇钢质防火门

门框及门扇的构造与单扇钢质防火门相同。需注意的是，门锁应有一定的耐火性能，特别是锁舌，不应在火灾初期就被烧熔；铰链应有足够的强度，否则门扇容易掉角，使门缝局部扩大，失去隔火作用。双扇门的中缝是薄弱环节，门扇变形往往使中缝首先扩大，致使火灾蔓延。处理方法：一是将中缝做成半榫搭接；二是在中缝搭接的内拐角处设置密封条。

对于双扇门须装设闭门器和顺序器。常开防火门，必须加设释放器。

3. 单扇木质防火门

门框所用木料需经浸渍阻燃处理，或成型后涂刷防火涂料。在门框与门扇的接合缝处嵌密封条，以阻止烟火从门缝隙处突破弥漫出来。门扇由面板、骨架及填芯材料组合而成。两面的面板用浸渍处理过的五层胶合板制成；中间的木骨架形成框档，在其中填充陶瓷棉、岩棉，并压实。对填充料拼接及填充时的要求与钢制防火门相同。门扇的标准厚度为（45 ±2） mm。

4. 双扇木质防火门

门框及门扇的构造与单扇木质防火门相同。对门锁、铰链和中缝的要求与双扇钢质防火门相同。木质防火门由于自重轻、制作较为简便和装修效果好，因此应用较广泛。木板铁皮门和钢质防火门则主要在厂房、仓库中使用。

5.4.2.2　防火门的一般要求

防火门是一种活动的防火分隔物，不但要求具有较高的耐火极限，而且对它的构造、安装等方面都有一些要求，这就是应做到关闭紧密，不蹿烟火；启闭性能好；木质防火门和含有木构件的难燃性防火门应设泄气孔；安装位置要合适等。

防火门的启闭性能应做到：

（1）设置在建筑内经常有人通行处的防火门宜采用常开防火门。常开防火门应能在火灾时自行关闭，并应有信号反馈的功能。例如设置与防火门释放开关配套使用的闭门器，当防火门释放开关断开以后，闭门器应立即把门推至关闭位置，以阻止火势通过门洞蔓延。

（2）除允许设置常开防火门的位置外，其他位置的防火门均应采用常闭防火门。常闭防火门应在其明显位置设置“保持防火门关闭”等提示标志。

（3）除管井检修门和住宅的户门外，防火门应具有自动关闭功能。双扇防火门应具有按顺序自动关闭的功能，如图 5-21 所示。

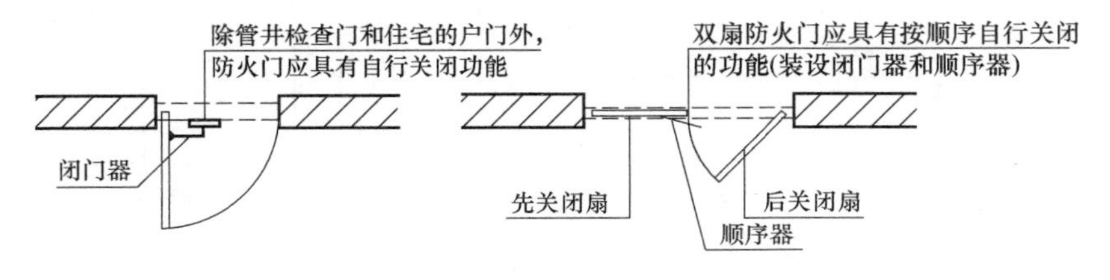

图 5-21　自动关闭功能的防火门

(4) 除人员密集场所中平时需要控制人员随意出入的疏散门和设置门禁系统的住宅、宿舍、公寓建筑外门，防火门应能在其内外两侧手动开启。

(5) 设置在建筑变形缝附近时，防火门应设置在楼层较多的一侧，并应保证防火门开启时门扇不跨越变形缝，如图 5-22 所示。

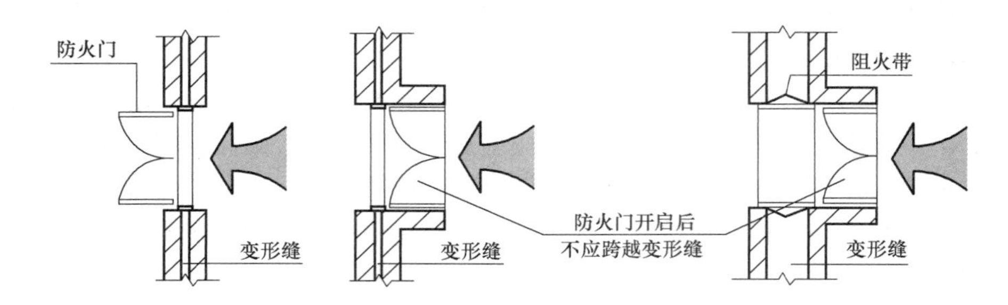

图 5-22 变形缝附近防火门的设置要求

(6) 关闭后很难或不能随时开启的防火门，应在门扇上加开活动小门（图 5-23b）。

(7) 搭接的双扇防火门和多扇防火门应能按顺序关闭，为此应加设顺序闭门器或采用调速闭门器。采用调速闭门器时，对需要先关的门扇，将装在它上方的闭门器的关闭速度调高即可先关，而另一门扇上的闭门器关闭速度调低了，自然就后关，从而实现整扇防火门按顺序关闭的要求。

用于防火墙上的甲级防火门，宜做成自动兼手动的平开门或推拉门，并且关门后能从门的任何一侧用手开启；也可在门上装设便于通行的小门。疏散通道上的防火门应为向疏散方向开启的平开门。为了正常的通行和便于使用，在一般情况下，防火门是敞开着的（图 5-23a）。起火时由于人们急于抢救物资和逃命，往往忘记关闭防火门，或者关门机构生锈失效。对于标准较高的高层旅馆等建筑物，走廊里都铺有地毯，使防火门关闭时受阻，这样就导致火灾的扩大蔓延。为了保证防火门能够在火灾时自动关闭，最好采用自动关门装置，如设与感烟、感温探测器联动的关门装置，或者弹簧自动关门装置。目前，国内已开始采用与火灾探测器联动、由防灾中心遥控操纵的自动关闭的防火门。通常，由门扣把门固定在墙上，门是敞开的，当火灾探测器发现火灾，将信息输送到防灾中心，再由防灾中心通过控制电路启动关门装置的磁力开关，磁力开关动作使门脱扣，防火门自行关闭。

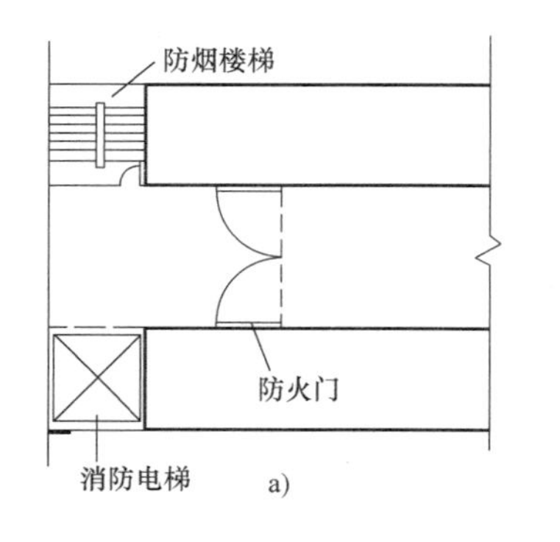

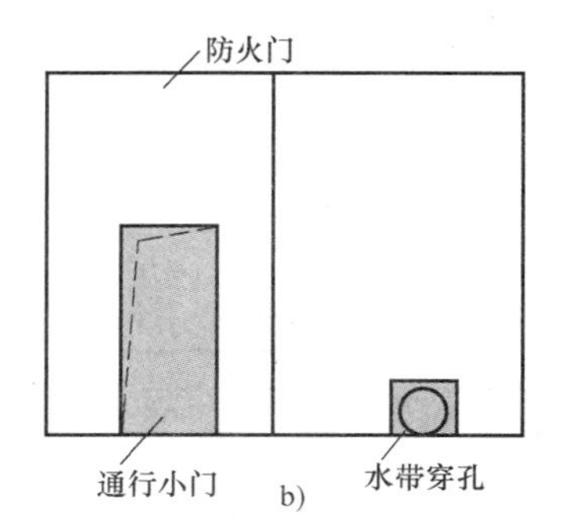

图 5-23 防火门示意图

a）防火门平时开启位置的平面图 b）防火门上的通行小门及水带孔

5.4.2.3　防火门的适用范围及选用

根据建筑不同部位的分隔要求设置不同耐火极限的防火门。防火门主要用于下列场合：

（1）在防火墙上，不应开设门窗洞口。如必须开设时，应设置耐火极限不低于 1.5h 的甲级防火门窗。

（2）地下室、半地下室的楼梯间的防火墙上开洞时，应采用耐火极限为 1.5h 的甲级防火门。

（3）燃油、燃气的锅炉，可燃油油浸电力变压器，充有可燃油的高压电容器和多油开关等设在民用建筑内时，确需在隔墙上开门时，应采用甲级防火门。

（4）柴油发电机房的储油间应采用耐火极限不低于 3.00h 的防火隔墙与发电机间隔开；确需在防火墙上开门时，应设置甲级防火门。

（5）消防电梯井、机房与相邻电梯井机房之间隔墙上开门时，应为甲级防火门。

（6）通风、空气调节机房和变配电室开向建筑内的门应采用甲级防火门，消防控制室和其他设备房开向建筑内的门应采用乙级防火门。

（7）防烟楼梯间和通向前室的门，高层民用建筑封闭楼梯间的门，消防电梯前室的门，应为乙级防火门，并应向疏散方向开启。

（8）民用建筑中竖向井道的检查门应为丙级防火门。

5.4.3　防火卷帘

防火卷帘主要用于需要进行防火分隔的墙体，特别是防火墙上因生产、使用等需要开设较大开口时的防火分隔。用作建筑防火分区或防火分隔的防火卷帘，与一般卷帘在性能要求上的根本区别是必须具备必要的燃烧性能和耐火极限，以及防烟性能等。

1. *防火卷帘的分类和构造*

防火卷帘是一种活动的防火分隔物，一般是用钢板等金属板材，以扣环或铰接的方法组成可以卷绕的链状平面，平时卷起放在需要分隔的部位上方的转轴箱中，起火时将其放下展开，用以阻止火势从该部位蔓延。

防火卷帘按帘板的厚度分为轻型卷帘和重型卷帘。轻型卷帘钢板的厚度为 0.5 ~ 0.6mm；重型卷帘钢板的厚度为 1.5 ~ 1.6mm。一般情况下，0.8 ~ 1.5mm 厚度适用于楼梯间或电动扶梯的隔墙，1.5mm 厚度以上适用于防火墙或防火分隔墙。

防火卷帘按帘板构造可分为普通型钢质防火卷帘、复合型钢质防火卷帘和无机纤维复合防火卷帘。普通型由单片钢板制成（图 5-24a、b）；后者由双片钢板制成，中间加隔热材料（图 5-24c），代替防火墙时，如耐火极限达到 3.0h 以上，可省去水幕保护系统。

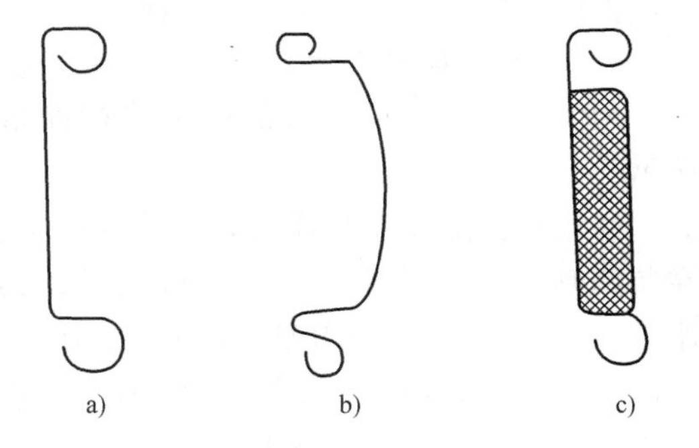

图 5-24　防火卷帘板示意图

防火卷帘由帘板、滚筒、托架、导轨及控制机构组成。整个组合体包括封闭在滚筒内的运转平衡器、自动关闭机构、金属罩及帘板等部分。由帘板阻挡烟火和热气流。

卷帘的卷起方法，有电动式和手动式两种。手动式常采用拉链控制；电动式卷帘是在转轴处安装电动机，电动机由按钮控制。一个按钮可以控制一个或几个卷帘门，也可以对所有卷帘进行远距离控制。

2. 防火卷帘的防火要求

(1) 导轨应留有足够的间隙，以保证受火作用时导轨垂直方向上的膨胀变形。安装在边框之间的导轨可以外露也可以在凹处暗装。导轨、卷帘箱、卷帘门扇接缝处等缝隙应该采取密封措施，防止蹿烟火。对用作划分防火分区和其他重要部位的防火卷帘的漏烟量要求是，压力差为20Pa 时其漏烟量应小于 0.2m^3/（m^2·min)。

(2) 防火卷帘的自动启闭机构应在金属外壳内封闭，以保证不受损坏和在火灾时能正常运转。

(3) 防火卷帘的自动启动探测器或易熔环（片)，应在墙的两面安装（一个靠近洞口的顶部安装，另一个在墙两侧的顶棚上或靠近顶棚处安装)，并和卷帘的开关联系起来，这样任何一个探头或易熔环的动作，都将使卷帘关闭。

(4) 用防火卷帘代替防火墙时，其两侧应设水幕系统保护，或采用耐火极限不小于 3.0h 的复合防火卷帘。

(5) 设在疏散走道和前室的防火卷帘，应具有在降落时有短时间停滞以及能从两侧手动控制的功能，以保障人员安全疏散；应具有自动、手动和机械控制的功能。

防火卷帘的传动装置为卷门机，起驱动卷帘门的作用。根据消防的需要，卷门机形式分为电动式、手动电动两用式以及手动式三种。对卷门机一般要求具备以下功能：①应设置限位开关，门帘启闭至上下限时，能自动停止，其重复定位精度应小于 20mm；应设有手动启闭装置，以备断电时使用；②应具有依靠门帘自重下降的性能，并且有恒速性能；③能使门帘在任何位置停止；④可以附设以下控制保险装置，即联动装置、手动速放关闭装置、烟温感自动报警装置等。对于用在疏散走道、出口的防火卷帘门所选用的卷门机及电气控制箱，应具有距地面 1.5～1.8m 处停降延时的功能，两侧设有手动开启装置。

(6) 为保证火灾初起时人员的安全疏散及消防人员顺利扑救火灾，防火卷帘应有一定的启闭速度。

(7) 控制卷门机的电气按钮，一般每一樘防火卷帘均设置两套，即门洞内外各一套。按钮要启动操纵灵活、可靠，对于集中控制和联动控制的动作要灵敏准确。自动控制的保险装置应安装在卷帘附近 2m 范围内的暴露部分及随时能监控的部分；自动控制的电源、备用电源应能保证正常工作状态，所用的电气线路不允许裸露，应埋入墙内或有穿线管。

3. 用防火卷帘作防火分隔

用防火卷帘作防火分隔的构造布置如图 5-25 所示。

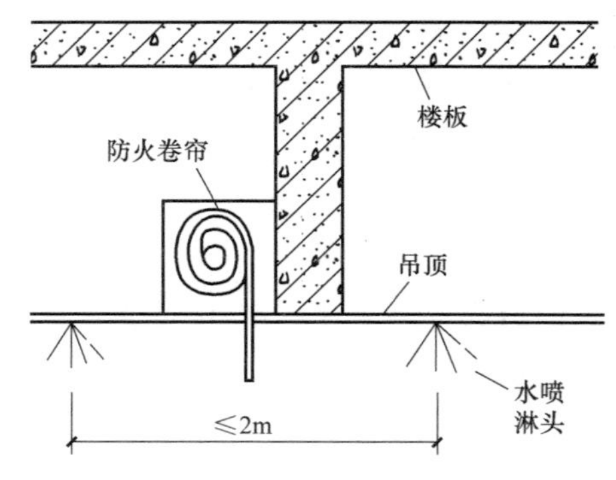

图 5-25 用防火卷帘作防火分隔剖面示意图

采用单板防火卷帘代替防火墙作防火分隔时，在其两侧应设自动喷水灭火系统保护，其喷头间距不应大于 2m；当采用耐火极限不小于 3.0h 的复合防火卷帘，且两侧在 50m 范围内无可燃构件和可燃物时，可不设自动喷头保护。

公共建筑中某些大厅的防火分隔，如百货大楼的营业厅、展览馆内的展览厅等不便设置防火墙或防火分隔墙的地方，最好利用防火卷帘，把大厅分隔成较小的防火分区。当防火间距不满足要求时，建筑外墙的门窗洞口亦可设置防火卷帘。

在穿堂式建筑物内，可在房间之间的开口处设置上下开启或横向开启的卷帘。自动扶梯四周、中庭与房间、走道等开口部位需设置防火卷帘进行分隔。在多跨的大厅内，可将防火分区的界线放在一排中柱的轴线上，在柱间把卷帘固定在梁底下。起火后，放下卷帘，便形成一道临时性的防火分隔，如图5-26中虚线所示。

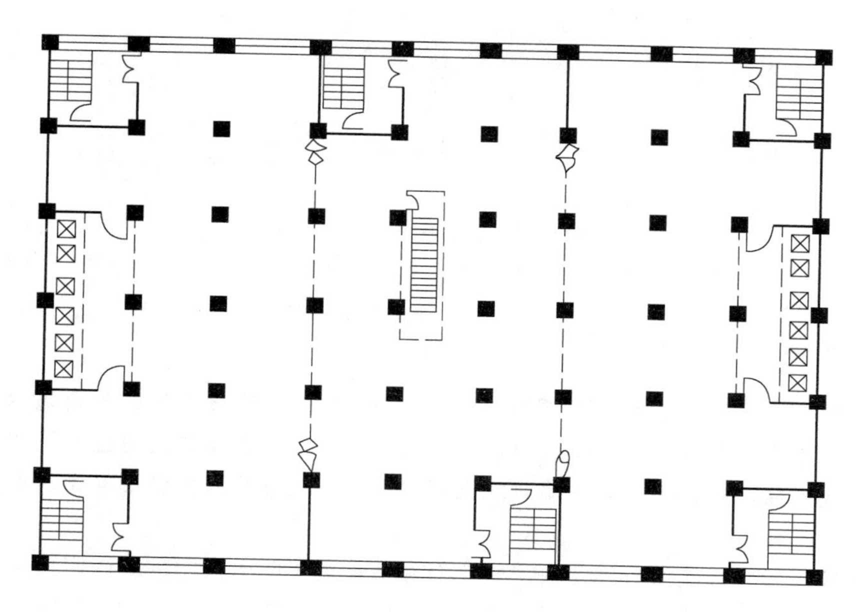

图5-26　营业大厅的防火分隔

防火分区间采用防火卷帘分隔时，应符合下列规定：

（1）除中庭外，当防火分隔部位的宽度不大于30m时，防火卷帘的宽度不应大于10m；当防火分隔部位的宽度大于30m时，防火卷帘的宽度不应大于该防火分隔部位宽度的1/3，且不应大于20m。

（2）除《建筑设计防火规范》另有规定外，防火卷帘的耐火极限不应低于《建筑设计防火规范》对所设置部位墙体的耐火极限要求。

当防火卷帘的耐火极限符合现行国家标准《门和卷帘的耐火试验方法》有关耐火完整性和耐火隔热性的判定条件时，可不设置自动喷水灭火系统保护。

当防火卷帘的耐火极限仅符合现行国家标准《门和卷帘的耐火试验方法》有关耐火完整性的判定条件时，应设置自动喷水灭火系统保护。自动喷水灭火系统的设计应符合现行国家标准《自动喷水灭火系统设计规范》的规定，但火灾延续时间不应小于该防火卷帘的耐火极限。

（3）防火卷帘应具有防烟性能，与楼板、梁和墙、柱之间的空隙应采用防火封堵材料封堵，如图5-27所示。

（4）防火卷帘应具有火灾时靠自重自动关闭功能；需在火灾时自动降落的防火卷帘，应具有信号反馈的功能。

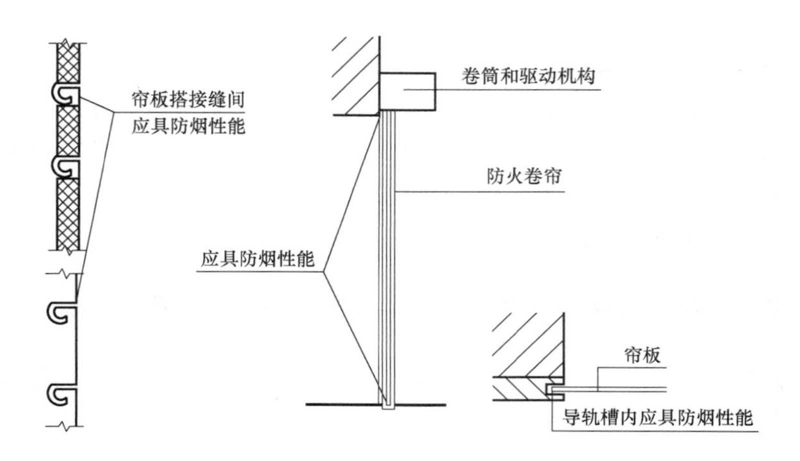

图 5-27 防火卷帘的防烟措施

注：防火卷帘的导轨、卷筒等各部位于墙、柱、梁、楼板之间的空隙均应用防火封堵材料封堵。

5.4.4 防火窗

防火窗是采用钢窗框、钢窗扇及防火玻璃（防火夹丝玻璃或防火复合玻璃）制成的，能起隔离和阻止火势蔓延作用的防火分隔物。防火窗一般设置在防火间距不足部位的建筑外墙上的开口或天窗、建筑内的防火墙或防火隔墙上需要观察等部位以及需要防止火灾竖向蔓延的外墙开口部位。

防火窗按照安装方法可分固定窗扇防火窗和活动窗扇防火窗两种。固定窗扇防火窗不能开启，平时可以采光，遮挡风雨，发生火灾时可以阻止火势蔓延。活动窗扇防火窗能够开启和关闭，起火时可以自动关闭，阻止火势蔓延，开启后可以排除烟气，平时还可以采光和遮挡风雨。为了使防火窗的窗扇能够开启和关闭，需要安装自动和手动开关装置。防火窗按耐火极限可分为甲、乙、丙三级，其耐火极限甲级为 1.5h；乙级为 1.0h；丙级为 0.5h。

设置在防火墙、防火隔墙上的防火窗，应采用不可开启的窗扇或具有火灾时能自行关闭的功能。防火窗应符合现行国家标准《防火窗》的有关规定。

5.4.5 防火水幕带

防火水幕带可以起防火墙的作用，在某些需要设置防火墙或其他防火分隔物而无法设置的情况下，可采用防火水幕带进行分隔。

防火水幕带宜采用喷雾型喷头，也可采用雨淋式水幕喷头。水幕喷头的排列不应少于 3 排，防火水幕带形成的水幕宽度不宜小于 5m，如图 5-28 所示。应该指出的是，在设有防火水幕带的部位的上部和下部，不应有可燃和难燃的结构或设备。

5.4.6 防火带

当厂房内由于生产工艺连续性的要求等原因无法设防火墙时，可以改设防火带。

防火带的具体做法：在有可燃构件的建筑物中间划出一段区域，将这个区域内的建筑构件全部改用不燃性材料，并采取措施阻挡防火带一侧的烟火蔓延至另一侧，从而起到防火分

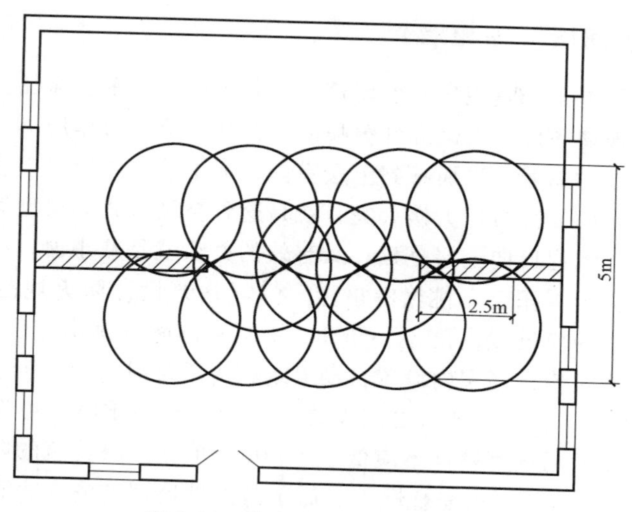

图5-28　防火水幕带分隔示意图

隔的作用。对防火带的要求是：

（1）防火带中的屋顶结构应用不燃性材料制作，其宽度不应小于6m，并高出相邻屋脊0.70m，如图5-29所示。

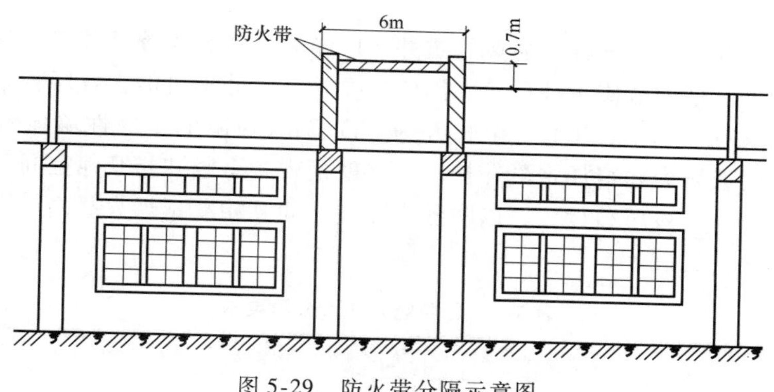

图5-29　防火带分隔示意图

（2）防火带最好设置在厂房、仓库内的通道部位，以利于火灾时的安全疏散和扑救工作。

（3）防火带下不得堆放可燃物资，或搭建可燃建（构）筑物。

5.5　竖向防火分区分隔设施

5.5.1　耐火楼板

竖向防火分区主要是由具有一定耐火能力的钢筋混凝土楼板做分隔构件。凡符合建筑耐火设计要求的楼板即为耐火楼板，即一级耐火等级建筑物的楼板应为不燃性楼板，耐火极限应在1.5h以上；二级耐火等级建筑物的楼板应为不燃性楼板，耐火极限应在1.0h以上。

5.5.2 上、下层窗间墙（窗槛墙）

从外墙窗口向上层蔓延，是现代高层建筑火灾蔓延的一个重要途径。这主要是因为，火灾层在轰燃之后，窗玻璃破碎，火焰经外窗喷出，在浮力及风力作用下，火向上蹿烧，将上层窗口及其附近的可燃物烤着，进而蹿到上层室内，逐层甚至越层向上蔓延，致使整个建筑物起火。如巴西圣保罗的安德拉斯大楼火灾，就是这种蔓延方式的典型例子。

为了防止火灾从外墙窗口向上层蔓延，最有效的办法就是减小窗口面积，或增加窗槛墙的高度，或在窗口上方设置阳台、挑檐等措施。除《建筑设计防火规范》另有规定外，建筑外墙上、下层开口之间应设置高度不小于1.2m的实体墙或挑出宽度不小于1.0m、长度不小于开口宽度的防火挑檐；当室内设置自动喷水灭火系统时，上、下层开口之间的实体墙高度不应小于0.8m。当上、下层开口之间设置实体墙确有困难时，可设置防火玻璃墙，但高层建筑的防火玻璃墙的耐火完整性不应低于1.00h，单、多层建筑的防火玻璃墙的耐火完整性不应低于0.50h。外窗的耐火完整性不应低于防火玻璃墙的耐火完整性要求。住宅建筑外墙上相邻户开口之间的墙体宽度不应小于1.0m；小于1.0m时，应在开口之间设置突出外墙不小于0.6m的隔板。实体墙、防火挑檐和隔板的耐火极限和燃烧性能，均不应低于相应耐火等级建筑外墙的要求。

5.5.3 竖井

楼梯间、电梯井、采光天井、通风管道井、电缆井、垃圾井等竖井串通各层的楼板，形成竖向连通孔洞，其烟囱效应十分危险。因使用要求，竖井不可能在各层分别形成防火分区（中断），而是要采用具有1h以上（电梯井为2h）耐火极限的不燃性墙体做井壁，必要的开口部位设防火门或防火卷帘加水幕保护。这样就使得各个竖井与其他空间分隔开来，通常称为竖井分区。竖井应该单独设置，以防各个竖井之间互相蔓延烟火。高层建筑各种竖井的防火设计构造要求，见表5-6。

表5-6 各类竖井防火分隔要求

名　称	防火要求
电梯井	①应独立设置 ②井内严禁敷设可燃气体和甲、乙、丙类液体管道，并不应敷设与电梯无关的电缆、电线等 ③井壁应为耐火极限不低于2.00h的不燃性墙体 ④井壁除设置电梯门、安全逃生门和通气孔洞外，不应开设其他洞口 ⑤电梯层门的耐火极限不应低于1.00h，并应同时符合现行国家标准《电梯层门耐火试验　完整性、隔热性和热通量测定法》规定的完整性和隔热性要求
电缆井、管道井、排烟道、排气道	①应分别独立设置 ②井壁应为耐火极限不低于1.00h的不燃性墙体 ③井壁上的检查门应采用丙级防火门 ④建筑内的电缆井、管道井应在每层楼板处采用不低于楼板耐火极限的不燃材料或防火封堵材料封堵（图5-30） ⑤电缆井、管道井与房间、吊顶、走道等相连通的孔隙应采用防火封堵材料封堵
垃圾道	①宜靠外墙独立设置 ②垃圾道排气口应直接开向室外 ③井壁应为耐火极限不低于1.00h的不燃性墙体，井壁上的检查门应采用丙级防火门 ④垃圾斗应用不燃材料制作并能自行关闭（图5-31）

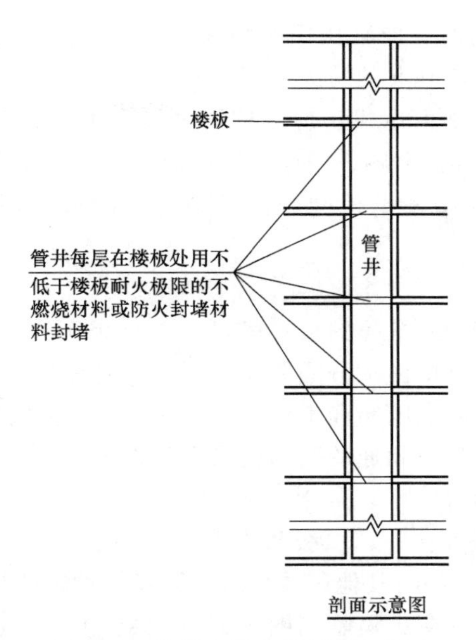

图5-30 管井在楼板处的防火分隔

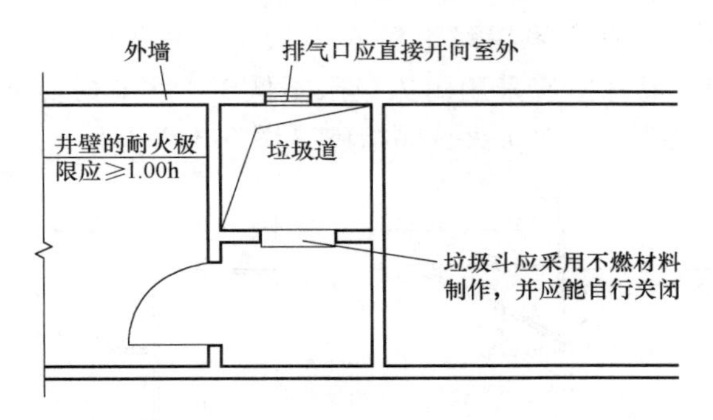

图5-31 垃圾道示意图

5.6 特殊房间和部位的防火分隔

5.6.1 功能区域的防火分隔

1. 设备用房分隔

附设在建筑内的消防控制室、灭火设备室、消防水泵房和通风空气调节机房、变配电室等，应采用耐火极限不低于2.00h的防火隔墙和不低于1.50h的楼板与其他部位分隔。设置在丁、戊类厂房内的通风机房应采用耐火极限不低于1.00h的防火隔墙和不低于0.50h的楼板与其他部位分隔。通风空气调节机房和变配电室开向建筑内的门应采用甲级防火门，消防控制室和其他设备房开向建筑内的门应采用乙级防火门。

锅炉房、变压器室等与其他部位之间应采用耐火极限不低于2.00h的防火隔墙和1.50h的不燃性楼板分隔。在隔墙和楼板上不应开设洞口，确需在隔墙上设置门、窗时，应采用甲级防火门、窗；锅炉房内设置的储油间应采用耐火极限不低于3.00h的防火隔墙与锅炉间分隔；确需在防火墙上设置门时，应采用甲级防火门；变压器室之间、变压器室与配电室之间，应设置耐火极限不低于 2.00h 的防火隔墙。

布置在民用建筑内的柴油发电机房应采用耐火极限不低于 2.00h 的防火隔墙和不低于 1.50h 的不燃性楼板与其他部位分隔，门应采用甲级防火门；机房内的储油间应采用耐火极限不低于 3.00h 的防火隔墙与发电机间分隔；确需在防火隔墙上开门时，应设置甲级防火门。

2. 人员密集场所

歌舞娱乐放映游艺场所相互分隔的独立房间，如卡拉 OK 的每间包房、桑拿浴的每间按摩房或休息室等房间应是独立的防火分隔单元。厅、室之间及与建筑的其他部位之间，应采用耐火极限不低于 2.00h 的防火隔墙和不低于 1.00h 的不燃性楼板分隔，设置在厅、室墙上的门和该场所与建筑内其他部位相通的门均应采用乙级防火门。单元之间或与其他场所之间的分隔构件上无任何门窗洞口。

剧场、电影院、礼堂设置在一、二级耐火等级民用建筑内时，应采用耐火极限不低于 2.00h 的防火隔墙和甲级防火门与其他区域分隔。剧场等建筑的舞台与观众厅之间的隔墙应采用耐火极限不低于 3.00h 的防火隔墙（图 5-32）。舞台上部与观众厅闷顶之间的隔墙可采用耐火极限不低于 1.50h 的防火隔墙，隔墙上的门应采用乙级防火门（图 5-33）。舞台下部的灯光操作室和可燃物储藏室应采用耐火极限不低于 2.00h 的防火隔墙与其他部位分隔（图 5-33）。电影放映室、卷片室应采用耐火极限不低于 1.50h 的防火隔墙与其他部位分隔（图 5-32）。观察孔和放映孔应采取防火分隔措施（图 5-34）。

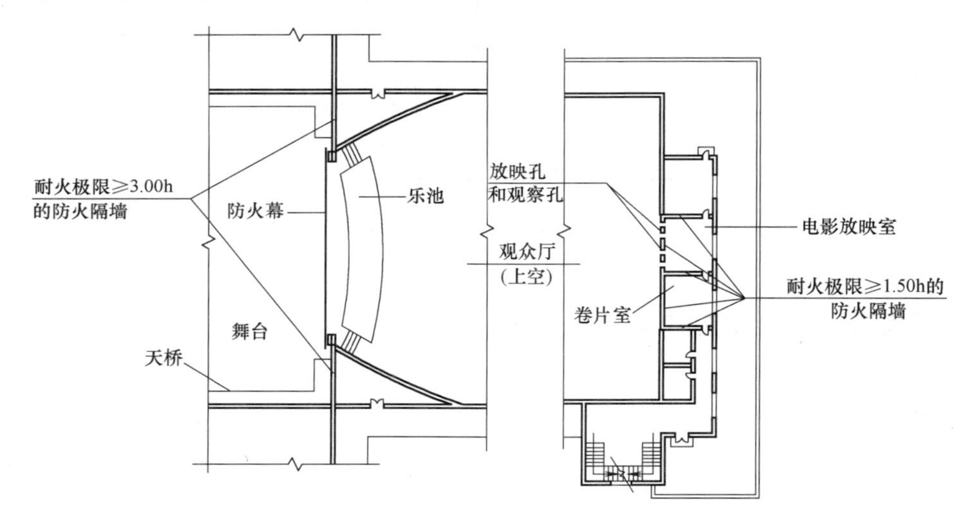

图 5-32 剧场舞台与观众厅的防火分隔

医疗建筑内的产房、手术室或手术部、重症监护室、精密贵重医疗装备用房、储藏间、实验室、胶片室等，附设在建筑内的托儿所、幼儿园的儿童用房和儿童游乐厅等儿童活动场所、老年人活动场所，应采用耐火极限不低于 2.00h 的防火隔墙和不低于 1.00h 的楼板与其他场所或部位分隔，墙上必须设置的门、窗应采用乙级防火门、窗。

3. 住宅建筑

当将住宅与其他功能场所空间组合在同一座建筑内时，需在水平与竖向采取防火分隔措

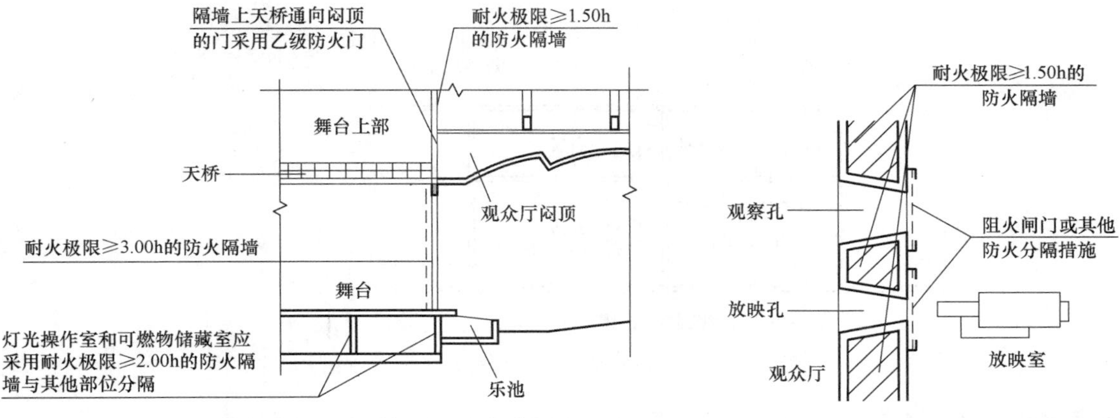

图 5-33　剧场舞台与观众厅闷顶的防火分隔

图 5-34　观察孔等的防火分隔

施与其他部分分隔，并使各自的疏散设施相互独立，互不连通。在水平方向，应采用无门窗洞口的防火墙分隔；在竖向，应采用楼板分隔并在建筑立面开口位置的上下楼层分隔处采用防火挑檐、窗槛墙等防止火灾蔓延。

住宅部分与非住宅部分之间，应采用耐火极限不低于 1.50h 的不燃性楼板和耐火极限不低于 2.00h 且无门、窗、洞口的防火隔墙完全分隔；当为高层建筑时，应采用耐火极限不低于 2.00h 的不燃性楼板和无门、窗、洞口的防火墙完全分隔。建筑外墙上、下层开口之间的防火措施应符合《建筑设计防火规范》的相关规定。

设置商业服务网点的住宅建筑，居住部分与商业服务网点之间应采用耐火极限不低于 1.50h 的不燃性楼板和耐火极限不低于 2.00h 且无门、窗、洞口的防火隔墙完全分隔。商业服务网点中每个分隔单元之间应采用耐火极限不低于 2.00h 且无门、窗、洞口的防火隔墙相互分隔。

住宅建筑外墙上相邻户开口之间的墙体宽度不应小于 1.0m；小于 1.0m 时，应在开口之间设置突出外墙不小于 0.6m 的隔板。

另外，建筑内有些属于易燃、易爆且容易发生火灾或比较重要的地方，如：甲、乙类生产部位和建筑内使用丙类液体的部位，厂房内有明火和高温的部位，甲、乙、丙类厂房（仓库）内布置有不同火灾危险性类别的房间，民用建筑内的附属库房，剧场后台的辅助用房（图 5-35），除居住建筑中套内的厨房外，宿舍、公寓建筑中的公共厨房和其他建筑内的厨房（图 5-36），附设在住宅建筑内的机动车库（图 5-37），应采用耐火极限不低于 2.00h

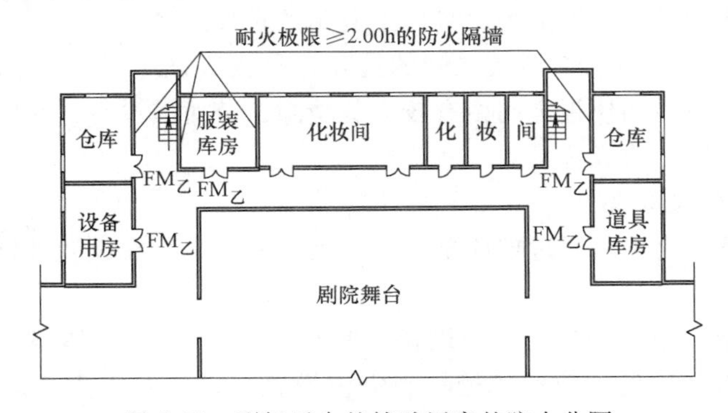

图 5-35　剧场后台的辅助用房的防火分隔

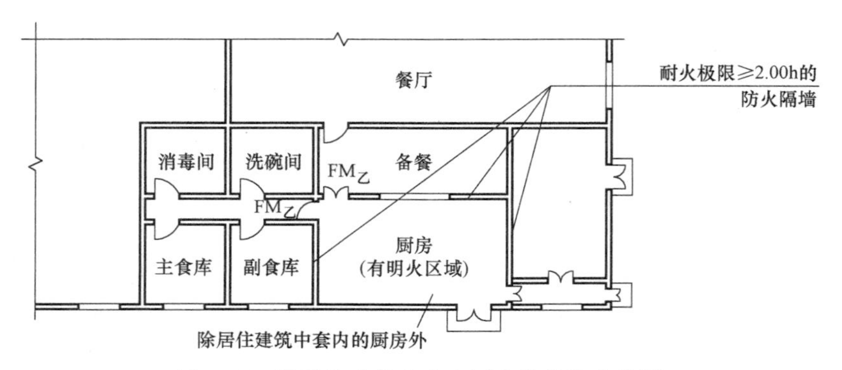

图 5-36 除居住建筑中套内厨房外的防火分隔

的防火隔墙与其他部位分隔，墙体上的门、窗应采用乙级防火门、窗，确有困难时，可采用符合相关规定的防火卷帘。

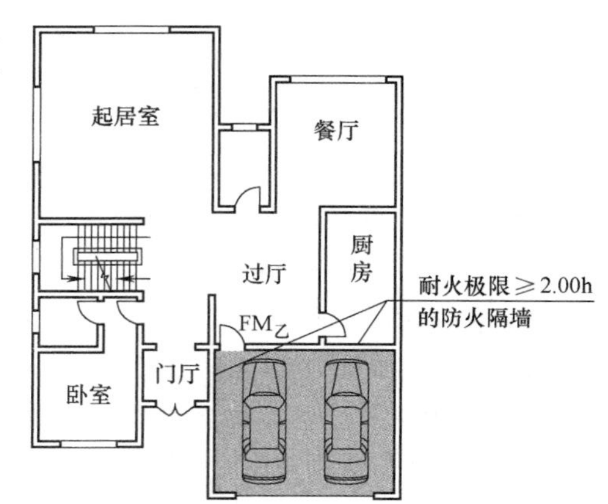

图 5-37 附设在住宅建筑内的机动车库的防火分隔

5.6.2 玻璃幕墙的防火分隔

现代建筑中，经常采用类似幕帘式的墙板。这种墙板一般都比较薄，最外层多采用玻璃、铝合金或不锈钢等漂亮的材料，形成饰面，改变了框架结构建筑的艺术面貌。幕墙工程技术飞速发展，当前多以精心设计和高度工业化的型材体系为主。由于幕墙框料及玻璃均可预制，大幅度降低了工地上复杂细致的操作工作量；新型轻质保温材料、优质密封材料和施工工艺的较快发展，促使非承重轻质外墙的设计和构造发生了根本性改变。

1. 玻璃幕墙的火灾危险性

玻璃幕墙用大片的玻璃作建筑物的围护墙，而且多采用全封闭式，因此，一旦建筑物发生火灾，火势蔓延的危险性很大，主要表现在以下方面：

（1）建筑物一旦发生火灾，室内温度便急剧上升，用作幕墙的玻璃在火灾初期由于温度应力的作用即会炸裂破碎，导致火灾由建筑物外部向上蔓延。一般幕墙玻璃在250℃左右即会炸裂，使大面积的玻璃幕墙成为火势向上蔓延的重要途径。

（2）垂直的玻璃幕墙与水平楼板之间的缝隙，是火灾发生时烟火扩散的路径。由于建筑物构造的要求，在幕墙和楼板之间留有较大的缝隙，若对其没有进行密封或密封不好，烟火就会由此向上层扩散，造成蔓延。

2. 玻璃幕墙的防火分隔

为了防止建筑发生火灾时通过玻璃幕墙造成大面积蔓延，在设置玻璃幕墙时应符合下列规定：

（1）建筑外墙上、下层开口之间应设置高度不小于1.2m的实体墙，或挑出宽度不小于1.0m、长度不小于开口宽度的防火挑檐；当室内设置自动喷水灭火系统时，上、下层开口之间的实体墙高度不应小于0.8m，实体墙的耐火极限和燃烧性能不应低于相应耐火等级建筑外墙的要求。当上、下层开口之间设置实体墙确有困难时，可设置防火玻璃墙，但高层建筑的防火玻璃墙的耐火完整性不应低于1.00h，单、多层建筑的防火玻璃墙的耐火完整性不应低于0.50h。外窗的耐火完整性不应低于防火玻璃墙的耐火完整性要求，如图5-38所示。

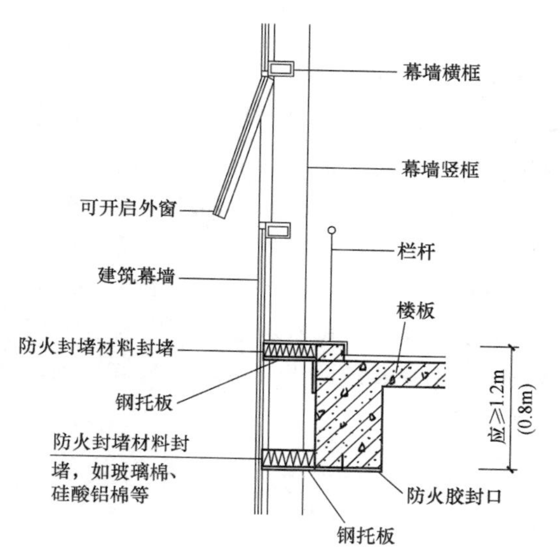

图 5-38　玻璃幕墙的防火构造之一

注：当室内设置自动喷水灭火系统时，上、下层开口之间的墙体高度执行括号内数字。

（2）幕墙与每层楼板、隔墙处的缝隙应采用防火封堵材料封堵。幕墙与周边防火分隔构件之间的缝隙、与楼板或者隔墙外沿之间的缝隙、与相邻的实体墙洞口之间的缝隙等的填充材料常用玻璃棉、硅酸铝棉等不燃材料。实际工程中，存在受振动和温差影响易脱落、开裂等问题，故规定幕墙与每层楼板、隔墙处的缝隙，要采用具有一定弹性和防火性能的材料填塞密实。这种材料可以是不燃材料，也可以是难燃材料。如采用难燃材料，应保证其在火焰或高温作用下能发生膨胀变形，并具有一定的耐火性能，如图 5-39 所示。

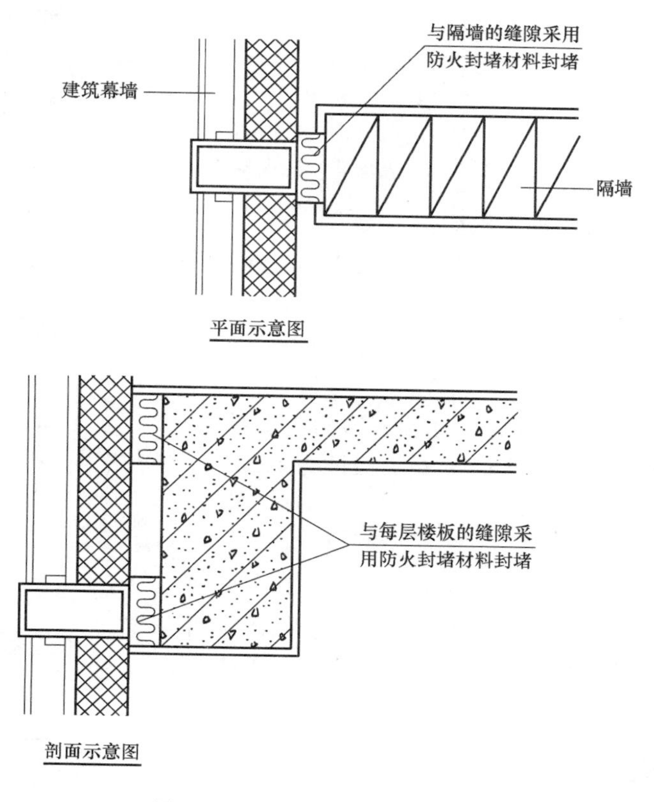

图 5-39　玻璃幕墙防火构造之二

窗间墙的宽度在防火墙处不应小于2.0m，在内转角的防火墙其宽度应保证相邻窗间墙边缘之间的水平距离不小于4.0m。在不能采用窗间墙或窗间墙宽度不能满足上述要求的特殊情况下，可在此部位采用耐火极限不低于1.50h的防火玻璃幕墙加以解决，防火玻璃可采用复合防火玻璃、透明防火玻璃和防火夹丝玻璃等。

外包幕墙柱与实体墙之间的空隙一般约为3～5cm，若无特殊装饰要求，可用细石混凝土填实；若有装饰性要求，可用矿棉填实，外用铝板或装饰板收口。用这种方法处理时，应沿每层柱高每隔1～1.5m用不锈钢或铝板将立柱与实墙体连接，以防负风压时形成空隙。防火分隔应与幕墙框料相连，不应与玻璃相连。若特殊要求与玻璃相连时，该玻璃应采用耐火极限为1.00h的防火玻璃。图5-40所示为玻璃幕墙的窗间墙、窗槛墙填充材料的构造做法示意图。

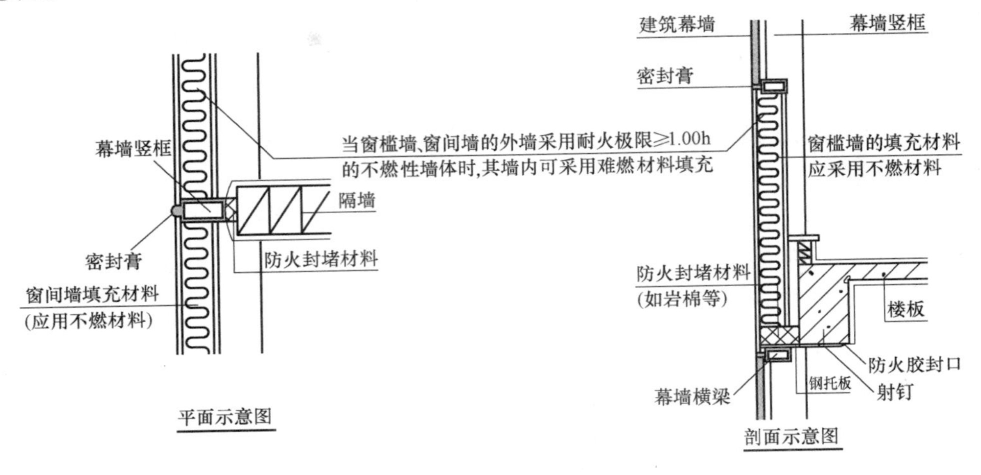

图5-40 玻璃幕墙防火构造之三

玻璃幕墙防火分隔常用如下做法：

（1）矿棉充填。在水平、垂直防火分隔中用1mm厚钢板（或2mm厚铝板）双面封口，里面充填5mm以上厚度的矿棉。

（2）预制平板。可用如下预制平板割成各种尺寸块料充填防火分隔的空隙：

FC纤维水泥加压板，厚6mm，耐火极限为1.28h。

纤维增强硅酸钙板，厚7.5mm，耐火极限为1.20h。

埃特墙板、平板、防火板，厚度4.5～25mm，耐火极限为0.90～2.00h。

此外，无窗间墙和窗槛墙的玻璃幕墙，除了在每层楼板外沿设置不低于0.8m高的实体墙裙外，还可在玻璃幕墙内侧每层设自动喷水保护，其喷头间距不宜大于2m，如图5-41所示。

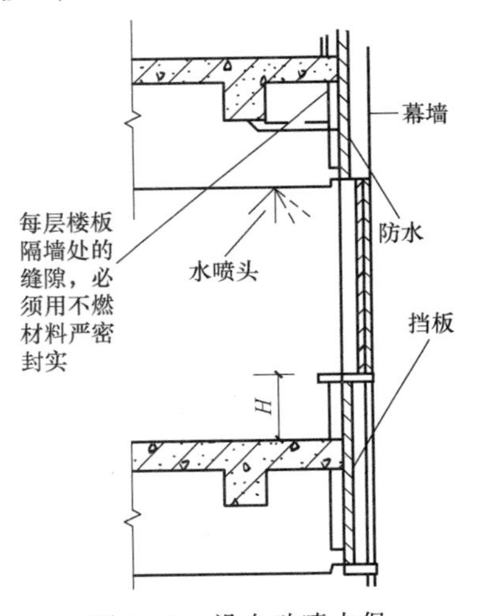

图5-41 设自动喷水保护玻璃幕墙

5.6.3 中庭的防火分隔

中庭也称为“共享空间”，是一种具有室外自然环境美的室内共享空间，是以大型建筑内部上下楼层贯通的大空间为核心而创造的一种特殊建筑形式。近年来，随着建筑物大规模化和综合化趋势的发展，出现了贯通数层，乃至数十层的大型中庭空间建筑。建筑中庭的设计在世界上非常流行，大型中庭空间，可以用于集会，举办音乐会、舞会和各种演出，其大空间的团聚气氛显示出良好的效果。例如，美国1975年亚特兰大兴建的七十层桃树中心广场旅馆，中庭布置在底部六层，周围环境天窗采光，底层大厅有30m长的瀑布、花坛、盆景等物，这些景物与建筑物交相辉映。表5-7列举了国内外设有中庭的一些高层建筑。

由于中庭是上下贯通的大空间，故给防火设计提出了许多新的课题，是建筑中由上下楼层贯通而形成的一种共享空间。中庭空间具有以下特点：

（1）在建筑物内部、上下贯通多层空间。

（2）多数以屋顶或外墙的一部分采用钢结构和玻璃，使阳光充满内部空间。

（3）中庭空间的用途是不确定的。

表5-7　国内外设有中庭的高层建筑举例

序号	建筑名称	层数	中庭设置特点及消防设施
1	北京京广大厦	52	中庭12层高，回廊设有自动报警、自动喷水和水幕系统
2	厦门海景大酒店	6	中庭6层高，回廊设有自动报警、自动喷水系统，设有排烟系统、防火门
3	西安凯悦饭店	13	中庭10层高(36.9m)，回廊设有自动报警、自动喷水系统和防火卷帘
4	深圳发展中心大厦	42	中庭设在大厦中间，回廊设有自动报警系统和加密自动喷水灭火系统，房间通向走向走道为乙级防火门
5	美国旧金山海厄特摄政旅馆	22	中庭22层高，各种小空间与大空间相配合，信息交融
6	日本新宿NS大楼	30	贯通30层，防火重点是一、二层楼店铺火灾。用防火门和防火卷帘分隔。3楼设2台ITV摄像机，探测器

1. 中庭的火灾危险性

设计中庭的建筑，最大的问题是发生火灾时，其防火分区被上下贯通的大空间所破坏。因此，当中庭防火设计不合理或管理不善时，有火灾急速扩大的可能性。其危险在于：

（1）火灾不受限制地急剧扩大。中庭空间一旦失火，属于“燃料控制型”燃烧，因此，很容易使火势迅速扩大。

（2）中庭一旦失火，火势和烟气可以不受限制地急剧扩大。中庭空间形似烟囱，因此易产生烟囱效应，若在中庭下层发生火灾，烟气便会十分容易地进入中庭空间；若在中庭上层发生火灾，中庭空间的烟气不能向外排出时，就会向建筑物中其他空间扩散，并进而导致整个建筑物全部起火。

（3）疏散十分困难。中庭起火时，由于烟气的迅速扩散，必须同时对整幢建筑物的人员进行疏散，加之其是联系各功能的枢纽，人员集中，因而增加了疏散的难度。

（4）自动喷水灭火设备难启动。中庭空间的顶棚很高，因此采取以往的火灾探测和自动喷水灭火等方法不能达到火灾早期探测和初期灭火的效果。即使在顶棚下设置了自动洒水喷头，由于太高，而温度达不到额定值，洒水喷头就无法启动。

（5）灭火和救援工作开展困难。消防员要在数个楼层同时展开灭火战斗行动，牵涉的灭火力量大；建筑物的各主要出口有可能被紧急疏散的人员所占用，迫使消防员另外寻找进攻路线；火灾迅速蔓延成空间立体火灾，很难正确判断应当从何处切断火势，并组织进攻；烟气迅速扩散并充满中庭，严重影响人员疏散和灭火战斗行动，难以确定起火点，难以寻找和营救尚未撤离火场的人员；火灾时，屋顶和壁面上的玻璃因受热破裂而散落，对扑救人员造成威胁；建筑物中庭的用途不确定，将会有大量不熟悉建筑情况的人员参与活动，并可能增加大量的可燃物，如临时舞台、照明设施、座位等，将会加大火灾发生的概率，加大火灾时人员的疏散难度。

2. 中庭的防火分隔

中庭内部空间十分高大，若采用防火卷帘加以分隔，需要使用大量的防火卷帘，其造价也很高，而且发生火灾时，这些防火卷帘是否能全部迅速降落下来尚有疑问，为此必须认真研究中庭建筑防火技术措施的可靠性及可行性。

根据国内外高层建筑中庭防火设计的实际做法，并参考国外有关防火规范的有关规定，对于中庭，当相连通楼层的建筑面积之和大于一个防火分区的建筑面积时，提出以下几种防火技术措施，如图 5-42 所示。有时尽管每个楼层的建筑面积不大，但设计仍要尽量减少上下连通的开口，使火灾能较好地控制在较小的范围内。

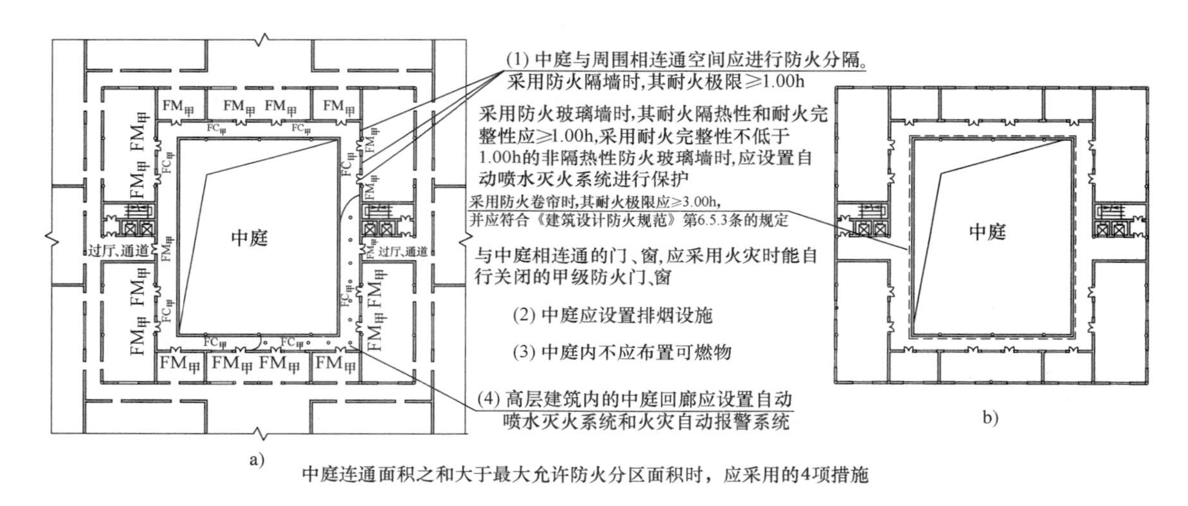

图 5-42 中庭防火分隔平面示意图

a）平面示意图一 b）平面示意图二

（1）中庭应与周围连通空间进行防火分隔。采用防火隔墙时，其耐火极限不应低于 1.00h；采用防火玻璃墙时，其耐火隔热性和耐火完整性不应低于 1.00h，采用耐火完整性不低于 1.00h 的非隔热性防火玻璃墙时，应设置自动喷水灭火系统进行保护；采用防火卷帘时，其耐火极限不应低于 3.00h，并应符合《建筑设计防火规范》中关于防火卷帘的规定；与中庭相连通的门、窗，应采用火灾时能自行关闭的甲级防火门、窗。

（2）高层建筑内的中庭回廊应设置自动喷水灭火系统和火灾自动报警系统。

（3）中庭应设置排烟设施。由于自然排烟受到自然条件及建筑物本身热压、密闭性等因素的影响，因此，只允许净空高度不超过 12m 的中庭采用自然排烟，但可开启的天窗或高侧窗的面积不应小于该中庭地面面积的 5%，其他情况下应采用机械排烟设施。

（4）中庭内不应布置可燃物。

在采取了能防止火灾蔓延的措施后，防火分区可以灵活处理，一般将中庭单独作为一个独立的防火单元。

5.6.4 自动扶梯的防火分隔

自动扶梯是建筑物楼层间连续运输效率最高的载客设备，适用于车站、地铁、空港、商场及综合大厦的大厅等人流量较大的场所。自动扶梯可正逆向运行，在停机时，也可作为临时楼梯使用。由于自动扶梯不但体积庞大，而且往往成组设置而占地宽阔、开口大，发生火灾时易于蔓延扩大，因此，建筑内设有自动扶梯时，应按上、下层连通作为一个防火分区计算面积。设有自动扶梯的建筑物因其防火分区面积叠加计算，往往超过规定的面积，则需对自动扶梯进行分隔。目前，对自动扶梯进行防火分隔的方法有：

（1）在自动扶梯上方四周安装喷头，喷头间距为2m。发生火灾时，喷头开启喷水，可以起到防火分隔作用，阻止火势竖向蔓延。

（2）在自动扶梯四周安装水幕喷头。目前我国已建成的一些安装自动扶梯的高层建筑，采用这种方法的较多。如北京京广中心地上1～4层的自动扶梯洞口的分隔处就设置了水幕系统。

（3）在自动扶梯四周设置防火卷帘（图5-43）或在其出入的两对面设防火卷帘，另外两对面设置固定防火墙（图5-44）。北京国际贸易中心和长富宫饭店的自动扶梯就采用了这种方法。

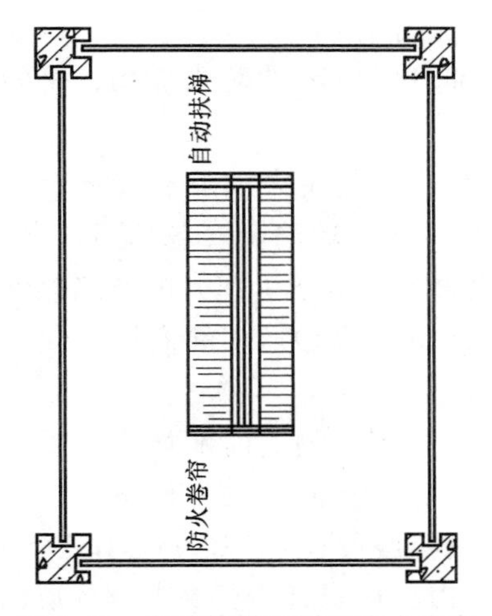

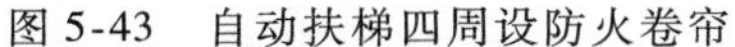

图5-43 自动扶梯四周设防火卷帘

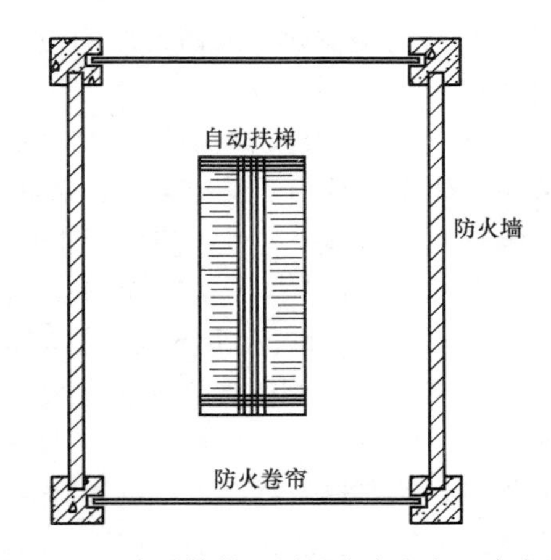

图5-44 自动扶梯四周设防火卷帘和防火墙

（4）在自动扶梯穿过楼板处设水平防火卷帘，如图5-45所示。

5.6.5 有顶棚的步行街的防火分隔

对于有顶棚的步行街，其主要特征为：零售、餐饮和娱乐等中小型商业设施或商铺通过有顶棚的步行街连接，一般两端均有开放的出入口并具有良好的自然通风或排烟条件，步行街两侧均为建筑面积较小，一般不大于300m^{2}的商铺，供人们进行购物、餐饮、娱乐、美容、憩息等，其消防设计有别于一般的商店建筑。为阻止步行街两侧商铺发生的火灾沿着步行街水平或竖向蔓延，预防步行街自身空间内发生火灾，确保人员疏散时步行街的顶棚不垮塌，对于餐饮、商店等商业设施通过有顶棚的步行街连接，且步行街两侧的建筑利用步行街进行安全疏散时，步行街的宽度、高度、横通道、材料的燃烧性能和构件的耐火极限等都必须满足一定的条件。

（1）步行街两侧建筑的耐火等级不应低于二级。

（2）步行街两侧建筑相对面的最近距离均不应小于 GB 50016—2014《建筑设计防火规范》对相应高度建筑的防火间距要求且不应小于 9m。步行街的端部在各层均不宜封闭，确需封闭时，应在外墙上设置可开启的门窗，且可开启门窗的面积不应小于该部位外墙面积的一半。步行街的长度不宜大于 300m。

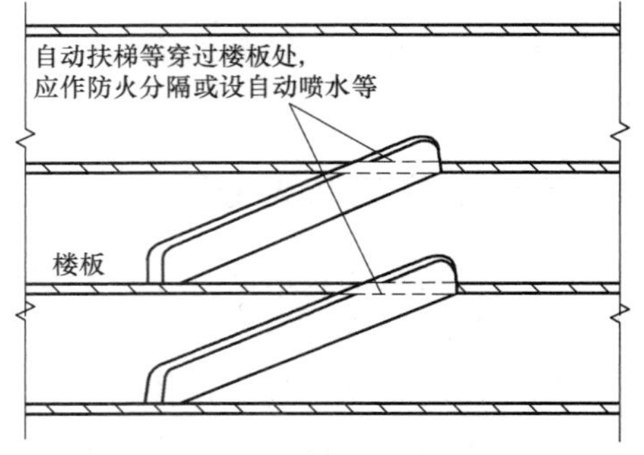

图 5-45　自动扶梯穿过楼板处进行水平分隔

（3）步行街的顶棚材料应采用不燃或难燃材料，其承重结构的耐火极限不应低于 1.00h。步行街内不应布置可燃物。

与步行街相连的商业设施内一旦发生火灾，容易向步行街蔓延，因此必须采取措施尽量把火灾控制在着火房间内，限制火势向步行街蔓延。主要措施有：

（1）步行街两侧建筑的商铺之间应设置耐火极限不低于 2.00h 的防火隔墙，每间商铺的建筑面积不宜大于 $300m^2$。

（2）步行街两侧建筑的商铺，面向步行街一侧的围护构件的耐火极限不应低于 1.00h，并宜采用实体墙，其门、窗应采用乙级防火门、窗；当采用防火玻璃墙（包括门、窗）时，其耐火隔热性和耐火完整性不应低于 1.00h；采用耐火完整性不低于 1.00h 的非隔热性防火玻璃墙（包括门、窗）时，应设置闭式自动喷水灭火系统进行保护。相邻商铺之间应设置宽度不小于 1.0m、耐火极限不低于 1.00h 的实体墙。

（3）当步行街两侧的建筑为多个楼层时，每层面向步行街一侧的商铺均应设置防止火灾竖向蔓延的措施，并应符合 GB 50016—2014《建筑设计防火规范》关于外墙开口部位防止火灾竖向蔓延的相关规定。设置回廊或挑檐时，其出挑宽度不应小于 1.2m，如图 5-46 所示。步行街两侧的店铺在上部各层需设置回廊和连接天桥时，应保证步行街上部各层的开口面积不应小于步行街地面面积的 37%，且开口宜均匀布置，如图 5-47 所示。

（4）步行街顶棚下檐距地面的高度不应小于 6.0m，顶棚应设置自然排烟设施并宜采用常开式的排烟口，且要尽量加大步行街上部可开启的自然排烟口的面积，如高侧窗或自动开启排烟窗，自然排烟口的有效面积不应小于其地面面积的 25%；当顶棚上采用自然排烟，而回廊上部采用机械排烟时，应合理设计其控制顺序，使两者不能同时进行排烟，以避免影响排烟效果。常闭式自然排烟设施应能在火灾时手动和自动开启。

（5）步行街内沿两侧的商铺外每隔 30m 应设置 *DN*65 的消火栓，并应配备消防软管卷盘或消防水龙。步行街两侧的商铺内应设置自动喷水灭火系统和火灾自动报警系统，每层回

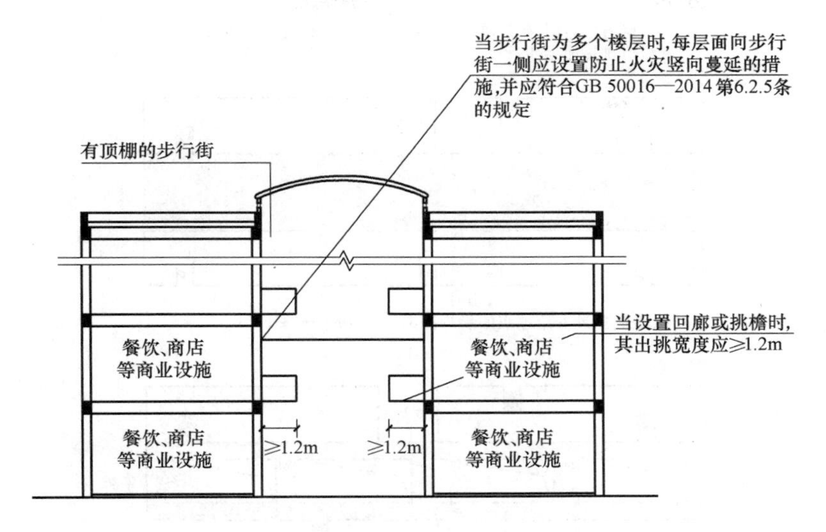

图 5-46　步行街两侧为多个楼层时剖面示意图

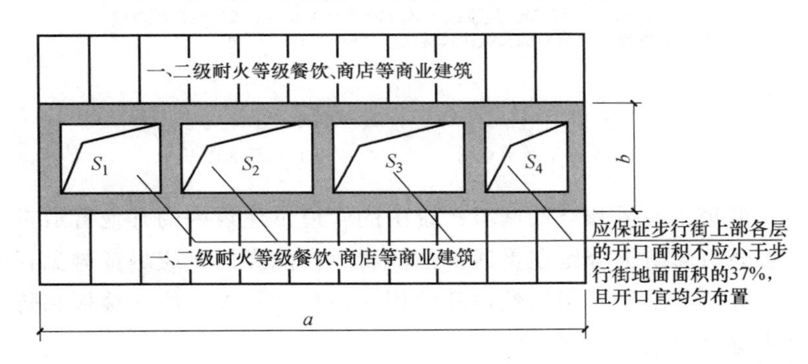

图 5-47　步行街两侧商铺在上部各层需设回廊或连接天桥时平面示意图

注：$S_1 \sim S_4$ 为某一层步行街上开洞的面积，$\sum S$ 应 $\geqslant (a \times b) \times 37\%$。

廊应设置自动喷水灭火系统；步行街内宜设置自动跟踪定位射流灭火系统。

(6) 步行街两侧建筑的商铺内外应设置消防疏散照明、灯光疏散指示标志和消防应急广播系统。

步行街的疏散楼梯应靠外墙设置并宜直通室外，确有困难时，在首层可直接通至步行街；首层商铺的疏散门可直接通至步行街。这样，街两侧商业设施内的人员可以通至步行街进行疏散。尽管如此，但步行街毕竟不是室外的安全区域，因此比照位于两个安全出口之间的房间的疏散距离，并考虑步行街的空间高度相对较高的特点，要求通过步行街内任一点到达最近室外安全地点的步行距离不应大于 60m；步行街两侧建筑二层及以上各层商铺的疏散门至该层最近疏散楼梯口或其他安全出口的直线距离不应大于 37.5m。图 5-48 为步行街各层平面示意图。

5.6.6　风道、管线、电缆贯通部位的防火分隔

在现代建筑中，为了交通、输送能源和情报等的需要，设置了大量的竖井和管道，而且有些管道相互连通、交叉，火灾时形成了蔓延的通道。

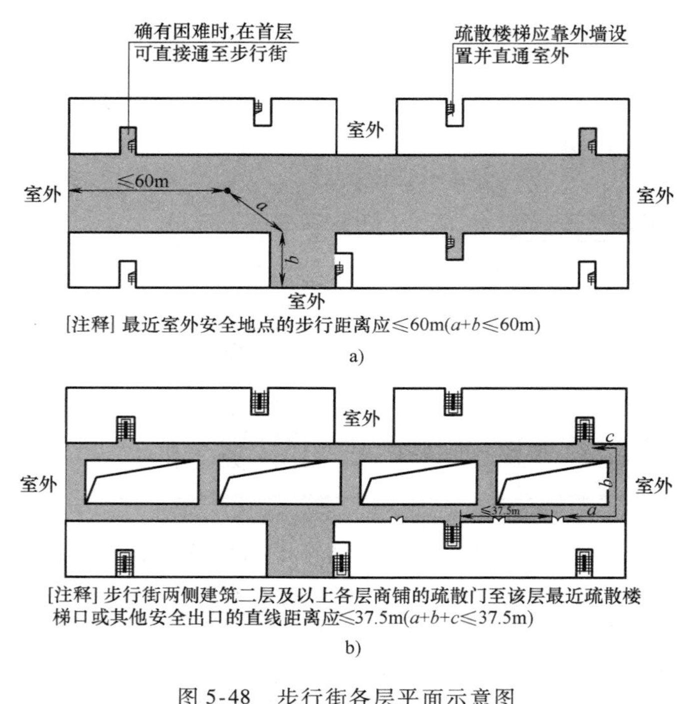

图 5-48 步行街各层平面示意图

a）首层平面示意图 b）二层或以上平面示意图

防烟、排烟、供暖、通风和空气调节系统中的管道及建筑内的其他管道贯通防火分区的墙体、楼板时，就会引起防火分区在贯通部位的耐火性能降低，应尽量避免管道穿越防火分区。不得已时，也应尽量限制开洞的数量和面积，在穿越防火隔墙、楼板和防火分区处的空隙应采用防火封堵材料封堵。

1. 风管贯通防火分区时的构造

空调、通风管道一旦窜入烟火，就会导致火灾在大范围蔓延。因此，在风管贯通防火分区的部位（防火墙），必须设置防火阀门。防火阀门如图 5-49 所示，必须用厚 1.5mm 以上的薄钢板制作，火灾时由高温熔断装置或自动关闭装置关闭。为了有效地防止火灾蔓延，防火阀门应该有较高的气密性。此外，防火阀门应该可靠地固定在墙体上，防止火灾时因阀门受热、变形而脱落。同时，还要用水泥砂浆紧密填塞贯通的孔洞空隙。风管穿过防火隔墙、楼板

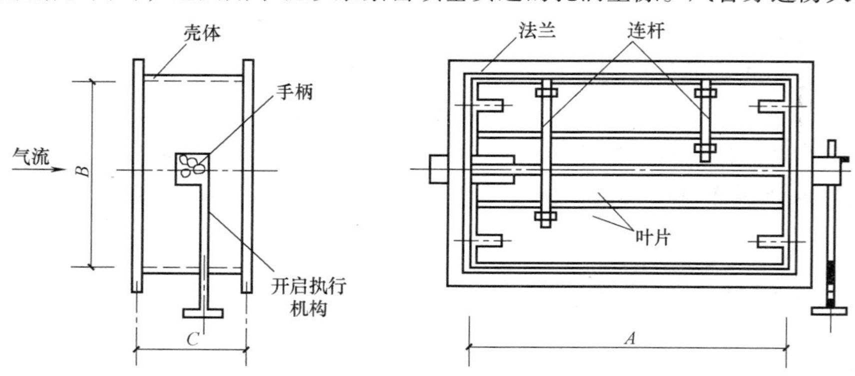

图 5-49 防火阀门构造示意

和防火墙时，穿越处风管上的防火阀、排烟防火阀两侧各 2.0m 范围内的风管应采用耐火风管或风管外壁应采取防火保护措施，且耐火极限不应低于该防火分隔体的耐火极限（图 5-50）。

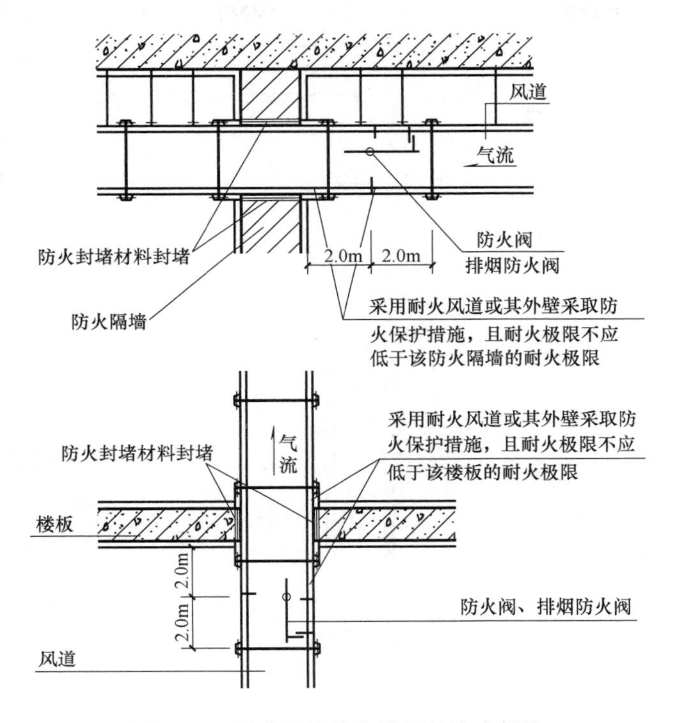

图 5-50　风道穿过墙和楼板的防火保护

通风管道穿越变形缝时，应在变形缝两侧均设防火阀门，并在 2m 范围内必须用不燃烧保温隔热材料，如图 5-51 所示。

2. 管道穿越防火墙、楼板时的构造

防火阀门在防火墙和楼板处应用水泥砂浆严密封堵，为安装结实可靠，阀门外壳可焊接短钢筋，以便与墙体、楼板可靠结合，如图 5-52 所示。

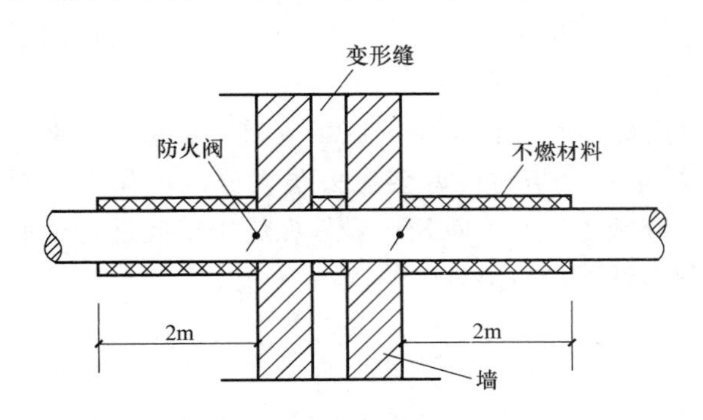

图 5-51　变形缝处防火阀门的安装示意图

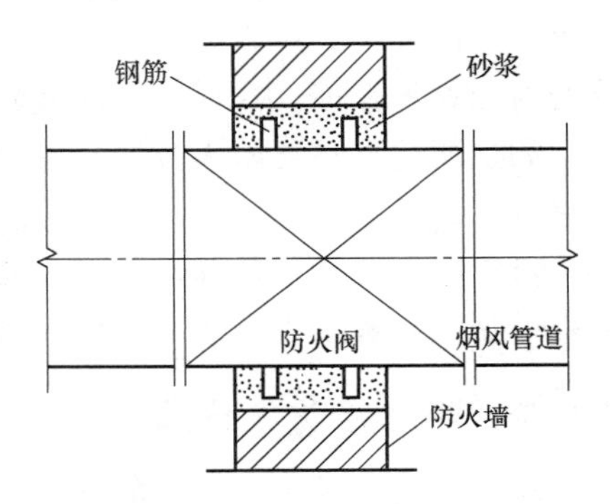

图 5-52　防火阀门的安装构造

如图 5-53 所示，对于贯通防火分区的给水排水、通风、电缆等管道，也要与楼板或防火墙等可靠固定，并用水泥砂浆或石棉等，紧密填塞管道与楼板、防火墙之间的空隙，防止烟、热气流蹿过防火分区。

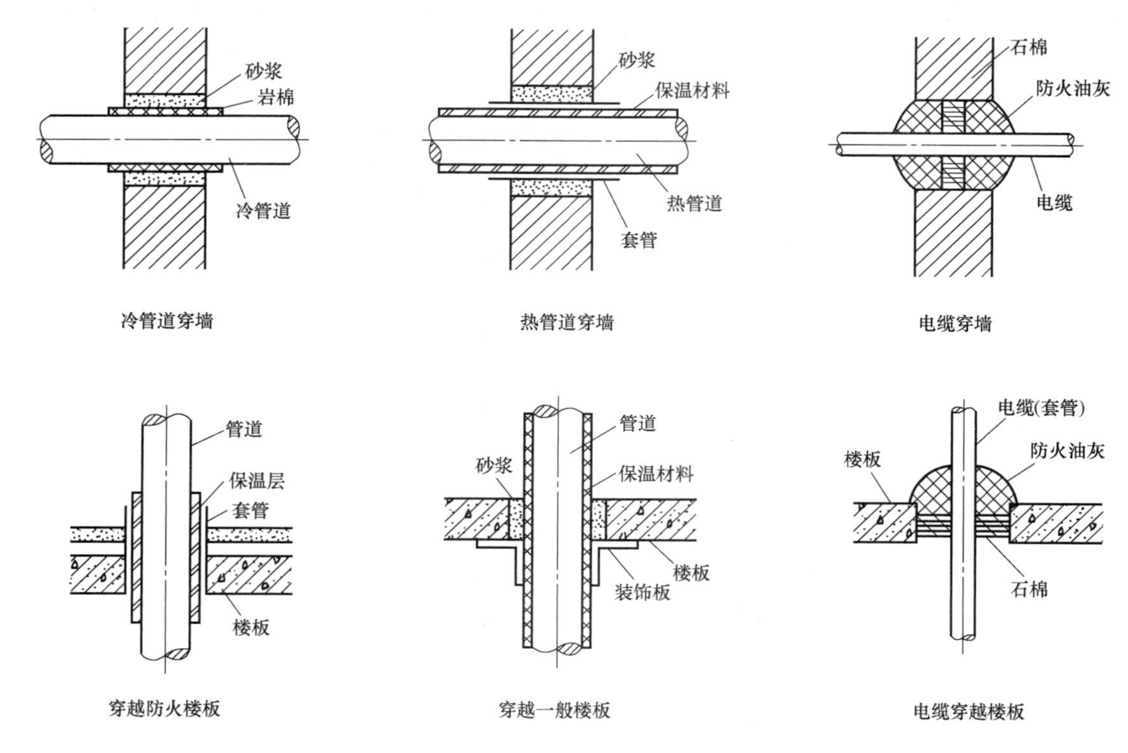

图 5-53 管道穿墙处的防火构造

当管道穿越防火墙、楼板时，若管道不允许有位移，则管道周围缝隙应采用不燃烧胶结材料勾缝填实；若管道允许有少量位移时，宜采用膨胀性不燃烧材料填塞；若管道允许有较大位移时，宜采用矿棉、岩棉或硅酸铝棉等松散不燃烧的纤维物填塞。

3. 电缆穿越防火分区时的构造

当建筑物内的电缆是用电缆架布线时，因电缆保护层的燃烧，可能导致火灾从贯通防火分区的部位蔓延。电缆比较集中或者用电缆架布线时，危险性则特别大。因此，在电缆贯通防火分区的部位，用石棉或玻璃纤维等填塞空隙，两侧再用石棉硅酸钙板覆盖，然后再用耐火的封面材料覆面。这样，可以截断电缆保护层的燃烧和蔓延。

如上所述，贯通防火分区部位的耐火性能与施工详图的设计和施工质量密切相关。贯通防火分区的孔洞面积虽然小，但是，当施工质量不合格时，就会失去防火分区的作用。因此，对于防火分区贯通部位的耐火安全问题，必须予以高度重视。最好在施工期间进行中期检查监督和隐蔽工程验收，以确保防火分区耐火性能的可靠性。

5.6.7 变形缝防火分隔

建筑变形缝是为防止建筑变形影响建筑结构安全和使用功能而设，是火灾蔓延的途径之一，尤其纵向变形缝具有很强的拔烟火作用，必须作好防火处理。变形缝的基层应采用不燃烧材料，其表面装饰层宜采用不燃烧材料，严格限制可燃材料使用。在建筑使用过程中，变形缝两侧的建筑可能发生位移等现象，因此，变形缝内的填充材料和变形缝的构造基层应采用不燃材料。电线，电缆，可燃气体和甲、乙、丙类液体的管道不宜穿过建筑内的变形缝；

确需穿过时，应在穿过处加设不燃材料制作的套管或采取其他防变形措施，并应采用防火封堵材料封堵，如图5-54所示。

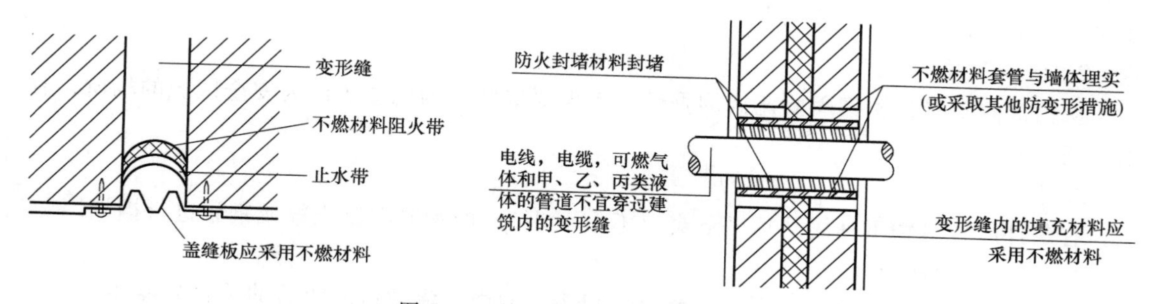

图5-54 管道穿变形缝的防火措施

5.7 防烟分区的划分

5.7.1 防烟分区分隔构件

防烟分区分隔构件包括隔墙、屋顶挡烟隔板、防火卷帘、挡烟垂壁或从顶棚向下突出不小于500mm的结构梁。

1. 挡烟垂壁

挡烟垂壁是指用不燃烧材料制成，从顶棚下垂不小于500mm的固定或活动的挡烟设施，一般用钢板、夹丝玻璃、钢化玻璃等材料制成。固定式挡烟垂壁是指固定安装的、能满足设定挡烟高度的挡烟垂壁。活动挡烟垂壁是指火灾时因感温、感烟或其他控制设备的作用，自动下垂的挡烟垂壁，如图5-55所示。

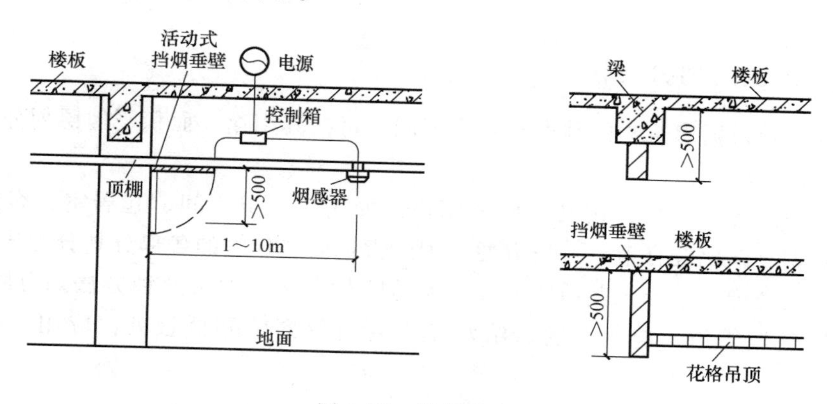

图5-55 挡烟垂壁

挡烟垂壁起阻挡烟气的作用，同时可提高防烟分区排烟口的吸烟效果。挡烟垂壁常设置在烟气扩散流动的路线上烟气控制区域的分界处，和排烟设备配合进行有效的排烟。其从顶棚下垂的高度一般应距顶棚面50cm以上，称为有效高度。当室内发生火灾时，所产生的烟气由于浮力作用而积聚在顶棚下，只要烟层的厚度小于挡烟垂壁的有效高度，烟气就不会向其他场所扩散。当建筑物净空较高时可采用固定式的，将挡烟垂壁长期固定在顶棚面上；当建筑物净空较低时，宜采用活动式的挡烟垂壁，其应由感烟探测器控制，或与排烟口联动，受消防控制中心控制，但同时应能就地手动控制。活动挡烟垂壁落下时，其下端距地面的高度应大于1.8m。

2. 挡烟隔墙

从挡烟效果看，挡烟隔墙比挡烟垂壁的效果要好些，因此要求成为安全区域的场所，宜采用挡烟隔墙。

3. 挡烟梁

有条件的建筑物可利用从顶棚下突出不小于0.5m的钢筋混凝土梁或钢梁进行挡烟。

4. 屋顶挡烟隔板

屋顶挡烟隔板是指设在屋顶内，能对烟和热气的横向流动造成障碍的垂直分隔体。

5.7.2 防烟分区的设置原则

防烟分区的设置应遵循以下原则：设置排烟系统的场所或部位应划分防烟分区。防烟分区不宜大于2000m^2，长边不应大于60m。当室内高度超过6m，且具有对流条件时，长边不应大于75m。设置防烟分区应注意以下几个方面：

（1）防烟分区应采用挡烟垂壁、隔墙、结构梁等划分。

（2）防烟分区不应跨越防火分区。

（3）每个防烟分区的建筑面积不宜超过规范要求。

（4）采用隔墙等形成封闭的分隔空间时，该空间宜作为一个防烟分区。

（5）储烟仓高度不应小于空间净高的10%，且不应小于500mm，同时应保证疏散所需的清晰高度；最小清晰高度应由计算确定。

（6）有特殊用途的场所如地下室、防烟楼梯间、消防电梯、避难层（间）等，应单独划分防烟分区。

5.7.3 防烟分区的划分方法

防烟分区一般根据建筑物的种类和要求不同，可按其用途、面积、楼层划分。

1. 按用途划分

对于建筑物的各个部分，按其不同的用途，如厨房、卫生间、起居室、客房及办公室等，来划分防烟分区比较合适，也较方便。国外常把高层建筑的各部分划分为居住或办公用房、疏散通道、楼梯、电梯及其前室、停车库等防烟分区。但按此种方法划分防烟分区时，应注意对通风空调管道、电气配管、给水排水管道等穿墙和楼板处，应用不燃材料填塞密实。

2. 按面积划分

在建筑物内按面积将其划分为若干个基准防烟分区，这些防烟分区在各个楼层，一般形状相同、尺寸相同，用途相同。不同形状的用途的防烟分区，其面积也宜一致。每个楼层的防烟分区可采用同一套防排烟设施。如所有防烟分区共用一套排烟设备时，排烟风机的容量应按最大防烟分区的面积计算。

3. 按楼层划分

在高层建筑中，底层部分和上层部分的用途往往不太相同，如高层旅馆建筑，底层布置餐厅、接待室、商店、会议室、多功能厅等，上层部分多为客房。火灾统计资料表明，底层发生火灾的机会较多，火灾概率大，上部主体发生火灾的机会较小。应尽可能根据房间的不同用途沿垂直方向按楼层划分防烟分区。

5.8　防火分区设计举例

5.8.1　北京长城饭店防火分区划分

划分防火分区时，要根据规定的防火分区面积，结合建筑的平面形状、使用功能、便于平时管理、人员交通和疏散、层间联系等，综合确定其分隔的具体部位。

例如中心塔楼为 22 层的北京长城饭店平面为三叉形，体型上形成三翼围绕中心筒体，按体型交接部位划分为 4 个防火分区，如图 5-56 所示。

标准层平面的三翼划分为三个防火分区，各区之间设钢质防火门，平时以电磁开关吸附贴于走道两边墙上，当走道中烟感器发出火警信号后，则由消防中心控制盘自动关闭此门并显示所在位置，同时设有手动关闭装置。此门关后，疏散人员则不能再进入该防火分区，但其中人员可推门而出至中心楼梯间进行疏散。

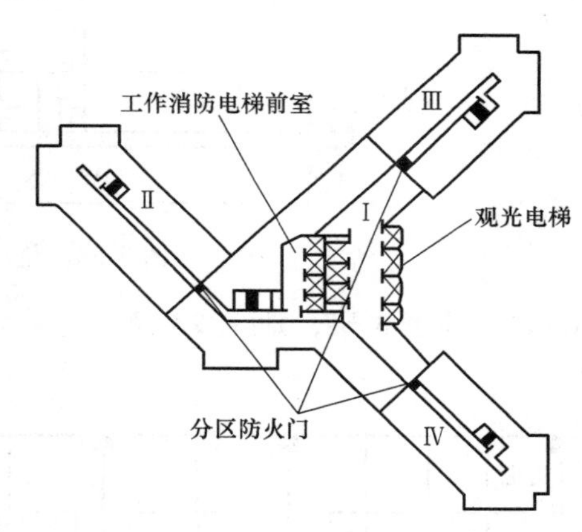

图 5-56　北京长城饭店标准层防火分区示意图

中心塔楼内设有带封闭前室的楼梯间及兼作服务的消防电梯，各翼均设封闭楼梯间，其平面布置基本形成双向疏散。由中心楼梯间可达三翼之屋顶，连通处钢质防火门为推杠式，出楼梯间到屋顶后则不能再行返回（服务员等可开锁而返）。各封闭楼梯间顶层可通过垂直爬梯及带盖洞口上到该翼屋面。前室内除设有烟感器外，每隔三层还设有与消防中心直通的紧急电话及事故广播等。中心及各翼楼梯间防火门均为钢制，设有门顶弹簧及电磁式门锁，当分区防火门通过烟感器联动关闭时，楼梯间防火门电磁锁则自动打开而供疏散人员进入。

5.8.2　北京饭店防火分区划分

北京饭店新楼的标准层面积为 $2800m^2$，结合防震缝和平面形状，用防火墙划分为三个面积不等的防火分区，如图 5-57 所示。

5.8.3　伦敦泰拉旅馆防火分区划分

伦敦泰拉旅馆平面呈错开的一字形，在两个体量交接部位为交通枢纽，结合平面功能划分，在中部楼电梯厅两侧设置防火门，将每层划分为两个防火分区，如图 5-58 所示。

5.8.4　大阪全日空饭店防火分区设计

日本大阪全日空饭店占地 $7332.8m^2$，总建筑面积 $50788.32m^2$，标准层建筑面积

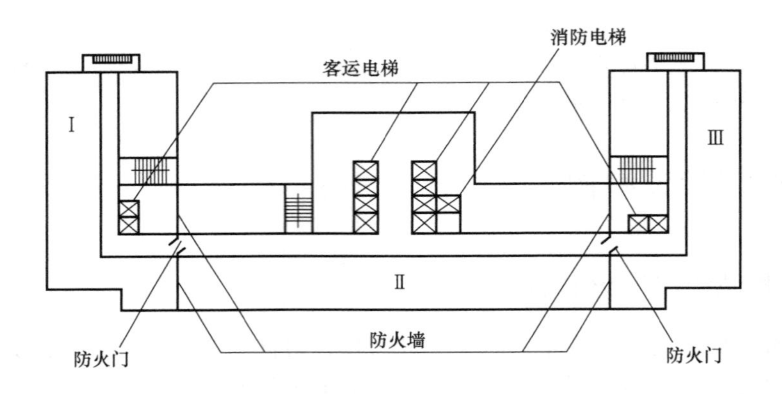

图 5-57 北京饭店新楼防火分区示意图

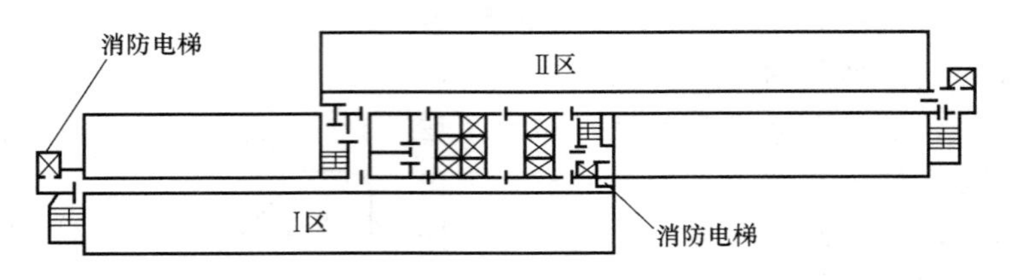

图 5-58 伦敦泰拉旅馆防火分区示意图

1100m^2，地下 3 层，地上 23 层，总高度 87.88m。标准层平面及防火分区划分如图 5-59 所示。

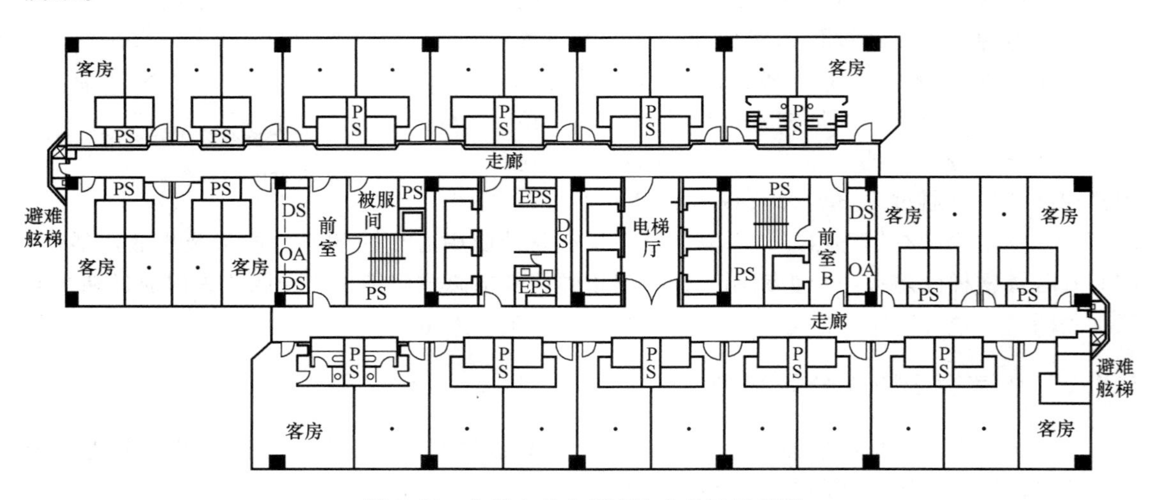

图 5-59 大阪全日空饭店防火分区示意图

（1）高层主体以层为单位划分防火分区。

（2）加强各类竖井的防火分隔，如楼梯间、电梯井、管道井、电缆井等，均作为竖井防火分区，单独划分。特别是高层用的电梯厅，为了防止烟气向上层传播，将电梯厅单独划分为防火分区。

（3）日常使用明火，火灾危险较大的厨房、餐具间等，划为单独的防火分区。

（4）客房门采用具有防火、防烟功能的乙级防火门，使走廊形成了第一安全分区。由走廊进入中心核的出入口均用防火、防烟的防火门，使中心核处的疏散设施更加安全可靠。

（5）客房以 2 间为单位形成小的防火单元。为了防止发生火灾及火灾扩大，内部装修尽量采用不燃材料。

5.8.5　中庭建筑防火分区设计

西安阿房宫凯悦饭店总占地 16330m²，总建筑面积 44642m²。建筑总高度为 40.5m，地下一层，地上 12 层。

饭店主楼呈东座、西座及中间体相连接布置。东座内设有高达 40m 的中庭，即中庭空间贯通整个上下楼层，与楼层同高。东、西座建筑物向上层层内退，外形呈塔形。东座是围绕中庭周边布置的塔楼，中庭空间内设有两部观光电梯，连贯整个共享空间，如图 5-60 所示。

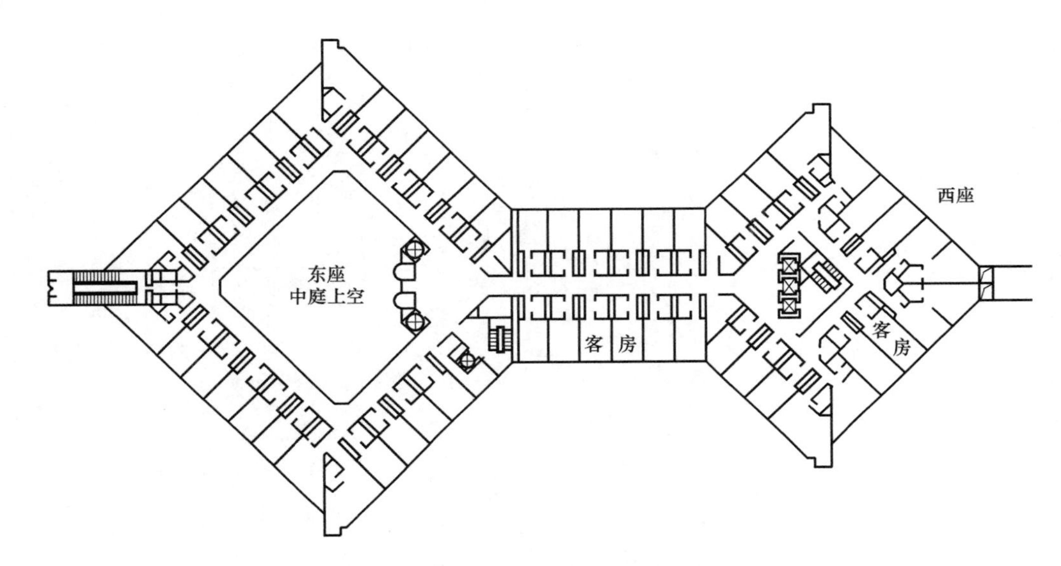

图 5-60　西安阿房宫凯悦饭店的 3 层与中庭平面示意

该饭店地下层为后勤服务用房，一、二层为各类公共用房，三层以上为客房。

该饭店在防火分区设计方面采取了如下措施：

1. 防火分区

建筑物地下一层建筑面积为 5790m²，共划分为 8 个防火分区。最大的防火分区为 953m²，最小的为 391m²（整个地下室均设有自动灭火系统）。

一层为大厅、中庭、娱乐中心、商店、中西餐厅等公共用房和消防控制室，建筑面积共计 6902m²，分为 8 个防火分区。最大的防火分区面积为 1930m²，最小的为 362m²。由于首层功能复杂，个别分区设置了复合防火卷帘并加水幕保护。

二层为健身中心、会议厅、宴会厅和电话总机室等。总建筑面积为 6644m²。防火分区面积的划分基本与一层的相同。

三层以上为标准客房层，由于建筑设计上是向上层层内缩，所以每层面积不等。从第三层起，所有客房层，均划分为两个防火分区。

2. 中庭防止火势扩大的设计

该建筑物东座设有平面尺寸为18.45m×18.45m的中庭。中庭部分与客房相邻，其空间贯通整个上下楼层（12层）。为了防止火势向上蔓延和不使这两部分某一方发生火灾时殃及他方，在垂直方向采取了防火分隔措施。除中庭四周内墙为耐火构造外，各层回廊周围面向中庭所有客房的门均采用乙级防火门，所有安全疏散楼梯间及其前室，包括消防电梯前室的门均采用乙级防火门。同时，各层回廊吊顶上安设了间距为3m的自动喷头，并在中庭的玻璃金属构架屋顶上也安装了自动喷头，以保护屋顶盖的安全。

第 6 章　安全疏散设计

安全疏散是指着火建筑物内的人员要在火灾发展到威胁人员安全之前到达安全区域。安全疏散是建筑物发生火灾后确保人员生命财产安全的有效措施，是建筑防火的一项重要内容。建筑安全疏散和避难设施，是避免室内人员因火烧、缺氧窒息、烟雾中毒和房屋倒塌造成伤亡，以及尽快抢救、转移室内的物资和财产，以减小火灾造成的损失的重要设施。另外，消防人员赶到火灾现场进行灭火救援，必须借助于建筑物内的安全疏散设施来实现。

安全疏散对于人员集中的公共场所和高层建筑，如大型商场、体育馆、影剧院、夜总会等公众聚集场所是十分重要的。对于工厂和仓库的人员和物资疏散同样重要。而对建筑物的地下室和人防工程，因采光、通风、排烟效果差，人员疏散困难，安全疏散就显得更为突出。

通过对国内外建筑火灾的统计分析，凡造成重大人员伤亡的火灾，大部分是因没有可靠的安全疏散设施或管理不善，人员不能及时疏散到安全避难区域造成的。有的疏散楼梯不封闭、不防烟；有的疏散出口数量少，疏散宽度不够；有的在安全出口上锁、疏散通道堵塞；有的缺少火灾应急照明和疏散指示标志。可见，如何根据建筑物的使用性质和火灾危险性大小，通过安全疏散设施的合理设置，为建筑物内人员和物资的安全疏散提供条件，是建筑防火设计和管理的重要内容。

安全疏散设计，是根据建筑物的使用性质、人们在火灾事故时的心理状态与行动特点、火灾危险性大小、容纳人数、面积大小合理布置交通疏散设施，为人员的安全疏散设计一条安全路线。

安全出口和疏散门的位置、数量、宽度，疏散楼梯的形式和疏散距离，避难区域的安全保障措施，对于满足人员安全疏散，至关重要。而这些与建筑的高度、区域的面积及内部布置、室内空间高度和可燃物的数量、类型等关系密切。设计时应充分考虑区域内使用人员的特性，结合上述因素，合理确定相应的疏散和避难设施，为人员疏散和避难提供安全的条件。

6.1　疏散路线

6.1.1　安全疏散系统

建筑安全疏散系统应具备足够的疏散能力，当建筑发生火灾时，应保证在规定的时间内，让受到火灾威胁的人员能够全部通过，并到达安全区域，且为消防人员扑救火灾提供安全通道。

安全疏散系统由满足疏散要求的疏散和避难设施组合而成（图6-1）。建筑的安全疏散和避难设施主要包括疏散走道、疏散楼梯（包括室外楼梯）、疏散出口（包括疏散门和安全出口），避难走道、避难间和避难层，疏散指示标志和疏散应急照明，有时还要考虑疏散诱导广播。自动扶梯和电梯不应作为安全疏散设施。但是光有设施是不够的，这些设施还必须满足疏散要求，其数量、宽度、长度、几何尺寸、耐火能力、防烟能力、构造形式、应急照明和疏散指示标志等，都必须符合疏散需要。

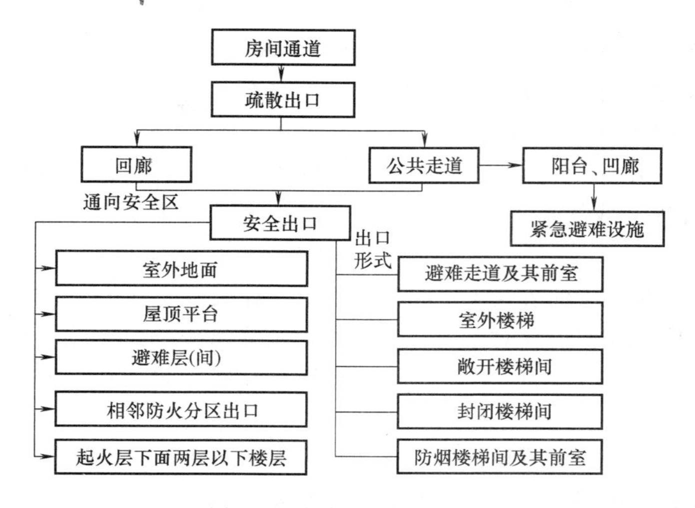

图6-1 安全疏散系统组成

6.1.2 疏散设施的布置和疏散路线

当建筑物某一个房间发生火灾，达到轰燃后，浓烟和火焰突破走廊一侧的门窗，向走廊蔓延。若走廊上未设置防排烟设施或是防排烟设施失效，则烟气就会继续向楼梯间前室蔓延，继而流向楼梯间。另一方面，人员疏散路线基本和烟气蔓延路线一致，即房间→走廊→前室→楼梯间。为了保障人员疏散安全，最好能够使疏散路线上各个空间的防烟、防火性能逐步提高，即楼梯间的安全性达到最高。

建筑平面设计尤其是布置疏散楼梯间时，应根据火灾事故中疏散人员的心理和行为特征，使疏散路线简捷，并能与人们日常生活的活动路线相结合，使人们通过日常生活了解疏散路线，并尽可能满足人员在建筑着火后能有多个不同方向的疏散路线的要求，避免出现袋形走道。

1. 疏散时人的心理与行为

（1）冲向经常使用的出入口和楼梯，在逃避路上如遇烟火又会带着恐惧心情寻求其他退路。

（2）习惯于冲向明亮的方向和开阔空间。人们具有朝着光明处运动的习性，以明亮的方向为行动目标。如从房间内出来后走廊里充满了烟雾，这时如果一个方向黑暗，相反方向明亮的话，人们必然就向明亮方向冲去。当因危险迫近而陷入极度慌乱之中时，就会逃向狭小角落。在出现死亡事故的火灾中，常可以看到缩在房角、厕所或者把头插进橱柜而死亡的例子。

（3）对烟火怀有恐惧心理，越慌乱越容易追随他人行动。对红色火焰怀有恐惧心理是人们的习性，一旦被烟火包围，则不知所措，因此，即使在安全之处，发现他人有行动，便会马上追随。

（4）紧急情况下能发挥出预想不到的力量。在紧急情况下，失去了正常的理智行动，求生欲望使其全部精力集中在应付紧急情况上，发挥平时预想不到的力量。如遇火灾时，可移动平时搬不动的重物，或从高处往下跳，但这样往往造成死亡的惨剧。

2. 疏散设计时一般要遵循的原则

（1）合理组织疏散路线。尽量不使疏散路线和扑救路线相交叉，避免相互干扰，疏散楼梯不宜与消防电梯共用一个前室。疏散走道不要布置成不甚畅通的“S”形或“U”形，也不要有变化宽度的平面，走道上方不能有妨碍安全疏散的凸出物，下面不能有突然改变地面标高的踏步。综合性高层建筑，应按照不同用途，分别布置疏散路线，以便日常管理，火灾时也便于有组织地疏散。如某城市综合体，地下层为停车场，地上几层为商场或超市，商场以上几层有住宅、办公楼、旅馆，为了便于安全使用，有利于火灾时紧急疏散，在设计中必须做到车流和人流完全分开，商场和其上各层的住宅、办公、住宿人员疏散路线分开。图 6-2 所示为某综合性高层建筑的人流疏散路线，高层建筑主体和裙房各有各的疏散路线和疏散出口，疏散路线简单明了。

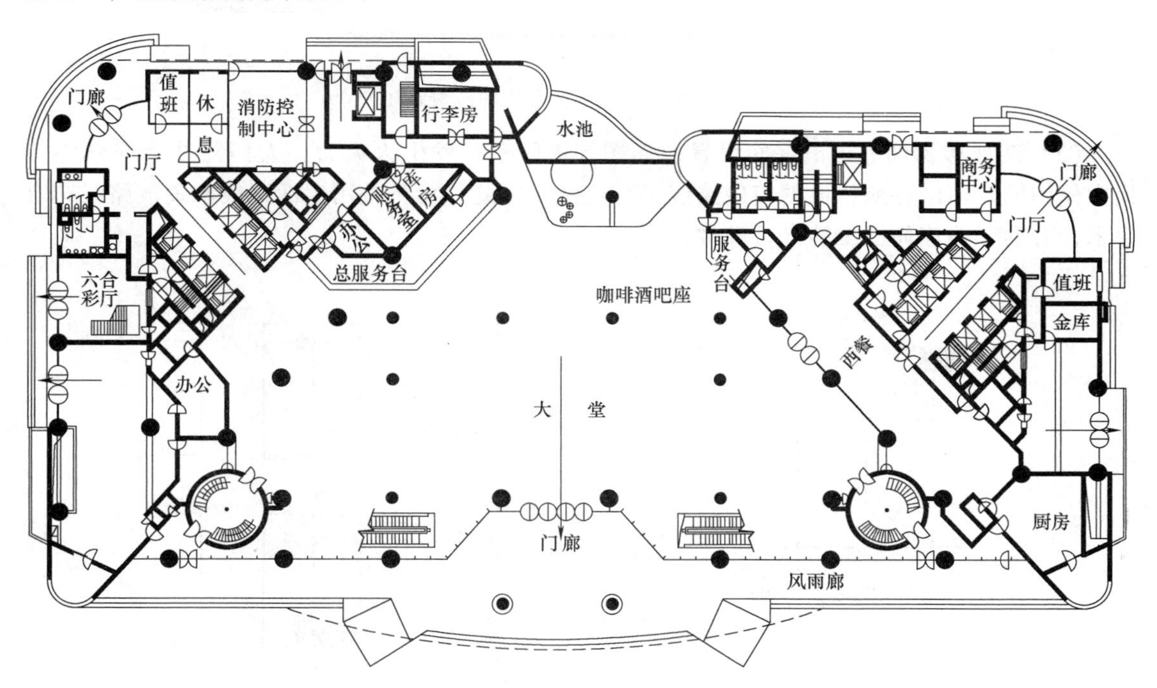

图 6-2　某综合性高层建筑的人流疏散路线

（2）疏散楼梯间设置在标准层（或防火分区）的端部，如图 6-3 所示。对于安全出口的布置，一般要满足人员在建筑着火后能有多个不同方向的疏散路线的要求，其中，双向疏散，即具有 2 个不同方向的疏散路线，是一个基本的要求。对于中心核式建筑，布置环形或双向走道；一字形或 L 形建筑，可在端部设置楼梯间，图 6-3 所示设计即可以形成双向疏散。

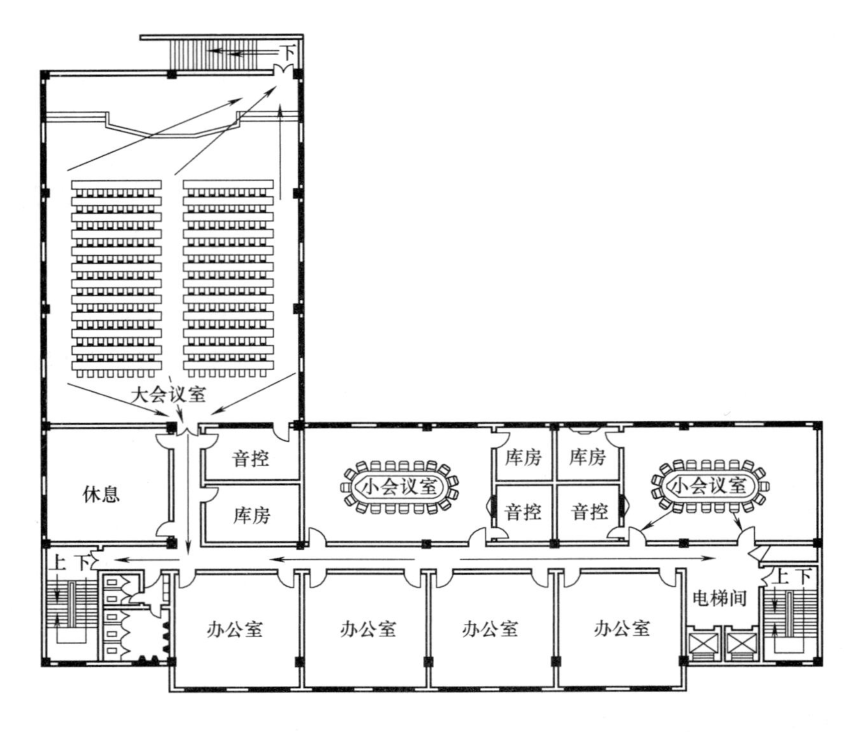

图 6-3 某高层 L 形宿舍楼的疏散路线

(3) 疏散楼梯间靠近电梯间设置，如图 6-4 所示。发生火灾时，人们往往会向熟悉并经常使用的、由电梯所组成的疏散路线进行疏散。因此，可将常用生活路线和疏散路线结合起来，有利于快速而安全地进行疏散。

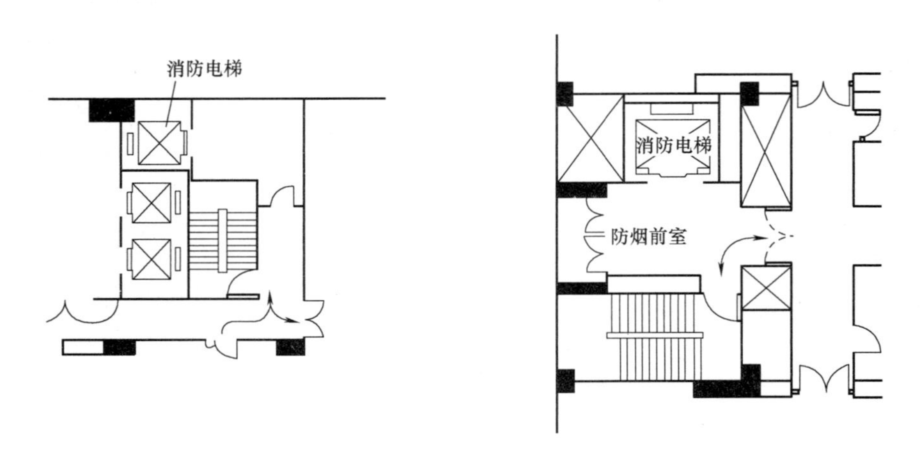

图 6-4 靠近电梯间设置疏散楼梯间

(4) 疏散楼梯间靠近外墙设置，有利于天然采光和自然通风，如图 6-5 所示。这种布置方式有利于采用安全性最高的、带开敞前室的疏散楼梯间形式，同时，也便于消防队员进入高楼进行灭火救援。

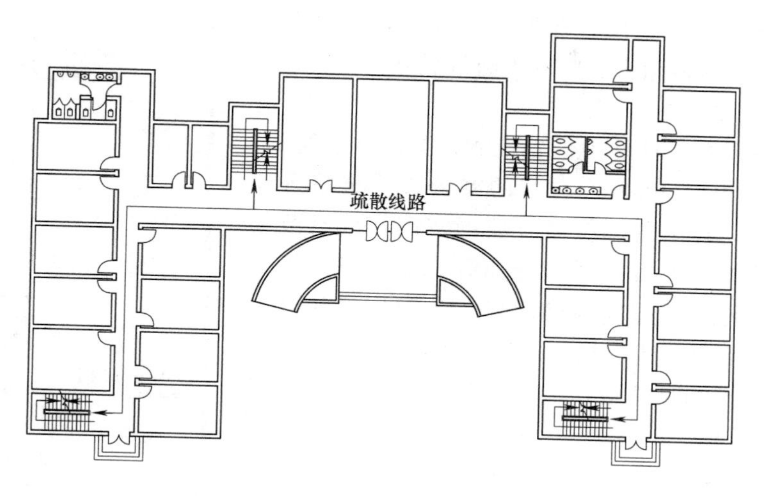

图 6-5　疏散楼梯间靠近外墙设置

（5）出口保持间距。建筑内每个防火区或一个防火分区的每个楼层、每个住宅单元每层相邻两个安全出口以及每个房间相邻两个疏散门最近边缘之间的水平距离不小于5m，如图6-6所示。建筑中的安全出口和疏散门应该均匀分散布置，如果两个疏散出口之间距离太近，在火灾中也只能起到1个疏散出口的作用，导致人流疏散不均匀，造成拥堵，甚至造成伤亡，而且，还容易出现同时被火封堵的情况。因此，出口间必须保证足够的距离。

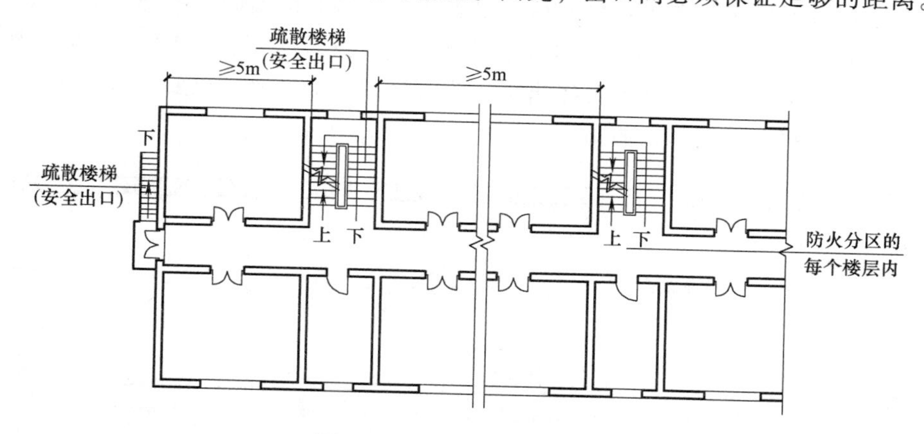

图 6-6　出口间距不小于5m

（6）必要时，可设置室外疏散楼梯，如图6-7所示。当建筑设置室内楼梯还不能满足疏散要求时，可设置室外疏散楼梯。室外疏散楼梯的优点是不占使用面积，有利于降低建筑成本，同时又具有良好的自然排烟效果，安全可靠。

6.1.3　建筑平面布置的疏散对策

平面设计时，建筑中心核的布置，确定了疏散的方向性、多方向疏散的可能性以及疏散路线的明快性等。在中心核内，一般包含了建筑的疏散楼梯间、电梯间、竖向系统的设备空间、卫生间、开水间等公用设施。其中，疏散楼梯间应防止烟气侵入，确保多方向的疏散，所以应尽可能分散布置。当中心核在平面上偏于一侧布置时，最好能在另一侧也设置疏散楼梯间；若设置有困难时，至少应设有疏散阳台、凹廊等疏散设施。

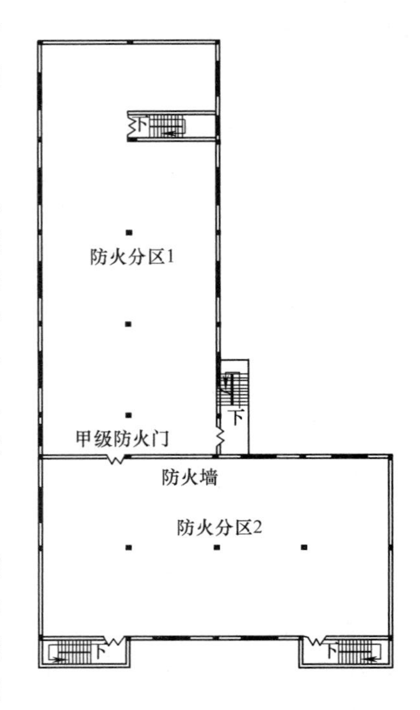

图 6-7 设置室外疏散楼梯

1. 中心核外围走廊

这一形式是在中心核外围设置走廊，如图 6-8 所示。适用于标准层面积在 $3000\mathrm{m}^2$ 左右的办公楼、宾馆等建筑，特点是能得到宽阔的、使用方便的空间。从疏散的角度看，疏散楼梯间布置宜适当隔离开来，不能偏置于某一侧；疏散楼梯间设置应使疏散者一出房间，就可沿走廊向两个方向疏散；疏散楼梯间应尽可能向外墙延伸，以便利用自然采光和自然通风。当然也可以沿外墙设置疏散扶梯。

2. 中廊式中心核

走廊不是布置在中心核的周围，而是布置在中心核的中间，电梯也结合走廊成直线排列在两侧，故称为中廊式中心核，如图 6-9 所示。这一类型多用于办公楼，标准层面积一般为 $1500\sim4000\mathrm{m}^2$。与中心核外走廊式相同规模的建筑相比，由于走廊面积小、使用面积大，因此这种形式的办公楼逐渐增多。在许多高层建筑中，电梯按高、中、低层分段使用，所以在中心核外走廊式中，按楼层不同，电梯厅大多成组布置在不同位置。而对中廊式中心核来说，各层电梯都成直线布置在同一走廊，所以比较简捷明了。这种形式存在的缺陷是，从办公楼出来向疏散楼梯间疏散时，也要经过电梯厅，故对电梯厅和走廊应采取可靠的防烟措施。

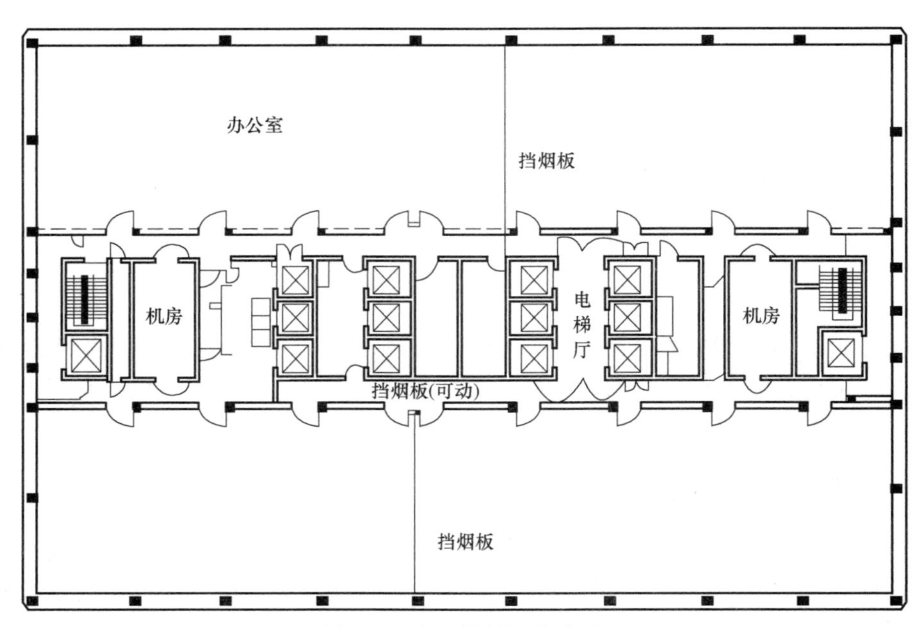

图 6-8 中心核外围走廊式

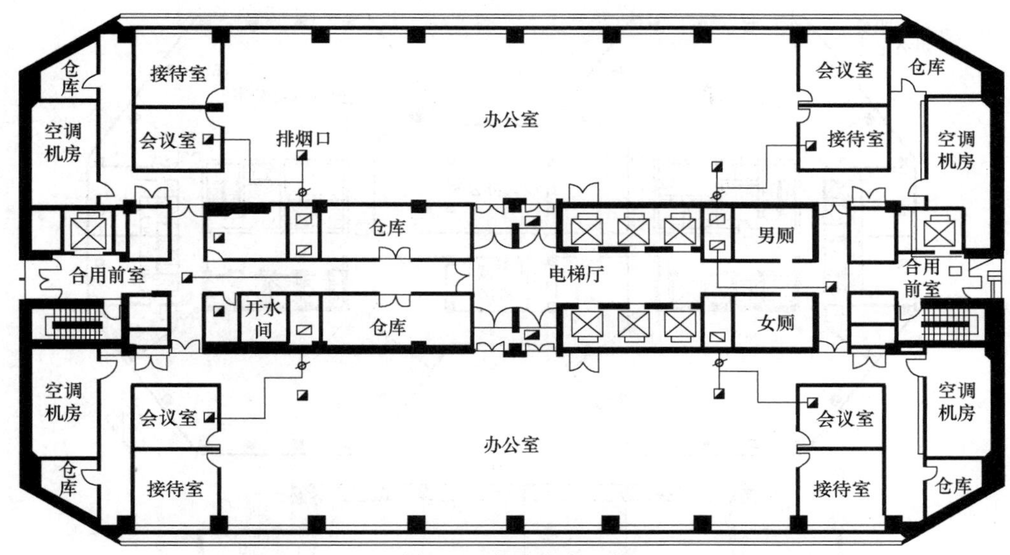

图 6-9　中廊式中心核

3. 中筒形中心核

这一形式多用于超高层建筑，标准层面积一般为 2000 ~ 4500m^2，可以得到四周相同的开阔空间，多用于办公楼、宾馆等，如图 6-10 所示。中心核内的走廊作为疏散安全分区。为了便于疏散，也可把疏散楼梯延伸至建筑的外墙，利于天然采光、自然通风。

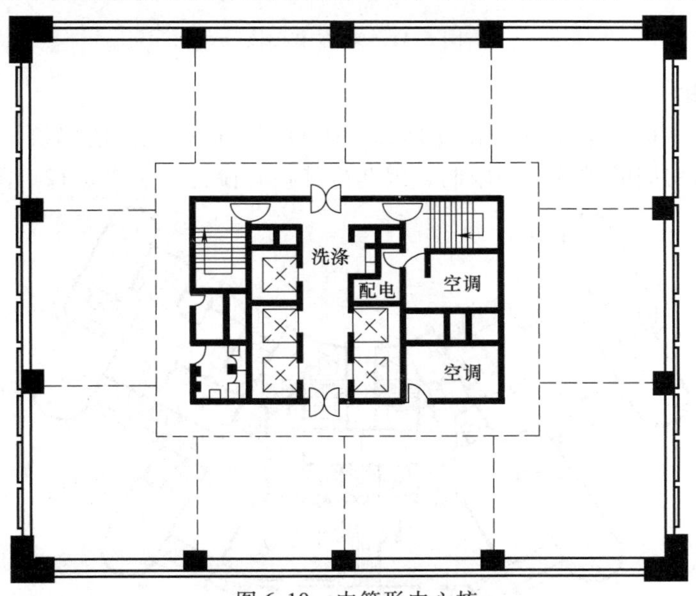

图 6-10　中筒形中心核

4. 对称中心核

这种形式是在使用面积的两侧基本上对称地布置公共设施，使用房间的隔墙可以灵活布置，能够得到较大的使用空间，可以用做办公、医院建筑，扩大规模后也可以做商场建筑，其标准层面积一般不小于 1500m^2，如图 6-11 所示。这种形式不仅在公共设施的两侧设多个出入口，有时还在外侧设置环形走廊，便于安全疏散和短时间避难。

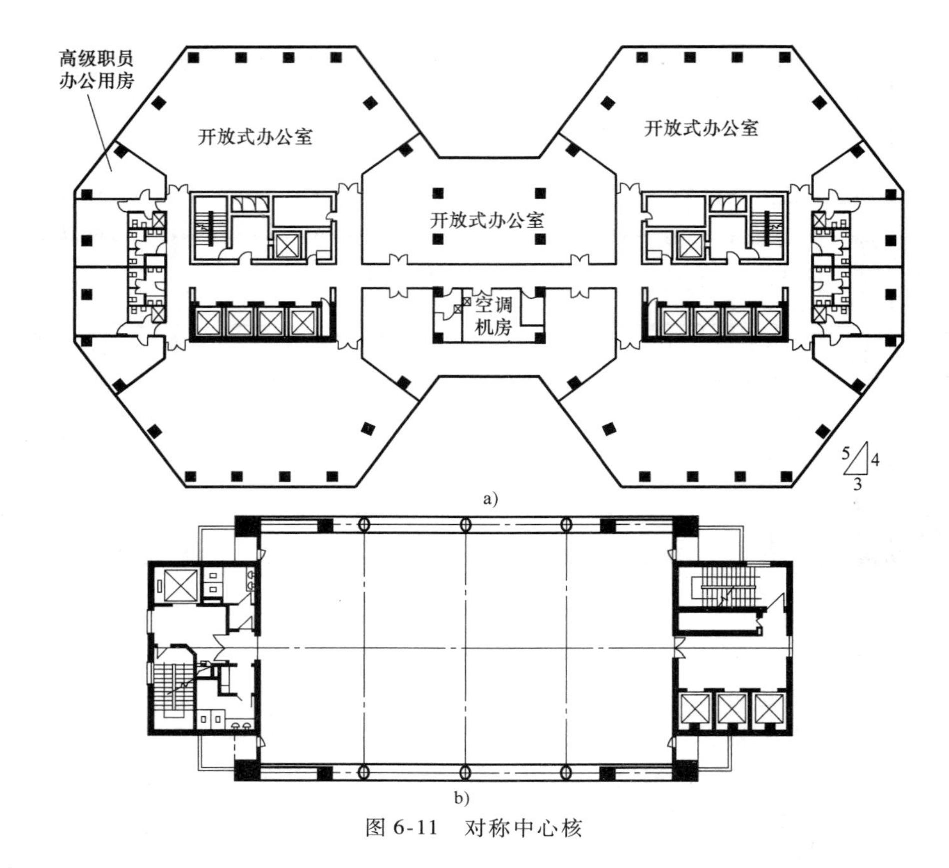

图 6-11 对称中心核

5. 偏置中心核

这种形式的建筑标准层面积一般为 1500～2000m^2。这种规模的建筑，若将公共设施布置在中心，则使用房间的进深受到限制，因此将其核心偏置，如图 6-12、图 6-13 所示。当

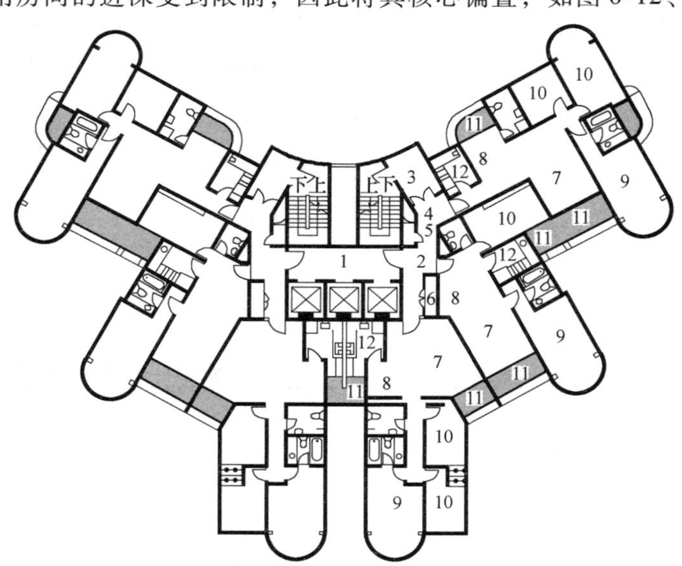

图 6-12 采用自然采光通风的偏置中心核

1—电梯厅兼前室 2—过厅 3—前室 4—风管井 5—水管井 6—电缆井 7—客厅 8—餐厅 9—主卧室 10—卧室 11—阳台 12—厨房

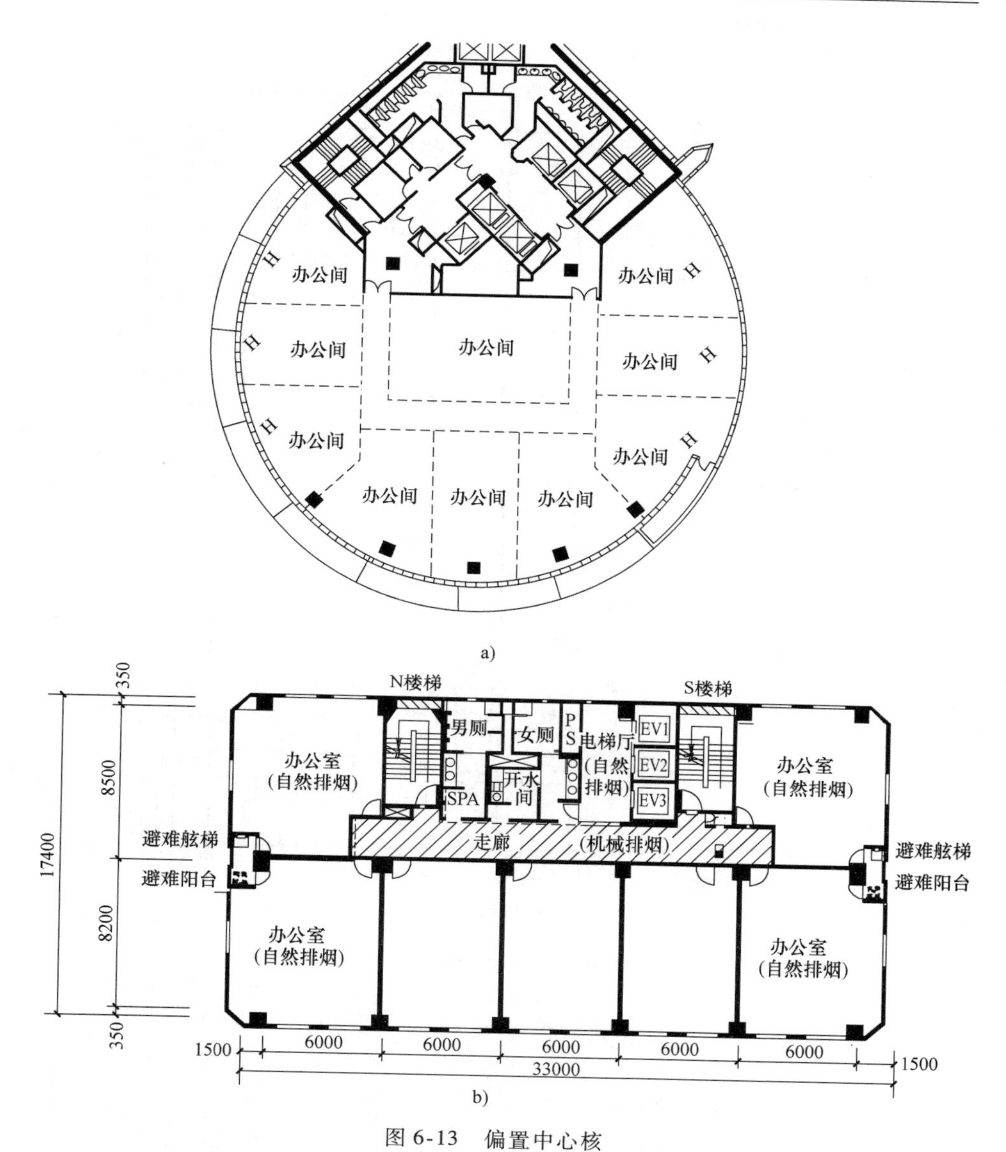

图 6-13　偏置中心核

平面设计采用这种形式时，应尽可能将两座疏散楼梯间远离布置，以利于双向安全疏散。

6. 分散中心核

中心核分散布置，也可以说是无中心核布置，多见于百货大楼、办公楼等平面建筑面积大的建筑，如图 6-14 和图 6-15 所示。这种形式的疏散楼梯间在平面上均匀布置，可以保证多个方向的疏散路线，但是常用的电梯、自动扶梯等与疏散路线分开布置，不利于引导人们紧急疏散。因此，应设法让人们熟知疏散路线，例如设疏散指示标志；在疏散楼梯间旁边布置卫生间，使活动路线接近疏散路线。

7. 中间中心核

这是一种使用比较广泛的布局形式，是用走廊在中间联系两侧的房间，即内廊式布局，或称板式建筑，宾馆、医院多用这种形式，如图 6-16 和图 6-17 所示。其两端的疏散楼梯有时采用室外楼梯，平常一般不用，走廊两端与疏散楼梯相连，楼梯间可靠外墙布置，便于排

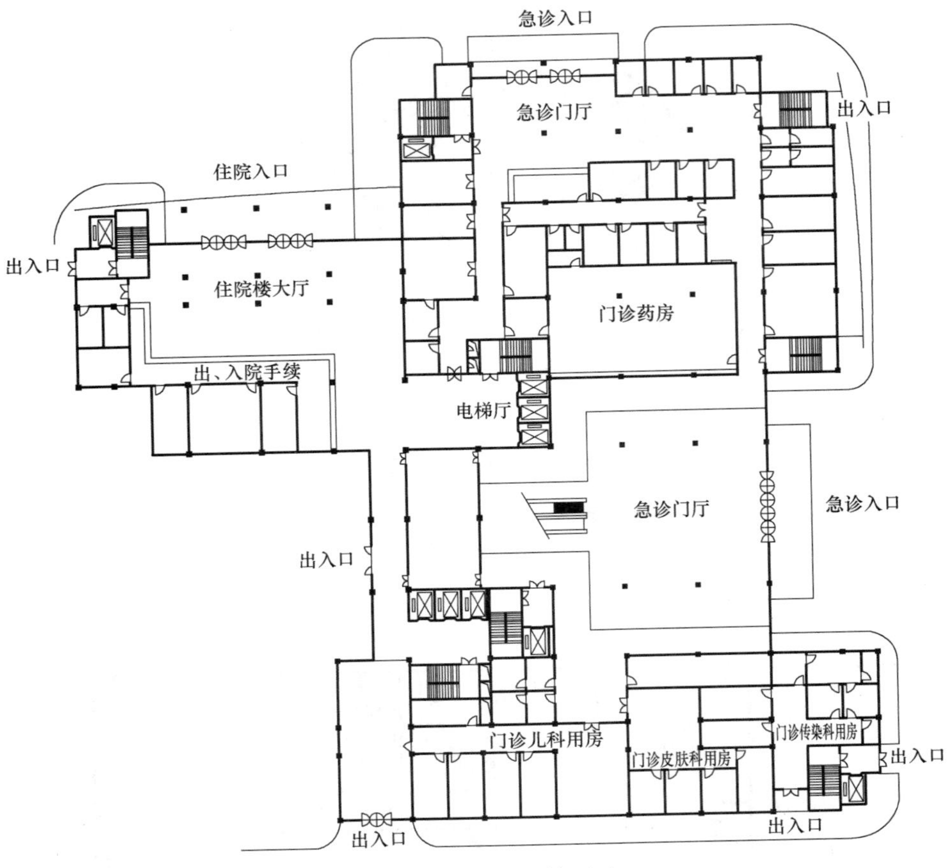

图 6-14 分散中心核（1）

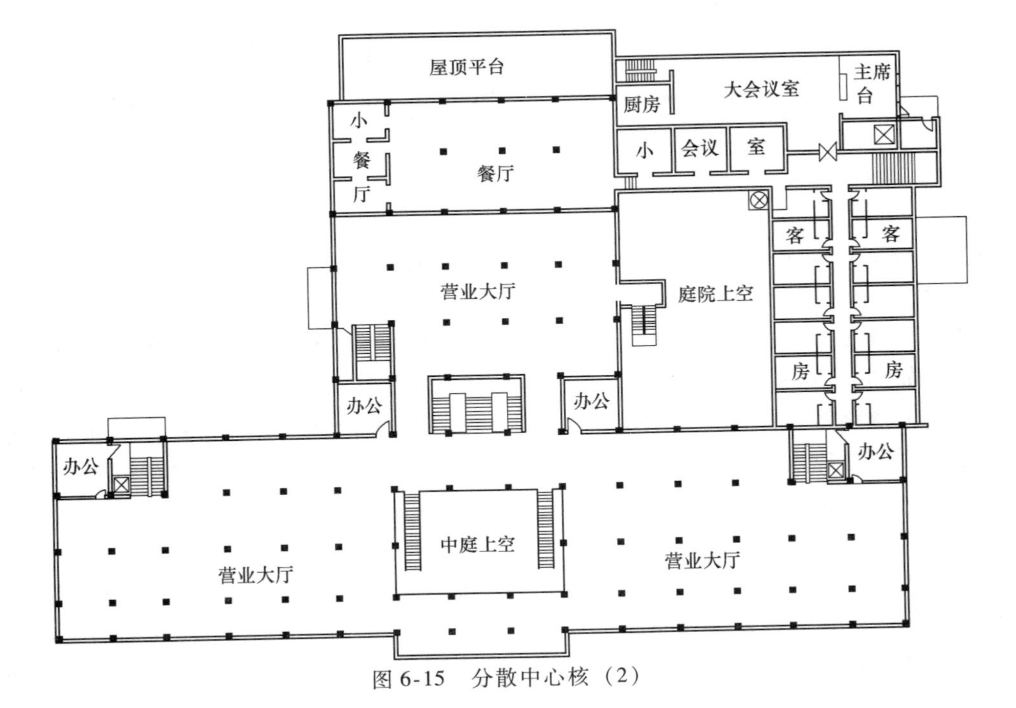

图 6-15 分散中心核（2）

烟，是一种最为安全的疏散设计。但是，中间走廊较长，相对疏散时间也长，必须采取可靠的防烟措施，防止烟气进入走廊，造成疏散困难。

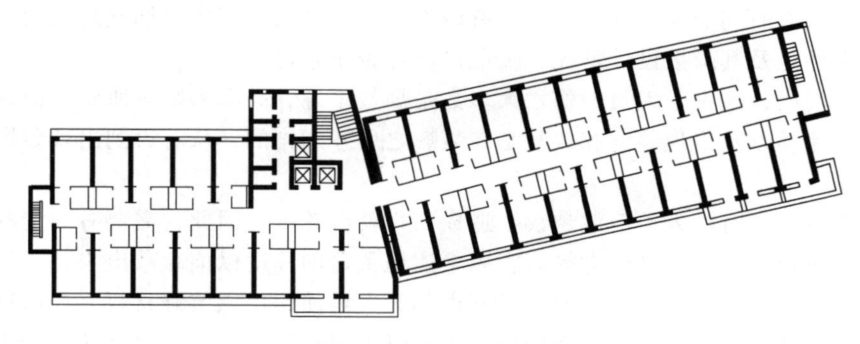

图 6-16　多层板式建筑

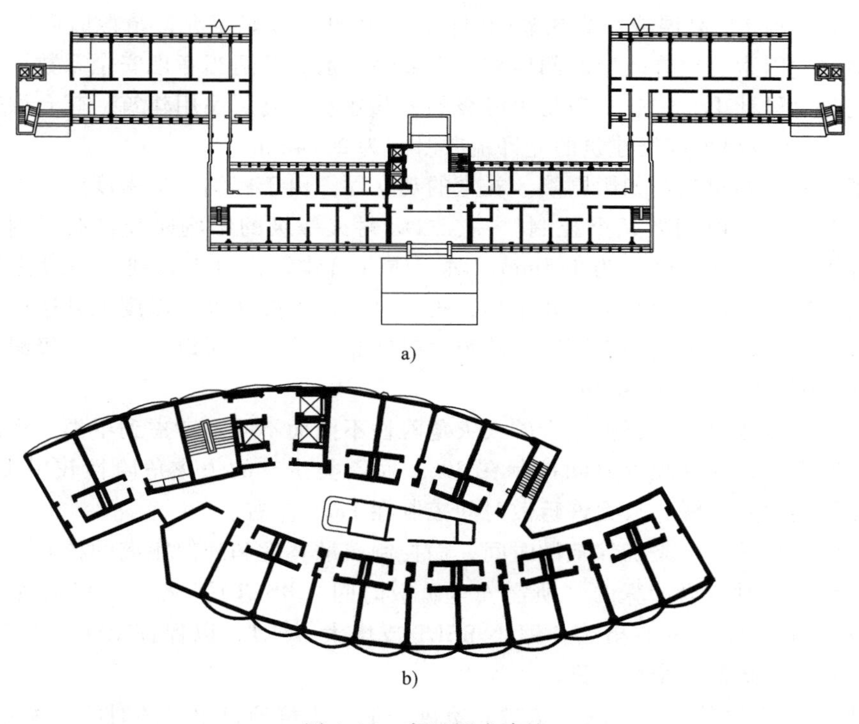

a)

b)

图 6-17　高层板式建筑

6.2　疏散时间与距离

6.2.1　允许疏散时间

允许疏散时间，是指建筑物发生火灾时，人员离开着火建筑物到达安全区域的时间。对于普通建筑物（包括大型公共民用建筑）来说，允许疏散时间是指人员离开建筑物，到达室外安全场所的时间，而对高层建筑来说，是指到达封闭楼梯间、防烟楼梯间、避难层的时间。允许疏散时间是确定安全疏散的距离、安全通道的宽度、安全出口数量的重要依据。在进行安全疏散设计时，实际疏散时间应小于或等于允许疏散时间。

影响允许疏散时间的因素很多，主要有两方面。一是火灾产生的烟气对人的威胁；二是建筑物的耐火性能及其疏散设计情况、疏散设施可否正常运行。

火灾统计表明，火灾时人员的伤亡大多数是烟气中毒、高温和缺氧所致。而建筑物中烟气大量扩散与流动以及出现高温和缺氧是在轰燃之后才加剧的，从着火到出现轰燃的时间一般为 5 ~ 8min。

建筑物发生火灾时，人员疏散越快，造成伤亡就会越少，因此，需要有一定的时间，使人员在建筑物吊顶塌落、烟气中毒等有害因素达到致命的程度以前疏散出去。对于一、二级耐火等级的建筑，一般是比较耐火的。但其内部若大量使用可燃装修材料，如吊顶、隔墙采用可燃材料，以及铺设可燃地毯和墙纸等，火灾时不仅蔓延速度快，而且还会产生大量的有毒烟气，影响人员的疏散。而建筑构件的耐火极限，即使是耐火极限最低的吊顶，一般都比出现 CO 等有毒烟气、高温或严重缺氧的时间晚。因此，在确定允许疏散时间时，首先应考虑烟气中毒这一因素。允许疏散时间应控制在轰燃之前，并适当考虑安全系数。

在建筑防火设计中，一、二级耐火等级的公共建筑与高层民用建筑，其允许疏散时间为 5 ~ 7min，三、四级耐火等级建筑的允许疏散时间为 2 ~ 4min。

人员密集的公共建筑，如影剧院、礼堂的观众厅，由于容纳人员密度大，安全疏散比较重要，所以允许疏散时间要从严控制。一、二级耐火等级的影剧院允许疏散时间为 2min，三级耐火等级的允许疏散时间为 1.5min。对于体育馆建筑，由于其规模一般比较大，观众厅容纳人数往往是影剧院的几倍到几十倍，火灾时烟层下降速度、温度上升速度、可燃装修材料和疏散条件等，都不同于影剧院，故疏散时间相对较长。所以对一、二级耐火等级的体育馆，其允许疏散时间为 3 ~ 4min。

工业厂房的疏散时间，根据生产的火灾危险性不同而不同。考虑到甲类生产的火灾危险性大，燃烧速度快，允许疏散时间控制在 30s；而乙类生产的火灾危险性较甲类生产要小，燃烧速度比甲类生产要慢，故允许疏散时间控制在 1min 左右。

安全疏散设计的目标是确保疏散时间，而控制疏散宽度和疏散距离的核心，仍然是控制疏散时间。在设计时，当计算的“所需安全疏散时间（RSET）”大于“可用安全疏散时间（ASET）”时，可以采取一些措施，缩小 RSET 或增大 ASET，以保证 RSET 小于 ASET，且小于的幅度越大，疏散安全性越高。

1）增加安全出口数量——增大疏散总宽度和缩小人群通过出口的时间，缩短疏散距离，减少疏散所需时间；增加疏散出口数量和出口宽度——缩短人员疏散时间。

2）增大走道宽度——减少 RSET。

3）安装火灾自动报警系统，或者改善火灾探测系统的探测条件，提高探测相应速度，均可做到早报警，缩小 RSET。

4）增设火灾应急照明灯、疏散指示标志灯及应急广播系统，使疏散有很好的组织和引导，能有效地缩小 RSET。

5）增设机械排烟系统可延缓轰燃的发生，延迟烟气层下降到危险高度的时间，延迟有害气体达到临界浓度的时间，增大 ASET。

6）扩大防火分区面积和增加房间的净空高度，可以起到扩大“蓄烟箱”容积的作用，在相同条件下可以延缓烟气层界面下降到危险高度的时间，增大 ASET。

7）设置自动喷水灭火系统，可在早期火灾条件下启动，将火源热释放速率控制在一定范围，这是最有效的增大 ASET 的方法之一。但是这些系统必须是能够在早期火灾条件下及时启动的系统。

6.2.2　疏散速度

疏散速度是安全疏散的一个重要指标。它与建筑物的使用功能，使用者的人员构成、照明条件有关，其差别比较大。表 6-1 所列是群体情况下疏散人员行动能力的分类。

表 6-1　疏散人员行动能力的分类

人员特点	群体行动能力			
	平均步行速度/(m/s)		流动系数/(人/m)	
	水平	楼梯	水平	楼梯
仅靠自力难以行动的人：重病人、老人、婴幼儿、身体残疾者等	0.8	0.4	1.3	1.1
不熟悉建筑内的通道、出入口等位置的人员：旅馆的客人、商场的顾客、通行人员等	1.0	0.5	1.5	1.3
熟悉建筑物内的通道、出入口等位置的健康人：建筑物内的工作人员、职员、保卫人员等	1.2	0.6	1.6	1.4

6.2.3　安全疏散距离

限制安全疏散距离的目的，在于缩短疏散时间，使人们尽快从火灾现场疏散到安全区域。影响安全疏散距离的因素很多，如建筑物的使用性质、人员密集程度、人员本身的活动能力等。例如医院中的病人，行动困难，重病号还要依赖别人的帮助疏散；幼儿园、托儿所的孩子们容易惊慌失措，疏散速度慢，在夜间疏散就更为困难；学校人员集中，又都是少年，紧急疏散时容易失去理智，出现惊慌混乱情况；宾馆、饭店旅客来往频繁，对建筑内疏散路线不熟，疏散时容易走错，延误疏散时间；对于居住建筑，火灾多发生在夜间，一般发现比较晚，且建筑内部的人员身体条件不等，老少兼有，疏散比较困难；袋形走道两侧或尽端的房间，因只有一个方向的出口，如果走道很长，火灾时被烟火封堵的可能性大。

安全疏散距离有两个含义：一是指房间内最远点到房间门的距离，二是指从房间门或住宅户门至最近的外部出口或楼梯间的最大距离。厂房和汽车库的安全疏散距离是指室内最远工作点到外部出口或楼梯间的最大距离。根据安全疏散允许时间和疏散速度，可以确定安全疏散距离。

1. 公共建筑

（1）从房间疏散门至安全出口的距离

直通疏散走道的房间疏散门至最近安全出口的最大距离应符合表 6-2 的规定。

表 6-2 是针对直通疏散走道的房间疏散门至最近封闭楼梯间或防烟楼梯间的距离而言，对于敞开楼梯间，当房间位于两个楼梯间之间时，直通疏散走道的房间疏散门至最近楼梯间的直线距离应按表 6-2 的规定减小 5m；当房间位于袋形走道两侧或尽端时，应按表 6-2 的规定减小 2m。

表 6-2　直通疏散走道的房间疏散门至最近安全出口的直线距离　（单位：m）

名　称			位于两个安全出口之间的疏散门			位于袋形走道两侧或尽端的疏散门		
			耐火等级			耐火等级		
			一、二级	三级	四级	一、二级	三级	四级
托儿所、幼儿园、老年人照料设施			25	20	15	20	15	10
歌舞娱乐放映游艺场所			25	20	15	9	—	—
医疗建筑	单层或多层		35	30	25	20	15	10
	高层	病房部分	24	—	—	12	—	—
		其他部分	30	—	—	15	—	—
教学建筑	单层或多层		35	30	25	22	20	10
	高层		30	—	—	15	—	—
高层旅馆、展览建筑			30	—	—	15	—	—
其他建筑	单层或多层		40	35	25	22	20	15
	高　层		40	—	—	20	—	—

注：1. 建筑中开向敞开式外廊的房间疏散门至安全出口的直线距离可按本表增加5m。
2. 建筑物内全部设置自动喷水灭火系统时，其安全疏散距离可按本表的规定增加25%。

楼梯间应在首层直通室外，确有困难时，可在首层采用扩大的封闭楼梯间或防烟楼梯间前室。所谓扩大封闭楼梯间，就是将楼梯间的封闭范围扩大，如图 6-18 所示。因为一般公共建筑首层入口处的楼梯往往比较宽大开敞，而且和门厅的空间合为一体，使得楼梯间的封闭范围变大。同时，建筑大厅内可燃物很少或无可燃物，若该大厅与周围办公、辅助商业用房等进行了防火分隔时，可以在首层将该大厅扩大为楼梯间的一部分。当层数不超过 4 层时，可将直通室外的门设置在离楼梯间不大于 15m 处，如图 6-19 所示。

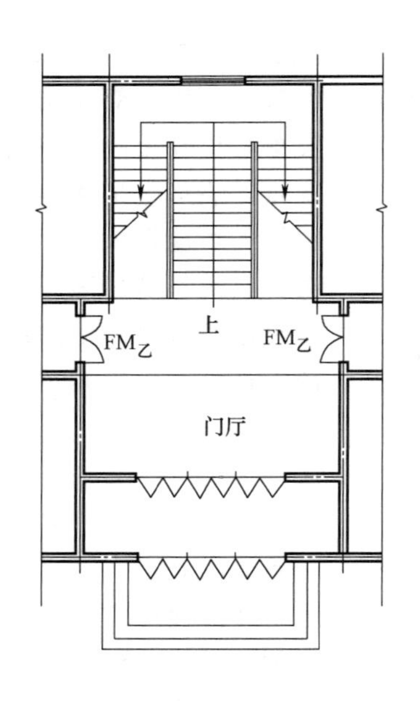

图 6-18　首层扩大的封闭楼梯间

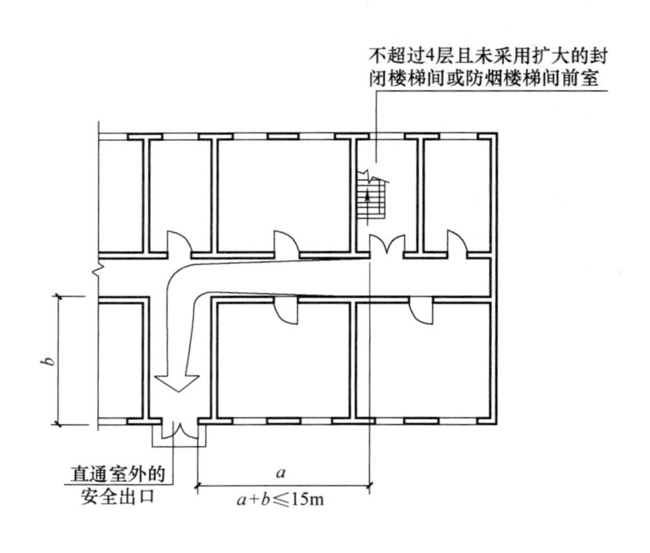

图 6-19　首层楼梯间距室外安全出口的距离不大于 15m

（2）房间内最远点到房间疏散门的距离

限制房间内最远点到房间疏散门的距离，目的是限制房间内的疏散距离，同时也可以限制房间面积，有利于安全疏散。尤其是对于建筑内的观众厅、展览厅、多功能厅、餐厅、营业厅等，这类房间的面积比较大，人员集中，必须限制其疏散距离。

对于民用建筑而言，房间内任一点到该房间直通疏散走道的疏散门的距离，不应大于表 6-2 中规定的袋形走道两侧或尽端的疏散门至最近安全出口的距离。

一、二级耐火等级建筑内疏散门或安全出口不少于 2 个的观众厅、展览厅、多功能厅、餐厅、营业厅，其室内任一点至最近疏散门或安全出口的直线距离不应大于 30m；当该疏散门不能直通室外地面或疏散楼梯间时，应采用长度不大于 10m 的疏散走道通至最近的安全出口。当该场所设置自动喷水灭火系统时，其安全疏散距离可增加 25%（图 6-20）。

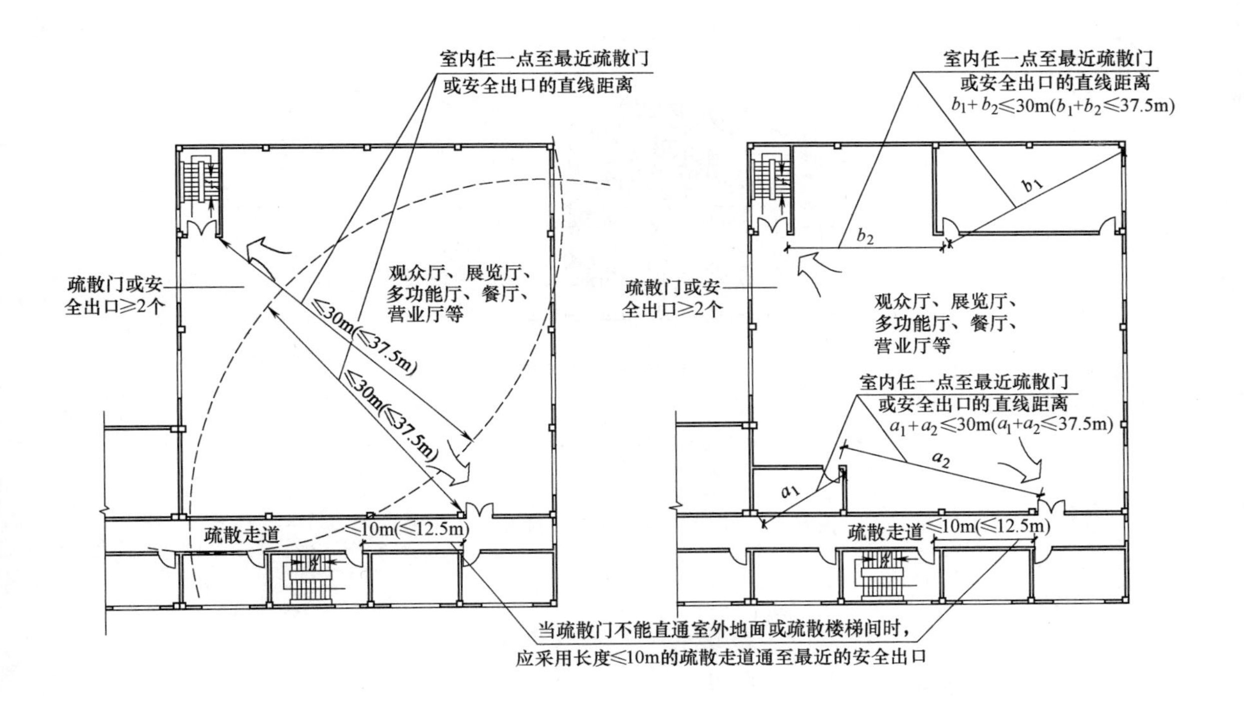

图 6-20　一、二级耐火等级公共建筑平面示意图

2. 住宅建筑

住宅建筑的安全疏散距离应符合下列规定：

（1）户门至安全出口的距离

直通疏散走道的户门至最近安全出口的直线距离不应大于表 6-3 的规定。

楼梯间的首层应设置直通室外的安全出口，或在首层采用扩大的封闭楼梯间或防烟楼梯间前室。层数不超过 4 层时，可将直通室外的安全出口设置在离楼梯间不大于 15m 处。

（2）户内最远点到户门的距离

表 6-3 住宅建筑直通疏散走道的户门至最近安全出口的直线距离 (单位：m)

名　称	位于两个安全出口之间的户门			位于袋形走道两侧或尽端的户门		
	耐火等级			耐火等级		
	一、二级	三级	四级	一、二级	三级	四级
单层或多层	40	35	25	22	20	15
高层	40	—	—	20	—	—

注：1. 开向敞开式外廊的户门至最近安全出口的最大直线距离可按本表的规定增加5m。
2. 直通疏散走道的户门至最近敞开楼梯间的直线距离，当户门位于两个楼梯间之间时，应按本表的规定减小5m，当户门位于袋形走道两侧或尽端时，应按本表的规定减小2m。
3. 住宅建筑内全部设置自动喷水灭火系统时，其安全疏散距离可按本表的规定增加25%。
4. 跃廊式住宅户门至最近安全出口的距离，应从户门算起，小楼梯的一段距离可按其1.50倍水平投影计算，如图6-21所示。

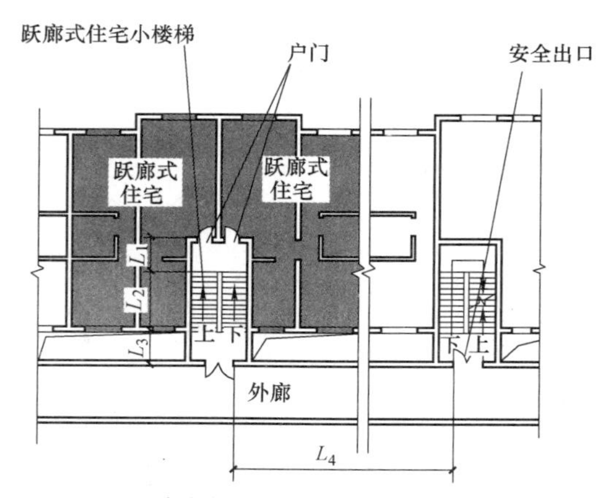

图 6-21 跃廊式住宅安全疏散距离的计算

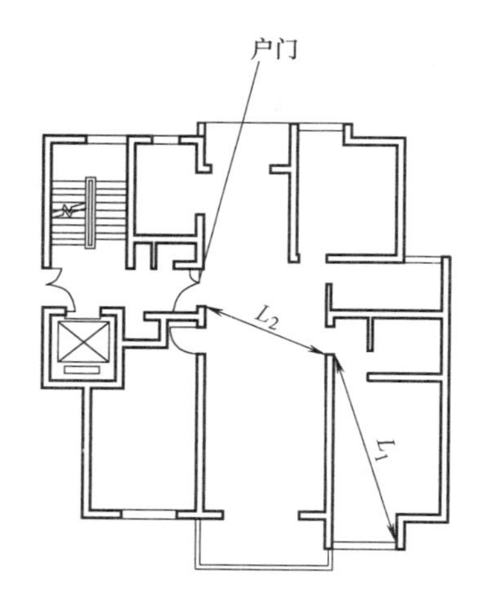

图 6-22 住宅安全疏散距离的计算

户内任一点到其直通疏散走道的户门的距离不应大于表6-3中规定的袋形走道两侧或尽端的疏散门至安全出口的最大距离。住宅安全疏散距离的计算如图6-22所示；跃层式住宅，户内楼梯的距离可按其梯段总长度的水平投影尺寸投影长度的1.5倍计算，如图6-23所示。

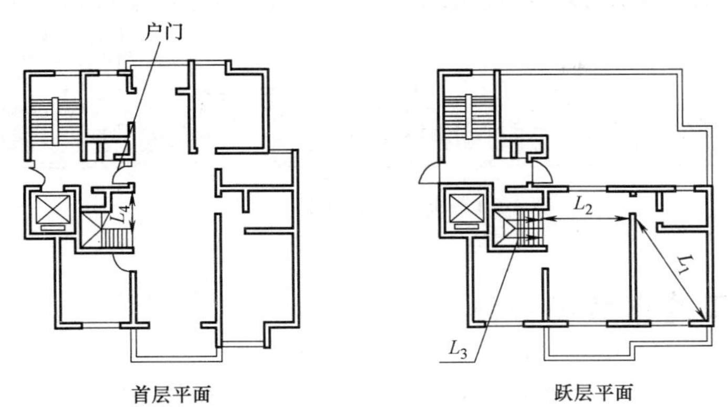

跃层式住宅举例：户内任一点至其直通疏散走道的户门的最大直线距离
$L=L_1+L_2+1.5\times L_3+L_4$
L_3为户内楼梯梯段的水平投影长度

图6-23 跃层式住宅安全距离的计算

3. 工业厂房

工业厂房的安全疏散距离是根据火灾危险性、允许疏散时间及厂房的耐火等级确定的。火灾危险性越大，厂房耐火等级越低，安全疏散距离要求越严。对于丁、戊类生产，当采用一、二级耐火等级的单、多层厂房时，其疏散距离可以不受限制。

厂房内任一点到最近安全出口的距离不应大于表6-4的规定。

表6-4 厂房内任一点到最近安全出口的直线距离 （单位：m）

生产类别	耐火等级	单层厂房	多层厂房	高层厂房	地下、半地下厂房或厂房的地下室、半地下室
甲	一、二级	30	25	—	—
乙	一、二级	75	50	30	—
丙	一、二级	80	60	40	30
	三级	60	40	—	—
丁	一、二级	不限	不限	50	45
	三级	60	50	—	—
	四级	50	—	—	—
戊	一、二级	不限	不限	75	60
	三级	100	75	—	—
	四级	60	—	—	—

4. 汽车库

汽车库室内最远工作地点至楼梯间的距离不应超过45m，当设有自动灭火系统时，其距离不应超过60m。单层或设在建筑物首层的汽车库，室内最远工作地点至室外出口的距离不应超过60m，如图6-24所示。

为了确保坡道出口的安全，除室内无车道且无人员停留的机械式汽车库外，两个汽车疏散出口的水平距离不应小于10m，这样既能满足平时车辆安全拐弯进出的需要，也能为消防灭火双向扑救创造基本的条件。当两个汽车坡道毗邻设置时，如剪刀式等，为保证车道的安全，要求车道之间应采用防火隔墙隔开。

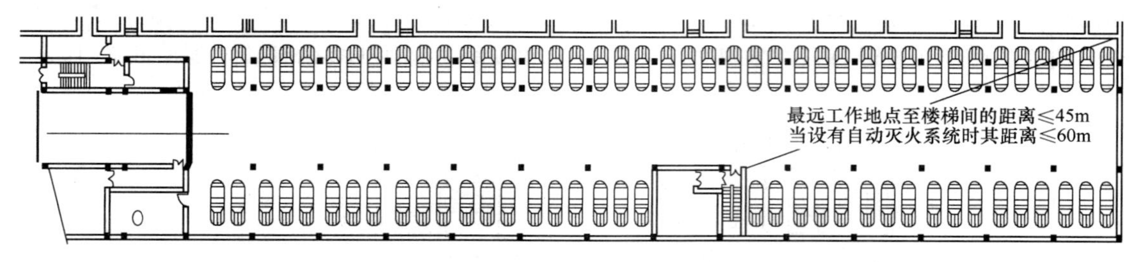

图 6-24 汽车库室内安全疏散距离

6.3 安全出口的布置和数量

不管是民用建筑还是工业建筑，在建筑设计时，应根据使用要求，结合防火安全的需要布置门、走道和楼梯。一般而言，安全出口都应分散布置，每个防火分区、一个防火分区内的每个楼层，其安全出口的数量应经计算确定，且不应少于 2 个。除人员密集场所外，建筑面积不大于 $500m^2$、使用人数不超过 30 人且埋深不大于 10m 的地下室或半地下建筑（室），当需要设置 2 个安全出口时，其中一个安全出口可利用直通室外的金属竖向梯。

对于一些大型公共建筑，如影剧院、大礼堂、电影院、食堂、体育馆等，当人员密度很大时，只设两个安全出口是远远不够的。据火灾统计，通过一个安全出口的人员过多，会影响安全疏散，容易发生意外。因此，对于人员密度大的大型公共建筑，为保证疏散安全，应控制每个安全出口的疏散人数。具体而言，剧场、电影院和礼堂的观众厅或多功能厅，每个疏散门的平均疏散人数不应超过 250 人；当容纳人数超过 2000 人时，其超过 2000 人的部分，每个疏散门的平均疏散人数不应超过 400 人。体育馆的观众厅，每个疏散门的平均疏散人数不宜超过 700 人。

另外，在某些特定条件下，安全出口或疏散门也可以只设置一个。一般而言，除歌舞娱乐、放映、游艺场所外，防火分区的建筑面积不大于 $200m^2$ 的地下或半地下设备间、防火分区建筑面积不大于 $50m^2$ 且经常停留人数不超过 15 人的其他地下或半地下建筑（室），可设置 1 个安全出口或 1 部疏散楼梯。除《建筑设计防火规范》另有规定外，建筑面积不大于 $200m^2$ 的地下或半地下设备间、建筑面积不大于 $50m^2$ 且经常停留人数不超过 15 人的其他地下或半地下房间，可设置 1 个疏散门。下面分别介绍不同建筑设置安全出口的要求。

6.3.1 公共建筑

1. 安全出口或疏散楼梯的数量

（1）公共建筑符合下列条件之一时，可设置 1 个安全出口或 1 部疏散楼梯：

1）除托儿所、幼儿园外，建筑面积不大于 $200m^2$ 且人数不超过 50 人的单层公共建筑或多层公共建筑的首层。建筑高度大于 32m 的老年人设施，宜在 32m 以上部分增设能连通老年人居室和公共活动场所的连廊，各层连廊应直接与疏散楼梯、安全出口或室外避难场地连通。

2）除医疗建筑、老年人照料设施及托儿所、幼儿园的儿童用房和儿童游乐厅等儿童活动场所和歌舞娱乐放映游艺场所等外，符合表 6-5 规定的公共建筑。

表6-5 可设置一部疏散楼梯的公共建筑

耐火等级	最多层数	每层最大建筑面积/m^2	人　数
一、二级	3层	200	第二、三层的人数之和不超过50人
三级	3层	200	第二、三层的人数之和不超过25人
四级	2层	200	第二层人数不超过15人

（2）一、二级耐火等级公共建筑中安全出口全部直通室外确有困难的防火分区，可利用通向相邻防火分区的甲级防火门作为安全出口，但应符合下列规定：

1）利用通向相邻防火分区的甲级防火门作为安全出口时，应采用防火墙与相邻防火分区进行分隔。由于人员进入未着火防火分区后会增加该区域的人员疏散时间，设计需保证该防火分区的安全，要求相邻两个防火分区之间应严格要求采用防火墙分隔，不能采用防火卷帘、防火分隔水幕等措施替代。

2）建筑面积大于1000m^2的防火分区，直通室外的安全出口数量不应少于2个；建筑面积不大于1000m^2的防火分区，直通室外的安全出口数量不应少于1个。

3）该防火分区通向相邻防火分区的疏散净宽度不应大于其按《建筑设计防火规范》规定的方法计算的所需疏散总净宽度的30%，建筑各层直通室外的安全出口总净宽度不应小于其按《建筑设计防火规范》规定的方法计算的所需疏散总净宽度。

（3）设置不少于2部疏散楼梯的一、二级耐火等级公共建筑，如顶层局部升高，当高出部分的层数不超过2层、人数之和不超过50人且每层建筑面积不大于200m^2时，该高出部分可设置1部疏散楼梯，但至少应另外设置1个直通建筑主体上人平屋面的安全出口，且该上人屋面应符合人员安全疏散要求。

2. *房间疏散门的数量*

公共建筑内各房间疏散门的数量应经计算确定且不应少于2个。除托儿所、幼儿园、老年人照料设施、医疗建筑、教学建筑内位于走道尽端的房间外，符合下列条件之一的房间可只设置1个疏散门：

（1）位于两个安全出口之间或袋形走道两侧的房间，对于托儿所、幼儿园、老年人照料设施，建筑面积不大于50m^2；对于医疗建筑、教学建筑，建筑面积不大于75m^2；对于其他建筑或场所，建筑面积不大于120m^2。

（2）位于走道尽端的房间，建筑面积小于50m^2且疏散门的净宽度不小于0.90m，或由房间内任一点至疏散门的直线距离不大于15m、建筑面积不大于200m^2且疏散门的净宽度不小于1.40m。

（3）歌舞娱乐放映游艺场所内建筑面积不大于50m^2且经常停留人数不超过15人的厅、室。

6.3.2 住宅建筑

住宅建筑安全出口的设置应符合下列规定：

（1）建筑高度不大于27m的建筑，当每个单元任一层的建筑面积大于650m^2，或任一户门至最近安全出口的距离大于15m时，每个单元每层的安全出口不应少于2个。

（2）建筑高度大于27m、不大于54m的建筑，当每个单元任一层的建筑面积大于

$650m^2$，或任一户门至最近安全出口的距离大于10m时，每个单元每层的安全出口不应少于2个。

(3) 建筑高度大于54m的建筑，每个单元每层的安全出口不应少于2个。

(4) 建筑高度大于27m、不大于54m的住宅建筑，每个单元设置一座疏散楼梯时，疏散楼梯应通至屋面，且单元之间的疏散楼梯应能通过屋面连通，户门应采用乙级防火门。当不能通至屋面或通过屋面连通时，应设置2个安全出口。

6.3.3 工业建筑

1. 厂房

当符合下列条件时，厂房可只设置1个安全出口：

(1) 甲类厂房，每层建筑面积不大于$100m^2$，且同一时间的生产人数不超过5人。

(2) 乙类厂房，每层建筑面积不大于$150m^2$，且同一时间的生产人数不超过10人。

(3) 丙类厂房，每层建筑面积不大于$250m^2$，且同一时间的生产人数不超过20人。

(4) 丁、戊类厂房，每层建筑面积不大于$400m^2$，且同一时间的生产人数不超过30人。

(5) 地下或半地下厂房（包括地下或半地下室），每层建筑面积不大于$50m^2$，且同一时间的作业人数不超过15人。

地下或半地下厂房（包括地下或半地下室），当有多个防火分区相邻布置，并采用防火墙分隔时，每个防火分区可利用防火墙上通向相邻防火分区的甲级防火门作为第二安全出口，但每个防火分区必须至少有1个直通室外的独立安全出口。

2. 仓库

(1) 每座仓库的安全出口不应少于2个，当一座仓库的占地面积不大于$300m^2$时，可只设置1个安全出口。仓库内每个防火分区通向疏散走道、楼梯或室外的出口不宜少于2个，当防火分区的建筑面积不大于$100m^2$时，可设置1个出口。通向疏散走道或楼梯的门应为乙级防火门。

(2) 地下、半地下仓库或仓库的地下室、半地下室的安全出口不应少于2个；当建筑面积不大于$100m^2$时，可只设置1个安全出口。

(3) 地下、半地下仓库或仓库的地下室、半地下室当有多个防火分区相邻布置，并采用防火墙分隔时，每个防火分区可利用防火墙上通向相邻防火分区的甲级防火门作为第二安全出口，但每个防火分区必须至少有1个直通室外的安全出口。

6.3.4 汽车库

为了确保人员的安全，不管平时还是在火灾情况下，都应做到人车分流、各行其道，避免造成交通事故，发生火灾时不影响人员的安全疏散。因此，汽车库、修车库的人员安全出口和汽车疏散出口应分开设置，设在工业与民用建筑内的汽车库，其车辆出口与其他部分的人员出口应分开布置。

1. 人员疏散出口

除室内无车道且无人员停留的机械式汽车库外，车库内的每个防火分区内，其人员安全出口不应少于两个。但多设出口会增加车库的建筑面积和投资，对于Ⅳ类汽车库和Ⅲ、Ⅳ类修车库，因车库内人员较少，或是停车数量较少，可以只设置一个出口。

与住宅地下室相连通的地下汽车库，人员疏散可借用住宅部分的疏散楼梯；当不能直接进入住宅部分的疏散楼梯间时，应在地下汽车库与住宅部分的疏散楼梯之间设置连通走道，开向该走道的门均应采用甲级防火门。室内无车道且无人员停留的机械式汽车库可不设置人员安全出口，但应设置供灭火救援用的楼梯间。且每个停车区域当停车数量大于 100 辆时，应至少设置 1 个楼梯间，楼梯间与停车区域之间应采用防火隔墙进行分隔，楼梯间的门应为乙级防火门。

2. 汽车疏散出口

汽车疏散出口的设置，一般是在汽车库满足平时使用要求的基础上，适当考虑火灾时车辆的安全疏散要求。对于一些大型的汽车库，平时使用也需要设置两个以上的出口，所以原则上规定汽车库、修车库和停车场的汽车疏散出口不应少于两个且分散布置。但对于汽车库、修车库，符合下列条件之一的可只设一个：①Ⅳ类汽车库；②设置双车道汽车疏散出口的Ⅲ类地上汽车库；③设置双车道汽车疏散出口的停车数量≤100 辆且建筑面积小于 4000m^2 的地下或半地下汽车库；④Ⅱ、Ⅲ、Ⅳ类修车库。对于停车场，停车数量不超过 50 辆可只设一个疏散出口。

Ⅰ、Ⅱ类地上汽车库和停车数大于 100 辆的地下汽车库，当采用错层或斜楼板式，坡道为双车道且设置自动喷水灭火系统时，其首层或地下一层至室外的汽车疏散出口不应少于两个，汽车库内的其他楼层汽车疏散坡道可设一个。

除机械式立体汽车库外，Ⅳ类的汽车库在设置汽车坡道有困难时，可采用汽车专用升降机做汽车疏散出口，升降机的数量不应少于两台，停车数少于 25 辆的可设一台。

6.4 疏散宽度

安全出口的宽度设计不足，会在出口前出现滞留，延长疏散时间，影响安全疏散。疏散总宽度是根据建筑内人员密度和疏散宽度指标计算出来的。人员密度因建筑功能的不同而不同。宽度指标是在对允许疏散时间、人体宽度、人流在各种疏散条件下的通行能力等进行调查、实测、统计、研究的基础上建立起来的，它既利于工程技术人员进行工程设计，又利于消防安全部门检查监督。工程设计中，常采用百人宽度指标来计算安全出口的宽度。

6.4.1 人员密度的计算

1. 办公建筑

办公建筑包括办公室用房、公共用房、服务用房和设备用房等部分。办公室用房包括普通办公室和专用办公室。专用办公室指设计绘图室和研究工作室等。人员密度可按普通办公室每人使用面积 4m^2，设计绘图室每人使用面积 6m^2，研究工作室每人使用面积 5m^2 计算。公共用房包括会议室、对外办事厅、接待室、陈列室、公用厕所、开水间等。会议室分中小会议室和大会议室，中小会议室每人使用面积：有会议桌的不应小于 1.80m^2，无会议桌的不应小于 0.80m^2。

2. 商场建筑

商店的疏散人数应按每层营业厅的建筑面积乘以表 6-6 规定的人员密度计算。“营业厅的建筑面积”包括营业厅内展示货架、柜台、走道等顾客参与购物的场所，以及营业厅内的卫生间、楼梯间、自动扶梯等的建筑面积。对于采用防火分隔措施分隔开且疏散时无需进入营业厅内的仓储、设备房、工具间、办公室等可不计入该建筑面积内，如图 6-25 所示。

对于建材商店、家具和灯饰展示建筑，该类建筑与百货商店、超市等相比，人员密度较小，其人员密度可按表6-9规定值的30%确定。一座商店建筑有多种商业用途时，考虑到不同用途区域可能会随经营状况或经营者的变化而变化，尽管部分区域可能用于家具、建材经销等类似用途，但其人员密度仍需要按照该建筑的主要商业用途来确定，不能按照上述方法折减。

表6-6 商店营业厅内的人员密度 （单位：人/m^2）

楼层位置	地下二层	地下一层	地上第一、二层	地上第三层	地上第四层及以上各层
人员密度	0.56	0.60	0.43～0.60	0.39～0.54	0.30～0.42

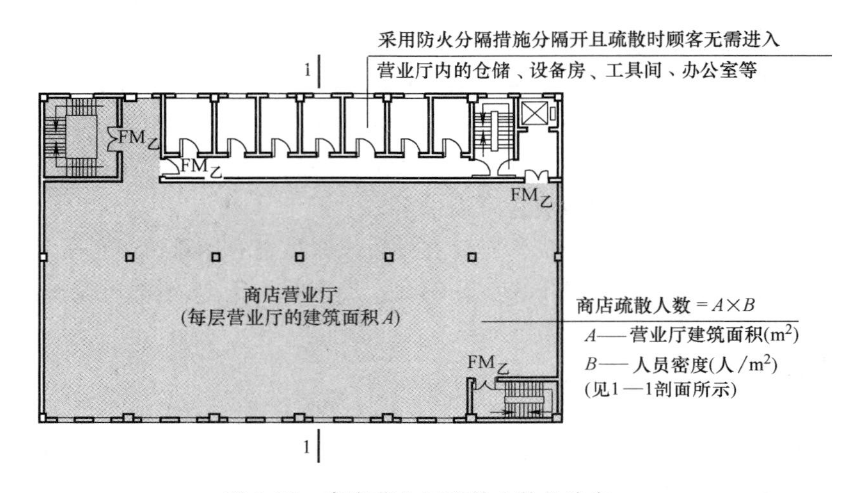

图6-25 商店营业厅疏散人数的确定

3. 歌舞娱乐放映游艺场所

歌舞娱乐放映游艺场所，在计算疏散人数时，可以不计算疏散走道、卫生间等辅助用房的建筑面积，而只根据该场所内各厅室的建筑面积确定，内部服务和管理人员的数量可根据核定人数确定。录像厅、放映厅的疏散人数，应根据该厅、室的建筑面积按1.0人/m^2计算确定；其他歌舞娱乐放映游艺场所的疏散人数，应根据该场所内厅、室的建筑面积按0.5人/m^2计算确定。

4. 餐饮场所

餐馆、饮食店、食堂等餐饮场所由餐厅或饮食厅、公用部分、厨房或饮食制作间和辅助部分组成。100座及100座以上餐馆、食堂中的餐厅与厨房（包括辅助部分）的面积比（简称餐厨比）应符合：餐馆的餐厨比宜为1∶1.1；食堂的餐厨比宜为1∶1。餐馆、饮食店、食堂的餐厅与饮食厅每座最小使用面积可按表6-7取值。

表6-7 餐厅与饮食厅每座最小使用面积 （单位：m^2/座）

类别 等级	餐馆餐厅	饮食店饮食厅	食堂餐厅
一	1.30	1.30	1.10
二	1.10	1.10	0.85
三	1.00	—	—

5. 剧场、电影院、礼堂、体育馆、展览厅等场所

剧场、电影院、礼堂、体育馆等有固定座位的场所，其疏散人数可按实际座位数计算。展览建筑中展览厅的疏散人数应根据该场所的建筑面积按0.75人/m^2计算确定。

6. 其他固定座位的场所

除剧场、电影院、礼堂、体育馆外的其他有固定座位的场所，其疏散人数可按实际座位数的1.1倍计算。

6.4.2　百人宽度指标

百人宽度指标计算公式：

$$B = \frac{N}{At}b \tag{6-1}$$

式中　B——百人宽度指标，即每100人安全疏散需要的最小宽度（m）；

N——疏散总人数（人）；

t——允许疏散时间（min）；

A——单股人流通行能力，平坡地时，$A_1 = 43$人/min；阶梯地时$A_2 = 37$人/min；

b——单股人流的宽度，人流不携带行李时，$b = 0.55$m。

决定安全出口宽度的因素很多，包括建筑物的耐火等级与层数、使用人数、允许疏散时间、疏散路线是平坡地还是阶梯等。采用百人宽度指标，通过计算，规范给出了各类建筑安全出口的宽度指标。

【例6-1】　试求$t = 2$min时的百人宽度指标。已知，平坡地时，$A_1 = 43$人/min；阶梯地时$A_2 = 37$人/min。

已知：$N = 100$人，$t = 2$min，$A_1 = 43$人/min，$A_2 = 37$人/min，$b = 0.55$m。

求：平坡地时，$B_1 = ?$ 阶梯地时，$B_2 = ?$

解：$B_1 = \frac{N}{A_1 t}b = \frac{100}{43 \times 2} \times 0.55\text{m} = 0.64\text{m}$，取0.65m。

$B_2 = \frac{N}{A_2 t}b = \frac{100}{37 \times 2} \times 0.55\text{m} = 0.74\text{m}$，取0.75m。

6.4.3　公共建筑

1. 大型公共建筑的疏散总宽度

剧场、电影院、礼堂、体育馆等场所的疏散走道、疏散楼梯、疏散门、安全出口的各自总宽度，应根据其通过人数和疏散净宽度指标计算确定，并应符合下列规定：

（1）观众厅内疏散走道的净宽度应按每100人不小于0.60m计算，且不应小于1.00m；边走道的净宽度不宜小于0.80m。布置疏散走道时，横走道之间的座位排数不宜超过20排；纵走道之间的座位数：剧场、电影院、礼堂等，每排不宜超过22个；体育馆，每排不宜超过26个；前后排座椅的排距不小于0.90m时，可增加1.0倍，但不得超过50个；仅一侧有纵走道时，座位数应减少一半，如图6-26所示。

（2）剧场、电影院、礼堂等场所供观众疏散的所有内门、外门、楼梯和走道的各自总宽度，应根据疏散人数按每100人的最小疏散净宽度不小于表6-8的规定计算确定。

表6-8中对应较大座位数范围按规定计算的疏散总宽度，不应小于对应相邻较小座位数

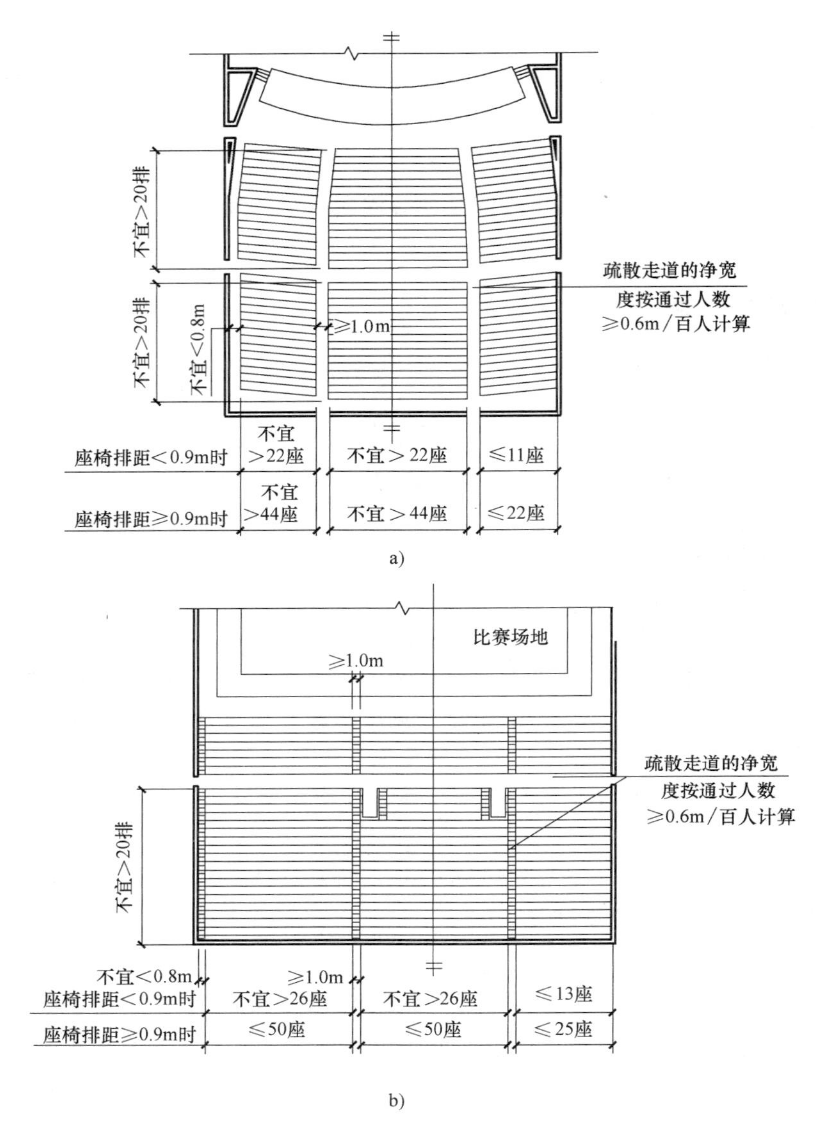

图 6-26 大型公共建筑观众厅座位排数的设置

a）观众厅（剧院、电影院、礼堂） b）观众厅（体育馆）

范围按其最多座位数计算的疏散总宽度。对于观众厅座位数少于 3000 个的体育馆，计算供观众疏散的所有内门、外门、楼梯和走道的各自总净宽度时，每 100 人的最小疏散净宽度不应小于表 6-8 的规定。

表 6-8 剧院、电影院、礼堂等场所每 100 人所需最小疏散净宽度

（单位：m/百人）

观众厅座位数/座			≤2500	≤1200
耐火等级			一、二级	三级
疏散部位	门和走道	平坡地面	0.65	0.85
		阶梯地面	0.75	1.00
	楼梯		0.75	1.00

（3）体育馆供观众疏散的所有内门、外门、楼梯和走道的各自总宽度，应根据疏散人数按每 100 人的最小疏散净宽度不小于表 6-9 的规定计算确定。

表 6-9　体育馆每 100 人所需最小疏散净宽度　（单位：m/百人）

观众厅座位数档次/座			3000～5000	5001～10000	10001～20000
疏散部位	门和走道	平坡地面	0.43	0.37	0.32
		阶梯地面	0.50	0.43	0.37
	楼梯		0.50	0.43	0.37

（4）有等场需要的入场门不应作为观众厅的疏散门。

图 6-27 所示为大型公共建筑安全出口疏散宽度设置要求。

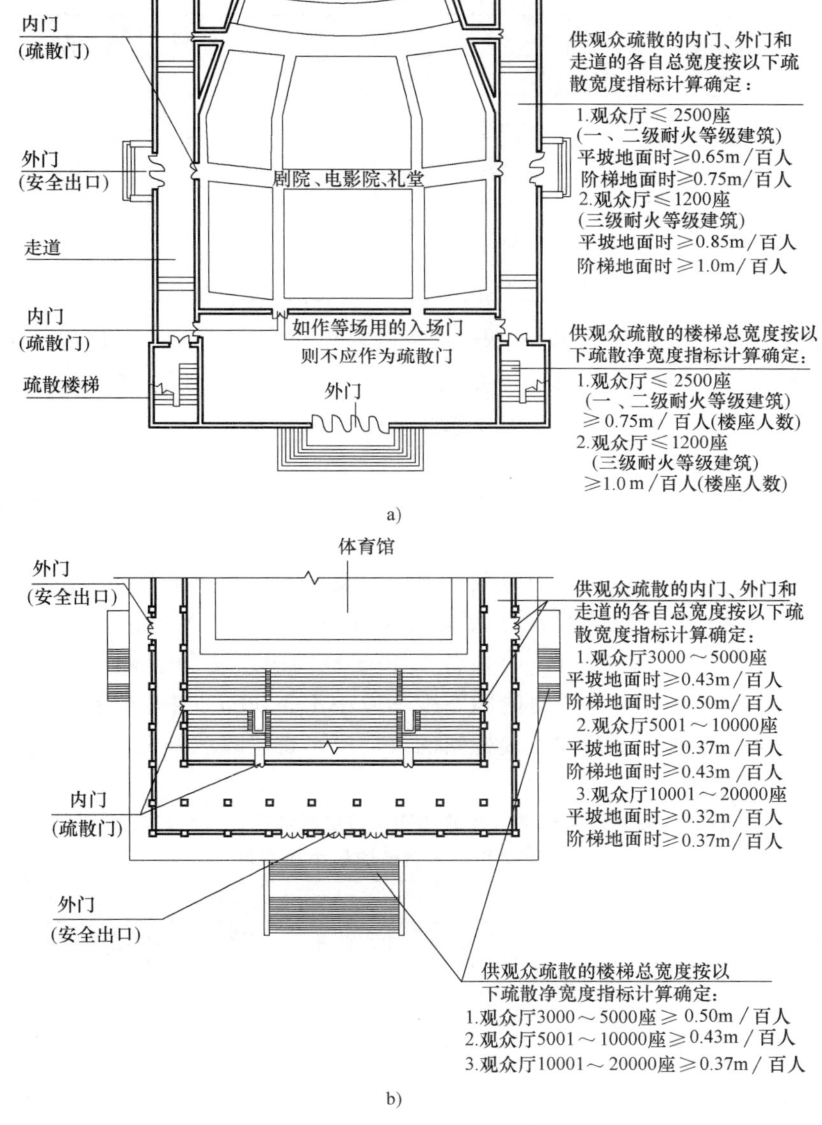

图 6-27　大型公共建筑安全出口疏散宽度设置要求

a）剧院、电影院、礼堂　b）体育馆

2. 一般公共建筑的疏散总宽度

除剧场、电影院、礼堂、体育馆外的其他公共建筑，其疏散走道、安全出口、疏散楼梯和房间疏散门的各自总宽度，应按下列规定经计算确定：

（1）每层疏散走道、安全出口、疏散楼梯和房间疏散门的每100人所需净宽度不应小于表6-10的规定。当每层疏散人数不等时，疏散楼梯的总宽度可分层计算：地上建筑内下层楼梯的总宽度，应按该层及以上疏散人数最多一层的疏散人数计算；地下建筑内上层楼梯的总宽度，应按该层及以下疏散人数最多一层的人数计算。首层外门的总宽度，应按该层及以上人数最多的一层人数计算确定，不供楼上人员疏散的外门，可按本层人数计算确定。

表6-10 每层疏散走道、安全出口、疏散楼梯和房间疏散门的每100人最小疏散净宽度 （单位：m/百人）

建筑层数		耐火等级		
		一、二级	三级	四级
地上楼层	1~2层	0.65	0.75	1.00
	3层	0.75	1.00	—
	≥4层	1.00	1.25	—
地下楼层	与地面出入口地面的高差≤10m	0.75	—	—
	与地面出入口地面的高差>10m	1.00	—	—

（2）地下或半地下人员密集的厅、室和歌舞娱乐放映游艺场所，其疏散走道、安全出口、疏散楼梯和房间疏散门的各自总净宽度，应根据疏散人数按每100人不小于1.00m计算确定。

3. 疏散最小宽度

一般地，公共建筑中安全出口和疏散门的净宽度不应小于0.90m，疏散走道和疏散楼梯的净宽度不应小于1.10m。

对于大型公共建筑，其观众厅内疏散走道的净宽度不应小于1.00m；边走道的净宽度不宜小于0.80m。大型公共建筑的观众厅及其他人员密集场所的疏散门，其净宽度不应小于1.40m，且不应设置门槛，紧靠门口内外各1.40m范围内不应设置踏步，如图6-28所示。人员密集的公共场所的室外疏散通道的净宽度不应小于3.00m，并应直接连通宽敞地带。

高层公共建筑的疏散楼梯和首层楼梯间的疏散门、首层疏散外门和疏散走道的最小净宽度应符合表6-11的规定。

表6-11 高层公共建筑的疏散楼梯和首层疏散门、首层疏散外门、疏散走道和疏散楼梯的最小净宽度 （单位：m）

建筑类别	楼梯间的首层疏散门、首层疏散外门	走道		疏散楼梯
		单面布房	双面布房	
高层医疗建筑	1.30	1.40	1.50	1.30
其他高层公共建筑	1.20	1.30	1.40	1.20

6.4.4 住宅建筑

住宅建筑的疏散走道、安全出口、疏散楼梯和户门的各自总净宽度应经计算确定，且首层疏

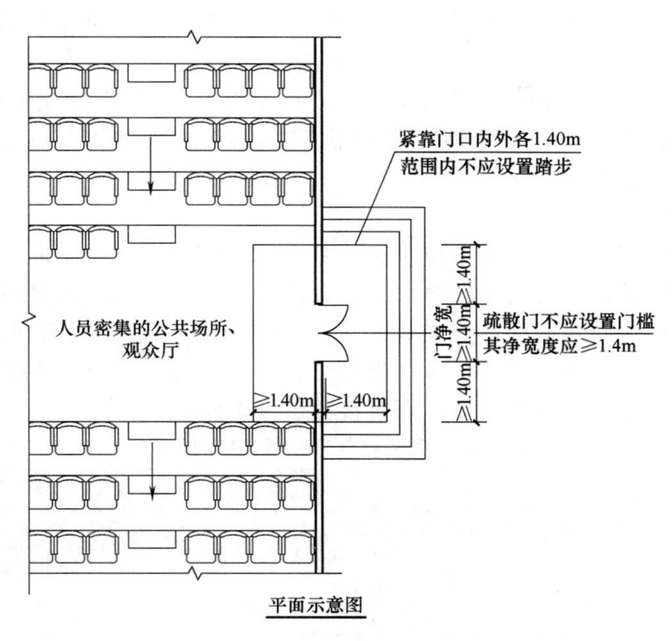

图 6-28　人员密集场所室外疏散门的设置

散外门、疏散走道和疏散楼梯的净宽度不应小于 1.10m，安全出口和户门的净宽度不应小于 0.90m。建筑高度不大于 18m 的住宅中一边设置栏杆的疏散楼梯，其净宽度不应小于 1.0m。

6.4.5　工业建筑

厂房内的疏散楼梯、走道和门的各自总净宽度，应根据疏散人数按每 100 人的最小疏散净宽度不小于表 6-12 的规定计算确定。但疏散楼梯的最小净宽度不宜小于 1.10m，疏散走道的最小净宽度不宜小于 1.40m，门的最小净宽度不宜小于 0.90m。当每层疏散人数不相等时，疏散楼梯的总净宽度应分层计算，下层楼梯总净宽度应按该层及以上疏散人数最多一层的疏散人数计算。

表 6-12　厂房内的疏散楼梯、走道和门的每 100 人最小疏散净宽度

（单位：m/百人）

厂房层数/层	1～2	3	≥4
最小疏散净宽度	0.60	0.80	1.00

首层外门的总净宽度，应按该层及以上疏散人数最多一层的疏散人数计算，且该门的最小净宽度不应小于 1.20m。用作丁、戊类厂房内第二安全出口的楼梯可采用金属梯，但其净宽度不应小于 0.90m，倾斜角度不应大于 45°。丁、戊类高层厂房，当每层工作平台上的人数不超过 2 人且各层工作平台上同时工作的人数总和不超过 10 人时，其疏散楼梯可采用敞开楼梯或利用净宽度不小于 0.9m、倾斜角度不大于的 60°金属梯。

6.4.6　汽车库

由于汽车库的形式多种多样，经常停留人员较少，其人员疏散走道、门及出口的最小净宽，可根据汽车库的建筑高度或其所处其他建筑物中的位置，参照民用建筑的有关要求确定。

1. 疏散楼梯宽度

汽车库、修车库的室内疏散楼梯的宽度不应小于1.1m。室外的疏散楼梯可采用金属楼梯，室外楼梯的倾斜角度不应大于45°，栏杆扶手的高度不应小于1.1m。供灭火救援用的楼梯间，楼梯净宽度不应小于0.9m。

2. 坡道及车道宽度

汽车疏散坡道的净宽度单车道不应小于3m，双车道不应小于5.5m。

汽车库的车道应满足一次出车的要求，除室内无车道且无人员停留的机械式汽车库外，汽车与汽车、墙、柱的间距不应小于表6-13的要求。汽车与墙、柱的间距应按距墙、柱的最近距离计算。当墙、柱外有暖气片等突出物时，则应从其突出部分外缘算起。所谓一次出车，系指汽车在起动后不需掉头、倒车而直接驶出汽车库。

表6-13 汽车与汽车、墙、柱的间距 （单位：m）

间距 项目	汽车尺寸/m			
	车长≤6或 车宽≤1.8	6<车长≤8或 1.8<车宽≤2.2	8<车长≤12或 2.2<车宽≤2.5	车长>12或 车宽>2.5
汽车与汽车	0.5	0.7	0.8	0.9
汽车与墙	0.5	0.5	0.5	0.5
汽车与柱	0.3	0.3	0.4	0.4

6.5 疏散楼梯

疏散楼梯间是建筑物中的主要垂直交通空间，也是人员竖向疏散的安全通道和消防员进入建筑进行灭火救援的主要路径。楼梯间防火和疏散能力的大小，直接影响着火灾中被困人员的生命安全与消防队员的灭火救援工作。因此应根据建筑物的使用性质、高度、层数，正确选择符合防火要求的疏散楼梯及楼梯间，为安全疏散创造有利条件。

疏散楼梯间按防火要求不同，可以分为敞开楼梯间、封闭楼梯间和防烟楼梯间。

6.5.1 疏散楼梯设计的要求

1. 楼梯形式

从楼梯形式来说，疏散用楼梯和疏散通道上的阶梯不宜采用螺旋楼梯和扇形踏步。必须采用时，踏步上下两级所形成的平面角度不应大于10°，且每级离扶手250mm处的踏步深度不应小于220mm，如图6-29所示。建筑内的公共疏散楼梯，其两梯段及扶手间的水平净距不宜小于150mm。

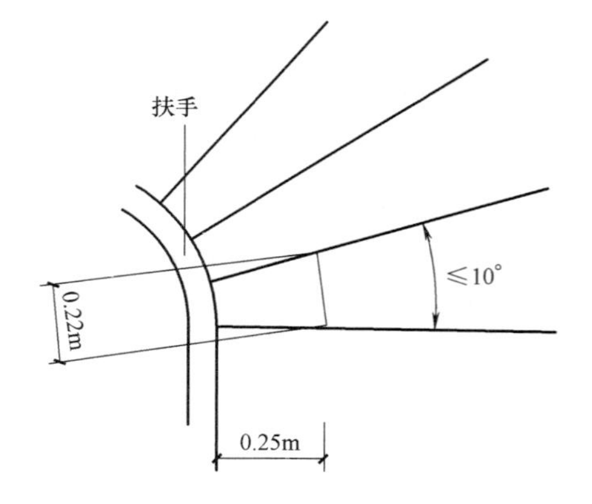

图6-29 疏散用扇形踏步尺寸要求

2. 耐火构造

疏散楼梯间的墙体应耐火2h以上，采用不燃材料；楼梯应耐火1～1.5h以上，可用钢筋混凝土材料，也可用钢材加防火保护层。另外，楼梯间的内装修采用A级材料。

3. 疏散楼梯间的平面布置

如图6-30～图6-34所示，疏散楼梯间一般应符合下列规定：

(1) 楼梯间应能天然采光和自然通风，并宜靠外墙设置。靠外墙设置时，楼梯间及合用前室的窗口与两侧门、窗洞口最近边缘之间的水平距离不应小于 1.0m。

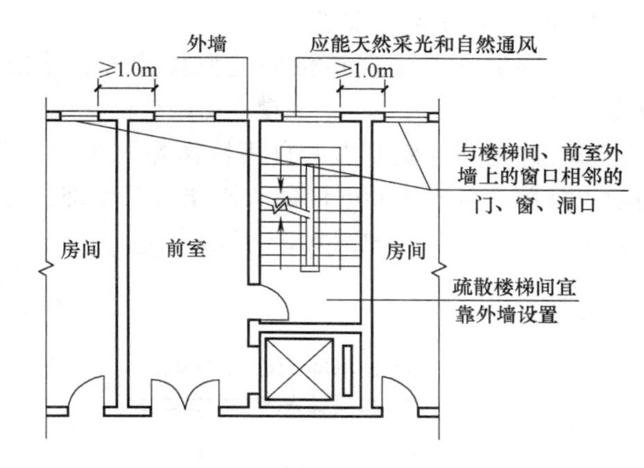

图 6-30　疏散楼梯间的一般要求之一

(2) 楼梯间内不应设置烧水间、可燃材料储藏室、垃圾道。

(3) 楼梯间内不应有影响疏散的凸出物或其他障碍物。

(4) 封闭楼梯间、防烟楼梯间及其前室，不应设置卷帘。

(5) 楼梯间内不应设置甲、乙、丙类液体管道。

(6) 封闭楼梯间、防烟楼梯间及其前室内禁止穿过或设置可燃气体管道。敞开楼梯间内不应设置可燃气体管道，当住宅建筑的敞开楼梯间内确需设置可燃气体管道和可燃气体计量表时，应采用金属管和设置切断气源的阀门。

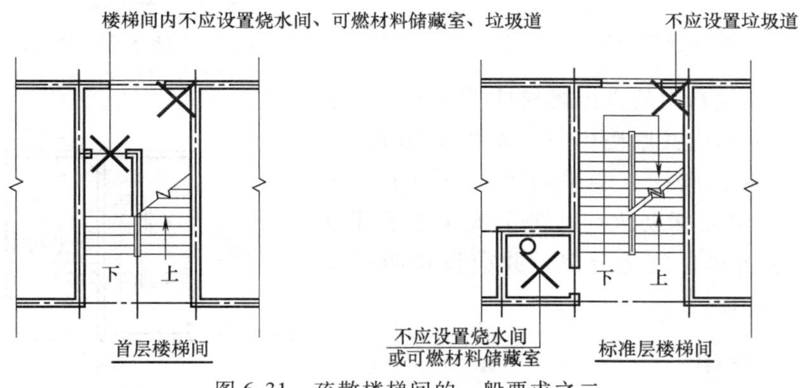

图 6-31　疏散楼梯间的一般要求之二

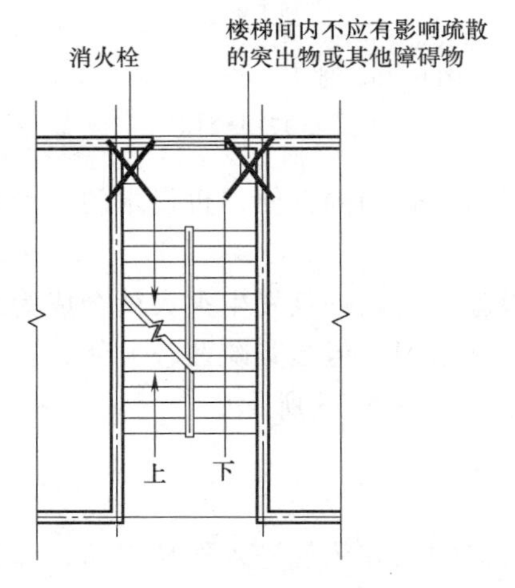

图 6-32　疏散楼梯间的一般要求之三

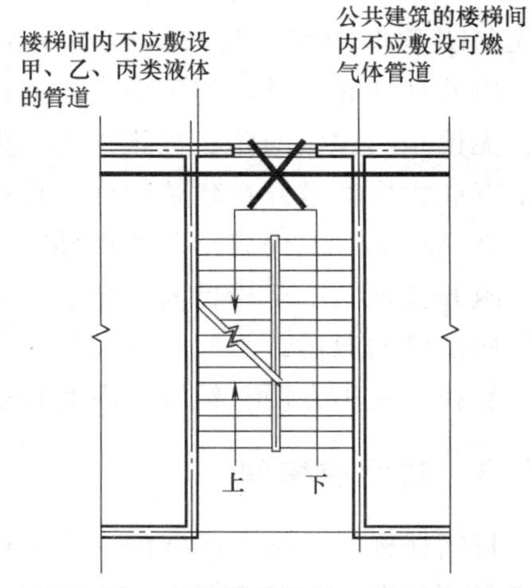

图 6-33　疏散楼梯间的一般要求之四

4. 楼梯间的竖向布置

(1) 除通向避难层错位的疏散楼梯外，建筑内的疏散楼梯间在各层的平面位置不应改变。

(2) 除住宅建筑套内的自用楼梯外，地下、半地下建筑（室）的楼梯间，在首层应采用耐火极限不低于2.00h的防火隔墙与其他部位分隔并应直通室外，确需在隔墙上开门时，应采用乙级防火门，如图6-35所示。

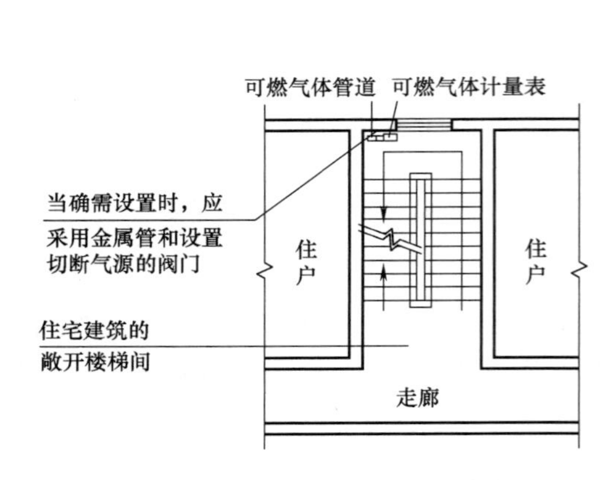

图6-34 疏散楼梯间的一般要求之五

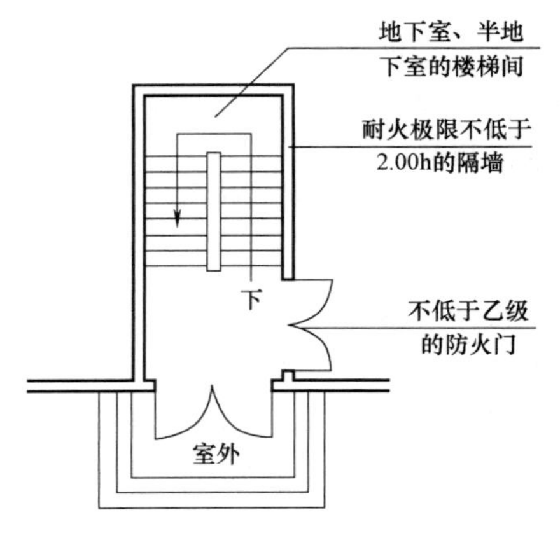

图6-35 地下、半地下室楼梯间的设计要求

(3) 除住宅建筑套内的自用楼梯外，地下或半地下部分与地上部分不应共用楼梯间，如图6-36所示。确需共用楼梯间时，应在首层采用耐火极限不低于2.00h的防火隔墙和乙级防火门将地下或半地下部分与地上部分的连通部位完全分隔，并应设置明显标志，如图6-37所示。

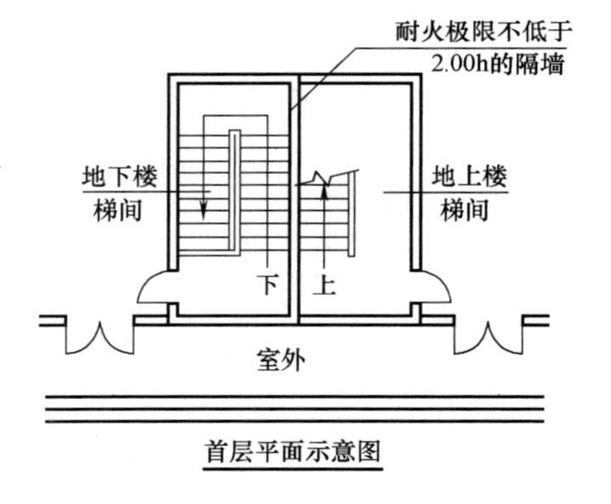

图6-36 地下、半地下室与地上层不共用楼梯间

6.5.2 敞开楼梯间

敞开楼梯间是指建筑物内由墙体等围护构件构成的无封闭防烟功能，且与其他使用空间相通的楼梯间。敞开楼梯间在低层建筑中广泛采用，其典型特点是：无论是一跑、两跑、三跑，还是剪刀式，其楼梯与走廊或大厅都敞开在建筑物内。楼梯间很少设门，有时为了管理的方便，也设木门、弹簧门、玻璃门等，但仍属于普通楼梯间。

敞开楼梯间由于楼梯间与走道之间无任何防火分隔措施，所以一旦发生火灾就会成为烟火竖向蔓延的通道，因此，在高层建筑和地下建筑中不允许采用。但是其疏散较方便，且直观、易找、使用方便、经济，因此在多层建筑中使用较多，如图6-38所示。

6.5.3 封闭楼梯间

封闭楼梯间是指在楼梯间入口处设置门，以防止火灾时的烟和热气进入的楼梯间，如图6-39所示。根据目前我国经济技术条件和建筑设计的实际情况，当建筑标准不高，且层数

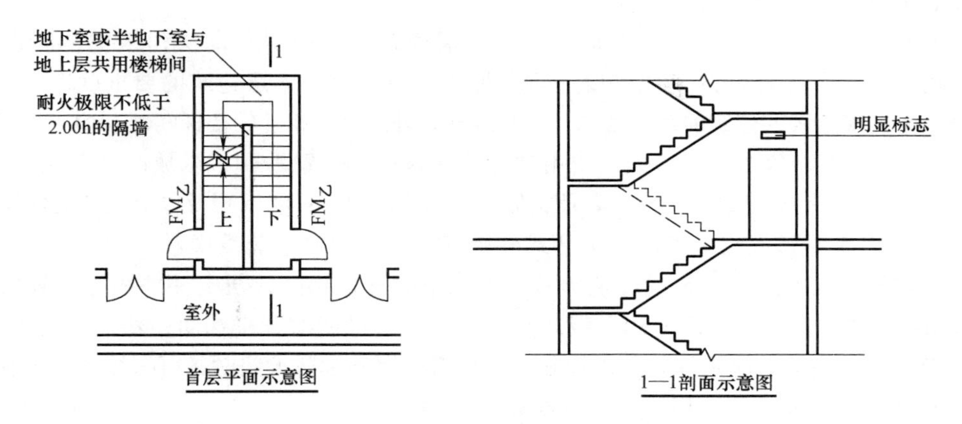

图 6-37　地下、半地下室和地上层共用楼梯间的设计要求

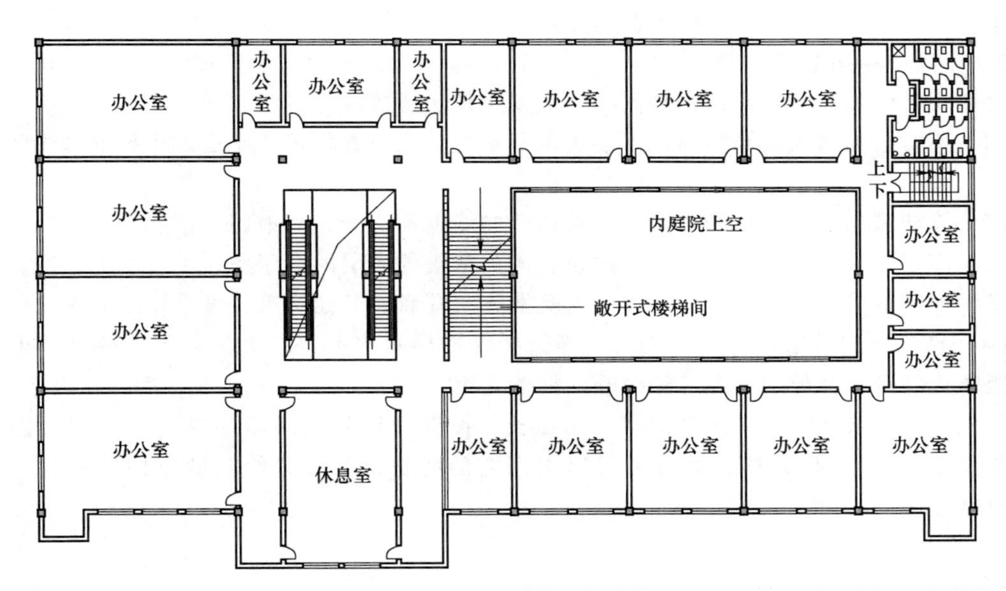

图 6-38　敞开楼梯间的应用

不多时，可采用不设前室的封闭楼梯间。

封闭楼梯间的防烟机理可以分两种情况讨论：一是当设有窗户的外墙面处于高层建筑的背风面，发生火灾时，设在封闭的楼梯间外墙上的窗户打开，起火层人流进入楼梯间带入的烟气可从窗户排出室外。二是当设有窗户的外墙面处于高层建筑的迎风面，一旦发生火灾打开窗户，起火层人流进入楼梯间时，从窗户吹进来的风会阻挡要进入楼梯间的烟气，以保障发生火灾时的人员安全疏散。

1. 封闭楼梯间的设置范围

下列建筑应该采用封闭楼梯间：

(1) 3层以内或室内地面与室外出入口地坪高差小于等

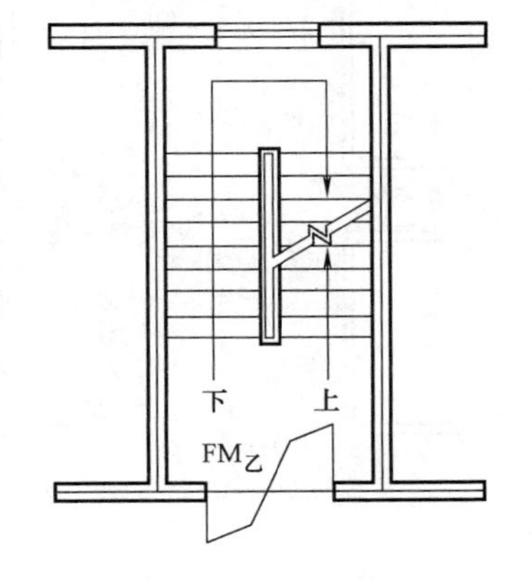

图 6-39　封闭楼梯间

于10m的地下、半地下建筑（室）。

（2）裙房和建筑高度不大于32m的二类高层建筑，当裙房与高层建筑主体间设置防火墙时，裙房的疏散楼梯可按《建筑设计防火规范》有关单、多层建筑的要求确定。

（3）下列多层公共建筑的疏散楼梯，除与敞开式外廊直接相连的楼梯间外，均应采用封闭楼梯间：①医疗建筑、旅馆、公寓类似使用功能的建筑；②设置歌舞娱乐放映游艺场所的建筑；③商店、图书馆、展览建筑、会议中心及类似使用功能的建筑；④6层及以上的其他建筑。

（4）老年人照料设施中不能与敞开式外廊直接连通的室内疏散楼梯。

（5）建筑高度不大于21m的住宅建筑，可采用敞开楼梯间；与电梯井相邻布置的疏散楼梯应采用封闭楼梯间，当户门采用乙级防火门时，仍可采用敞开楼梯间；建筑高度大于21m、不大于33m的住宅建筑应采用封闭楼梯间，当户门采用乙级防火门时，可采用敞开楼梯间。

（6）高层厂房和仓库，甲、乙、丙类多层厂房。

（7）除建筑高度超过32m的高层汽车库，室内地面与室外出入口地坪的高差大于10m的地下汽车库以外的其他汽车库、修车库。

2. 封闭楼梯间的设计要求

封闭楼梯间除应符合疏散楼梯间的一般规定外，还要注意以下问题：

（1）不能自然通风或自然通风不能满足要求时，应设置机械加压送风系统或采用防烟楼梯间。

（2）除楼梯间的出入口和外窗外，楼梯间的墙上不应开设其他门、窗、洞口。

（3）高层建筑、人员密集的公共建筑、人员密集的多层丙类厂房、甲、乙类厂房，其封闭楼梯间的门应采用乙级防火门，并应向疏散方向开启；其他建筑，可采用双向弹簧门。

（4）楼梯间的首层可将走道和门厅等包括在楼梯间内形成扩大的封闭楼梯间，但应采用乙级防火门等与其他走道和房间分隔，如图6-40所示。

另外，在有条件时可以把楼梯间适当加长，设置两道防火门而形成门斗（因其面积很小，与前室有所区别），这样处理后可以提高它的防护能力，并给疏散以回旋余地，如图6-41所示。

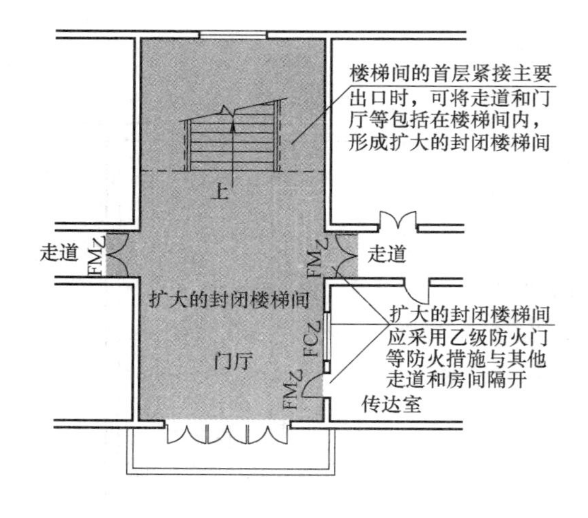

图6-40 首层扩大的封闭楼梯间

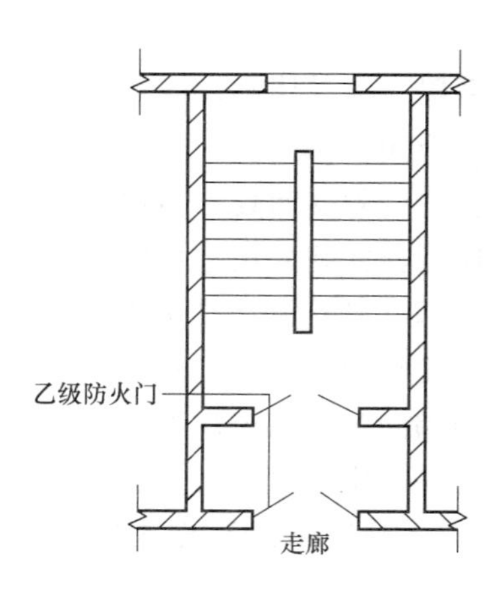

图6-41 带门斗的封闭楼梯间

6.5.4　防烟楼梯间

防烟楼梯间是指在楼梯间入口处设置防烟的前室、开敞式阳台或凹廊（统称前室）等设施，且通向前室和楼梯间的门均为防火门，以防止火灾时的烟和热气进入的楼梯间。

1. 防烟楼梯间的类型

（1）带开敞前室的防烟楼梯间。这类防烟楼梯间的特点是以阳台或凹廊作为前室，如图 6-42 所示，疏散人员须通过开敞的前室和两道防火门才能进入封闭的楼梯间内。其优点是自然风力能将随人流进入的烟气迅速排走，同时，转折的路线也能使烟气很难进入楼梯间，无须再设其他的排烟装置，故最为经济安全。但是只有楼梯间靠外墙时才有可能采用，有一定局限性。

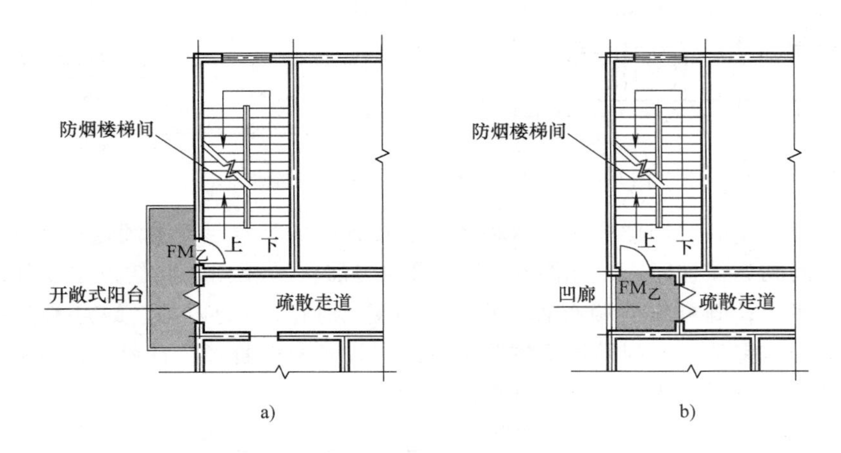

图 6-42　带开敞前室的防烟楼梯间

a）带开敞式阳台的防烟楼梯间　b）带凹廊的防烟楼梯间

1）用阳台作为开敞前室。图 6-43 所示是阳台为前室的防烟楼梯间。图示的两种布置方式，都要通过阳台和两道防火门才能进入楼梯间。事实证明，这两种楼梯间，自然风力可将进入阳台的大量烟气很快吹走，并且不受风向的影响，因而排烟效果较好。

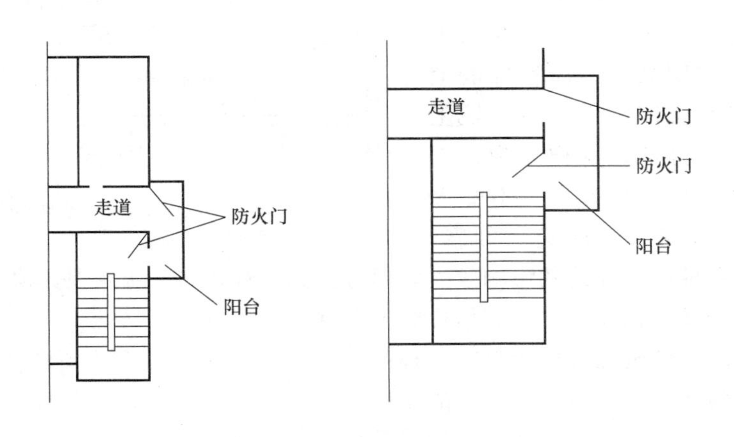

图 6-43　用阳台作开敞前室的防烟楼梯间

2）用凹廊作为开敞前室。图6-44所示的是以凹廊作为开敞前室的防烟楼梯间。这种布置方式除了自然排烟效果好之外，在平面布置上也有特点，可以将疏散楼梯与电梯厅结合布置，使日常使用的路线和火灾时疏散路线结合起来。

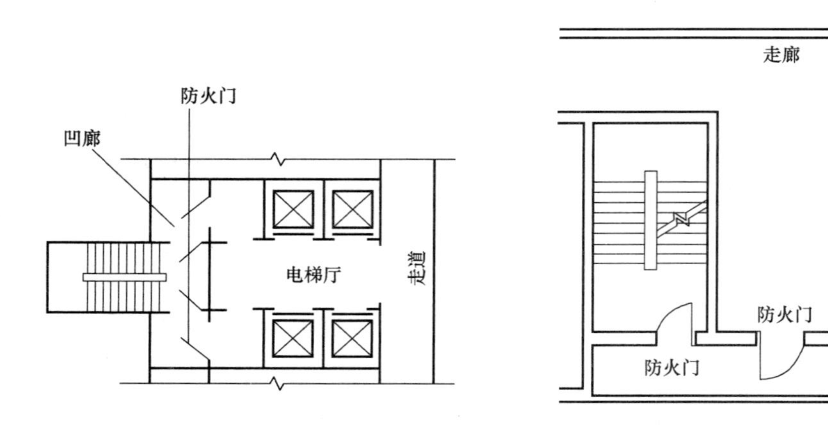

图6-44 用凹廊作为开敞前室的防烟楼梯间

（2）带封闭前室的防烟楼梯间。这种类型的楼梯间的特点是人员须通过封闭的前室和两道防火门，才能到达楼梯间内，如图6-45所示。与前一种相比，其优点主要体现在平面布置灵活，形式多样；既可靠外墙布置，也可放在建筑物核心筒内部。缺点是防排烟比较困难，位于内部的前室和楼梯间须设机械防烟设施，设备复杂且经济性差，而且效果不易完全保证。靠外墙布置时可利用窗口自然排烟。

1）自然排烟的防烟楼梯间。这种防烟楼梯间前室一般靠外墙布置，在外墙开窗进行自然排烟，其开窗面积宜大些，一般不应小于2m^2，如图6-45所示，这是高层建筑中比较常见的利用自然条件进行排烟的防烟楼梯间。其工作条件是，保证由走道进入前室和由前室进入楼梯间的门必须是乙级防火门。平时及火灾时乙级防火门是关闭状态，前室外墙上的窗户平时可以是关闭状态，但是发生火灾时窗户应全部开启。这样处理，不需要专门设排烟装置，投资省，不受火灾时电源中断的影响，比较安全可靠。其不足之处是受室外风向风速的影响较大。但考虑到一幢建筑，火灾是不会经常发生的，为了有利节约投资和基本保障安全，宜尽可能采取这种布置方式。

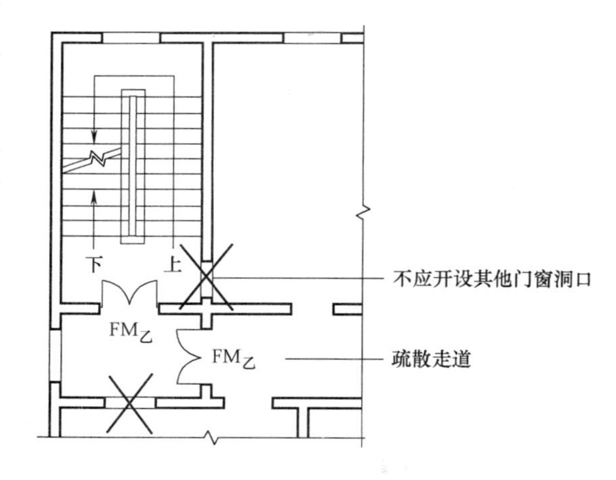

图6-45 带封闭前室的防烟楼梯间

这类楼梯间的工作机理类似于封闭楼梯间。发生火灾时，疏散人流由走道进入前室时，会有少量的烟气随之进入，但由于前室的窗户开着，一般情况下，进入前室的烟气积聚在顶棚附近，并逐渐向窗口流动。在前室处于建筑物背风面时，即大气形成的负压区，前室内顶部飘动的烟气通过前室的窗户排出室外，达到防烟的效果。当前室处于迎风面时，窗户打开之后，前室处于正压状态。试验研究证明，只要有 0.7～1.0m/s 的风从前室吹向走道，就能阻止烟气进入。实际上，高层建筑若将迎风面窗户打开时，所受的风速要远远大于 0.7～1.0m/s。因此，处于迎风面的防烟前室，能保证前室防烟的效果和人员的安全。

2）采用机械防排烟的楼梯间。随着建筑技术和经济的发展，高层建筑越来越高，随之而来需要考虑抗风和抗震的要求，因此筒体结构得到了越来越广泛的应用。筒体结构的建筑一般采用中心核布置的形式，而楼梯间就位于建筑的中心核，因而只能采用机械加压防排烟的楼梯间，如图 6-46 所示。加压方式有仅给楼梯间加压（图 6-46a）、分别对楼梯间和前室加压（图 6-46b），以及仅对前室加压（图 6-46c）等方式，设计时应根据实际情况进行选择。与带开敞前室的防烟楼梯间相比，这类楼梯间平面布置灵活性大，既可靠外墙布置，也可在建筑物内部（核心建筑）布置。

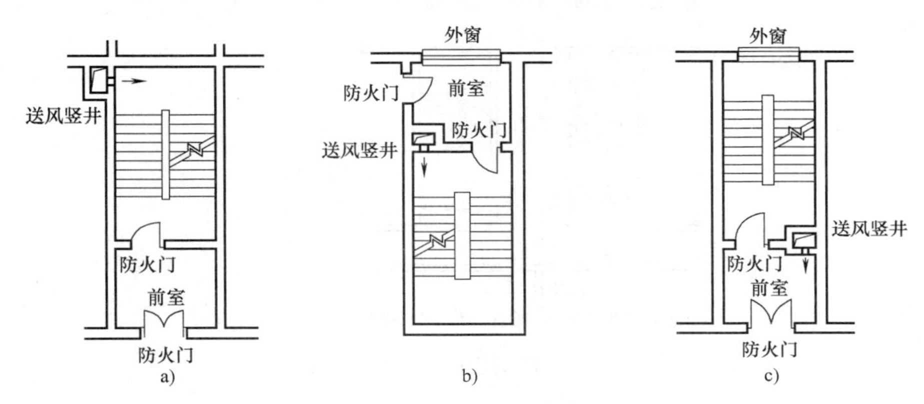

图 6-46 采用机械防排烟的楼梯间

a）仅对楼梯间加压 b）分别对楼梯间和前室加压 c）仅对前室加压

2. 防烟楼梯间的设置范围

以下建筑的疏散楼梯需要采用防烟楼梯间：

(1) 3 层及以上或室内地面与室外出入口地坪高差大于 10m 的地下、半地下建筑（室）。

(2) 一类高层建筑和建筑高度大于 32m 的二类高层建筑。

(3) 建筑高度大于 24m 的老人照料设施。

(4) 建筑高度大于 33m 的住宅建筑，户门不宜直接开向前室，确有困难时，每层开向前室的户门不应大于 3 樘且应采用乙级防火门。

(5) 建筑高度大于 32m 且任一层人数超过 10 人的高层厂房。

(6) 建筑高度超过 32m 的高层汽车库、室内地面与室外出入口地坪的高差大于 10m 的地下汽车库。

3. 防烟楼梯间的设计要求

如图 6-47 所示，防烟楼梯间除应符合疏散楼梯的一般规定外，尚应符合下列规定：

(1) 应设置防烟设施。

(2) 前室可与消防电梯间前室合用。

(3) 前室的使用面积：公共建筑、高层厂房（仓库），不应小于 6.0m^2；住宅建筑，不应小于 4.5m^2。与消防电梯合用前室的使用面积：公共建筑、高层厂房（仓库），不应小于 10.0m^2；住宅建筑，不应小于 6.0m^2。

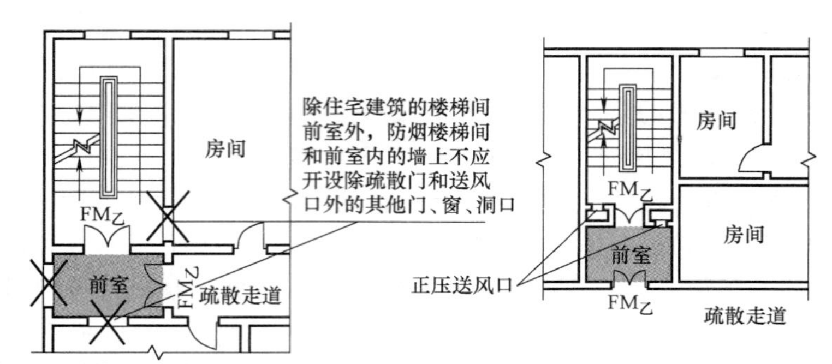

能自然通风且自然通风能满足要求的防烟楼梯间　不能自然通风或自然通风不能满足要求的防烟楼梯间

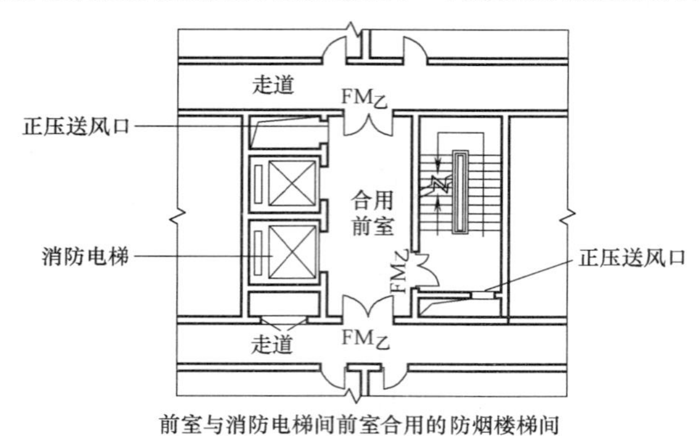

前室与消防电梯间前室合用的防烟楼梯间

图 6-47　防烟楼梯间的设置要求

（4）疏散走道通向前室以及前室通向楼梯间的门应采用乙级防火门。

（5）除住宅建筑的楼梯间前室外，防烟楼梯间和前室的墙上不应开设除疏散门和送风口外的其他门、窗、洞口。

（6）楼梯间的首层可将走道和门厅等包括在楼梯间前室内，形成扩大的前室，但应采用乙级防火门等与其他走道和房间分隔，如图 6-48 所示。

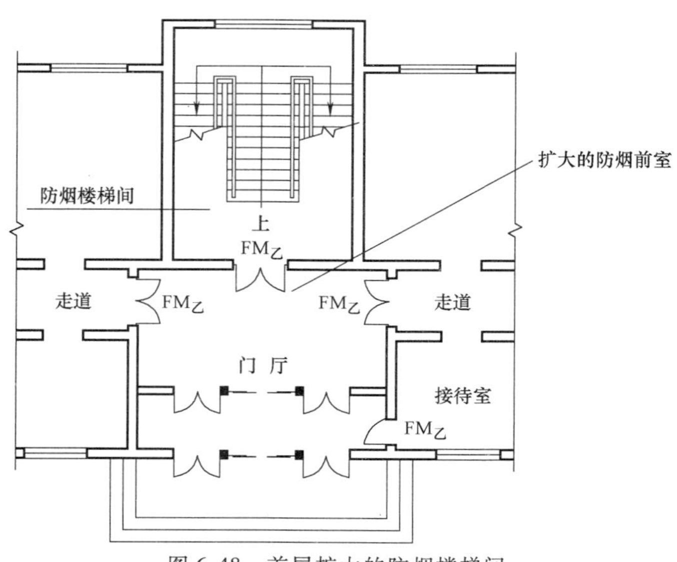

图 6-48　首层扩大的防烟楼梯间

6.5.5　室外疏散楼梯

室外疏散楼梯是设置在建筑外墙上简易的、全部开敞的楼梯，常布置在建筑端部。其优点是，不占室内有限的建筑面积，故而节约建筑成本。另一方面，从消防角度看，它不易受到烟气的威胁，在结构上可以采用悬挑方式，防烟效果比较好。因此室外疏散楼梯防烟效果和经济性都好。其缺点是易造成心理上的高空恐惧感，并应注意采取防滑、防跌落等的措施。

如图 6-49 所示，室外疏散楼梯的设置应符合下列规定：

（1）栏杆扶手的高度不应低于 1.10m，楼梯的净宽度不应小于 0.90m。

（2）倾斜角度不应大于 45°。

（3）楼梯段和平台均应采用不燃材料制作。平台的耐火极限不应低于 1.00h，梯段的耐火极限不应低于 0.25h。

（4）通向室外楼梯的门应采用乙级防火门，并应向外开启。

（5）除疏散门外，楼梯周围 2m 内的墙面上不应设置门、窗、洞口。疏散门不应正对梯段。

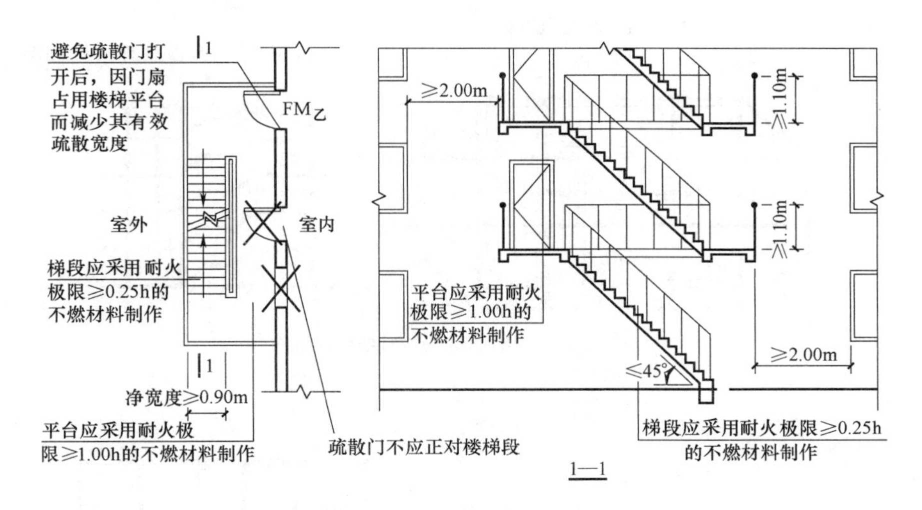

图 6-49　室外疏散楼梯的设置要求

6.5.6　剪刀楼梯间

剪刀楼梯又称为叠合楼梯或是套梯，是在同一楼梯间设置一对相互重叠又互不相通的两个楼梯，在其楼层之间的梯段一般为单跑直梯段。剪刀楼梯的特点是在建筑的同一位置设置了两部楼梯，这两部楼梯可以不采用隔墙分隔而处于同一楼梯间内，也可以采用隔墙分隔成两个楼梯间，起到两部疏散楼梯的作用。图 6-50 所示为剪刀楼梯间的轴测图，图 6-51 所示为剪刀楼梯间的平面图和剖面图。

1. 剪刀楼梯间的设计要求

从任一疏散门至最近疏散楼梯间入口的距离小于 10m 的高层公共建筑和住宅建筑，当疏散楼梯间分散设置确有困难时，可采用剪刀楼梯，但应符合下列规定：

（1）楼梯间应为防烟楼梯间。

（2）梯段之间应采用耐火极限不低于1.00h的防火隔墙。

（3）对于公共建筑，楼梯间的前室应分别设置。对于住宅建筑，楼梯间的前室不宜共用；共用时，前室的使用面积不应小于$6.0m^2$。

（4）对于住宅建筑，楼梯间的前室或共用前室不宜与消防电梯的前室合用；楼梯间的共用前室与消防电梯的前室合用时，合用前室的使用面积不应小于$12.0m^2$，且短边不应小于2.4m。

2. 剪刀楼梯间应用举例

世界著名的美国芝加哥玛利娜双塔楼，是两座各为59层、高177m的塔楼，其下部第18层为汽车库，第19层是机房，再上面有40层住宅，如图6-52所示。塔中心是钢筋混凝土筒体结构，共设有五部电梯和一座带有排气天井的剪刀楼梯。

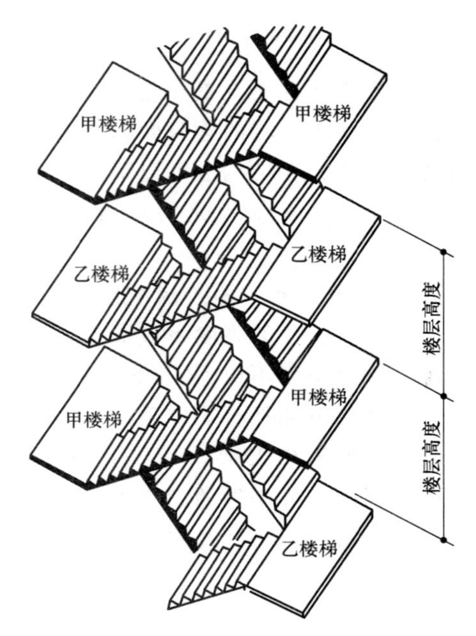

图6-50 剪刀楼梯间轴测图

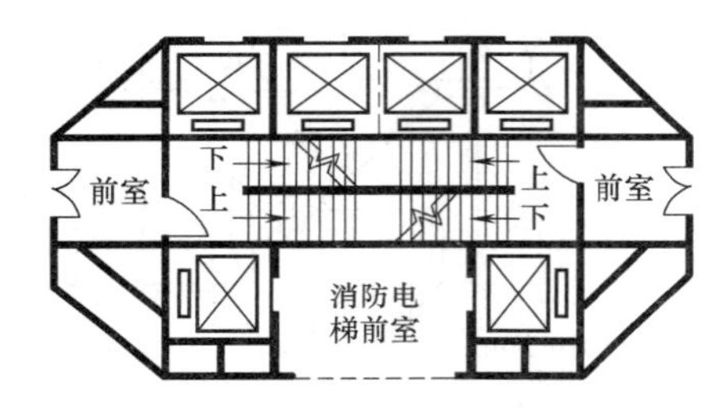

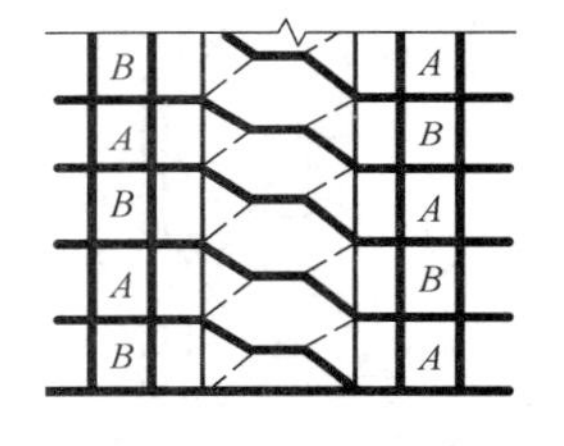

图6-51 剪刀楼梯间的平面图和剖面图

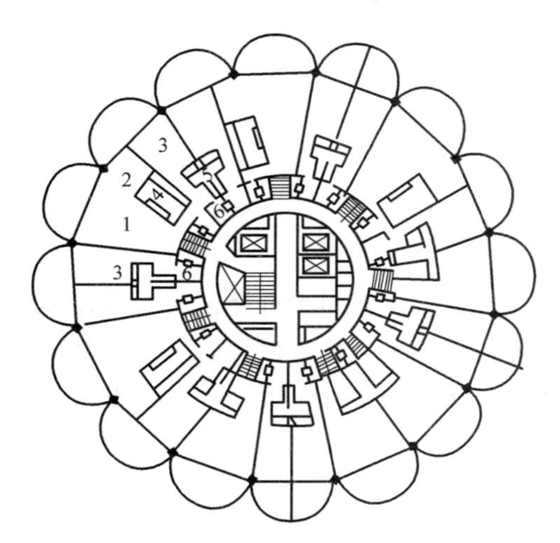

图6-52 美国芝加哥玛利娜双塔楼平面

1—起居室 2—餐室 3—卧室

4—厨房 5—浴室 6—储存间

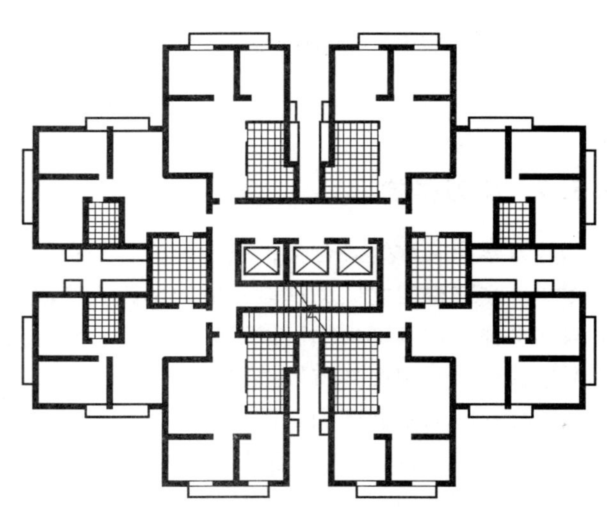

图6-53 深圳敦信大厦金碧阁高层住宅平面

图6-53所示的深圳敦信大厦，首层是商场，二、三层是商场和写字间，四层是花圃、儿童游乐场等，半地下层是汽车库。5～31层是采用剪刀楼梯的4幢井字形平面塔式住宅。

图6-54所示的上海联谊大厦，建筑高30层，每层面积约1000m²。大厦为各国有关银行、商业公司驻沪办事机构的办公用房。核心筒内布置一部剪刀楼梯，设有两个前室。

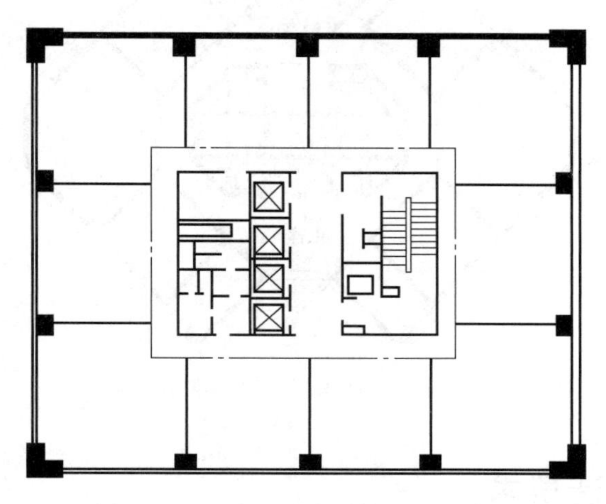

图6-54　上海联谊大厦标准层平面图

图6-55所示的长沙某小区商住楼，地上17层，地下两层，1～4层为商业中心，5～15层为住宅。核心筒内布置剪刀楼梯，设两个前室。

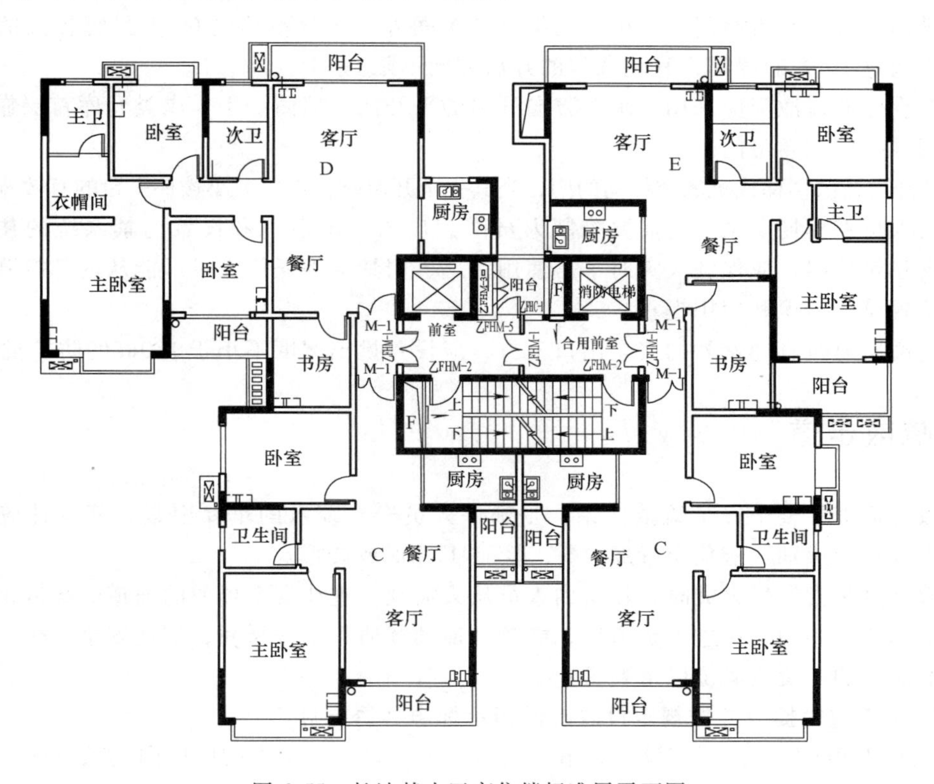

图6-55　长沙某小区商住楼标准层平面图

图 6-56 所示的山西国际大厦，地上 27 层，高 97m，每层面积约 $1000m^2$，为山西省外事机构统建办公楼。其中心采用剪刀楼梯，设两个前室。

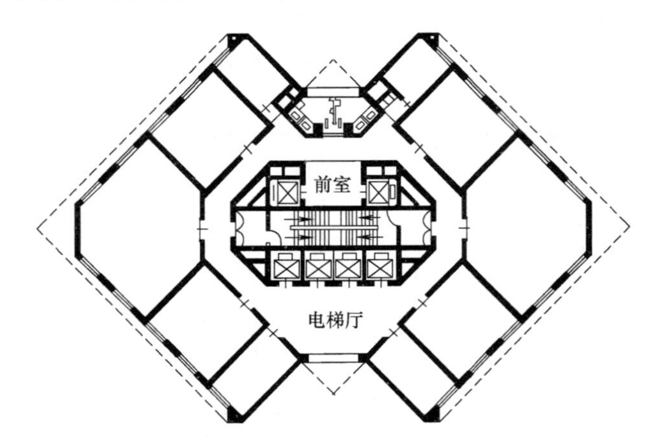

图 6-56 山西国际大厦标准层平面

6.6 疏散门的构造要求

建筑中的疏散门应符合下列规定：

(1) 民用建筑和厂房的疏散门，应采用向疏散方向开启的平开门，不应采用推拉门、卷帘门、吊门、转门和折叠门。除甲、乙类生产车间外，人数不超过 60 人且每樘门的平均疏散人数不超过 30 人的房间，其疏散门的开启方向不限。

(2) 仓库的疏散门应采用向疏散方向开启的平开门，但丙、丁、戊类仓库首层靠墙的外侧可采用推拉门或卷帘门。

(3) 开向疏散楼梯或疏散楼梯间的门，当其完全开启时，不应减小楼梯平台的有效宽度。

(4) 人员密集场所中平时需要控制人员随意出入的疏散门和设置门禁系统的住宅、宿舍、公寓建筑外门，应保证火灾时不需使用钥匙、门禁卡等任何工具即能从内部打开，并应在显著位置设置标识和使用提示。

(5) 高层建筑直通室外的安全出口上方，应设置挑出宽度不小于 1.0m 的防护挑檐。

6.7 疏散走道

疏散走道贯穿整个安全疏散体系，是确保人员安全疏散的重要因素。其设计应简捷明了，便于寻找、辨别，避免布置成“S”形、“U”形或袋形。

疏散走道是指发生火灾时，建筑内人员从火灾现场逃往安全场所的通道。疏散走道的设置应保证逃离火场的人员进入走道后，能顺利地继续通行至楼梯间，到达安全地带。

疏散走道的布置应满足以下要求：

(1) 走道应简捷，并按规定设置疏散指示标志和诱导灯。

(2) 在 1.8m 高度内不宜设置管道、门垛等突出物，走道中的门应向疏散方向开启。

(3) 尽量避免设置袋形走道。

（4）办公建筑的走道最小净宽应满足表 6-14 的要求。

（5）疏散走道在防火分区处应设置常开甲级防火门。

表 6-14　办公建筑的走道最小净宽　（单位：m）

走道长度	走道净宽	
	单面布房	双面布房
≤40	1.30	1.50
>40	1.50	1.80

6.8　避难层（间）

6.8.1　设置避难层（间）的意义

避难层是超高层建筑中供发生火灾时人员临时避难使用的楼层。如果作为避难使用的只有几个房间，则这几个房间称为避难间。

超高层建筑由于楼层多、人员密度大，尽管已有一些其他的安全措施，还是无法保证人员在短时间内迅速撤出火场。防烟楼梯间尽管有较高的安全度，但也并非完全安全，加之人员出现意外的阻塞等，所以不能完全寄希望于防烟楼梯间在整个火灾过程中的绝对疏散功能。

加拿大有关研究部门提出以下数据，使用一座宽 1.10m 的楼梯，将高层建筑的人员疏散到室外，所用时间见表 6-15。我国有关部门做的同类试验结果与此相近。如果人员大量拥堵在楼梯间内，或楼梯间出现意外，则其后果不堪设想。为此，在这些超高层建筑中，在适当楼层设计避难层和避难间作为一块临时避难的安全区，是疏散设计的一项重要内容。

表 6-15　高层建筑使用一座楼梯的疏散时间

建筑层数	疏散时间/min		
	每层 240 人	每层 120 人	每层 60 人
50	131	66	33
40	105	52	26
30	78	39	20
20	51	25	13
10	38	19	9

一般地，每个防火分区的疏散楼梯都不会少于两座，即便是采用剪刀楼梯的塔式高层建筑，其疏散楼梯也是两个。即使这样，当层数在 30 层以上时，要将人员在尽量短的时间里疏散到室外，仍然是不容易的事情。因此，《建筑设计防火规范》提出高度超过 100m 的公共建筑和住宅建筑，应设避难层或避难间（区）。

国内许多超高层建筑都设置了避难层（间），见表 6-16。一般是与设备层、消防给水分区系统和排烟系统分区有机结合设置。

6.8.2　避难层的类型

1）敞开式避难层。不设围护结构，为全敞开式，一般设在建筑物的顶层或屋顶之上。

表 6-16 国内设置避难层（间）的高层建筑

建筑名称	层数	设置避难层(间)的楼层数
广东国际大厦	62	第 23、41、61 层
深圳国际贸易中心	50	第 24 层、顶层
深圳新都酒店	26	第 14、23 层
上海瑞金大厦	29	第 9 层、顶层
上海希尔顿饭店	42	第 5、22 层、顶层
北京国际贸易中心	39	第 20、38 层
北京京广大厦	52	第 23、42、51 层
北京京城大厦	51	第 28、29 层以上为公寓，敞开式天井
沈阳科技文化活动中心	32	第 15 层(封闭避难层)
上海新锦江大酒店	42	第 7、21 层
上海国贸大厦	42	第 21 层、顶层
上海扬子江大酒店	36	第 18 层、顶层

这种避难层采用自然通风排烟方式，结构处理比较简单，但不能绝对保证本身不受烟气侵害，也不能防止雨雪的侵袭，故只适用于温暖地区。

利用屋顶平台、露天花园等场地作为敞开的避难层，可解决因设置避难层而过多占用建筑面积的矛盾，既可节约建筑成本，又满足了消防安全的要求。

2）半敞开式避难层。四周设有围护墙（一般不低于 1.2m），上半部设有窗口，窗口多用铁百叶窗封闭。这种避难层通常也采用自然通风排烟方式，四周设置的防护墙和铁百叶窗可以起到防止烟气侵害的作用。但是仍具有敞开式避难层的不足，故只适用于非寒冷地区。

3）封闭式避难层。四周设有耐火的围护结构（外墙、楼板），室内设有独立的空调和防排烟系统，如在外墙上开设窗口时，应采用防火窗。这种避难层设有可靠的消防设施，可以防止烟气和火焰的侵害，同时还可以避免外界气候条件的影响，故适用于温暖和寒冷的地区。

6.8.3 避难层（间）的设置要求

1. 避难层（间）的设置条件和数量

建筑高度超过 100m 的公共建筑和住宅建筑应设置避难层（间）。高层病房楼应在二层及以上的病房楼层和洁净手术部设置避难间。建筑高度大于 54m 但不大于 100m 的住宅建筑，规范不强制要求设置避难层（间），但此类建筑较高，为增强此类建筑户内的安全性能，每户应有一间房间符合相关规定：第一个避难层（间）的楼地面至灭火救援场地地面的高度不应大于 50m，两个避难层（间）之间的高度不宜大于 50m。

发生火灾时集聚在 50m 高左右的避难层（间）的人员，当不能再经楼梯疏散时，可由云梯车将人员疏散下来。目前国内城市主要配有 50m 高的云梯车，可满足该高度的需要。同时还考虑到各种机电设备及管道等所在设备层的布置需要和使用管理以及普通人爬楼梯的体力消耗情况，所以两个避难层之间的高度不大于 50m。

2. 避难层（间）的使用面积

避难层（间）的使用面积应能满足设计避难人员避难的要求，并宜按 5.0 人/m^2 计算。

避难层可兼作设备层。从目前一些超高层建筑设置避难层的情况看，设专用避难层的是少数，多数是与设备层共用，但存在的问题是设备和管道布置太分散、零乱，没有用隔墙完全分开，所留净面积偏小。为了满足人员的避难要求，保护设备本身的安全，又方便平时对设备的维护管理，设备管道宜集中布置，易燃、可燃液体或气体管道和排烟管道应集中布置，设备管道区应采用耐火极限不低于 3.00h 的防火隔墙与避难区分隔，使避难层面积充足、完整，以满足避难人员临时停留的基本要求。管道井和设备间应采用耐火极限不低于 2.00h 的防火隔墙与避难区分隔，管道井和设备间的门不应直接开向避难区；确需直接开向避难区时，与避难层出入口的距离不应小于 5m，且应采用甲级防火门。避难间内不应设置易燃、可燃液体或气体管道，不应开设除外窗、疏散门之外的其他开口。

3. 避难层（间）的安全疏散

（1）通向避难层的疏散楼梯应在避难层采用上下层断开、分隔或同层错位方式进行防火分隔，使人员均能经避难层上下，如图 6-57、图 6-58、图 6-59 所示。

在火灾情况下，由于人们的紧张心理状态，往往容易错过进入避难层的机会。因此，为了保证人们疏散安全，使其迅速地到达避难层，要求在楼梯间的处理上能够起到引导人们自

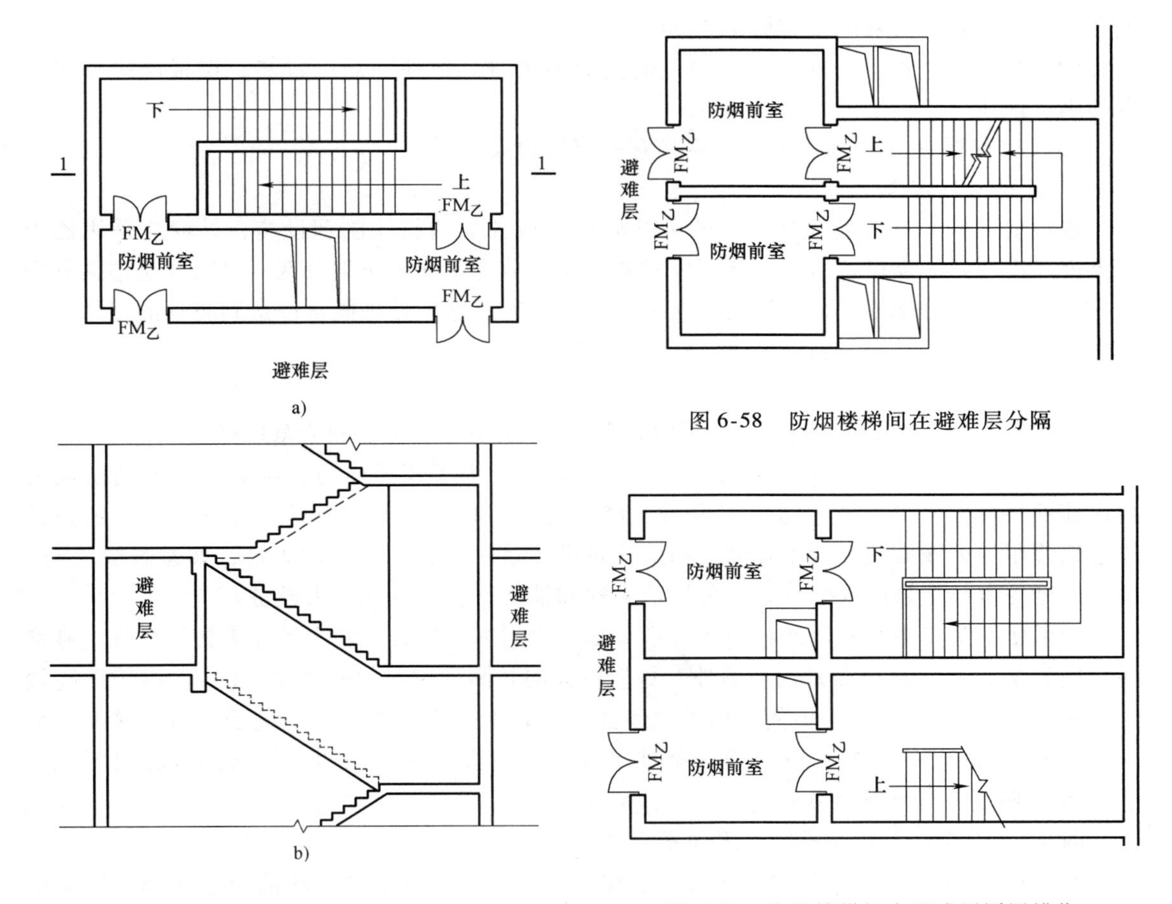

图 6-58　防烟楼梯间在避难层分隔

图 6-59　防烟楼梯间在避难层同层错位

图 6-57　防烟楼梯间在避难层上下层断开
a）防烟楼梯间在避难层上下层断开平面示意图　b）1—1 剖面示意图

然进入避难层的作用。楼梯间在避难层处采用砌实墙的方法中断，人员继续向上或向下，须通过避难层。这样，在紧急情况下疏散时，就不会错过进入避难层的机会。

通向避难层的防烟楼梯间，其上下层错位的布置如图 6-58 所示。这样无论何时上楼或下楼，都要经过避难层，从而提高了利用避难层临时避难的可靠程度。但是两楼梯间应尽量靠近，以免水平疏散时间过长。同时，使上、下层楼梯间不能相互贯通，减弱了楼梯间的烟囱效应。但是这种不连续的楼梯竖井会使设计、施工以及疏散更加复杂。所以根据超高层建筑的规模、层数等，宜沿垂直方向每隔 2 个或 3 个避难层错位一次。

（2）避难层（间）应设置消防电梯出口。超高层建筑火灾中，人们经过惊恐紧张的一段疏散后，年老体弱者、孕妇等往往会出现突发情况，需要消防人员的紧急救助。此外，火灾烟气、火焰的蔓延往往也需要消防队员紧急扑救。

（3）在避难层（间）进入楼梯间的入口处和疏散楼梯通向避难层（间）的出口处应设置明显的指示标注。

4. 避难层（间）的防火构造要求

（1）为保证避难层（间）具有较高的耐火极限，避难层（间）的楼板宜采用现浇钢筋混凝土楼板，其耐火极限不宜低于 2.00h。

（2）为保证避难层（间）下部楼层起火时不致避难层地面温度过高，楼板层应具有一定的隔热性能。

（3）避难层（间）四周的墙体应具有一定的防火分隔。

5. 通风与防排烟系统

避难层（间）应设置直接对外的可开启窗口或独立的机械防烟设施，外窗应采用乙级防火窗。进行防排烟设计时，应将封闭式避难层划分为单独的防烟分区。封闭式避难层宜采用机械加压送风排烟方式，保证避难层处于正压状态，这样处理既可以达到防烟的目的，又可供给避难人员所需要的新鲜空气。

6. 其他

避难层（间）应设置消火栓、消防软管卷盘、消防专线电话和应急广播。

避难层（间）在火灾时停留为数众多的避难者，为了及时向防灾中心和地面消防救灾指挥部反映情况，避难层（间）应设与大楼防灾中心联结的专线电话，并宜设便于消防无线电话使用的天线插孔。为了扑救超高层建筑中波及避难层（间）的火情，如避难层（间）的下层经外窗卷上来的火焰等，应配置消火栓和消防软管卷盘等灭火设备。

为了便于防灾中心和地面消防救灾指挥部组织指挥营救人员发出解除火警信号等，避难层（间）应设有应急广播系统。另外，规模较大的超高层建筑的避难层（间），由于层高较低（一般为 2.2～2.5m），即使在白天光线都较暗，夜间避难就更不用说了。为了保障人员安全，消除和减轻人们的恐惧心理，避难层（间）应设置应急照明，且其供电时间不应小于 1.0h，照度不应低于 2.0lx。

图 6-60 为避难层和避难间的平面示意图。

如图 6-61 所示，对于高层病房楼，应在二层及以上的病房楼层和洁净手术部设置避难间，其避难间应符合下列规定：

（1）避难间服务的护理单元不应超过 2 个，其净面积应按每个护理单元不小于 25m^2 确定。

（2）避难间兼作其他用途时，应保证人员的避难安全，且不得减少可供避难的净面积。

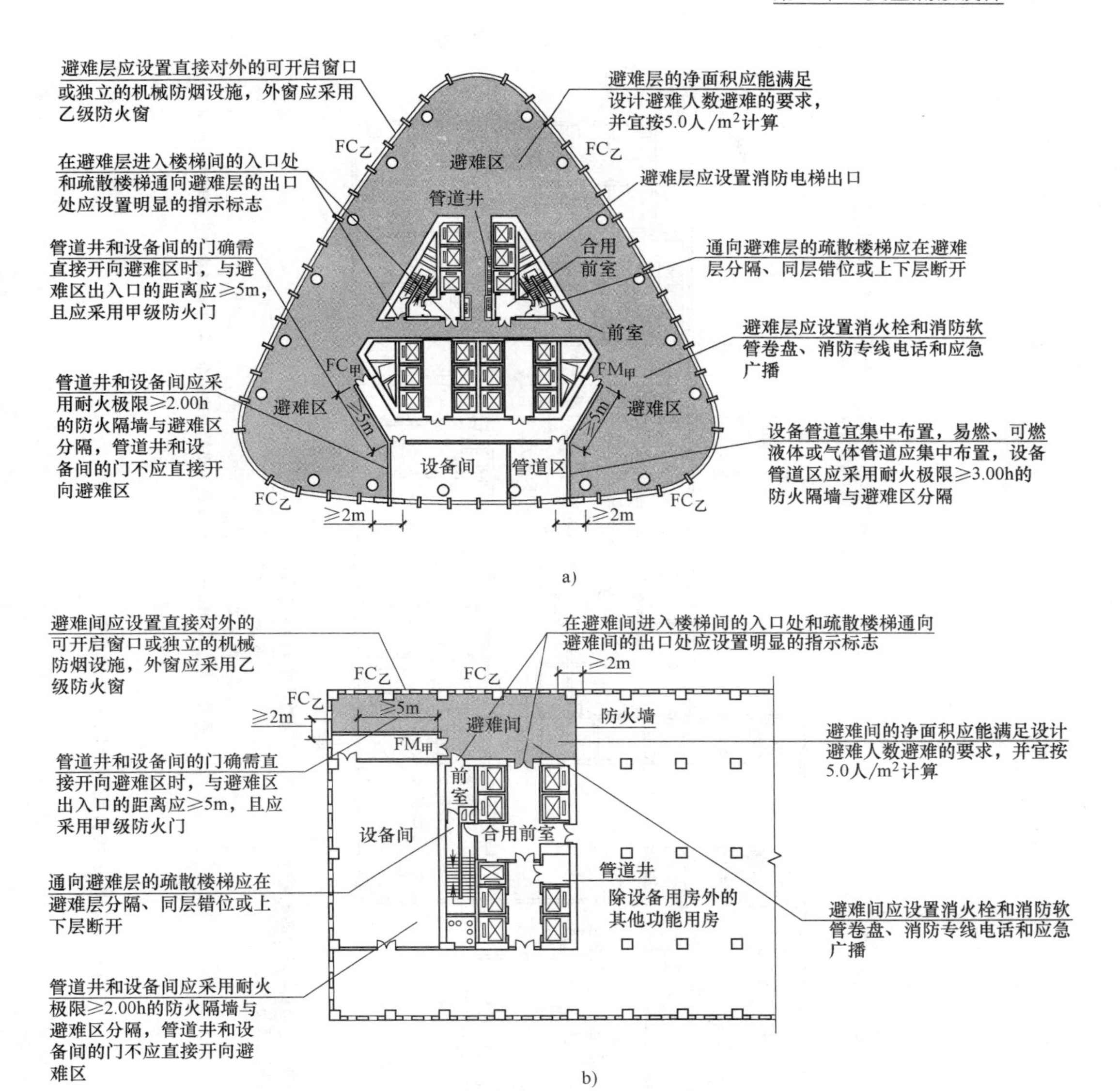

图 6-60　避难层和避难间平面示意图

a）避难层平面示意图　b）避难间平面示意图

（3）应靠近楼梯间，并应采用耐火极限不低于 2.00h 的防火隔墙和甲级防火门与其他部位分隔。

（4）应设置消防专线电话和消防应急广播。

（5）避难间的入口处应设置明显的指示标志。

（6）应设置直接对外的可开启窗口或独立的机械防烟设施，外窗应采用乙级防火窗。

3 层及 3 层以上总建筑面积大于 3000m² （包括设置在其他建筑内三层及以上楼层）的老年人照料设施，应在二层及以上各层老年人照料设施部分的每座疏散楼梯间的相邻部位设置 1 间避难间；当老年人照料设施设置与疏散楼梯或安全出口直接连通的开敞式外廊、与疏散走道直接连通且符合人员避难要求的室外平台等时，可不设置避难间。避难间内可供避难

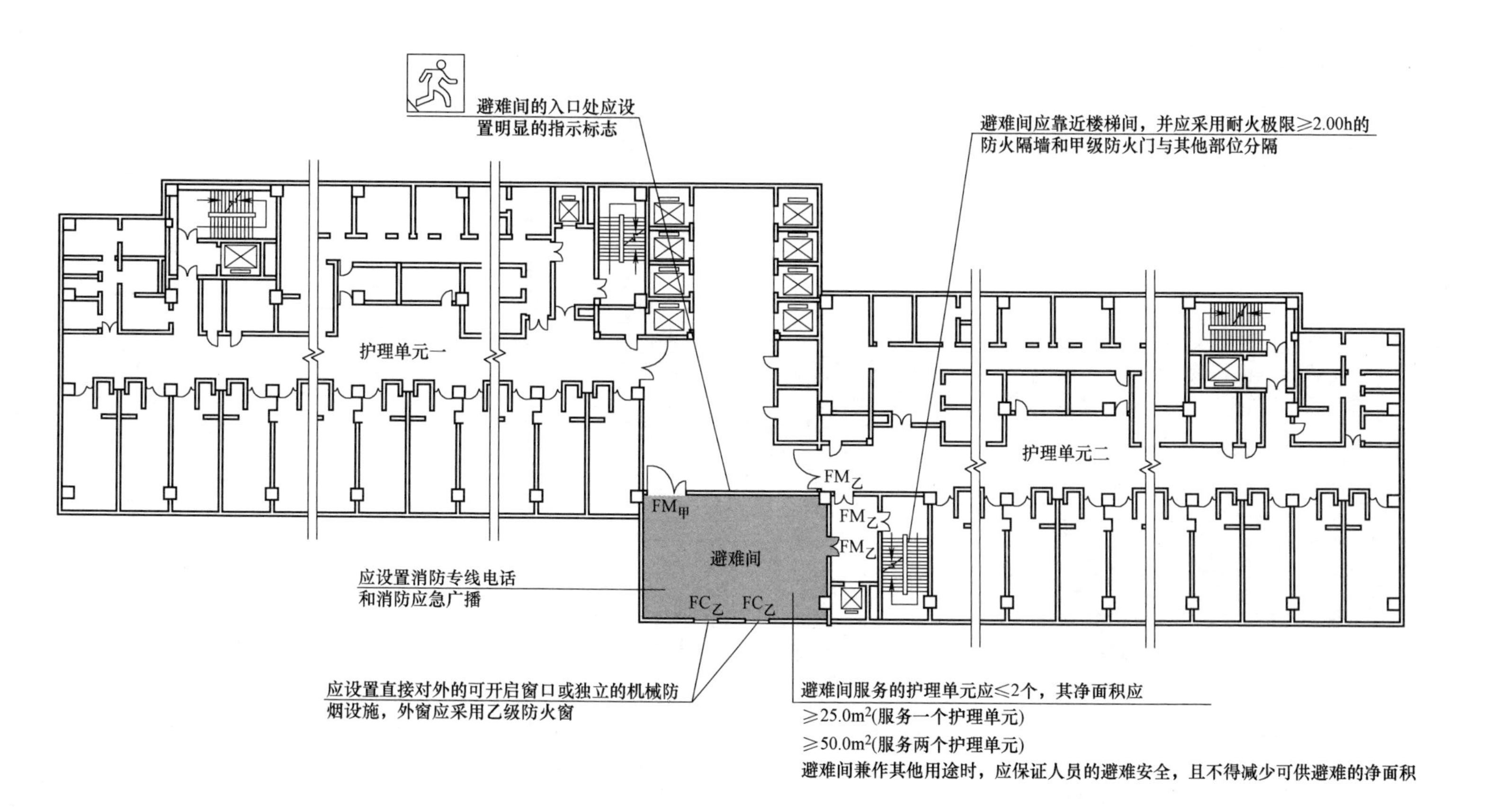

图 6-61　高层病房楼避难间平面示意图

的净面积不应小于12m²，避难间可利用疏散楼梯间的前室或消防电梯的前室，其他要求应符合规范关于避难间的规定。供失能老年人使用且层数大于二层的老年人照料设施，应按核定使用人数配备简易防毒面具。

对于建筑高度大于54m但不大于100m的住宅建筑，每户应有一间房间符合下列规定：

（1）应靠外墙设置，并应设置可开启外窗。

（2）内、外墙体的耐火极限不应低于1.00h；该房间的门宜应采用乙级防火门，外窗的耐火完整性不宜不低于1.00h。

6.9 辅助疏散设施设计

为了保障高层建筑内的人员在火灾时能安全可靠地疏散，高层建筑除了需设有完善的安全疏散设施以外，结合建筑平面和立面布置等情况，增设一些辅助安全疏散设施也很有必要。人员密集的公共建筑在窗口、阳台等部位宜设置与其高度相适用的辅助疏散逃生设施，这些辅助疏散设施包括逃生袋、救生绳、缓降绳、折叠式人孔梯、滑梯等，设置位置要便于人员使用且安全可靠，但并不一定要在每一个窗口或阳台设置。

6.9.1 阳台（凹廊）疏散梯

高层建筑的旅馆、办公楼等与走道相连的外墙上设阳台、凹廊较常见。遇有火灾，烟雾弥漫，在走道内摸不准楼梯位置的情况下，阳台、凹廊是让人有安全感的地方。在1985年哈尔滨天鹅饭店的十一层火灾中，一日本客人跑到走道西尽端阳台避难，经过阳台相连的宽度约为40cm、深12cm的垂直墙身凹槽，冒着生命危险下到第十层阳台上，脱离了着火层，这说明了阳台上设应急疏散口的必要性。

在高层建筑各层设置专用疏散阳台有两种形式。一种是在阳台地板上开设孔洞，该洞装有一个“活动盖板”，在洞口下面设置倾斜梯，又叫避难梯，火灾时人员由房间经过走道到达阳台，立即打开活动盖板，沿避难梯下到下部其他楼层或者底层。另一种是在阳台地板上开设孔洞，在孔洞内安装阳台紧急疏散梯，如图6-62所示。这种梯子折叠在平面尺寸大约为600mm×600mm，厚度与阳台悬挑的钢筋混凝土板厚度相近的箱子里。安装后的箱体盖板略高于阳台地面30~50mm，基本不会给阳台空间的正常使用带来不便。使用时打开箱盖，梯子即自动缓缓落下。天鹅饭店火灾后在上述阳台上装了阳台疏散梯，当地消防部门反映很好。北京燕京饭店西阳台在十九、二十层装了阳台疏散梯，当时就受到外籍客人的欢迎。

注意：洞口盖板宜设自动关闭装置，人员通过后能回弹关上，洞口在相邻层错位布置（即隔层相同），以避免一通到底而造成不安全感和意外事故。

另外，办公室或居室的一般阳台也能起到辅助疏散的作用。人员可以通过有联系的阳台，如连通式阳台，也可以用较宽的水平遮阳板来联系，从起火的房间或单元先转到另一房间或单元，然后再向安全区域疏散。

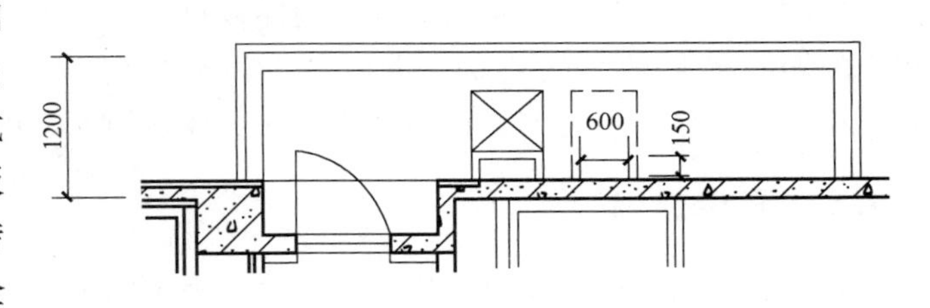

图6-62 阳台疏散梯

6.9.2 高层建筑自救缓降器

图 6-63 高层建筑自救缓降器

缓降器是一种往复式高楼火灾自救逃生器械，操作简单，下滑平稳，如图 6-63 所示。缓降器具有上下往复使用功能，可在短时间内抢救多人及财产。工作时，通过主机内的行星轮减速机构及摩擦轮毂内的摩擦块的作用，保证使用者依靠自重始终保持一定速度安全降至地面。滑降绳索采用优质软钢丝绳内芯，外层编护层，具有抗拉强度高，安全性能好，柔软舒适等特点。

高层建筑自救缓降器，主要由摩擦棒、套筒、自救绳和绳盒等组成。国内生产的缓降器，根据自救绳分为三种规模：6～10 层适用，绳长 38m；11～16 层适用，绳长 53m；16～20 层适用，绳长 74m。

6.9.3 避难袋

避难袋可作为一些高层建筑的辅助疏散设施。避难袋的构造共有三层，最外层由玻璃纤维制成，可耐 800℃ 的高温；第二层为弹性制动层，能束缚住下滑的人体和控制下滑速度；最内层张力大而柔软，使人体以舒适的速度向下滑降。

避难袋可用在建筑物的外部或内部。用于建筑物外部时，装设在低层部分窗口处的固定设施内，失火后将其取出向窗外打开，即可通过避难袋滑到室外地面脱离危险。当用于建筑物内部时，避难袋设于防火竖井内，人员打开防火门进入按层分段设置的袋中之后，即可滑到下一层或下几层。

6.9.4 避难桥

避难桥分别安装在两座高层建筑相距较近的屋顶或外墙窗洞处，将两者联系起来，形成安全疏散的通道。避难桥由梁、桥面板及扶手等组成，如图 6-64 所示。

为了保证安全疏散，桥面的坡度要小于 1/5。坡度大于 1/5 时，应采取阶梯式踏步。有坡度的板面要有防滑措施，桥面与踢脚之间不得有缝隙。踢脚板的高度不得小于 10cm，扶手的高度不应低于 1.1m，其支杆之间的距离不应大于 18cm。避难桥要用不燃烧的钢、铝合金等金属材料制作，其设计荷载一般按 $3.5kN/m^2$ 计算，并控制其挠度不得超过 1/300。

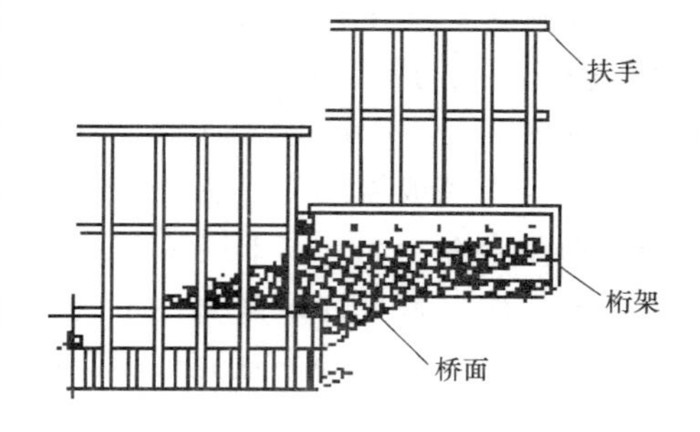

图 6-64 避难桥

避难桥一般适用于建筑密集区，两座高度基本相当的距离较近的高层建筑，也可一座为高层建筑，相邻一座为多层建筑，特别适用于人员较多而安全出口数量少的建筑。

6.9.5 避难扶梯

避难扶梯一般安装在建筑物的外墙上，有固定式和半固定式，如图 6-65 所示。为保证疏散者的安全，踏板面的宽度不小于 20cm，踏步高度不超过 30cm，扶梯的有效宽度不小于

60cm，扶手的高度不小于70cm。当扶梯高度超过4m，每隔4m要设一个平台，平台的宽度要在1.2m以上。扶梯应采用钢、铝合金等不燃材料制作，并要具有一定的承载能力，踏板的设计荷载不应低于1.3kN/m²，平台的设计荷载应按3.5kN/m²计算。

6.9.6　滑杆

滑杆由滑杆、上部固定金具和下部固定金具组成。疏散用滑杆，一般固定在建筑物的阳台处，采用直径为75mm左右的钢管制作，表面应光滑，杆的本身应能承受400kg的压力。滑杆两端应固定牢固，底部应设有弹性好的垫子，以保障人在下滑时的安全。滑杆不能设得过高，一般以10m为宜。高层建筑可每3层设一滑杆（可错位设置）。

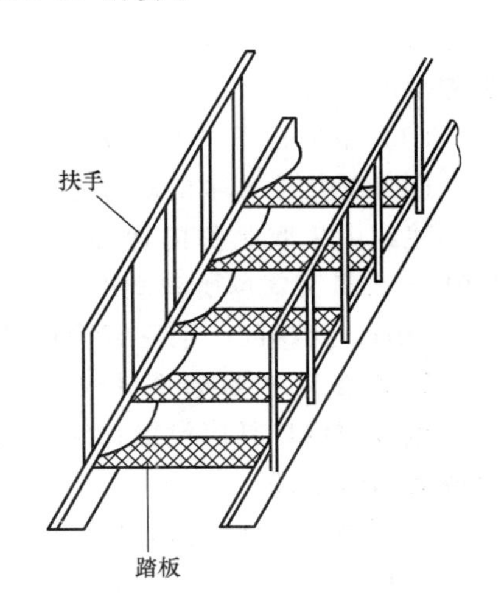

图6-65　避难扶梯

6.10　消防应急照明与安全疏散指示标志

消防应急照明与消防疏散指示标志应保证在发生火灾时，重要的房间或部位能继续正常工作。大厅、通道应指明出入口方向及位置，以便有秩序地进行疏散。建筑内消防应急照明和疏散指示标志的备用电源的连续供电时间应符合下列规定：建筑高度大于100m的民用建筑，不应少于1.5h；医疗建筑、老年人建筑、总建筑面积大于100000m²的公共建筑和总建筑面积大于20000m²的地下、半地下建筑，不应少于1.0h；其他建筑，不应少于0.5h。

消防应急照明包括：在正常照明失效时为继续工作（或暂时继续工作）而设置的备用照明；为使人员在火灾情况下能从室内安全撤离至室外（或某一安全地区）而设置的疏散照明；在正常照明突然中断时为确保处于潜在危险中的人员安全而设置的安全照明。而消防疏散指示标志包括通道疏散指示灯及安全出口标志灯。

备用照明是当正常电源切断后，为保证人们正常工作和活动能在一定时间和区域内继续进行而设置的照明，包括为保证灭火和扑救工作正常进行提供的持续照明，以及为人员密集场所的工作和疏散提供的短暂时间的照明。

疏散照明包括安全出口标志灯、疏散指示标志灯和疏散照明灯。安全出口标志灯安装在安全出口处门的上方，正面迎向疏散人流，向人们指示安全出口所在部位。疏散指示标志灯是向人们提供明确的疏散方向指示的灯具，通常安装在楼梯间、疏散走道及其转角处距地1m以下的墙面上。疏散走道的交叉口处和大空间建筑内人员密集的、无走道侧墙的商场、展厅等场所，也可以将灯安装在顶部。疏散照明灯为人员疏散提供必要的照明，保证人员能安全快捷地疏散。一般是与疏散指示标志灯、安全出口标志灯结合设置成多功能灯具，也可独立设置。在布置疏散照明灯具时，应方便人们寻找设在疏散路线上的手动报警按钮和电话塞孔等消防设施。

6.10.1　疏散照明的设置

1. 疏散照明的设置场所和照度要求

除建筑高度小于27m的住宅建筑外，民用建筑、厂房和丙类仓库的下列部位应设置疏散照明：

（1）封闭楼梯间、防烟楼梯间及其前室、消防电梯间的前室或合用前室、避难走道和避难层（间）。

（2）观众厅、展览厅、多功能厅和建筑面积大于 $200m^2$ 的营业厅、餐厅、演播室等人员密集的场所。

（3）建筑面积大于 $100m^2$ 的地下或半地下公共活动场所。

（4）公共建筑中的疏散走道，人员密集的厂房内的生产场所及疏散走道。

建筑内疏散照明的地面最低水平照度在不同部位的要求不同。疏散走道内不应低于1.0lx；人员密集场所和避难层（间）内不应低于3.0lx；病房楼或手术部的避难间，不应低于10.0lx；楼梯间、前室或合用前室、避难走道内不应低于5.0lx。

2. 疏散照明灯的设置部位

疏散照明灯具应设置在出口的顶部、顶棚上或墙面的上部；备用照明灯具应设置在顶棚上或墙面的上部。

3. 疏散指示标志的设置

公共建筑、建筑高度大于54m的住宅建筑、高层厂房（库房）和甲、乙、丙类单、多层厂房，应设置灯光疏散指示标志，并应符合下列规定：

1）应设置在安全出口和人员密集的场所的疏散门的正上方。

2）应设置在疏散走道及其转角处距地面高度1.0m以下的墙面或地面上。灯光疏散指示标志间距不应大于20m；对于袋形走道，不应大于10m；在走道转角区，不应大于1.0m。如图6-66所示。

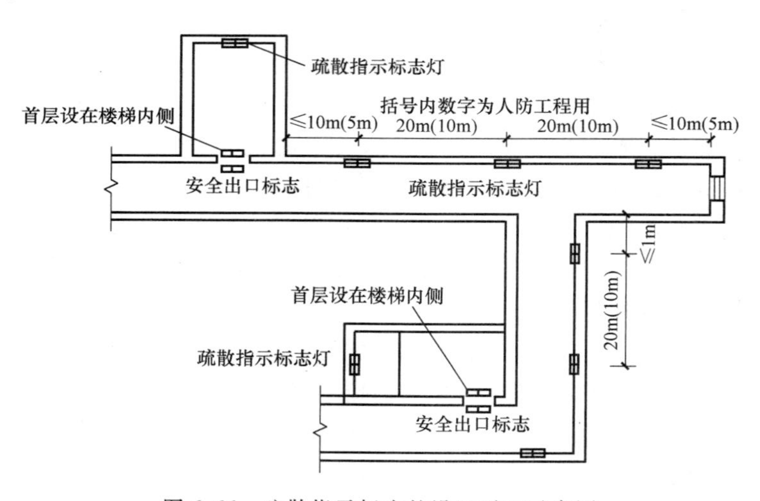

图6-66 疏散指示标志的设置平面示意图

下列建筑或场所应在疏散走道和主要疏散路径的地面上增设能保持视觉连续的灯光疏散指示标志或蓄光疏散指示标志：

（1）总建筑面积大于 $8000m^2$ 的展览建筑。

（2）总建筑面积大于 $5000m^2$ 的地上商店。

（3）总建筑面积大于 $500m^2$ 的地下或半地下商店。

（4）歌舞娱乐放映游艺场所。

（5）座位数超过1500个的电影院、剧场，座位数超过3000个的体育馆、会堂或礼堂。

（6）车站、码头建筑和民用机场航站楼中建筑面积大于3000m^{2}的候车、候船厅和航站楼的公共区。

6.10.2　备用照明的设置

消防控制室、消防水泵房、自备发电机房、配电室、防排烟机房以及发生火灾时仍需正常工作的消防设备房应设置备用照明，其作业面的最低照度不应低于保证正常照明的照度。

6.11　安全疏散设计举例

6.11.1　日本某中心大厦

日本某中心大厦9～10层设有中小电影院4座，其中两座只有池座（仅在9层），另外两座还设有楼座（9层、10层），如图6-67所示。

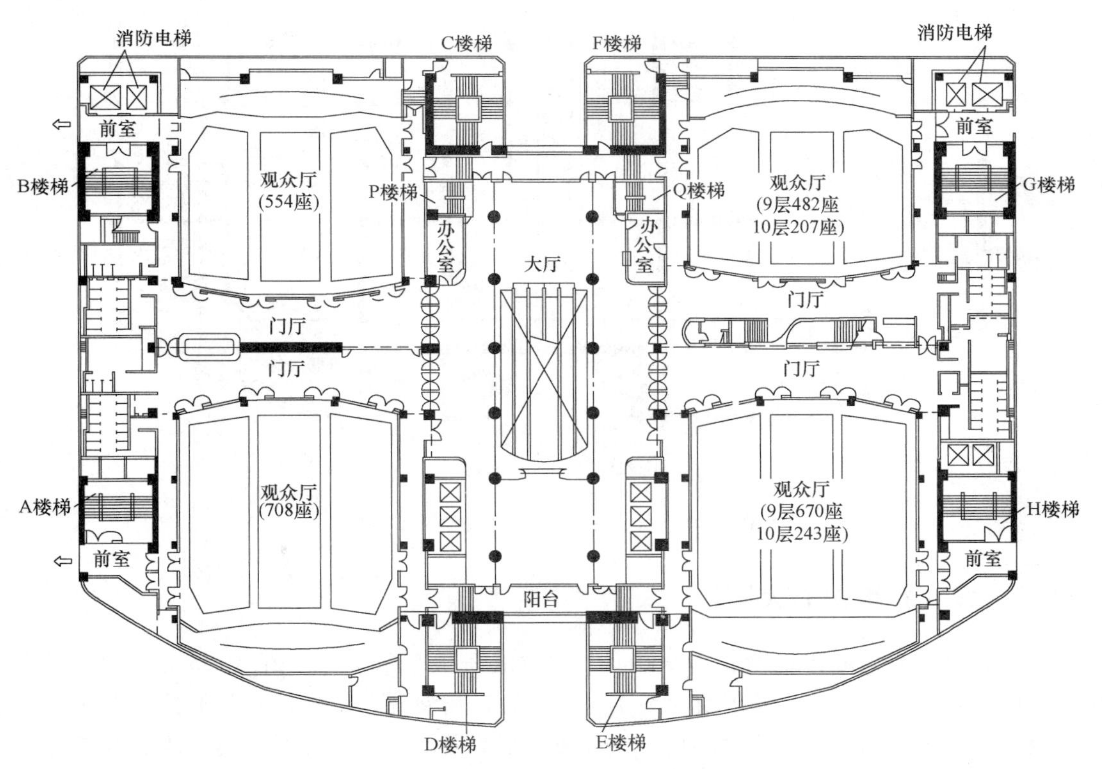

图6-67　日本某中心大厦电影院平面图

疏散楼梯与7层以下商场的位置相同，各座电影院以走廊前厅作为安全区，并与四角的疏散楼梯相连接。各个电影院出入口前的大厅，如同电影院街道一样，作为平常人员流通路线，同时作为火灾时重要的疏散路线。此外，电影院增设的P、Q两座楼梯，可通往八层避难层，既可做日常客用楼梯，又可在火灾时避难使用。但在疏散计算时并未将其计入，而是作为安全储备。

各个电影院的观众厅作为单独防火分区处理，其空调、通风设备兼作排烟设备。其他的门厅、走廊部分设一般机械排烟系统。

日常频繁使用的自动扶梯周围设计为安全走廊，与走廊连接处布置疏散楼梯。两个建筑体之间连接地带约 4m 宽，其中一半作为室内安全走廊，剩余一半作为阳台，连接两个疏散楼梯间。

图 6-68 所示为第 8 层避难层的平面图。在结构上，该层设计为防灾的缓冲区，9 层以上各电影院人员在火灾时可到该层暂时避难。该层中心部分为大厅和大厦管理用房，周边是开敞的避难回廊。该层楼板采取耐火处理，若第 7 层火灾持续时间是 3h，第 8 层地面温度不得超过 40℃。

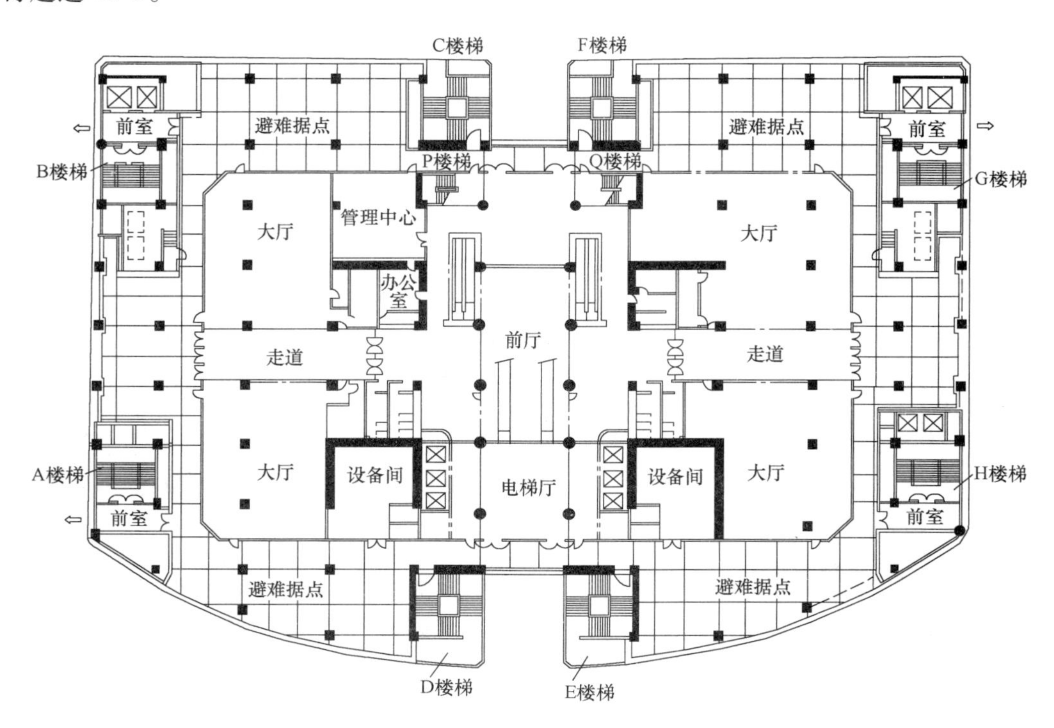

图 6-68 日本某中心大厦避难层平面图

6.11.2 日本新宿中心大厦

日本新宿中心大厦占地面积 14920m^2，总建筑面积 183063m^2，地上 55 层，地下 5 层，塔楼 3 层，高度 222.95m。基础及地下 4 层以下为钢筋混凝土结构，地下 3 层 ~ 地下 1 层为钢与钢筋混凝土结构，地上为钢结构。该大厦上部为餐厅，中部为写字楼，地下为商场、停车场。

日本新宿中心大厦的防火疏散设计原则是，排除火灾的主要因素，采取早期预防对策，加强防火管理，设计时注意防烟楼梯间前室及楼梯间加压防烟方式、中间设备层兼作避难层等问题。图 6-69 所示为新宿中心大厦避难层竖向分布示意图，图 6-70 所示为新宿中心大厦标准层和避难层（设备层）平面图。

根据各楼层使用功能的不同，将走廊、疏散楼梯间前室作为安全区进行防火、防烟分隔，使人们能够向安全性逐渐提高的场所疏散，并以建筑平面上各点能有两个方向疏散为目标，增设小楼梯，到达中间的避难层，再转换疏散楼梯避难。设备层设室外回廊，宽1.2m，既可临时避难，同时可利用联通的疏散楼梯疏散。在东侧疏散楼梯前室进行加压，防止火灾时烟气进入前室。西侧疏散楼梯在楼梯间进行加压，在前室进行自然排烟，保护楼梯间及前室不进烟气。为了防止超高层建筑楼梯间的烟囱效应，每隔13层在楼梯平台处用防火门进行分割，而且，每天操作排烟风道在各层分支处的感烟联动防火阀门，以提高防火阀门的可靠性。

此外，大厦周围街道设计为高差很小的广场，火灾时可成为疏散人员、消防队救灾的场所。地下商场设计直通室外广场的楼梯，高层建筑的地下层与其他地下空间的疏散路线分别设计，以防止火灾时人流交叉，发生混乱。

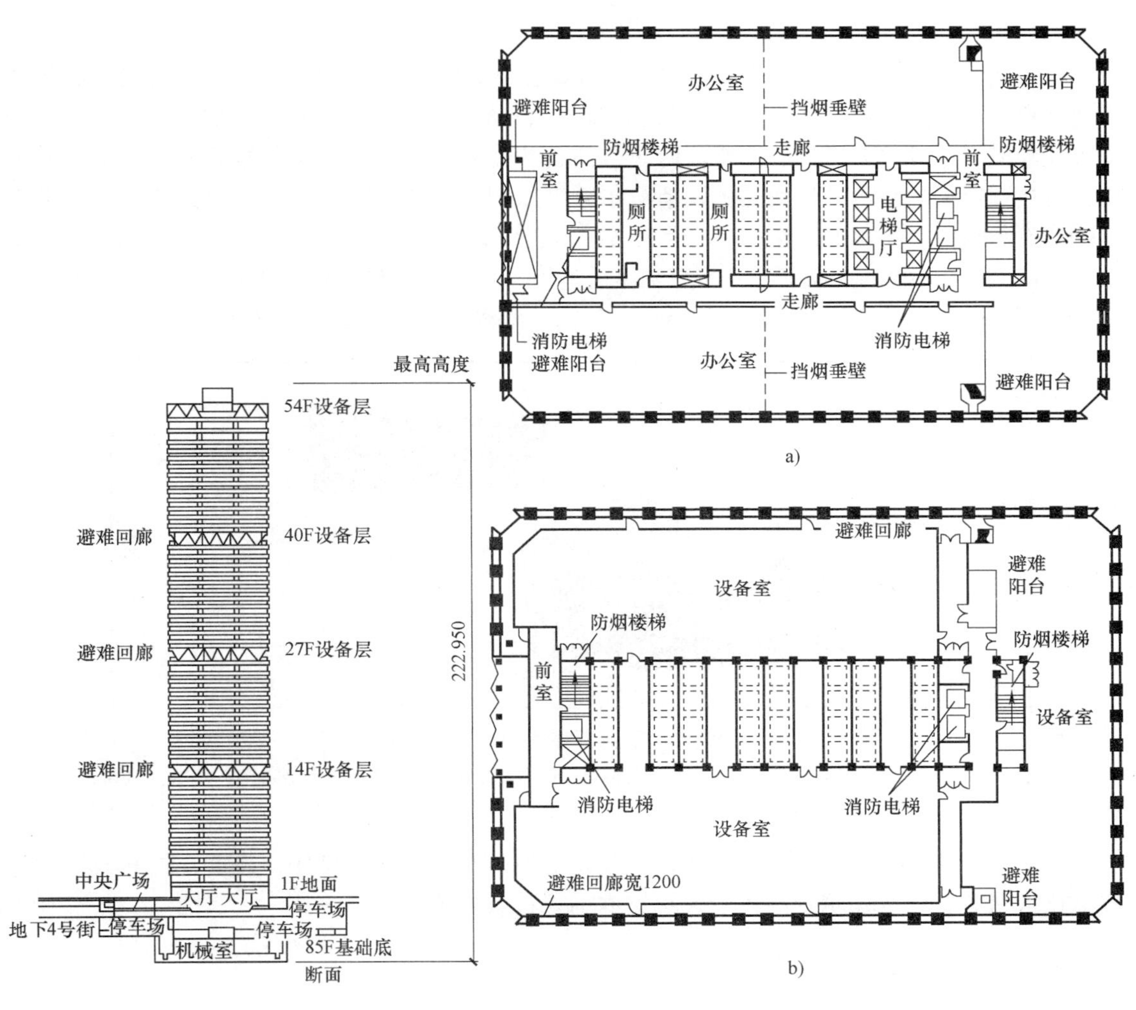

图6-69 新宿中心大厦避难层竖向分布示意图

图6-70 新宿中心大厦平面示意图

a）标准层平面图 b）避难层（设备层）平面图

第 7 章

第 7 章　灭火救援设施

7.1　消防车道

高层建筑的平面布置、空间造型和使用功能往往复杂多样，尤其是大多数高层建筑的底部都建有裙房，设计中如果对消防车道考虑不周，火灾时消防车无法靠近高层建筑主体，往往贻误灭火战机，造成重大损失。设置消防车道的目的就是，一旦发生火灾能确保消防车畅通无阻，迅速到达火场，及时扑救火灾。消防车道可以利用交通道路，但在通行的净高度、净宽度、地面承载力、转弯半径等方面应满足消防车通行、转弯与停靠的需求，并保证畅通，如图 7-1 所示。街区内的道路也应当考虑消防车的通行，室外消火栓的保护半径在 150m 左右，按规定一般设在城市道路两旁，故将道路中心线间的距离设定为不宜大于 160m。

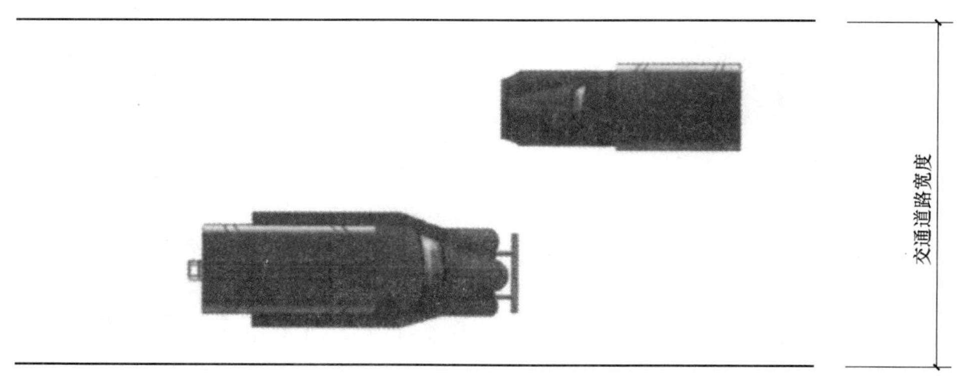

图 7-1　利用交通道路作消防车道的要求

注：利用交通道路作消防车道时：应满足通行消防车的道路净宽和净空高度均大于或等于 4.0m 的要求；应满足消防车停靠时，其他车辆与消防车错车的路宽要求。

消防车道的设置应根据当地消防部队使用的消防车辆的外形尺寸、载重、转弯半径等消防车技术参数，以及建筑物的体量大小、周围通行条件等因素确定。

7.1.1　消防车道的设置要求

1. 环形消防车道

（1）高层民用建筑，超过 3000 个座位的体育馆，超过 2000 个座位的会堂，占地面积大于 3000m^2 的商店建筑、展览建筑等单、多层公共建筑应设置环形消防车道，确有困难时，可沿建筑的两个长边设置消防车道。对于住宅建筑和山坡地或河道边临空建造的高层建筑，可沿建筑的一个长边设置消防车道，但该长边所在建筑立面应为消防车登高操作面。

（2）工厂、仓库区内应设置消防车道。高层厂房，占地面积大于3000m^{2}的甲、乙、丙类厂房和占地面积大于1500m^{2}的乙、丙类仓库，应设置环形消防车道，确有困难时，应沿建筑物的两个长边设置消防车道。

（3）可燃材料露天堆场区，液化石油气储罐区，甲、乙、丙类液体储罐区和可燃气体储罐区，应设置消防车道。消防车道的设置应符合下列规定：

1）储量大于表7-1规定的堆场、储罐区，宜设置环形消防车道。

表7-1　堆场、储罐区的储量

名称	棉、麻、毛、化纤/t	稻草、麦秸、芦苇/t	木材/m^3	甲、乙、丙类液体储罐/m^3	液化石油气储罐/m^3	可燃气体储罐/m^3
储量	1000	5000	5000	1500	500	30000

2）占地面积大于30000m^{2}的可燃材料堆场，应设置与环形消防车道相通的中间消防车道，消防车道的间距不宜大于150m。液化石油气储罐区，甲、乙、丙类液体储罐区和可燃气体储罐区内的环形消防车道之间宜设置连通的消防车道，如图7-2所示。

3）消防车道边缘距离可燃材料堆垛不应小于5m，如图7-3所示。

（4）环形消防车道至少应有两处与其他车道连通，如图7-4所示。

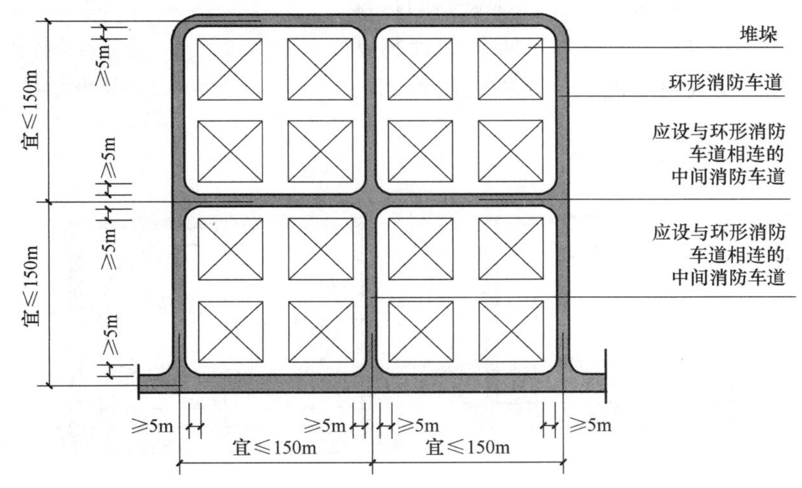

图7-2　占地面积大于30000m^{2}的可燃材料堆场消防车道设置要求

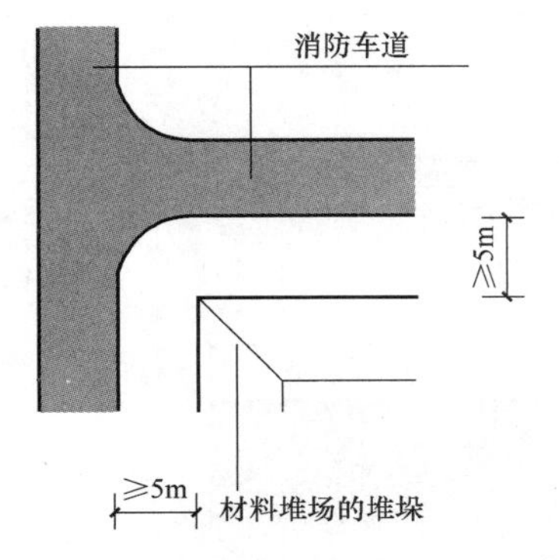

图7-3　消防车道与堆垛的距离要求

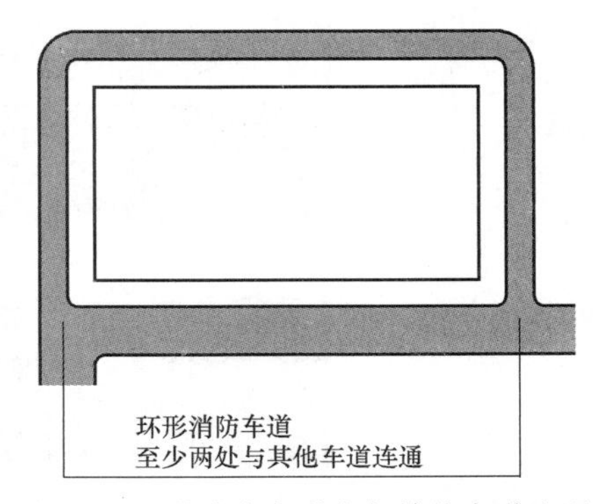

图7-4　环形消防车道应与其他车道连通

表7-2列出了周围应设置环形消防车道的建筑，确有困难时，可沿建筑的长边方向设置消防车道。

表7-2 周围应设置环形车道的建筑

建筑类型		设置要求
民用建筑	单、多层公共建筑	>3000座的体育馆
		>2000座的会堂
		占地面积>3000m² 的商店建筑、展览建筑
	高层建筑	均应设置
厂房	单、多层	占地面积>3000m² 的甲、乙、丙类厂房
	高层	均应设置
仓库		占地面积>1500m² 的乙、丙类仓库

2. 穿过建筑的消防车道

（1）针对城市区域内建筑比较密集、消防车展开灭火困难的情况，对于一些使用功能多、面积大、建筑长度长的建筑，如L形、U形、口形建筑，当建筑物沿街道部分的长度大于150m或总长度大于220m时，应设置穿过建筑物的消防车道，如图7-5所示。当确有困难时，应设置环形消防车道。根据扑救火灾和保护人员需要，建筑物的进深一般应控制在50m以内，如图7-6所示。计算建筑长度时，其内折线或内凹曲线，可按突出点间的直线距离确定；其外折线或突出曲线，应按实际长度确定，如图7-7所示。

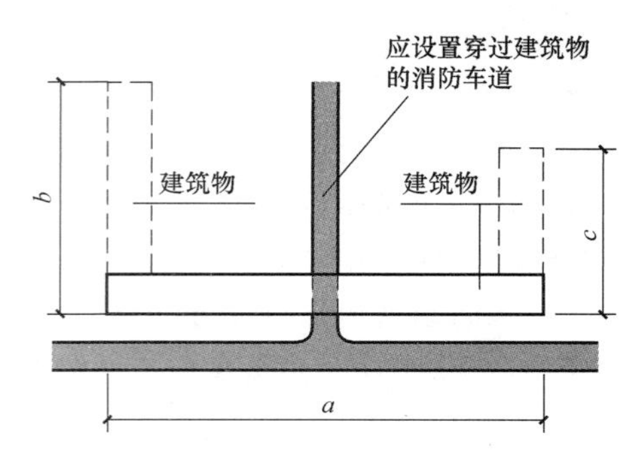

图7-5 沿街建筑设置穿过建筑物的消防车道

注：$a>150$m（长条形建筑物），$a+b>220$m（L形建筑物），$a+b+c>220$m（U形建筑物）。

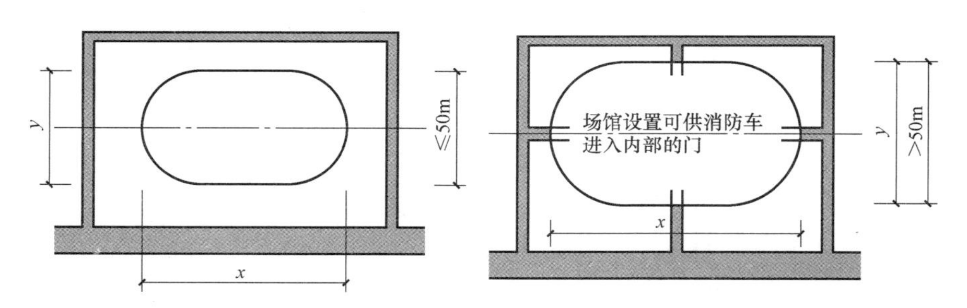

图7-6 建筑物进深与消防车道的设置

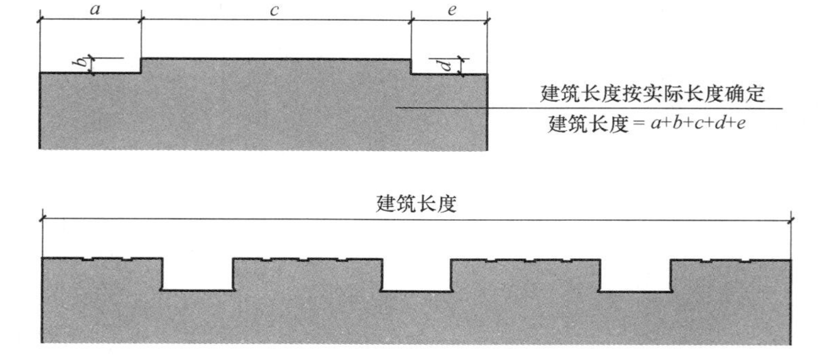

图7-7 建筑长度的确定

（2）有封闭内院或天井的建筑物，为满足消防车在火灾时方便进入内院展开救援操作及回车需要，当内院或天井的短边长度大于24m时，宜设置进入内院或天井的消防车道，如图7-8所示。当该建筑物沿街时，应设置连通街道和内院的人行通道（可利用楼梯间），其间距不宜大于80m，如图7-9所示。

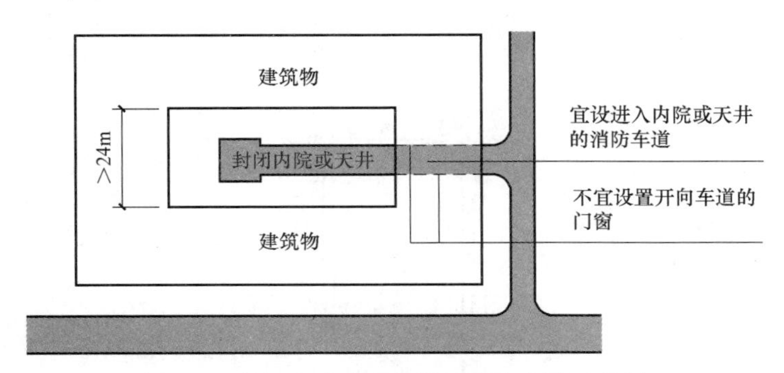

图7-8　封闭内院或天井设置消防车道示意图

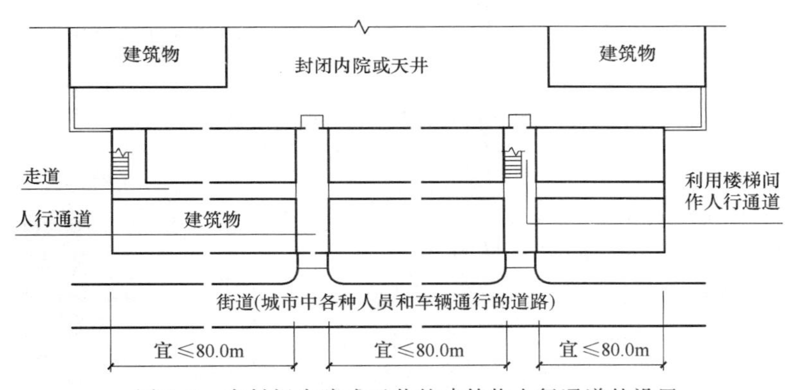

图7-9　有封闭内院或天井的建筑物人行通道的设置

（3）在穿过建筑物或进入建筑物内院的消防车道两侧，不应设置影响消防车通行或人员安全疏散的设施，如图7-10所示。

3. 尽头式消防车道

当建筑和场所的周边受地形环境条件限制，难以设置环形消防车道或与其他道路连通的消防车道时，可设置尽头式消防车道。

4. 消防水源地消防车道

供消防车取水的天然水源和消防水池应设置消防车道。消防车道边缘距离取水点不宜大于2m。

7.1.2　消防车道的技术要求

1. 消防车道的净宽和净高

根据目前国内所使用的各种消防车辆外形尺寸、按照单车道并考虑消防车快速通行的需要，规定消防车道的净宽度和净空高度均不应小于4m，消防车道的坡度不宜大于8%。对于一些需要使用或穿过特种消防车辆的建筑物、道路桥梁，还应根据实际情况增加消防车道

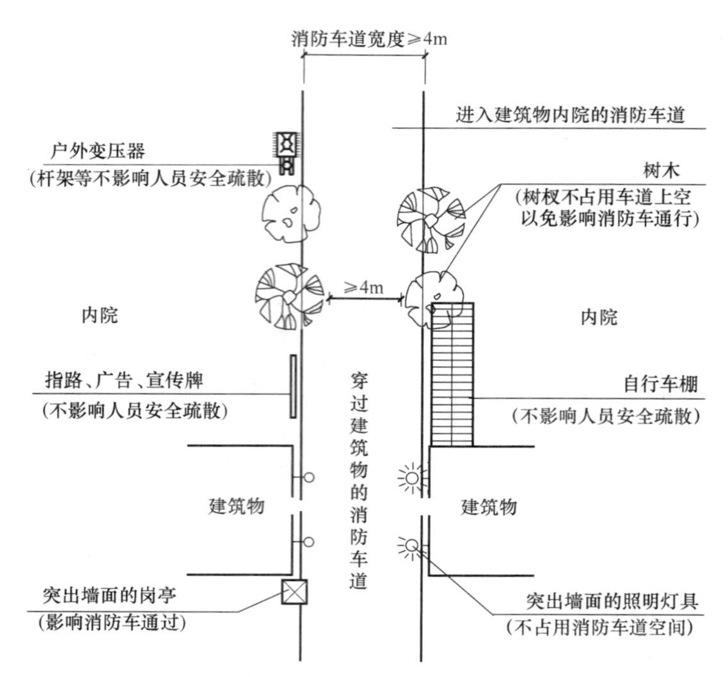

图 7-10 穿过建筑物的消防车道两侧影响通行的设施

的宽度与净空高度。

2. 消防车道的最小转弯半径

车道转弯处应考虑消防车的最小转弯半径，以便于消防车顺利通行。消防车的最小转弯半径是指消防车回转时消防车的前轮外侧循圆曲线行走轨迹的半径。轻系列消防车≥7m，中系列消防车≥9m，重系列消防车≥12m，因此，弯道外侧需要保留一定的空间，保证消防车紧急通行，停车场或其他设施不能侵占消防车道的宽度，以免影响扑救工作，如图 7-11 所示。

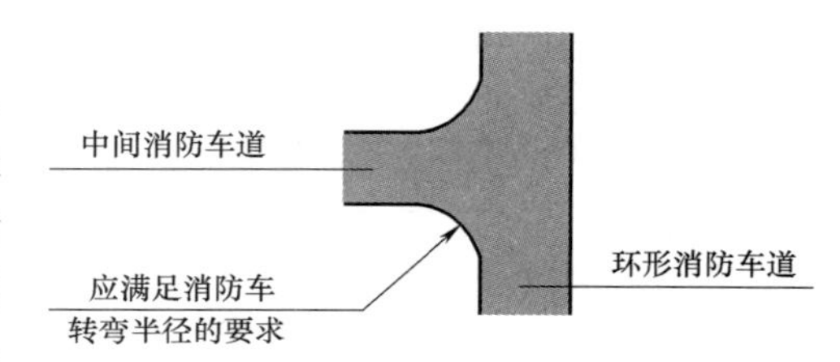

图 7-11 消防车道转弯半径的要求

注：一般情况下：普通消防车的转弯半径为 9m；登高车的转弯半径为 12m；一些特种车辆的转弯半径为 16～20m。

由于当前在城市或某些区域内的消防车道，大多数需要利用城市道路或居住小区内的公共道路，因此，无论是专用消防车道还是兼作消防车道的其他道路或公路，均需要满足消防车的转弯半径要求，该转弯半径可以结合当地消防车的配置情况和区域内的建筑物建设与规划情况综合考虑确定。

3. 消防车道的回车场

尽头式消防车道应设置回车道或回车场。回车场的面积不应小于 12m×12m；对于高层建筑，回车场不宜小于 15m×15m；供重型消防车使用时，不宜小于 18m×18m，如图 7-12 所示。图 7-13 为几种尽头式消防车道回车场示意图。

4. 消防车道的间距

室外消火栓的保护半径在 150m 左右，按规定一般设在城市道路两旁，故将消防车道的间距定为 160m。

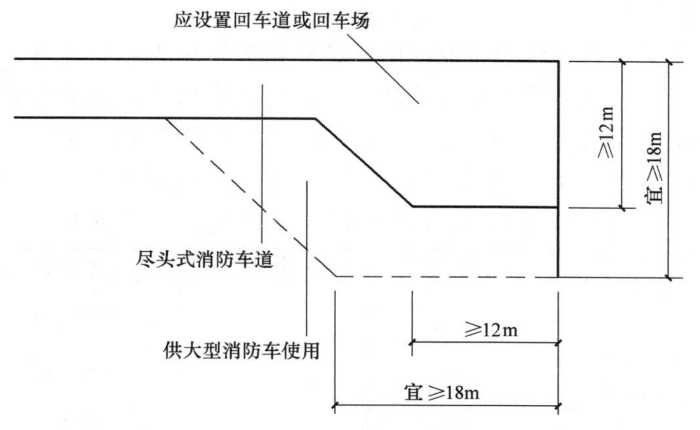

图7-12　尽头式消防车道回车场设置要求

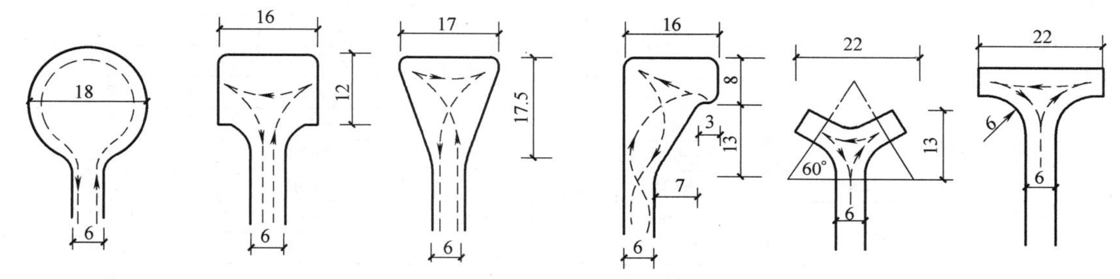

图7-13　几种尽头式消防车道回车场示意图（单位：m）

另外，为避免延误消防车奔赴火场的时间，消防车道不宜与铁路正线平交。确需平交时，应设置备用车道，且两车道的间距不应小于一列火车的长度，如图7-14所示。据成都铁路局提供的数据，目前一列火车的长度一般不大于900m，新型16车编组的和谐号动车，长度不超过402m。对于通行特殊超长火车的地方，需根据铁路部门提供的数据确定。

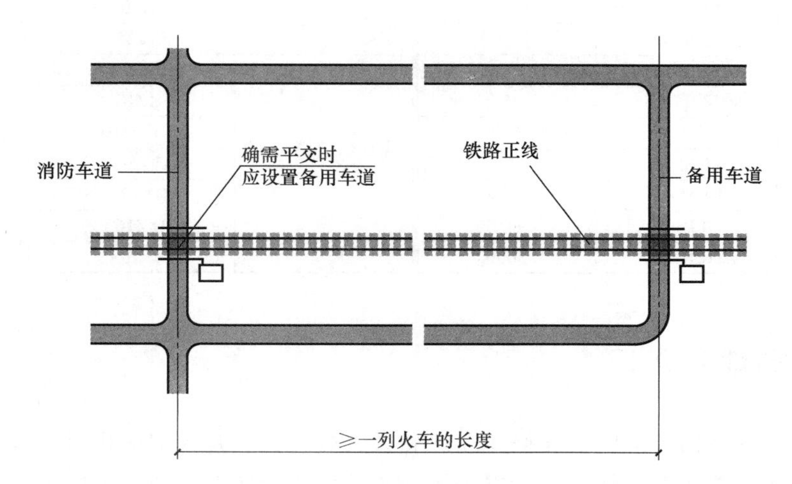

图7-14　消防车道和铁路正线平交时的设置要求

注：一列火车的长度，可参考下列数据：一节火车车厢的长度为27～28m；客车约为18节、货车可达40节；大秦线等主要干线的车站到发线长度约为1000m；一般车站到发线长度，客车约大于或等于850m，山区到发线长度约为650m。

5. 消防车道的荷载

消防车道的路面、救援操作场地及消防车道和救援操作场地下面的管道和暗沟等，应能承受重型消防车的压力，且应考虑建筑物的高度、规模及当地消防车的实际参数。轻、中系列消防车最大总质量不超过 11t；重系列消防车最大总质量为 15 ~ 50 t。表 7-3 所列为各种消防车的满载（不包括消防员）总质量，可供设计消防车道时参考。

表 7-3 各种消防车的满载（不包括消防员）总质量 （单位：kg）

名称	型号	满载质量
水罐车	SG65 SG65A	17286
	SHX5350 GXFSG160	35300
	CG60	17000
	SG120	26000
	SG40	13320
	SG55	14500
	SG60	14100
	SG170	31200
	SG35ZP	9365
	SG80	19000
	SG85	18525
	SG70	13260
	SP30	9210
	EQ144	5000
	SG36	9700
	EQ153AF	5500
	SG110	26450
	SG35GD	11000
	SH5140 GXFSG55GD	4000
泡沫车	PM40ZP	11500
	PM55	14100
	PM60ZP	1900
	PM80, PM85	18525
	PM120	26000
	PM35ZP	9210
	PM55GD	14500
	PP30	9410
	EQ140	3000

名称	型号	满载质量
泡沫车	CPP181	2900
	PM35GD	11000
	PM50ZD	12500
供水车	GS140ZP	26325
	GS150ZP	31500
	GS150P	14100
	东风 144	5500
	GS70	13315
	GS1802P	31500
干粉车	GF30	1800
	GF60	2600
干粉—泡沫联用消防车	PF45	17286
	PF110	2600
登高平台车	CDZ53	33000
	CDZ40	2630
	CDZ32	2700
	CDZ20	9600
举高喷射消防车	CJQ25	11095
抢险救援车	SHX5110TT XFQJ73	14500
消防通信指挥车	CX10	3230
	FXZ25	2160
火场供给消防车	FXZ25A	2470
	FXZ10	2200
	XXFZM10	3864
	XXFZM12	5300
	TQXZ20	5020
	QXZ16	4095

7.2 救援场地和入口

建筑的消防登高面、消防登高操作场地和灭火救援窗，是火灾时进行有效灭火救援行动的重要设施。登高消防车能够靠近高层主体建筑，便于消防车作业和消防人员进入高层建筑进行抢救人员和扑救火灾的建筑立面，称为该建筑的消防登高面，也叫建筑的消防扑救面。在高层建筑的消防登高面一侧，地面必须设置消防车道和供消防车停靠并进行灭火救人的作业场地，叫作消防登高操作场地。在高层建筑的消防登高面一侧外墙上设置的供消防人员快速进入建筑主体且便于识别的灭火救援窗口，称为灭火救援窗。

7.2.1　合理确定消防车登高面

在发生火灾时，消防车辆需要迅速靠近起火建筑进行救火作业。对于高层建筑，特别是布置有裙房的建筑，要认真考虑合理布置，确保登高消防车能够靠近高层主体建筑，便于登高消防车开展灭火救援。为了不影响扑救工作，每座高层建筑应至少沿一个长边或周边长度的1/4且不小于一个长边长度的底边连续布置消防车登高操作场地，该范围内的裙房进深不应大于4m，如图7-15a所示。建筑高度不大于50m的建筑，连续布置消防车登高操作场地有困难时，可间隔布置，但间隔距离不宜大于30m，且消防车登高操作场地的总长度仍应符合上述规定。由于建筑场地受多方面因素限制，该项规定为最基本的布置要求，有条件的要尽量使建筑周边具有更大的救援场地，特别是长边方向，如图7-15b所示。

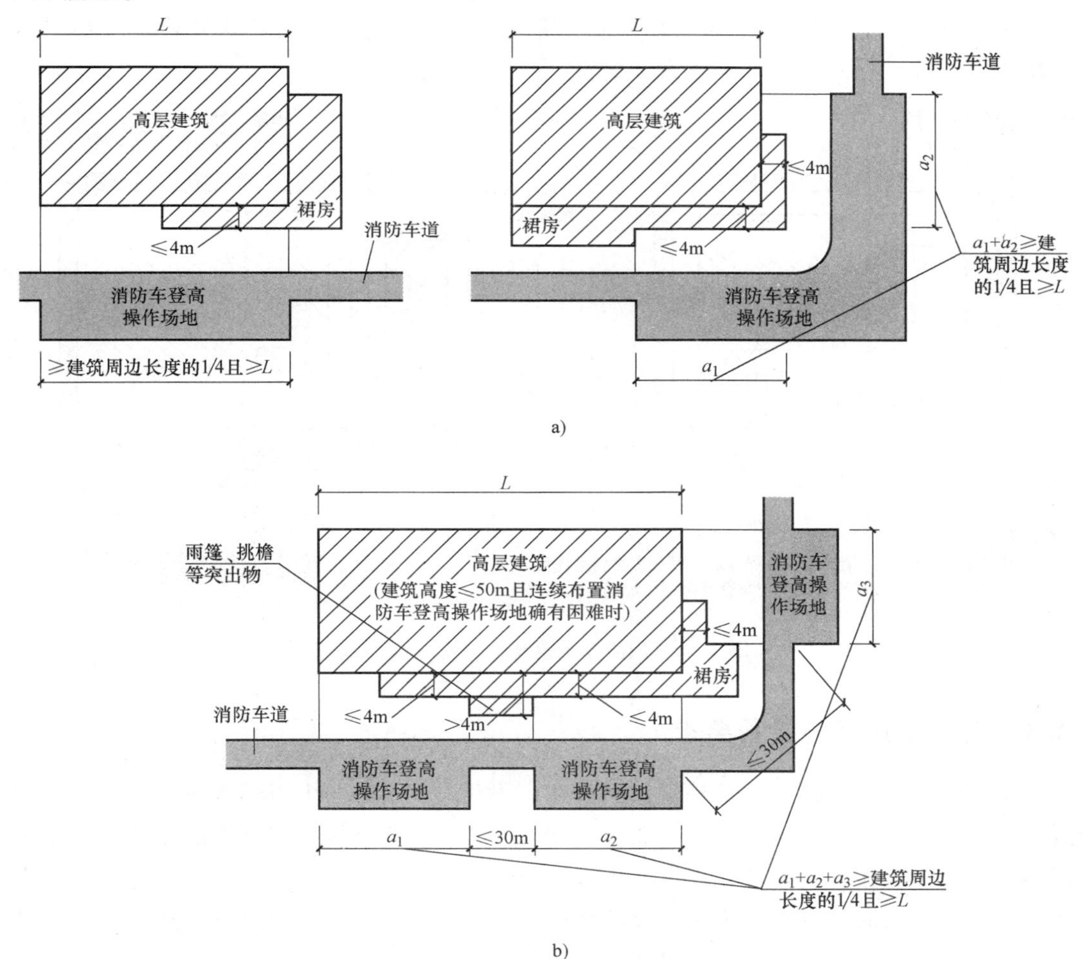

图7-15　高层建筑裙房及消防车登高操作场地的布置要求

另外，为使消防员能尽快安全到达着火层，在建筑与消防车登高操作场地相对应的范围内，应设置直通室外的楼梯或直通楼梯间的入口，特别是高层建筑和地下建筑，如图 7-16 所示。灭火救援时，消防员一般要通过建筑物直通室外的楼梯间或出入口，从楼梯间进入着火层对该层及其上、下部楼层进行内攻灭火和搜索救人。对于埋深较深或地下面积大的地下建筑，还有必要结合消防电梯的设置，在设计中考虑设置供专业消防人员出入火场的专用出入口。

7.2.2 消防车登高操作场地的设置要求

消防车登高操作场地如图 7-16 所示，应符合下列规定：

（1）场地与厂房、仓库、民用建筑之间不应设置妨碍消防车操作的树木、架空管线等障碍物和车库出入口。

（2）场地的长度和宽度分别不应小于 15m 和 10m。对于建筑高度大于 50m 的建筑，场地的长度和宽度分别不应小于 20m 和 10m。

（3）场地及其下面的建筑结构、管道和暗沟等，应能承受重型消防车的压力。

（4）场地应与消防车道连通，场地靠建筑外墙一侧的边缘距离建筑外墙不宜小于 5m，且不应大于 10m，场地的坡度不宜大于 3%。

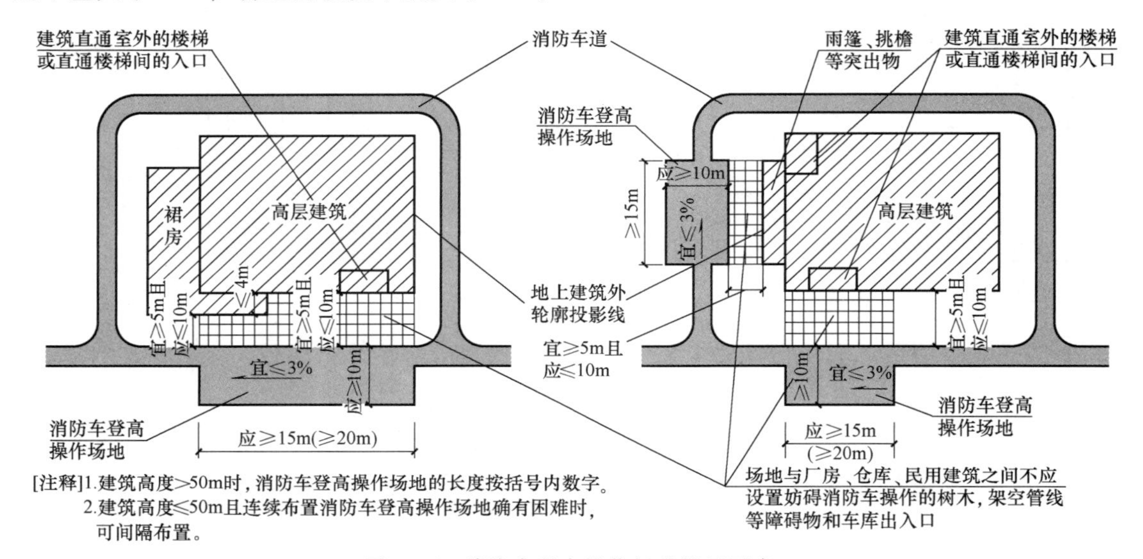

图 7-16 消防车登高操作场地设置要求

7.2.3 灭火救援窗的设置要求

过去，绝大部分建筑均开设外窗。而现在，不仅仓库、洁净厂房无外窗或外窗开设少，而且一些大型公共建筑，如商场、商业综合体、设置玻璃幕墙或金属幕墙的建筑等，在外墙上均很少设置可直接开向室外并可供人员进入的外窗。而在实际火灾事故中，大部分建筑的火灾在消防队到达时均已发展到比较大的规模，从楼梯间进入有时难以直接接近火源，但灭火时只有将灭火剂直接作用于火源或燃烧的可燃物，才能有效灭火。因此，在厂房、仓库、公共建筑的外墙设置可供专业消防人员使用的入口，对于方便消防员灭火救援十分必要。救援窗口的设置既要结合楼层走道在外墙上的开口，还要结合避难层、避难间以及救援场地，在外墙上选择合适的位置进行设置。为方便使用，供消防救援人员进入的窗口的大小、位置、标识应易于人员携带装备安全进入，且便于快速识别和使用。该开口的净高度和净宽度均不应小于1.0m，下沿距室内地面不宜大于1.2m，间距不宜大于20m且每个防火分区不应少于2个，设置位置应与消防车登高操作场地相对应。窗口的玻璃应易于破碎，并应设置可在室外易于识别的明显标志，如图7-17所示。

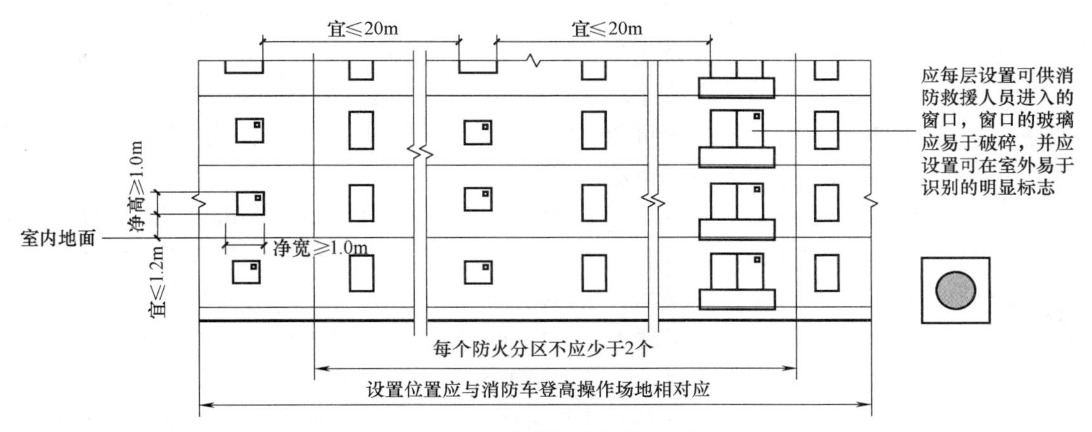

图7-17　灭火救援窗的设置要求

7.3　消防电梯

高层建筑发生火灾时，要求消防队员能迅速到达高层起火部位开展灭火救援工作。设置消防电梯能节省消防员的体力，使消防员能快速接近着火区域，提高战斗力和灭火效果。

在正常情况下对消防员的测试结果显示，消防员从楼梯攀登的有利登高高度一般不大于23m，否则，对人体的体力消耗很大，难以有效地进行灭火战斗，而且还易受到疏散人员的阻挡。对于地下建筑，由于排烟、通风条件很差，受当前装备的限制，消防员通过楼梯进入地下的火灾危险性较地上建筑要高，因此，要尽量缩短到达火场的时间。由于普通的客、货电梯，不具备防火、防烟条件，火灾时往往电源没有保证，不能用于消防员的灭火救援。因此，要求高层建筑和埋深较大的地下建筑设置供消防员专用的消防电梯。符合消防电梯要求的客梯或工作电梯，可以兼作消防电梯。老年人照料设施内的非消防电梯应采取防烟设施，当火灾情况下需要用于辅助人员疏散时，该电梯及其设置应符合有关消防电梯及其设置的要求。

7.3.1　消防电梯的设置范围和数量

下列建筑应设置消防电梯：①建筑高度大于33m的住宅建筑；②一类高层公共建筑和建筑高度大于32m的二类高层公共建筑、5层及以上且总建筑面积大于3000m^2（包括设置在其他建筑内5层及以上楼层）的老年人照料设施；③设置消防电梯的建筑的地下或半地下室，埋深大于10m且总建筑面积大于3000m^{2}的其他地下或半地下建筑（室）；④除室内无车道且无人员停留的机械式汽车库外，建筑高度超过32m的高层汽车库。

消防电梯应分别设置在不同防火分区内，且每个防火分区不应少于1台。建筑高度大于32m且设置电梯的高层厂房（仓库），每个防火分区内宜设置1台消防电梯。

建筑高度大于 32m 且设置电梯，任一层工作平台人数不超过 2 人的高层塔架；局部建筑高度大于 32m，且局部高出部分的每层建筑面积不大于 $50m^2$ 的丁、戊类厂房，由于面积和火灾危险性小，可不设置消防电梯。

7.3.2 消防电梯前室

火灾时，为使消防队员在起火楼层有一个较为安全的地方放置必要的消防器材，并能顺利地进行火灾扑救，消防电梯应该设置前室。为保证消防电梯的安全运行和消防员的行动安全，这个前室和防烟楼梯间的前室一样，具有相同的防火、防烟功能。当消防电梯室具有良好的通风排烟条件时，也可以不设置防烟前室，如设在仓库连廊、冷库穿堂或谷物筒仓工作塔内的消防电梯。消防电梯的前室应满足以下规定：

（1）前室宜靠外墙设置，并应在首层直通室外或经过长度不大于 30m 的通道通向室外。消防电梯为火灾时相对安全的竖向通道，靠外墙设置既安全，又便于采用可靠的天然采光和自然排烟防烟方式，其出口在首层要能直接通向室外，这样可方便消防队员尽快经过消防电梯到达起火楼层。一些受平面布置限制不能直接通向室外的电梯出口，可以采用受防火保护的通道，不经过任何其他房间通向室外，该通道要具有防烟性能。

（2）前室的使用面积不应小于 $6.0m^2$；与防烟楼梯间合用的前室，对于公共建筑和高层厂房（仓库），其面积不应小于 $10.0m^2$，对于住宅建筑，其面积不应小于 $6.0m^2$；与住宅剪刀防烟楼梯间共用前室时，其前室使用面积不应小于 $12.0m^2$，且短边不应小于 2.4m。

（3）除前室的出入口、前室内设置的正压送风口外，前室不应开设其他门、窗、洞口。建筑高度大于 33m 的住宅建筑，确有困难时，户门可开向前室，但是同一楼层或单元的开向前室的户门不应大于 3 樘。

（4）前室或合用前室的门应采用乙级防火门，不应设置卷帘。

7.3.3 消防电梯井的设置要求

（1）消防电梯井、机房与相邻电梯井、机房之间，应设置耐火极限不低于 2.00h 的防火隔墙，隔墙上的门应采用甲级防火门。

（2）救火过程中，可能有大量的消防用水浸入电梯井，因此，消防电梯间前室门口宜设置挡水设施，如图 7-18 所示。同时，消防电梯的井底应设置排水设施。排水井的容量不应小于 $2m^3$，排水泵的排水量不应小于 10L/s，如图7-19所示。

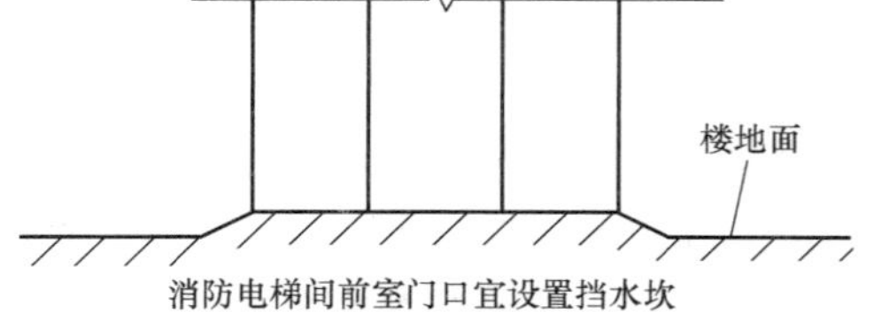

图 7-18 消防电梯前室防水设置图

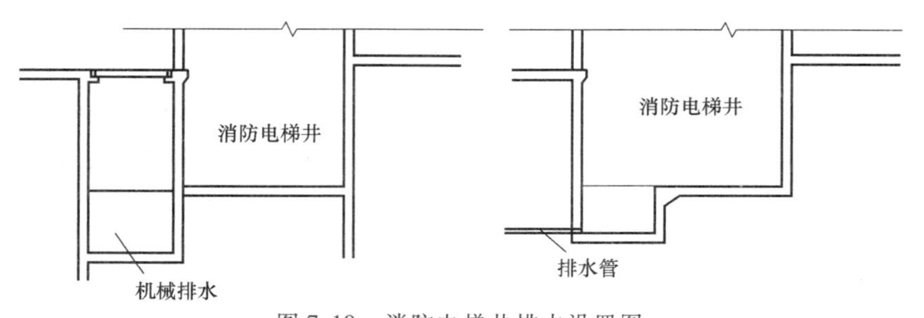

图 7-19 消防电梯井排水设置图

7.3.4 消防电梯的设置要求

(1) 应能每层停靠，包括地下室各层。着火时，要首先停靠在首层，以便于展开消防救援。

(2) 电梯的载质量不应小于800kg，这样，火灾时可以将一个战斗班的消防队员和随身携带的装备运到火场。对于医院建筑等类似建筑，消防电梯轿厢内的净面积尚需考虑病人、残障人员等的救援以及方便对外联络的需要。

(3) 电梯从首层到顶层的运行时间不宜大于60s，目的是尽快把高层建筑火灾扑灭在火灾初期。

(4) 电梯的动力与控制电缆、电线、控制面板应采取防水措施。

(5) 在首层的消防电梯入口处，应设置供消防队员专用的操作按钮；当消防队员操作此按钮时，消防电梯立即回到首层或指定楼层，事故电源启动，排烟风机开启等。

(6) 电梯轿厢的内装修应采用不燃材料。火灾时消防电梯轿厢要在火灾层停留或穿行，采用不燃材料做装修，有利于提高自身的安全性。应优先考虑用不锈钢、铝合金等不燃装修材料。

(7) 电梯轿厢内部应设置专用消防对讲电话，以便消防队员与防灾中心、火场指挥部保持通话联系。

图7-20为消防电梯平面防火布置图。

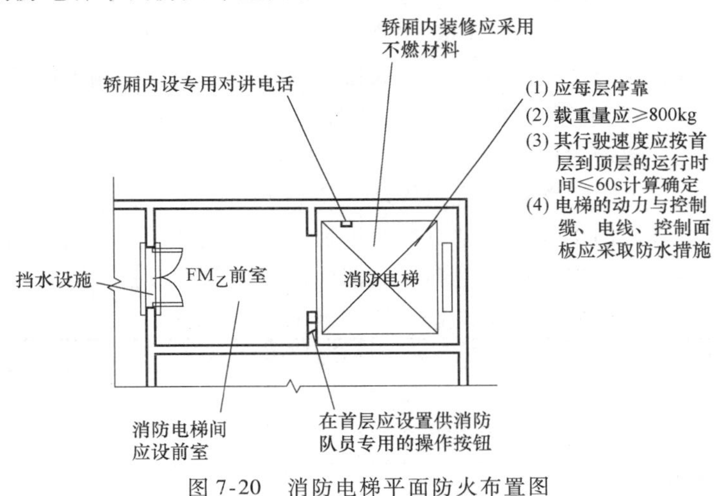

图7-20 消防电梯平面防火布置图

当发生火灾时，消防电梯在受消防控制中心指令或首层消防队员专用操作按钮控制进入消防状态的情况下，应达到：

(1) 电梯如果正处于上行中，则立即在最近层停靠，不开门，然后返回首层站，并自动打开电梯门。

(2) 如果电梯处于下行中，立即关门返回首层站，并自动打开电梯门。

(3) 如果电梯已在首层，则立即打开电梯门进入消防员专用状态。

(4) 各楼层的叫梯按钮失去作用，召唤切除。

(5) 恢复轿厢内指令按钮功能，以便消防队员操作。

(6) 关门按钮无自保持功能。

7.4 直升机停机坪

建筑高度大于100m且标准层建筑面积大于2000m^{2}的公共建筑，宜设置屋顶直升机停机坪或供直升机救助的设施。从避难的角度看，可以把它看作垂直疏散的辅助设施之一，可营救被困于屋顶的避难者。此外，在特殊情况下，为空运消防人员和必要的消防器材提供条件，以便灭火救援。最关键的是可有效侦察火场火情，为整体的救火部署提供参考。因此，从消防角度来说，它是十分有效的疏散及灭火救援的辅助设施。屋顶直升机停机坪的设置要尽量结合城市消防站建设和规划布局。当设置屋顶直升机停机坪确有困难时，可设置能保证直升机安全悬停与救援的设施。

7.4.1 设置直升机停机坪的意义

直升机有时因为气象、位置环境等因素的影响，不一定都能发挥作用，但它不失为超高层建筑的重要辅助疏散设施。直升机在超高层建筑中成功地安全疏散人员始于20世纪70年代初，其中世界上较有影响的案例如巴西圣保罗市31层的安德劳斯大楼火灾，11架直升机在4h内成功地营救出该建筑屋顶停机坪上的410名避难者，占大楼人员的50%左右。1973年7月23日，哥伦比亚波哥大市高36层的航空楼发生火灾，当局出动5架直升机，经过10个多小时抢救，从屋顶救出250人。1981年智利桑塔玛利埃大楼发生火灾后，直升机悬停于屋顶，运送300多名消防员进入救火，使火势很快得到控制。影响大的反面例子是巴西圣保罗市焦玛大楼火灾，1974年发生火灾时，因屋顶未设置直升机停机坪，而且火势迅猛，直升机无法靠近屋顶，致使在屋顶避难的90人死于高温浓烟之中。

目前，我国北京、上海、深圳、杭州等地的超高层建筑中有很多设置了屋顶直升机停机坪。杭州的钱江世纪城，15%的高层建筑都要规划直升机停机坪，杭州也因此成为国内第一个完成直升机停机坪布点规划的城市中心区。国内设置屋顶直升机停机坪的建筑见表7-4。

表7-4 国内设置屋顶直升机停机坪的建筑

建筑名称	用途	楼层数
上海新锦江大酒店	旅馆	43
北京国际贸易中心	办公	39
南京金陵饭店	旅馆	37
深圳国际贸易中心	办公	50
上海希尔顿饭店	旅馆	42
北京急救中心	抢救病员	

我国在消防疏散中用直升机存在的几个问题：①我国消防队没有直升机编制，一旦发生火灾，若调动其他直升机会延误救援时间；②直升机容量小，救援速度慢；③直升机停机坪加大了基建投资。因此，规范并没有对此提出强制要求。

针对斜面楼顶的高层建筑无法建直升机停机坪的情况，国内提出了一种新的设计形式：楼顶“直升机救援口”。楼顶留有救援口，不仅方便直升机救援，还可为烟气排放提供通道。设计时，救援口下面建有板楼救援平台，表面设有荧光标志、照明设施。消防楼梯直接与救援平台连接，当发生火灾等紧急情况时，救援直升机放置救生吊篮或缆索，供人员逃生使用。在高层建筑顶端设计救援口，其大小、形状、规格等，国内目前尚无统一规定，设计时可由消防专项规划专家评审会进行评审。

7.4.2 直升机停机坪的设置要求

停机坪的设计是一个结合建筑、结构、场道、通信、导航、消防、助航灯光等多专业的系统工程，设计时应该注意以下几个方面：

1. 停机坪位置

直升机停机坪设置的位置一般有两种：一种是直接设在屋顶平台上；另一种是设在屋顶设备机房的上部。设在屋顶平台上时，距设备机房、电梯机房、水箱间、共用天线等突出物的距离不应小于5.0m，如图7-21所示。设在设备机房（如电梯机房、屋顶水箱等）上部的停机坪，由于高出屋顶层，避免了周围障碍物的影响，但应注意有足够的入口至停机坪。

以上两种设置方法视具体情况采用，但后者较前者安全。因为火灾时，人们涌上屋顶避难易造成混乱局面，这样势必给营救工作带来困难，可能造成意外事故。而设在屋顶层上部的停机坪可避免这一点，因为屋顶层作为避难层时，起了缓冲疏散的作用。

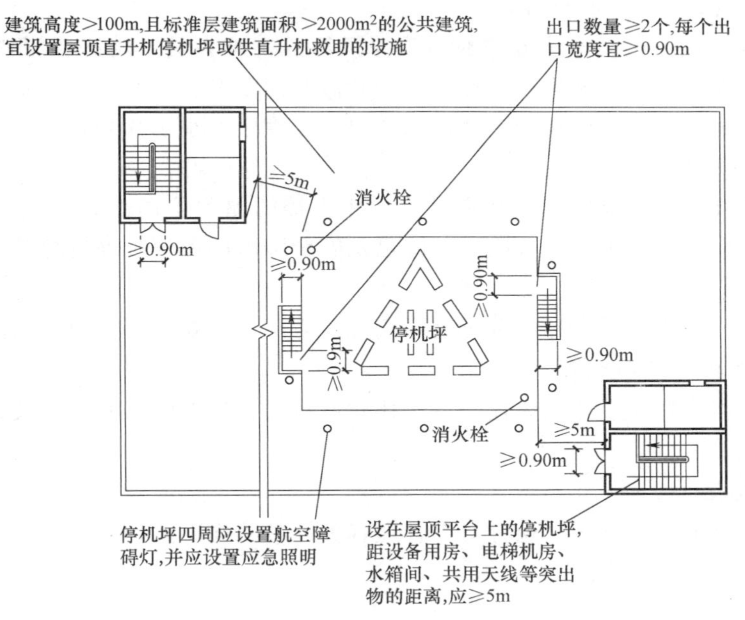

图7-21 屋顶停机坪平面布局示意图

2. 停机坪大小和形式

停机坪的大小取决于直升机的大小，也就是直升机的机翼直径 D 和飞机的长度。停机坪外形一般采用圆形、方形和矩形，如图7-22所示。采用圆形和方形时，停机坪的大小应为 $1.5D$；采用矩形时，停机坪的最短边不应小于直升机的全长。

3. 停机坪荷重计算

起降区场地的耐压强度，由直升机的动荷载、静荷载以及起落架的构造形式决定。同时考虑冲击荷载的影响，以防直升机降落控制不良，导致建筑物破坏。为使停机坪区域内结构强度满足直升机起落的要求，停机坪宜按承受等效均布荷载计算。其荷载应根据直升机总重按局部荷载考虑，同时其等效均布荷载不低于 $5.0kN/m^2$，并考虑动力系数。

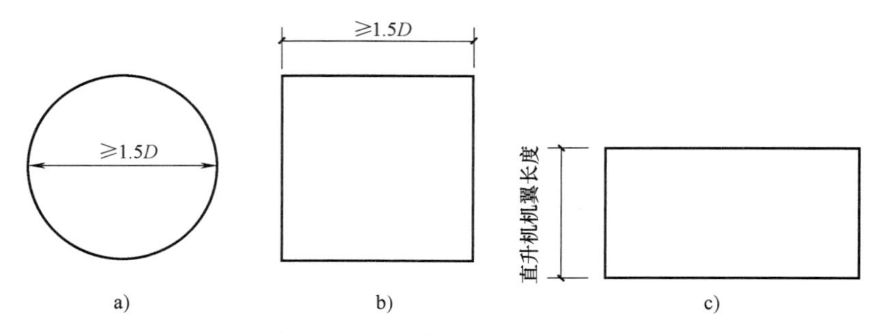

图 7-22 屋顶停机坪平面示意图

a）圆形停机坪示意图 b）方形停机坪示意图 c）矩形停机坪示意图

4. 停机坪灯光

为了保障直升机的夜间起降，完成灭火救援工作，停机坪四周应设置航空障碍灯，并应设置应急照明。

5. 停机坪待救区和出口

设置待救区，以容纳疏散到屋顶停机坪的避难人员。用钢制栅栏等与直升机起降区分隔，防止避难人员涌至直升机处，延误营救时间及避免营救工作中不应有的伤亡事故。停机坪通向屋面的出口不应少于 2 个，每个出口宽度不宜小于 0.9m。

6. 停机坪标志

停机坪应有明显标志，特别是当一座大楼的屋顶层局部为停机坪时，这种标志尤为重要，它不但为驾驶员提供方向，同时也是安全降落的保证。停机坪常用符号“H”表示，符号所用色彩为白色。

此外，停机坪还应标出额定起降直升机荷载，主要起落方向，起落区、安全区等。

7. 停机坪消防设施

在适当位置应设置消火栓，用于扑救避难人员带来的火种，以及直升机可能发生的火灾事故。

8. 其他

其他要求应符合国家现行航空管理有关标准的规定。

第8章

第8章　木结构建筑防火设计

8.1　概述

近代木结构是在产业革命以后，随着房屋和桥梁的建设而发展起来的。木结构是单纯由木材或主要由木材承受荷载的结构，通过各种金属连接件或榫卯手段进行连接和固定。这种结构因为是由天然材料所组成，受着材料本身条件的限制，因而木结构多用在民用和中小型工业厂房的屋盖中。木屋盖结构包括木屋架、支撑系统、吊顶、挂瓦条及屋面板等。

一般木结构建筑是指楼层数不高，用木骨架组合墙体建造的单户家庭住宅等建筑，也可以建造一些公寓、集体宿舍、宾馆和会议中心等公共建筑。目前，在欧美等国家多数住宅采用木结构建筑形式，木结构建筑体系比较完整，建筑技术也相当成熟。我国从20世纪80年代开始，在一些城市规划建设中，由于受木材资源和防火规范要求的限制，一度限制了木结构建筑技术的发展。现存木结构建筑都是历史上遗留下来的老建筑，多数为砖木结构。在偏远山区和旅游景区内有纯木结构建筑，没有相应防火措施，结构构件耐火等级低。

木结构建筑给人一种宁静、温馨、舒适的感觉。与其他结构比较，木结构具有施工简捷、工期短、节能减排、抗震等优点。在对木材的防腐、防虫、防火措施日臻完善的条件下，充分发挥木材自重轻、制作方便的优点，做到次材优用，小材大用，提高木材的利用率，木材除继续用于一般建筑外，在大跨度建筑屋盖结构方面有其一定的前途。因此，如果在建造时严格按照相关标准设计、施工和验收，木结构建筑对提高人民生活水平，保护人居环境起到良好作用。据调查了解，我国在北京、上海、大连、青岛、杭州、广州等地出现了一些木结构建筑，并具有一定规模的市场。

木结构建筑火灾具有以下特点：

（1）燃烧猛烈，蔓延迅速。砖木结构建筑的门、窗、内隔墙、楼梯、楼板、顶棚、房盖都是用木质等可燃材料建造的，火灾中火势会在房间内沿可燃构件和物品蔓延，一旦火势烧穿门、窗、顶棚（吊顶）或房盖，火势会迅速发展。

（2）易形成立体火灾。砖木结构建筑的楼房起火后，火势除迅速向水平方向蔓延外，会直接沿墙体或烧穿楼板进行垂直蔓延，形成立体燃烧。

（3）容易产生飞火。这是木结构建筑发生火灾后的明显特点之一，燃烧过程中不断会有燃烧着的木块飞向四周，引起周边树木、草地和房屋起火。

（4）建筑易垮塌。火灾中木制的梁、柱、楼板、吊顶、屋盖等建筑物承重构件，在火焰的作用下，在一定时间内就会因失去承载力，造成建筑结构的局部或整体垮塌。屋盖、吊顶、楼板的垮塌现象尤为常见。

（5）易造成人员伤亡。多层木结构的住宅，居住人员多，疏散通道少，楼梯陡，走廊窄，如果起火点在一、二层或靠近疏散楼道，大火会迅速封堵疏散通道，使人员无法逃生。

由于木材是易燃材料，因此火灾是木建筑的一大梦魇。事实上，木结构体系的耐火能力比人们通常想象的要强得多。就材料而言，在木建筑发达的国家，木材已经被定义为“准耐燃材料”。轻型木结构中石膏板对木构件的覆盖，以及重木结构中大尺寸木构件遇火形成的炭化层，均可以保护木构件，并保持其结构强度和完整性，按中国《木结构设计规范》设计建造的木结构建筑，完全能够满足有关防火要求。就现代消防观念而言，建筑的耐火设计已将现代消防的技术及效率一并考虑进来，90min 的延烧时间不仅要挑战结构的抗火强度，还考验消防介入的时效。现代木建筑的防火设计一般基于两点：①被动设计，使用防火被覆材料或耐燃材料的外覆保护措施，或设置自动灭火系统；②主动设计，即考虑燃烧速度下的木构件的安全断面。

8.2 木结构建筑的防火设计

8.2.1 木结构建筑构件及木骨架组合墙体的燃烧性能和耐火极限

1. 木结构建筑构件

木结构建筑构件的燃烧性能和耐火极限应符合表 8-1 的规定。

表 8-1 木结构建筑构件的燃烧性能和耐火极限

构件名称	燃烧性能和耐火极限/h
防火墙	不燃性 3.00
承重墙，住宅建筑单元之间的墙和分户墙，楼梯间的墙	难燃性 1.00
电梯井的墙	不燃性 1.00
非承重外墙、疏散走道两侧的隔墙	难燃性 0.75
房间隔墙	难燃性 0.50
承重柱	可燃性 1.00
梁	可燃性 1.00
楼板	难燃性 0.75
屋顶承重构件	可燃性 0.50
疏散楼梯	难燃性 0.50
吊顶	难燃性 0.15

注：1. 除《建筑设计防火规范》另有规定外，当同一座木结构建筑存在不同高度的屋顶时，较低部分的屋顶承重构件和屋面不应采用可燃材料，且采用难燃性屋顶承重构件的耐火极限不应低于 0.75h。

2. 轻型木结构建筑的屋顶，除防水层、保温层及屋面板外，其他部分均应视为屋顶承重构件，且不应采用可燃性构件，耐火极限不应低于 0.50h。

3. 当建筑的层数不超过 2 层、防火墙间的建筑面积小于 $600m^2$ 且防火墙间的建筑长度小于 60m 时，建筑构件的燃烧性能和耐火极限可按四级耐火等级建筑的要求确定。

2. 木骨架组合墙体

建筑采用木骨架组合墙体时应符合以下规定：

（1）建筑高度不大于 18m 的住宅建筑，建筑高度不大于 24m 的办公建筑或丁、戊类厂房（库房）的房间隔墙和非承重外墙可采用木骨架组合墙体，其他建筑的非承重外墙不得采用木骨架组合墙体。

（2）墙体填充材料的燃烧性能应为 A 级。

(3) 木骨架组合墙体的燃烧性能和耐火极限应符合表8-2的规定，其他要求应符合现行国家标准GB/T 50361《木骨架组合墙体技术规范》的规定。

表8-2　木骨架组合墙体的燃烧性能和耐火极限　(单位：h)

构件名称	耐火等级				
	一级	二级	三级	木结构建筑	四级
非承重外墙	不允许	难燃性1.25	难燃性0.75	难燃性0.75	无要求
房间隔墙	难燃性1.00	难燃性0.75	难燃性0.50	难燃性0.50	难燃性0.25

8.2.2　木结构建筑的使用性质和规模

甲、乙、丙类厂房（库房）不应采用木结构建筑或木结构组合建筑。民用建筑和丁、戊类厂房（库房），当采用木结构建筑和木结构组合建筑时，其允许层数和允许建筑高度应符合表8-3的规定，木结构建筑中防火墙间的允许建筑长度和每层最大允许建筑面积应符合表8-4的规定。老年人建筑的住宿部分，托儿所、幼儿园的儿童用房和活动场所设置在木结构建筑内时，应布置在首层或二层。商店、体育馆和丁、戊类厂房（库房）应为单层木结构建筑。

表8-3　木结构建筑和木结构组合建筑的允许层数和允许建筑高度

木结构建筑形式	普通木结构建筑	轻型木结构建筑	胶合木结构建筑		木结构组合建筑
允许层数/层	2	3	1	3	7
允许建筑高度/m	10	10	不限	15	24

表8-4　木结构建筑防火墙间的允许长度和每层最大允许建筑面积

层　数/层	防火墙间的允许长度/m	防火墙间的每层最大允许建筑面积/m^2
1	100	1800
2	80	900
3	60	600

注：当设置自动喷水灭火系统时，防火墙间的允许长度和每层最大允许建筑面积可按本表规定增加1.0倍；对于丁、戊类地上厂房时，防火墙间的每层最大允许建筑面积不限。体育场馆等高大空间建筑，其建筑高度和建筑面积可适当增加。

8.2.3　木结构建筑的防火间距

民用木结构建筑之间或与其他民用建筑之间的防火间距不应小于表8-5的规定，民用木结构建筑与厂房（仓库）等建筑的防火间距、木结构厂房（仓库）之间及与其他民用建筑之间的防火间距，应符合《建筑设计防火规范》中有关四级耐火等级建筑的规定。

表8-5　民用木结构建筑之间或与其他民用建筑之间的防火间距　(单位：m)

建筑耐火等级或类别	一、二级	三级	木结构建筑	四级
木结构建筑	8	9	10	11

注：1. 两座木结构建筑之间或木结构建筑与其他民用建筑之间，外墙均无任何门、窗、洞口时，防火间距可为4m；外墙上的门、窗、洞口不正对且开口面积之和不大于外墙面积的10%时，防火间距可按本表的规定减少25%。

2. 当相邻建筑外墙有一面为防火墙，或建筑物之间设置防火墙且墙体截断不燃性屋面或高出难燃性、可燃性屋面不低于0.5m时，防火间距不限。

8.2.4　木结构建筑的平面布置

除住宅建筑外，建筑中的发电机间、配电间、锅炉间的设置及其防火要求，应符合

《建筑设计防火规范》中对于这些部位的平面布置的相关要求。

设置在木结构住宅建筑内的机动车库、发电机间、配电间、锅炉间，应采用耐火极限不低于2.00h的防火隔墙和1.00h的不燃性楼板与其他部位分隔，不宜开设与室内相通的门、窗、洞口，确需开设时，可开设一樘不直通卧室的单扇乙级防火门。机动车库的建筑面积不宜大于60m^2。

8.2.5 木结构建筑的安全疏散

1. 民用木结构建筑的安全疏散

（1）安全出口的数量。建筑的安全出口和房间疏散门的设置，应符合《建筑设计防火规范》中有关安全出口和房间疏散门的相关规定。当木结构建筑的每层建筑面积小于200m^{2}且第二层和第三层的人数之和不超过25人时，可设置1个疏散楼梯。

（2）疏散距离。房间直通疏散走道的疏散门至最近安全出口的直线距离不应大于表8-6的规定。

表8-6 房间直通疏散走道的疏散门至最近安全出口的直线距离 （单位：m）

名 称	位于两个安全出口之间的疏散门	位于袋形走道两侧或尽端的疏散门
托儿所、幼儿园、老年人建筑	15	10
歌舞娱乐放映游艺场所	15	6
医院和疗养院建筑、教学建筑	25	12
其他民用建筑	30	15

房间内任一点到该房间直通疏散走道的疏散门的直线距离，不应大于表8-6中有关袋形走道两侧或尽端的疏散门至最近安全出口的直线距离。

（3）疏散宽度。建筑内疏散走道、安全出口、疏散楼梯和房间疏散门的净宽度，应根据疏散人数按每100人的最小疏散净宽度不小于表8-7的规定计算确定。

表8-7 疏散走道、安全出口、疏散楼梯和房间疏散门每100人的最小疏散净宽度

（单位：m/百人）

层 数	每100人的疏散净宽度
地上1、2层	0.75
地上3层	1.00

2. 工业木结构建筑的安全疏散

丁、戊类木结构厂房内任意一点至最近安全出口的疏散距离分别不应大于50m和60m，其他安全疏散要求应符合《建筑设计防火规范》中有关厂房安全疏散的规定。

8.2.6 构造措施

木结构建筑，特别是轻型木结构体系，其墙体和楼板及木骨架组合墙体内的龙骨为木材。管道、电气线路敷设在墙体内或穿过楼板、墙体时，存在较大隐患，应采取防火保护措施，与墙体、楼板之间的缝隙应采用防火封堵材料填塞密实。住宅建筑内厨房中的明火或高温部位及排油烟管道等地方，是火灾危险较大的场所，应采取防火隔热措施。

木结构建筑，特别是轻型木结构建筑中的框架构件和面板之间存在许多空腔。对墙体、楼板及封闭吊顶或屋顶下的密闭空间采取防火分隔措施，可阻止因构件内某处着火所产生的火焰、高温气体以及烟气在这些空腔内蔓延。根据加拿大《国家建筑规范》（2010年版），常采用厚度不小于 38mm 的实木锯材、厚度不小于 12mm 的石膏板或厚度不小于 0.38mm 的钢挡板进行防火分隔。

在轻型木结构建筑中设置水平防火分隔，主要用于限制火焰和烟气在水平构件内蔓延。水平防火构造的设置，一般要根据空间的长度、宽度和面积来确定。常见的做法是，将这些空间按照每一空间的建筑面积不大于 $300m^2$，长度或宽度不大于 20m 的要求划分为较小的防火分隔空间，墙体的竖向分隔高度不应大于 3m。

当顶棚材料安装在龙骨上时，一般需在双向龙骨形成的空间内增加水平防火分隔构件。采用实木锯材或工字搁栅的楼板和屋顶盖，搁栅之间的支撑通常可用作水平防火分隔构件，但当空间的长度或宽度大于 20m 时，沿搁栅平行方向还需要增加防火分隔构件。

墙体竖向的防火分隔，主要用于阻挡火焰和烟气通过构件上的开孔或墙体内的空腔在不同构件之间蔓延。多数轻型木结构墙体的防火分隔，主要采用墙体的顶梁板和底梁板来实现。

对于弧形转角吊顶、下沉式吊顶和局部下沉式吊顶，在构件的竖向空腔与横向空腔的交汇处，需要采取防火分隔构造措施。在其他大多数情况下，这种防火分隔可采用墙体的顶梁板、楼板中的端部桁架以及端部支撑来实现。

水平密闭空腔与竖向密闭空腔的连接交汇处、轻型木结构建筑的梁与楼板交接的最后一级踏步处，一般也需要采取类似的防火分隔措施。

在轻型木结构建筑的每层楼梯梁处应采取防火分隔措施。

木结构建筑与钢结构、钢筋混凝土结构或砌体结构等其他结构类型组合建造时，其防火设计要求应根据是否采取防火分隔措施而不同。竖向组合建造时，木结构部分的层数不应超过 3 层并应设置在建筑的上部，木结构部分与其他结构部分宜采用耐火极限不低于 1.00h 的不燃性楼板分隔。水平组合建造时，木结构部分与其他结构部分宜采用防火墙分隔。当木结构部分与其他结构部分之间按规定进行了防火分隔时，木结构部分和其他部分的防火设计，可分别执行《建筑设计防火规范》对木结构建筑和其他结构建筑的规定；若未进行防火分隔，建筑的防火设计应执行《建筑设计防火规范》有关木结构建筑的规定。

第 9 章　建筑装修防火设计

9.1　建筑装修的火灾危险性

9.1.1　装修引发火灾的案例

建筑的内装修、建筑外保温系统和外墙装饰中大量采用可燃材料，如防护不当则容易造成重特大火灾事故，由装修引发的火灾事故国内外不乏其例。

美国 50 层的纽约宾馆，使用了大量的塑料，宾馆外墙用泡沫塑料作保温层，内壁为聚乙烯板装饰，其内的隔间层也采用聚乙烯、聚苯乙烯泡沫塑料制作，室内的家具、靠背椅和沙发都填充了大量天然泡沫乳胶和软质聚氨酯泡沫等。该宾馆于 1970 年 8 月发生火灾，原因是 34 层吊顶内电线起火，火种首先在吊顶内、隔墙内蔓延，然后波及家具和外墙保温层。各种塑料燃烧后产生大量的烟雾，使燃烧区内温度达到 1200℃ 左右。大火经 5 个多小时才被扑灭，2 人在电梯内因烟气中毒死亡，损失惨重。

2009 年 2 月 9 日，我国在建的中央电视台新址工程附属文化中心发生重大火灾事故，事故造成 1 死 8 伤，直接经济损失达 1.63 亿元。事故的直接原因是央视新址办违反烟花爆竹安全管理相关规定，未经有关部门许可，在施工工地内违法组织大型礼花焰火燃放活动，其未燃尽的焰火芯体在空中呈弧线状落入文化中心建筑顶部开启的检修口，并引燃检修通道内的可燃材料。检修通道内起火后，引燃了门式造型顶部的可燃材料，同时也引燃了西侧幕墙内皮的可燃材料。西侧擦窗机检修孔起火后，沿门式造型向南、东、北延展，并迅速向下蔓延，形成建筑外立面大面积燃烧态势。幕墙燃烧火焰和门式造型高温熔融物引燃南侧幕墙的复合铝板，部分幕墙玻璃被烧破裂后，外部火焰进入主楼部分楼层。

2010 年 11 月 15 日，上海市静安区胶州路 718 号胶州教师公寓正在进行外墙整体节能保温改造，由于电焊工违章操作，引燃周围保温材料。由于施工现场使用大量尼龙网、聚氨酯泡沫等易燃物品，很快整栋大楼被大火吞噬，3h 后大火才基本扑灭。事故造成 58 人死亡、70 余人受伤。

9.1.2　建筑装修的火灾危险性

1. 建筑装修可燃材料增加了火灾发生的概率

建筑的可燃内装修，如可燃的吊顶、墙裙、墙纸、踢脚板、地板、地毯、家具、床被、窗帘、隔断等，民用建筑外保温系统及外墙装饰大量采用可燃材料，都增加了火灾发生的概率。同时，随着可燃材料用量的增加，火灾荷载加大，火灾的持续时间和燃烧的猛烈程度也增大，火灾的严重性加大，消防救援疏散的难度更大。

2. 建筑装修可燃材料的使用缩短了火灾到达轰燃的时间

由于建筑内部可燃物用量的增加，一经点燃，将加热可燃材料，使之分解出大量的可燃气体，并提高室内温度。当室内温度达到600℃左右时，将出现轰燃现象，这标志着火灾进入猛烈燃烧的阶段。出现轰燃的时间越短，火灾初期增长阶段时间和人员安全疏散的时间就越短，有效扑救火灾、抢救重要物资和逃生的可能性就越小。

大量的试验研究和实际火灾统计研究表明，火灾达到轰燃时间与室内可燃装修材料用量成正比增长。图9-1所示是不同厚度、不同材质的内部装修材料的轰燃时间。根据日本建筑科研所的研究，轰燃出现的时间与装修材料关系较大，见表9-1。因此，在装修时，应尽可能采用不燃或者难燃的装修材料，以减少和控制火灾。

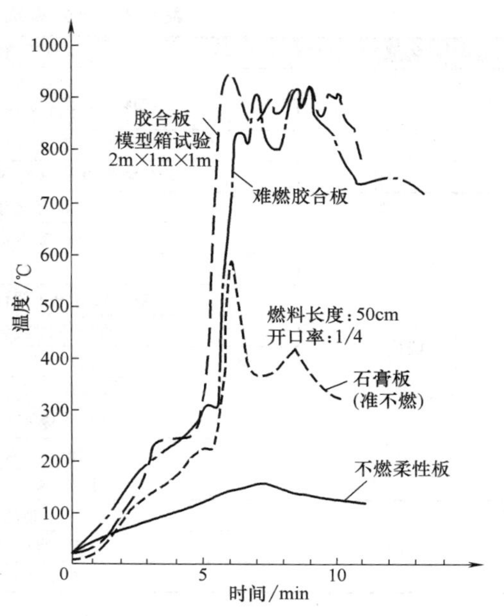

图9-1 内部装修材料的轰燃时间

表9-1 内部装修材料与轰燃出现的时间

内部装修材料	轰燃出现时间/min	内部装修材料	轰燃出现时间/min	内部装修材料	轰燃出现时间/min
可燃材料内装修	3	难燃材料内装修	4~5	不燃材料内装修	6~8

3. 建筑装修可燃材料会助长火灾蔓延

高层建筑一旦发生火灾，建筑装修的可燃材料将成为火势蔓延的重要因素。火势可以沿顶棚和墙面及地面的可燃装修从房间蔓延到走廊，再从走廊蔓延到各类竖井，如敞开的楼梯间、电梯井、管道井等，并向上层蔓延。

民用建筑特别是高层建筑中往往使用玻璃幕墙较多，火灾后往往容易形成竖向蔓延。这是因为窗户玻璃虽然在900℃左右才会熔化，但在火灾条件下，由于玻璃受热不均匀和膨胀变形受到窗框的限制，以及内外表面温差太大等原因，在250℃左右就开裂破碎。建筑内起火时，门窗玻璃在火焰或高温作用下，会很快破碎脱落，火舌从这些破碎了的门窗口伸出通过外墙门窗口向外蔓延，引燃上一层的窗帘、窗纱等，致使整个建筑物起火。特别是外墙发生火灾后，由于烟囱效应，火灾蔓延特别迅速。另外，由于受高温的作用，墙体保温材料表面砂浆龟裂、脱落，很快会引燃保温材料，火灾迅速大范围蔓延。同时，外墙着火之后，由于室内的自动消防设施不能覆盖外墙，特别是当高层建筑外墙外保温材料着火后，由于建筑高度过高，举高消防车、登高平台消防车等无法达到火灾区域，扑救火灾更是难上加难。表9-2给出了部分建筑装修材料火焰传播速度指数。

4. 建筑装修的可燃材料燃烧会产生大量有毒烟气

内装修材料大都是木材、化纤、棉、毛、塑料等可燃材料，外保温有机材料主要有聚苯板（EPS）、挤塑板（XPS）和聚氨酯（PU）三种，如不加处理，燃烧后会产生大量有毒烟气，对人员的生命造成危害。图 9-2 所示是有可燃内装修与无可燃内装修情况下火灾燃烧气体的对比。

表 9-2 部分建筑装修材料火焰传播速度指数

名称	建筑装修材料	火焰传播速度指数
吊顶	玻璃纤维吸声覆盖层	15 ~ 30
	矿物纤维吸声镶板	10 ~ 25
	木屑纤维板(经处理)	20 ~ 25
	喷制的纤维素纤维板(经处理)	20
墙面	铝(一面有珐琅质面层)	5 ~ 10
	石棉水泥板	0
	软木	175
	灰胶纸柏板(两面有纸表面)	10 ~ 25
	北方松木(经处理)	20
	南方松木(未处理)	130 ~ 190
	胶合板镶板(未处理)	75 ~ 275
	胶合板镶板(经处理)	10 ~ 25
	红栎木(未处理)	100
	红栎木(经处理)	35 ~ 50
地面	地毯	10 ~ 600
	油地毡	190 ~ 300
	乙烯基石棉瓦	10 ~ 50

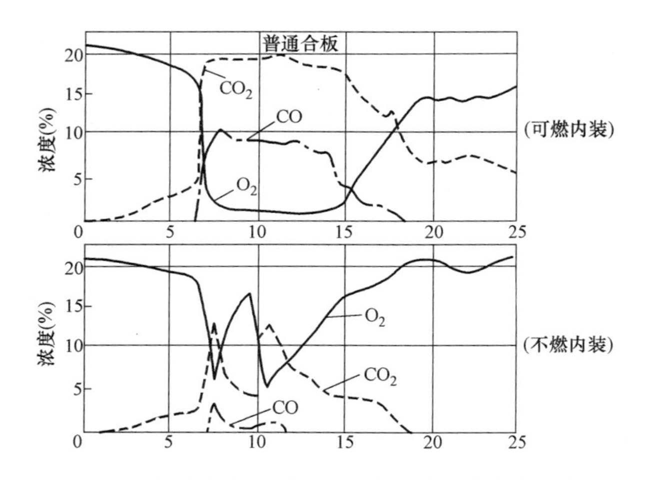

图 9-2 有可燃内装修与无可燃内装修火灾燃烧气体的对比

国内外大量的火灾统计资料表明，在火灾中丧生的人员有 80% 左右是被烟气熏死的。近年来，由于装修中使用了大量的新型材料，如 PRC、墙纸、聚氨酯、聚苯乙烯泡沫塑料及大量的合成纤维，烟气致死的比例有所增加。

9.2 各类建筑内部装修设计防火标准

9.2.1 单、多层民用建筑

在 GB 50222—2017《建筑内部装修设计防火规范（2001 年版）》中，规定了单层、多层民用建筑内部各部位装修材料的燃烧性能等级不应低于表 9-3 的规定。

当满足以下两种情况的时候，也可以适当降低要求：

（1）局部放宽。有些建筑物大部分装修材料为不燃性和难燃性材料，满足规范要求，而在某一局部或某一房间有特殊要求需要采用可燃材料装修，且该部分又无法设立自动报警和自动灭火系统时，其装修材料的燃烧性能等级可在表 9-3 的基础上降低一级，但该房间面积必须小于 $100m^2$，且该房间采用耐火极限不低于 2.00h 的防火隔墙和甲级防火门、窗与其他部位分隔。一些特别场所和表 9-3 中序号 11～13 所规定的部位，由于其重要性和特殊性，不得降级。

（2）设置有自动消防设施。一些特别场所和表 9-3 中序号 11～13 所规定的部位，当单层、多层民用建筑内装有自动灭火系统时，除顶棚外，其内部装修材料的燃烧性能等级可在表 9-3 规定的基础上降低一级；当同时装有火灾自动报警装置和自动灭火系统时，其顶棚装修材料的燃烧性能等级可在表 9-3 规定的基础上降低一级。这主要是考虑到一些建筑物标准较高，需要采用较多的可燃材料进行装修，无法满足表 9-3 的要求，可通过加强消防设施来进行弥补。

表 9-3　单层、多层民用建筑内部各部位装修材料的燃烧性能等级

序号	建筑物及场所	建筑规模、性质	装修材料燃烧性能等级							
			顶棚	墙面	地面	隔断	固定家具	装饰织物		其他装修装饰材料
								窗帘	帷幕	
1	候机楼的候机大厅、贵宾候机室、售票厅、商店、餐饮场所等	—	A	A	B_1	B_1	B_1	B_1	—	B_1
2	汽车站、火车站、轮船客运站的候车（船）室、商店、餐饮场所等	建筑面积 > $10000m^2$	A	A	B_1	B_1	B_1	B_1	—	B_2
		建筑面积 ≤ $10000m^2$	A	B_1	B_1	B_1	B_1	B_1	—	B_2
3	观众厅、会议厅、多功能厅、等候厅等	每个厅建筑面积 > $400m^2$	A	A	B_1	B_1	B_1	B_1	B_1	B_1
		每个厅建筑面积 ≤ $400m^2$	A	B_1	B_1	B_1	B_2	B_1	B_1	B_2
4	体育馆	> 3000 座位	A	A	B_1	B_1	B_1	B_1	B_1	B_2
		≤ 3000 座位	A	B_1	B_1	B_1	B_2	B_2	B_1	B_2
5	商店的营业厅	每层建筑面积 > $1500m^2$ 或总建筑面积 > $3000m^2$	A	B_1	B_1	B_1	B_1	B_1	—	B_2
		每层建筑面积 ≤ $1500m^2$ 或总建筑面积 ≤ $3000m^2$	A	B_1	B_1	B_1	B_2	B_1	—	—
6	宾馆、饭店的客房及公共活动用房等	设置送回风道（管）的集中空气调节系统	A	B_1	B_1	B_1	B_2	B_2	—	B_2
		其他	B_1	B_1	B_2	B_2	B_2	B_2	—	—
7	养老院、托儿所、幼儿园的居住及活动场所	—	A	A	B_1	B_1	B_2	B_1	—	B_2
8	医院的病房区、诊疗区、手术区	—	A	A	B_1	B_1	B_2	B_1	—	B_2
9	教学场所、教学实验场所	—	A	B_1	B_2	B_2	B_2	B_2	B_2	B_2
10	纪念馆、展览馆、博物馆、图书馆、档案馆、资料馆等的公众活动场所	—	A	B_1	B_1	B_1	B_2	B_1	—	B_2
11	存放文物、纪念展览物品、重要图书、档案、资料的场所	—	A	A	B_1	B_1	B_2	B_1	—	B_2
12	歌舞娱乐游艺场所	—	A	B_1	B_1	B_1	B_1	B_1	B_1	B_1

（续）

序号	建筑物及场所	建筑规模、性质	装修材料燃烧性能等级							
			顶棚	墙面	地面	隔断	固定家具	装饰织物		其他装修装饰材料
								窗帘	帷幕	
13	A、B 级电子信息系统机房及装有重要机器、仪器的房间	—	A	A	B_1	B_1	B_1	B_1	B_1	B_1
14	餐饮场所	营业面积 > 100m^2	A	B_1	B_1	B_1	B_2	B_1	—	B_2
		营业面积 ≤ 100m^2	B_1	B_1	B_1	B_2	B_2	B_2	—	B_2
15	办公场所	设置送回风道（管）的集中空气调节系统	A	B_1	B_1	B_1	B_2	B_2	—	B_2
		其他	B_1	B_1	B_2	B_2	B_2	—	—	—
16	其他公共场所	—	B_1	B_1	B_2	B_2	B_2	—	—	—
17	住宅	—	B_1	B_1	B_1	B_1	B_2	B_2	—	B_2

9.2.2 高层民用建筑

高层民用建筑内部各部位装修材料的燃烧性能等级，不应低于表 9-4 的规定。

建筑物类别、场所及建筑规模是根据《建筑设计防火规范》中的有关内容并结合室内装修设计的特点加以划分的。

表 9-4 高层民用建筑内部各部位装修材料的燃烧性能等级

序号	建筑物及场所	建筑规模、性质	装修材料燃烧性能等级									
			顶棚	墙面	地面	隔断	固定家具	装饰织物				其他装修装饰材料
								窗帘	帷幕	床罩	家具包布	
1	候机楼的候机大厅、贵宾候机室、售票厅、商店、餐饮场所等	—	A	A	B_1	B_1	B_1	B_1	—	—	—	B_1
2	汽车站、火车站、轮船客运站的候车（船）室、商店、餐饮场所等	建筑面积 > 10000m^2	A	A	B_1	B_1	B_1	B_1	—	—	—	B_2
		建筑面积 ≤ 10000m^2	A	B_1	B_1	B_1	B_1	B_1	—	—	—	B_2
3	观众厅、会议厅、多功能厅、等候厅等	每个厅建筑面积 > 400m^2	A	A	B_1	B_1	B_1	B_1	B_1	—	B_1	B_1
		每个厅建筑面积 ≤ 400m^2	A	B_1	B_1	B_1	B_2	B_1	B_1	—	B_1	B_1
4	商店的营业厅	每层建筑面积 > 1500m^2 或总建筑面积 > 3000m^2	A	B_1	B_1	B_1	B_1	B_1	B_1	—	B_2	B_1
		每层建筑面积 ≤ 1500m^2 或总建筑面积 ≤ 3000m^2	A	B_1	B_1	B_1	B_1	B_1	B_2	—	B_2	B_2
5	宾馆、饭店的客房及公共活动用房等	一类建筑	A	B_1	B_1	B_1	B_2	B_1	—	B_1	B_2	B_1
		二类建筑	A	B_1	B_1	B_1	B_2	B_2	—	B_2	B_2	B_2
6	养老院、托儿所、幼儿园的居住及活动场所	—	A	A	B_1	B_1	B_2	B_1	—	B_2	B_2	B_1
7	医院的病房区、诊疗区、手术区	—	A	A	B_1	B_1	B_2	B_1	B_1	—	B_2	B_1
8	教学场所、教学实验场所	—	A	B_1	B_2	B_2	B_2	B_1	B_1	—	B_1	B_2
9	纪念馆、展览馆、博物馆、图书馆、档案馆、资料馆等的公众活动场所	一类建筑	A	B_1	B_1	B_1	B_2	B_1	B_1	—	B_1	B_1
		二类建筑	A	B_1	B_1	B_1	B_2	B_1	B_2	—	B_2	B_2

（续）

序号	建筑物及场所	建筑规模、性质	装修材料燃烧性能等级									
			顶棚	墙面	地面	隔断	固定家具	装饰织物				其他装修装饰材料
								窗帘	帷幕	床罩	家具包布	
10	存放文物、纪念展览物品、重要图书、档案、资料的场所	—	A	A	B_1	B_1	B_2	B_1	—	—	B_1	B_2
11	歌舞娱乐游艺场所	—	A	B_1	B_1	B_1	B_1	B_1	B_1	B_1	B_1	B_1
12	A、B级电子信息系统机房及装有重要机器、仪器的房间	—	A	A	B_1	B_1	B_1	B_1	B_1	—	B_1	B_1
13	餐饮场所	—	A	B_1	B_1	B_1	B_2	B_1	—	—	B_1	B_2
14	办公场所	一类建筑	A	B_1	B_1	B_1	B_2	B_1	B_1	—	B_1	B_1
		二类建筑	A	B_1	B_1	B_1	B_2	B_1	B_2	—	B_2	B_2
15	电信楼、财贸金融楼、邮政楼、广播电视楼、电力调度楼、防灾指挥调度楼	一类建筑	A	A	B_1	B_1	B_1	B_1	B_1	—	B_2	B_1
		二类建筑	A	B_1	B_2	B_2	B_2	B_1	B_2	—	B_2	B_2
16	其他公共场所	—	A	B_1	B_1	B_1	B_2	B_2	B_2	B_2	B_2	B_2
17	住宅	—	A	B_1	B_1	B_1	B_2	B_1	—	B_1	B_2	B_1

在某些特殊情况下，对内部装修材料也可适当降低或者严格要求：

（1）局部放宽。目前很多高层建筑都有裙房，且裙房的使用功能比较复杂，其内部装修若与高层主体采用同样标准，在实际操作中有一定困难。同时，一般裙房与高层主体建筑之间有防火分隔，对于高层民用建筑裙房内面积小于500m^2的房间，当设有自动灭火系统，并采用耐火极限不低于2.00h的防火隔墙、甲级防火门窗与其他部分分隔时，顶棚、墙面和地面的装修材料的燃烧性能等级可在表9-4规定的基础上降低一级，一些特别场所和表9-4中序号10～12所规定的部位除外。

（2）设有自动消防设施的放宽。除一些特别场所和表9-4中序号10～12所规定的部位、100m以上的高层民用建筑及大于400m^2的观众厅、会议厅外，当设有火灾自动报警装置和自动灭火系统时，除顶棚外，其内部装修材料的燃烧性能等级可在表9-4规定的基础上降低一级。100m以上的高层民用建筑及大于400m^2的观众厅、会议厅均属特殊范围，观众厅等不仅人员密集，采光条件也差，万一发生火灾，人员伤亡会比较严重，对人的心理影响也要超过物质因素，所以在任何情况下都不应该降低内装修材料的燃烧性能等级。

（3）特殊建筑。电视塔等特殊高层建筑，其建筑高度越来越高，且内部还有允许公众进入的观光厅和餐厅。由于建筑形式的限制，人员在危险情况下的疏散十分困难，因此，对此类建筑的内部装修材料必须严格要求，以降低火灾发生和蔓延的可能性。对于这类建筑的内部装修，装饰织物应不低于B_1级，其他均应采用A级装修。

9.2.3　地下民用建筑

地下民用建筑内部各部位装修材料的燃烧性能等级，不应低于表9-5的规定。此处地下民用建筑是指单层、多层、高层民用建筑的地下部分，单独建造在地下的民用建筑以及平战结合的地下人防工程。

表 9-5 地下民用建筑内部各部位装修材料的燃烧性能等级

序号	建筑物及场所	装修材料燃烧性能等级						
		顶棚	墙面	地面	隔断	固定家具	装饰织物	其他装修装饰材料
1	观众厅、会议厅、多功能厅、等候厅等,商店的营业厅	A	A	A	B_1	B_1	B_1	B_2
2	宾馆、饭店的客房及公共活动用房等	A	B_1	B_1	B_1	B_1	B_1	B_2
3	医院的诊疗区、手术区	A	A	B_1	B_1	B_1	B_1	B_2
4	教学场所、教学实验场所	A	A	B_1	B_2	B_2	B_1	B_2
5	纪念馆、展览馆、博物馆、图书馆、档案馆、资料馆等的公众活动场所	A	A	B_1	B_1	B_1	B_1	B_1
6	存放文物、纪念展览物品、重要图书、档案、资料的场所	A	A	A	A	A	B_1	B_1
7	歌舞娱乐游艺场所	A	A	B_1	B_1	B_1	B_1	B_1
8	A、B 级电子信息系统机房及装有重要机器、仪器的房间	A	A	B_1	B_1	B_1	B_1	B_1
9	餐饮场所	A	A	A	B_1	B_1	B_1	B_2
10	办公场所	A	B_1	B_1	B_1	B_1	B_2	B_2
11	其他公共场所	A	B_1	B_1	B_2	B_2	B_2	B_2
12	汽车库、修车库	A	A	B_1	A	A	—	—

相对于地上建筑，地下建筑的火灾危险性更大，人员疏散方向和火灾蔓延方向一致，且只能通过安全通道和出口疏散，因此必须确保其疏散走道和安全出口的安全性。故此，要求地下民用建筑的疏散走道和安全出口的门厅，其顶棚、墙面和地面的装修材料采用 A 级装修材料。

除一些特别场所和表 9-3 中序号 6 ~ 8 所规定部位外，单独建造的地下民用建筑的地上部分，相对使用面积小，且建在地面上，火灾危险性小，疏散扑救均比地下建筑部分要容易。所以，其门厅、休息室、办公室等内部装修材料的燃烧性能等级可在表 9-5 的基础上降低一级要求。

9.2.4 工业建筑

建筑内部装修设计时，按照建筑的层数将工业厂房划分成以下几种类型：

1）单层厂房。由柱和屋架（横梁）构成的单层结构体系。

2）多层厂房。两层及两层以上，建筑高度小于等于 24m 的厂房。

3）高层厂房。两层及两层以上，建筑高度大于 24m 的厂房。

4）地下厂房。建造在地下的，用于工业生产的厂房。

厂房内部及附设的办公室、休息室等各部位装修材料的燃烧性能等级，不应低于表 9-6 的规定。

表 9-6 厂房内部各部位装修材料的燃烧性能等级

序号	厂房及车间的火灾危险性和性质	建筑规模	装修材料燃烧性能等级						
			顶棚	墙面	地面	隔断	固定家具	装饰织物	其他装修装饰材料
1	甲、乙类厂房 丙类厂房中的甲、乙类生产车间 有明火的丁类厂房、高温车间	—	A	A	A	A	A	B_1	B_1
2	劳动密集型丙类生产车间或厂房 火灾荷载较高的丙类生产车间或厂房 洁净车间	单/多层	A	A	B_1	B_1	B_1	B_2	B_2
		高层	A	A	A	B_1	B_1	B_1	B_1

（续）

序号	厂房及车间的火灾危险性和性质	建筑规模	装修材料燃烧性能等级						
			顶棚	墙面	地面	隔断	固定家具	装饰织物	其他装修装饰材料
3	其他丙类生产车间或厂房	单/多层	A	B_1	B_2	B_2	B_2	B_2	B_2
		高层	A	B_1	B_1	B_1	B_1	B_1	B_1
4	丙类厂房	地下	A	A	A	B_1	B_1	B_1	B_1
5	无明火的丁类厂房戊类厂房	单/多层	B_1	B_2	B_2	B_2	B_2	B_2	B_2
		高层	B_1	B_1	B_2	B_2	B_1	B_1	B_1
		地下	A	A	B_1	B_1	B_1	B_1	B_1

除一些特殊场所和部位外，当单层、多层丙、丁、戊类厂房内同时设有火灾自动报警和自动灭火系统时，除顶棚外，其装修材料的燃烧性能等级可在本9-6规定的基础上降低一级。

从火灾的发展过程考虑，一般来说，对顶棚的防火性能要求最高，其次是墙面，地面要求最低。但如果地面为架空地板时，火灾时沿架空地板蔓延较快，受的损失也大，故要求其地面装修材料的燃烧性能不应低于 B_1 级。

附设在工业建筑内的办公、研发、餐厅等辅助用房，采用《建筑设计防火规范》规定的防火分隔和疏散设施时，其内部装修材料的燃烧性能等级，可按民用建筑执行。

仓库内部各部位装修材料的燃烧性能等级不低于表9-7的规定。

表9-7　仓库内部各部位装修材料的燃烧性能等级

序号	仓库类别	建筑规模	装修材料燃烧性能等级			
			顶棚	墙面	地面	隔断
1	甲、乙类仓库	—	A	A	A	A
2	丙类仓库	单层及多层仓库	A	B_1	B_1	B_1
		高层及地下仓库	A	A	A	A
		高架仓库	A	A	A	A
3	丁、戊类仓库	单层及多层仓库	A	B_1	B_1	B_1
		高层及地下仓库	A	A	A	B_1

9.3　建筑内装修设计通用要求

9.3.1　建筑内装修防火的通用要求

在内装修中，建筑中某些部位的装修材料的防火要求具有一定的共性，因此规范对这些共性方面提出了通用性技术要求。

1. 建筑内的连通部位

建筑物内设有上下层相连通的中庭、走马廊、开敞楼梯、自动扶梯时，其连通部位的顶棚、墙面应采用A级装修材料，其他部位应采用不低于 B_1 级的装修材料。

中庭等建筑物内上下层相连通部位，空间高度很大，有的上下贯通几层甚至十几层，万一发生火灾时，会起到烟囱一样的作用，使火势无阻挡地向上蔓延，很快充满整幢建筑物，给人员疏散造成很大困难。

2. 消防设施、疏散指示标志、安全出口和疏散走道

建筑内的消防设施包括：消火栓、火灾自动报警系统、自动灭火系统、防排烟系统、防

火分隔构件以及安全疏散诱导系统等，它们共同构成了建筑消防安全的防护体系。这些消防设施必须根据国家现行有关规范的要求设计安装，平时应加强维修管理，以便需要使用时，操作起来迅速、安全、可靠。但是，有些单位为了追求装修效果，擅自改变消防设施的位置，任意增加隔墙，改变原有空间布局。这些做法轻则影响消防设施的有效保护范围，重则使它们完全丧失了应有的作用。

另外，进行室内装修设计时，要保证疏散指示标志和安全出口易于辨认，以免人员在紧急情况下发生疑问和误解。目前在建筑物室内柱子和墙面镶嵌大面积玻璃的做法较多。采用镜面玻璃墙面可以使视觉延伸，扩大空间感，增添独特的华丽氛围，调节室内的光线。由于镜面玻璃能反映周围的景观，所以使空间效果更为丰富和生动。如果将镜面玻璃墙面用于入口处墙面，还能起到连通内、外的效果，层次格外丰富。镜面玻璃用于公共建筑墙面可以与灯具和照明结合起来，或光彩夺目，或温馨宁静，能形成各种不同的环境气氛与光影趣味。但是在消防安全方面，镜面玻璃对人的存在位置和走向有一种误导作用。同时，普通镜面的反光材料在高温烟气作用下容易炸裂，而热烟气一般悬浮于建筑内上空。为此，在疏散走道和安全出口的顶棚、墙面不应采用影响人员安全疏散的镜面反光材料。

无自然采光楼梯间、封闭楼梯间、防烟楼梯间及其前室的顶棚、墙面和地面均应采用 A 级装修材料。火灾发生时，各楼层人员都需要经过纵向疏散通道，尤其是高层建筑，如果纵向通道被火封住，对受灾人员的逃生和消防人员的救援都极为不利。另外，对高层建筑的楼梯间，一般无美观装修的要求，因此可以满足采用 A 级装修材料的要求。

地上建筑的水平疏散走道和安全出口的门厅，其顶棚装饰材料应采用 A 级装修材料，其他部位应采用不低于 B_1 级的装修材料。地下民用建筑的疏散走道和安全出口的门厅，其顶棚、墙面和地面均应采用 A 级装修材料。建筑物各层的水平疏散走道和安全出口门厅是火灾中人员逃生的主要通道，因而对装修材料的燃烧性能要求较高。建筑内部装修不应擅自减少、改动、拆除、遮挡消防设施、疏散指示标志、安全出口、疏散出口、疏散走道和防火分区、防烟分区等。因特殊要求做改动时，应符合国家有关消防规范和法规的要求。

3. 变形缝

建筑内部的变形缝（包括沉降缝、伸缩缝、抗震缝等）两侧的基层应采用 A 级材料，表面装修应采用不低于 B_1 级的装修材料。

变形缝上下贯通整个建筑物，嵌缝材料也具有一定的燃烧性。为防止火势纵向蔓延，要求变形缝两侧的基层使用不低于 B_1 级材料。这主要是考虑到墙面装修的整体效果，如要求全部用 A 级材料有时难以达到。

4. 配电箱

建筑内部的配电箱、控制面板、接线盒、开关、插座不应直接安装在低于 B_1 级的装修材料上，用于顶棚和墙面装修的木质类板材，当内部含有电器、电线等物体时，应采用不低于 B_1 级的材料。

近年来，电气设备引发的火灾已经成为城市第一大火灾。电气火灾日益严重的原因是多方面的：①电线陈旧老化；②违反用电安全规定；③电气设计或安装不当；④家用电气设备大幅度增加。另外，由于室内装修采用的可燃材料越来越多，也增加了电气设备引发火灾的危险性。为防止配电箱产生的火花或高温熔珠引燃周围的可燃物和避免箱体传热引燃墙面装修材料，规定其不应直接安装在低于 B_1 级的装修材料上。

5. 消火栓箱门

建筑内部消火栓的箱门不应被装饰物遮掩，消火栓箱门四周的装修材料颜色应与消火栓箱门的颜色有明显区别，或在消火栓箱门表面设置发光标志。

建筑内部设置的消火栓门一般都设在比较显眼的位置，颜色也比较醒目。但有的单位单纯追求装修效果，把消火栓门罩在木柜里面；还有的单位把消火栓门装修得几乎与墙面一样，仅在表面设置红色的汉字标示，且跟随不同的装修风格，其字体、大小、位置也各不相同，不到近处看不出来。这些做法给消火栓的及时取用造成了障碍，也不利于规范化管理。

6. 灯具和灯饰

照明灯具及电气设备、线路的高温部位，当靠近非A级装修材料时，应采取隔热、散热等防火保护措施，窗帘、帷幕、软包等装修材料的距离不应小于50mm；灯饰所用材料的燃烧性能等级不应低于B_1级。

由于室内装修逐渐向高档化发展，各种类型的灯具应运而生，灯饰更是花样繁多。制作灯饰的材料包括金属、玻璃等不燃材料，但更多的是硬质塑料、塑料薄膜、棉织品、丝织品、竹木、纸类等可燃材料。而且灯饰又往往靠近热源，故对B_2级和B_3级材料应加以限制使用。如果由于装饰效果的要求必须使用B_2、B_3级材料，应进行阻燃处理使其达到B_1级。

7. 饰物

公共建筑内部不宜设置采用B_3级装饰材料制成的壁挂、雕塑、模型、标本、布艺等，当需要设置时，不应靠近电气线路、火源或热源，或采取隔离措施。

8. 供暖系统

当室内顶棚、墙面、地面和隔断装修材料内部安装电加热供暖系统时，室内采用的装修材料和绝热材料的燃烧性能等级应为A级。当室内顶棚、墙面、地面和隔断装修材料内部安装水暖（或蒸汽）供暖系统时，其顶棚采用的装修材料和绝热材料的燃烧性能等级应为A级，其他部位的装修材料和绝热材料的燃烧性能等级不应低于B_1级，且尚应符合有关公共场所的规定。

9.3.2 建筑内特殊功能房间的防火要求

对于一些人员密集场所，或者火灾危险性大的用房的内装修应严格要求。

1. 无窗房间

无窗房间发生火灾时有几个特点：①火灾初起阶段不易被发觉，发现火灾时，火势往往已经较大；②室内的烟雾和毒气不能及时排出；③消防人员进行火情侦察和施救比较困难。因此，规范规定，除地下建筑外，无窗房间的内部装修材料的燃烧性能等级，除A级外，应在规范规定的基础上提高一级。

2. 消防控制室

消防控制室等重要的房间，其设备为管理中枢，设备失火后影响面大，会造成重大损失，其顶棚和墙面应采用A1级装修材料，地面及其他装修应采用不低于B1级的装修材料。

3. 动力设备用房

消防水泵房、机械加压送风、排烟机房、固定灭火系统钢瓶间、配电室、变压器室、发电机房、储油间、通风和空调机房等，其内部所有装修均应采用A级装修材料。上述建筑内的各类动力设备用房的这些设备的正常运转，对火灾的监控和扑救是非常重要的，因此这类房间不应成为火源中心或受火灾蔓延影响的房间，而且这些房间本身对装修没有特殊要求，因此采用 A 级装修材料是完全可能的。

4. 建筑物内的厨房

厨房内火源较多，因此对装修材料的燃烧性能应严格要求。一般来说，厨房的装修多以易于清洗为主要目的，多采用瓷砖、石材、涂料等材料。因此对于建筑物内的厨房，其顶棚、墙面、地面均应采用 A 级装修材料，这是完全可以做到的。

5. 使用明火器具的餐厅、科研试验室

随着我国旅游业的发展，各地兴建了许多高档宾馆和风味餐馆。有的餐馆经营各式火锅，有的风味餐馆使用带有燃气灶的流动餐车。宾馆、餐馆人员流动大，管理不便，使用明火增加了引发火灾的危险性，因而在室内装修材料上比同类建筑物的要求要高一级。有些科学研究试验室，需要明火装置进行试验，如酒精灯、喷枪等，且试验室内往往存有一些易燃易爆的试剂和材料等。因此，对于经常使用明火器具的餐厅、科研试验室，装修材料的燃烧性能等级，除 A 级外，应在规范规定的基础上提高一级。

6. 民用建筑内的库房或储藏间

民用建筑如酒店、商场、办公楼等均设有库房或储藏间，存有各类可燃物，由于平时无专人看管，存在较大的火灾危险性，故其内部所有装修除应符合相应场所规定外，还应采用燃烧性能等级不低于 B_1 级的装修材料。

7. 展览性场所

近年来，展览经济发展很快，展览性场所具有临时性、多变性的特点。展示区域的布展设计，包括搭建、布景等，采用大量的装修、装饰材料，为减少火灾荷载，展台材料的燃烧性能等级应不低于 B_1 级。为防止引发火灾和火灾的蔓延扩大，在展厅设置电加热设备的餐饮操作区可与展厅不做防火分隔，但与电加热设备贴邻的墙面、操作台均应采用燃烧性能等级 A 级装修材料。展厅具有人员密集、布展可燃物较多、用电量大、电气火灾风险大等特点，为防止卤钨灯等高温照明灯具产生的火花、电弧或高温引燃周围的可燃物，展台与卤钨灯等高温照明灯具贴邻部位的材料应采用燃烧性能等级 A 级装修材料。

8. 住宅建筑

住宅建筑装修设计不应改动住宅内部烟道、风道。厨房有明火，其内的固定橱柜宜采用燃烧性能等级不低于 B_1 级的装修材料。卫生间室内湿度大，顶棚上如安装浴霸等取暖、排风设备时，容易产生电火花，同时这类取暖设备使用时会产生很高热量，易引燃周围可燃材料，因此顶棚宜采用燃烧性能等级 A 级装修材料。阳台往往兼具观景、存放杂物、晾晒衣物等功能，火灾时，阳台可防止其竖向蔓延，紧急情况下，阳台外可设置云梯等消防疏散设备连接外界，临时用于人员纵向疏散通道，因此其装修宜采用燃烧性能等级不低于 B_1 级的装修材料。

9.4 建筑外墙和屋面保温

近年来，国内发生多起建筑外保温系统火灾事件，引发了各界对保温防火的思考和重视。2008 年 7 月 27 日，济南奥运中心体育馆发生火灾，同年 11 月 11 日再次发生火灾，烧毁面积约 $3000m^2$，造成直接经济损失约 75 万元。2008 年 10 月 9 日，在建的哈尔滨“经纬

360 度”双子星大厦发生火灾。2009 年 2 月 9 日央视大楼北配楼发生火灾，该次火灾造成影响之大、蔓延速度之快、过火面积之大更是引起全国乃至世界关注。2010 年 11 月 15 日，上海余姚路胶州路，一栋正在进行外墙保温层施工的 28 层居民楼起火，共造成 58 人遇难。2011 年 2 月 3 日，被称为“沈阳第一高楼”的皇朝万鑫大厦发生火灾，大火持续了 10h。

外墙保温指采用一定的固定方式（粘结、机械锚固、粘贴 + 机械锚固、喷涂、浇注等），把导热系数较低（保温隔热效果较好）的绝热材料与建筑物墙体固定为一体，增加墙体的平均热阻值，从而达到保温或隔热效果的一种工程做法。外墙保温形式可以分为：①单一材料保温外墙，如加气混凝土、烧结保温砖；②复合保温外墙，如保温装饰一体化板。按照保温材料设置位置的不同，可分为内保温、外保温和夹心保温外墙。

建筑内外保温系统中保温材料的燃烧性能，对于不同建筑，其燃烧性能要求有所差别。A 级材料属于不燃材料，火灾危险性很低，不会导致火焰蔓延。B_2 级保温材料属于普通可燃材料，在点火源功率较大或有较强热辐射时，容易燃烧且火焰传播速度较快，有较大的火灾危险。如果必须要采用 B_2 级保温材料，需采取严格的构造措施进行保护。同时，在施工过程中也要注意采取相应的防火措施，如分别堆放、远离焊接区域、上墙后立即做构造保护等。B_3 级保温材料属于易燃材料，很容易被低能量的火源或电焊渣等点燃，而且火焰传播速度极为迅速，无论是在施工，还是在使用过程中，其火灾危险性都非常高。因此，建筑的内、外保温系统，宜采用燃烧性能为 A 级的保温材料，不宜采用 B_2 级保温材料，严禁采用 B_3 级保温材料；设置保温系统的基层墙体或屋面板的耐火极限应符合《建筑设计防火规范》的有关规定。电线因使用年限长、绝缘老化或过负荷运行发热等均能引发火灾，因此电气线路不应穿越或敷设在燃烧性能为 B_1 或 B_2 级的保温材料中；确需穿越或敷设时，应采取穿金属管并在金属管周围采用不燃隔热材料进行防火隔离等防火保护措施。设置开关、插座等电器配件的部位周围应采取不燃隔热材料进行防火隔离等防火保护措施。

建筑外墙的装饰层应采用燃烧性能为 A 级的材料，但建筑高度不大于 50m 时，可采用 B_1 级材料。

9.4.1 外墙复合保温结构体系

建筑外墙采用保温材料与两侧墙体构成无空腔复合保温结构体时，该结构体的耐火极限应符合《建筑设计防火规范》的有关规定。当保温材料的燃烧性能为 B_1、B_2 级时，保温材料两侧的墙体应采用不燃材料且厚度均不应小于 50mm。这类保温体系主要指夹芯保温等系统，保温层处于结构构件内部，与保温层两侧的墙体和结构受力体系共同作为建筑外墙使用，但要求保温层与两侧的墙体及结构受力体系之间不存在空隙或空腔。该类保温体系的墙体同时兼有墙体保温和建筑外墙体的功能。

9.4.2 外墙内保温系统

对于内保温系统，保温材料设置在建筑外墙的室内侧，而目前采用的可燃、难燃保温材料绝大部分为高分子化学材料且保温层的厚度较大，遇热或燃烧分解产生的烟气毒性较大，对于人员安全带来较大威胁。在人员密集场所不能采用这种材料做保温材料，其他场所要严格控制使用，要尽量采用低烟、低毒的材料。

建筑外墙采用内保温系统时，保温系统应符合下列规定：

1）对于人员密集场所，用火、燃油、燃气等具有火灾危险性的场所以及各类建筑内的疏散楼梯间、避难走道、避难间、避难层等场所或部位，应采用燃烧性能为A级的保温材料。

2）对于其他场所，应采用低烟、低毒且燃烧性能不低于B_1级的保温材料。

3）保温系统应采用不燃材料做防护层。采用燃烧性能为B_1级的保温材料时，防护层的厚度不应小于10mm。

9.4.3 外墙外保温系统

有机保温材料在我国建筑外保温应用中占据主导地位。但由于有机保温材料的可燃性，使得外墙外保温系统火灾屡屡发生，并造成了严重后果。国外一些国家对外保温系统使用的有机保温材料的燃烧性能进行了较严格的规定。结合我国现状，对此保温系统的保温材料进行了必要的限制，严格限制其保温材料的燃烧性能，同时，在空腔处要采取相应的防火封堵措施。对于人员密集场所，火灾容易导致人员群死群伤，对于设有人员密集场所的建筑，其外墙外保温材料应采用A级材料。

（1）与基层墙体、装饰层之间无空隙的外墙外保温系统，主要指类似薄抹灰保温系统，即保温材料与基层墙体及保护层、装饰层之间均无空腔的保温系统，该空腔不包括采用粘贴方式施工时在保温材料与墙体找平层之间形成的空隙。

对于住宅建筑，其保温系统的保温材料应符合下列规定：

1）建筑高度大于100m时，保温材料的燃烧性能应为A级。

2）建筑高度大于27m，但不大于100m时，保温材料的燃烧性能不应低于B_1级。

3）建筑高度不大于27m时，保温材料的燃烧性能不应低于B_2级。

除住宅建筑和设置人员密集场所的建筑外，其他建筑的保温系统的保温材料应符合下列规定：

1）建筑高度大于50m时，保温材料的燃烧性能应为A级。

2）建筑高度大于24m，但不大于50m时，保温材料的燃烧性能不应低于B_1级。

3）建筑高度不大于24m时，保温材料的燃烧性能不应低于B_2级。

（2）与基层墙体、装饰层之间有空隙的外墙外保温系统，主要是指类似建筑幕墙与建筑基层墙体间存在空腔的外墙外保温系统。这类保温系统一旦被引燃，因烟囱效应而易造成火势快速发展，迅速蔓延，且难以从外部进行扑救。因此，除设置人员密集场所的建筑外，这类保温系统的保温材料应符合下列规定：

1）建筑高度大于24m时，保温材料的燃烧性能应为A级。

2）建筑高度不大于24m时，保温材料的燃烧性能不应低于B_1级。

要降低外墙外保温系统的火灾危险性，可以通过限制保温材料的燃烧性能来实现，也可以通过提高保温系统整体的防火性能来实现。某种意义上，后一种方式更积极有效，而且有利于采用不同材料和施工工艺。这在其他一些国家的外保温防火要求中也有体现。

除复合保温结构体系，对于采用难燃或可燃保温材料的外保温系统以及有保温材料的幕墙系统，可对其防火构造措施提出相应要求，以增强外保温系统整体的防火性能。①除采用B_1级保温材料且建筑高度不大于24m的公共建筑或采用B_1级保温材料且建筑高度不大于27m的住宅建筑外，建筑外墙上门、窗的耐火完整性不应低于0.50h；②应在保温系统中每层设置水平防火隔离带。防火隔离带应采用燃烧性能为A级的材料，防火隔离带的高度不应小于 300mm。

建筑的外墙外保温系统应采用不燃材料在其表面设置防护层，防护层应将保温材料完全包覆。除复合保温结构体系外，当采用难燃或可燃保温材料时，防护层厚度首层不应小于 15mm，其他层不应小于 5mm。

建筑外墙外保温系统与基层墙体、装饰层之间的空腔，应在每层楼板处采用防火封堵材料封堵。

9.4.4　屋面外保温系统

由于屋面保温材料的火灾危害较建筑外墙的要小，且保温层覆盖在具有较高耐火极限的屋面板上，对建筑内部的影响也不大，故对其保温材料的燃烧性能要求较外墙的要求要低些。建筑的屋面外保温系统，当屋面板的耐火极限不低于 1.00h 时，保温材料的燃烧性能不应低于 B_2 级；当屋面板的耐火极限低于 1.00h 时，不应低于 B_1 级。采用 B_1、B_2 级保温材料的外保温系统应采用不燃材料作防护层，防护层的厚度不应小于 10mm。

为限制火势通过外墙向下蔓延，要求屋面与建筑外墙的交接部位应做好防火隔离处理，当建筑的屋面和外墙外保温系统均采用 B_1、B_2 级保温材料时，屋面与外墙之间应采用宽度不小于 500mm 的不燃材料设置防火隔离带进行分隔，具体分隔位置可以根据实际情况确定。

第 10 章

第 10 章　性能化防火设计简介

10.1　建筑性能化防火设计概述

10.1.1　“处方式”防火设计的不足

建筑防火设计以防止和减少火灾危害，保护人身和财产安全为目标。传统的规范标准详细地规定了防火设计必须满足的各项设计指标或参数，设计人员只需要按照规范条文的要求按部就班地进行设计，无需考虑建筑物具体需达到的安全水平，有些像医生看病开处方一样，因此这种设计方法被称为“处方式”设计方法，也有人称之为“规格式的”“规范化的”或“指令性的”设计方法。

处方式的防火设计规范，是长期以来人们从与火灾斗争过程中总结出来的防火灭火经验的体现，同时也综合考虑了当时的科技水平、社会经济水平以及国外的相关经验，这种规范清楚明了、简单易行，对设计和验收评估人员的要求不高，能够满足大多数规模或功能等要求较简单的建筑设计与监督的需要。因此，处方式的防火设计规范，在规范建筑物的防火设计、减少火灾造成的损失方面起到了重要作用，目前在我国应用广泛。

随着科学技术和经济的发展，各种复杂的、多功能的大型建筑迅速增多，许多国家和地区已建造出面积超过几万平方米、楼层高度达到几百米的庞大建筑，例如：迪拜的哈里发塔，建筑高度 828m，楼层超过 200 层；台北 101（Taipei 101），建筑高度 508m；上海金茂大厦 88 层，建筑高度 420.5m 等。这些建筑规模越来越大，功能越来越复杂，建筑结构形式也不断个性化，大空间中庭类建筑越来越多，新材料、新工艺、新技术不断涌现，这些都对建筑的消防设计提出了新的要求，出现了许多规范难以解决的消防设计问题。

处方式设计方法的理念决定了其无法满足新、奇、特建筑及场所防火设计的要求，在实际应用中存在的主要问题为：

1）规范标准中的技术数据与日益扩大的建筑规模不相适应。例如，防火分区面积的划定、建筑高度的要求、灭火系统的配备等都不能满足建筑规模不断发展的需要。

2）单独设防，无法给出一个统一、清晰的整体安全度水准。现行规范适用于各类建筑，而各种建筑风格、类型和使用功能的差异，则无法在现行规范中给予明确的区别。因此，现行规范给出的设计结果无法告诉人们各建筑所达到的安全水准是否一致，当然也无法回答一幢建筑内各种安全设施之间是否能协调工作以及综合作用的安全程度如何，难以达到“安全性”和“经济性”的合理匹配。

3）未能很好地考虑建筑物环境条件和社会因素的影响。

4）不利于新技术、新材料、新产品的发展和推广使用。规范的制定或修订过程周期较长，因此执行的规范相对于实际的设计需要之间往往存在时间上的滞后，在一定程度上限制了新技术、新材料、新工艺、新建筑形式的应用和发展。

5）不利于设计人员主观创造力的发展，也不利于防火工程的发展。

10.1.2　性能化防火设计的特点

性能化防火设计（Performance-Based Fire Protection Design）的思想产生于20世纪80年代，从其诞生起就为美国、英国、日本、澳大利亚、新西兰等西方发达国家所重视，迅速开展了相关领域研究，并被大量工程实例所应用。

建筑消防性能化防火设计，是根据建设工程使用功能和消防安全要求，运用消防安全工程学原理，采用先进适用的计算分析工具和方法，为建设工程消防设计提供设计参数、方案，或对建设工程消防设计方案进行综合分析评估，完成相关技术文件的工作过程。它建立在火灾科学和消防安全工程学发展的基础上，考虑火灾本身发生、发展和蔓延的基本规律及火灾燃烧产物的性质与烟气的蔓延规律，火灾中人员的行为特征等，并结合实际火灾中积累的经验，对具体建筑物的功能、性质、使用人员特征及内部可燃物的燃烧特性和分布情况进行具体分析，设定火灾，并对火灾的发展特性进行综合计算和分析，用某些物理参数描述火灾的发生和发展过程，预设各种可能起火的条件和由此造成的火、烟蔓延途径，人员疏散情况，并分析这种火灾对建筑物内人员、财产及建筑物本身的影响程度，以此来确定选择哪一种消防安全措施，并加以评估，从而核准预定的消防安全目的是否已达到，最后再视具体情况对设计方案作出调整和优化。

与传统的防火设计规范相对比，性能化的防火设计规范具有以下特点：

（1）加速技术革新。在性能化规范体系中，对设计方案不作具体规定，只要能够达到性能目标，任何方法都可以使用，这样就加快了新技术在实际设计中的应用，不必考虑应用新设计方法可能导致与规范的冲突。性能化的规范给防火领域的新思想、新技术提供了广阔的应用空间。

（2）提高设计的经济性。性能化设计的灵活性和技术的多样化给设计人员提供更多的选择，在保证安全性能的前提下，通过设计方案的选择，可以采用投入效益比更优化的系统。

（3）加强设计人员的责任感。性能设计以系统的实际工作效果为目标，要求设计人员通盘考虑系统的各个环节，减小对规范的依赖，不能以规范规定不足为理由忽视一些重要因素。这对于提高建筑防火系统的可靠性和提高设计人员技术水平都是很重要的。

由于是一种新的设计方法，工程应用范围并不广泛，许多性能化防火设计案例尚缺乏火灾验证。目前使用的性能化方法还存在以下一些技术问题：①性能评判标准尚未得到一致认可；②设计火灾的选择过程确定性不够；③对火灾中人员的行为假设的成分过多；④预测性火灾模型中存在未得到很好证明或者没有被广泛理解的局限性；⑤火灾模型的结果是点值，没有将不确定性因素考虑进去；⑥设计过程常常要求工程师在超出他们专业的领域工作。

10.1.3　性能化防火设计与“处方式”防火设计的关系

性能化防火设计与处方式防火设计既有区别又有联系。

1. 两种防火设计方法的联系

（1）处方式防火设计方法的基本防火措施依然在性能化防火中使用。处方式防火设计的一些基本技术措施往往也是性能化防火设计不可缺少的措施，包括：确定建筑物的耐火等级、防火分区的划分、防排烟设计、防爆设计、火灾自动报警和自动灭火系统的设计、安全疏散系统的设计、消防车道与防火间距的设计。

（2）性能化防火设计是处方式防火设计方法发展的必然结果。建筑消防性能化设计方法是一种先进、有效、科学、合理的防火设计方法，特别是在解决大型复杂建筑物的防火设计问题方面，弥补了依据传统的规范标准进行设计的不足。同时性能化防火设计是国际通行的设计方法，能够架起与境外设计师沟通的桥梁。

2. 两种防火设计方法的区别

（1）目的不同。性能化防火设计作为一种适合于全球范围内高效的建筑防火设计手段，要根据建筑防火目标不断调整防火设计方案，并且尽可能地减少消防设备以达到消防安全。传统的“处方式”防火设计方法严格按照规范条文进行设计，而不考虑防火安全目标，也不提供适当的替代防火设计方案。

（2）规范不同。性能化防火设计规范与“处方式”防火设计规范最基本的区别在于如何确定人员和财产损失目标，由谁确定这个目标，以及如何实现这一目标。

（3）使用的工具不同。“处方式”防火设计方法设计使用的工具主要是国家或地方性的标准和规范，而性能化防火设计方法除了使用国家或地方性的标准和规范外，还要应用到确定性的火灾风险分析、不确定性的火灾风险评价技术、火灾动力学、火灾模拟、系统安全分析等技术手段。

10.1.4 性能化防火设计适用的范围

消防性能化设计采用的防火设计方法虽然有别于传统的“处方式”防火设计，但其防火设计目标具有一致性。因此，不能以消防性能化设计为由任意突破现行的国家标准规范，必须确保采用消防性能化设计的建筑的消防安全水平不能低于按照现行国家标准规范进行防火设计的消防安全水平。

目前，具有下列情形之一的工程项目，可对其全部或部分进行消防性能化设计：①超出现行国家消防技术标准适用范围的；②按照现行国家消防技术标准进行防火分隔、防烟排烟、安全疏散、建筑构件耐火等设计时，难以满足工程项目特殊使用功能的。

下列情况不应采用性能化设计评估方法：①国家法律法规和现行国家消防技术标准强制性条文规定的；②国家现行消防技术标准已有明确规定，且无特殊使用功能的建筑；③居住建筑；④医疗建筑、教学建筑、幼儿园、托儿所、老年人建筑、歌舞娱乐游艺场所；⑤室内净高小于8.0m的丙、丁、戊类厂房（仓库）；⑥甲、乙类厂房（仓库），可燃液体、气体储存设施及其他易燃、易爆工程或场所。

10.2 性能化设计的基本内容

性能化防火设计的内容主要包括：消防安全目标的确定、火灾分析、烟气流动分析、人员疏散分析、建筑结构耐火安全分析、火灾风险分析与评估。根据以上内容相应对消防保护系统和消防设施进行设计。

10.2.1 火灾分析

这一阶段将以设计对象火灾场景为基础，选择设定可能的火灾曲线，并通过计算机模拟计算，得到建筑物可能的火灾情况。

1. 火灾场景的选择

火灾场景是对一次火灾整个发展过程的定性描述，该描述确定了反映该次火灾特征并区别于其他可能火灾的关键事件。火灾场景通常要定义引燃、火灾增长阶段、完全发展阶段和衰退阶段，以及影响火灾发展过程的各种消防措施和环境条件。在建立火灾场景时，应考虑的因素很多，其中包括建筑的平面布局、火灾荷载及分布状态、火灾可能发生的位置、室内人员的分布与状态、火灾可能发生时的环境因素等。

火灾场景应根据最不利的原则确定，选择火灾风险较大的火灾场景作为设定火灾场景。如火灾发生在疏散出口附近并令该疏散出口不可利用、自动灭火系统或排烟系统由于某种原因而失效等。火灾风险较大的火灾场景一般为最有可能发生，但火灾危害不一定最大；或者火灾危害大，但发生的可能性较小的火灾场景。火灾场景应能反映火灾引燃、增长和受控火灾的特征以及烟气和火势蔓延的可能途径，设置在建筑室内外的所有主动消防设施的作用，每一个火灾场景的可能后果。

确定可能火灾场景可采用下述方法：失效模型及影响分析模型（FMEA）、失效分析、what if分析、相关统计数据分析、检查表法、危害指数法、危害及可操作性研究、预先危险性分析、事故树分析法、事件树分析法等。

2. 设定火灾

设定火灾也就是对火灾场景的量化。包括以下三个部分：

(1) 建筑特征的量化。定量建筑特征主要描述建筑物内的可燃物；建筑结构及其布局；建筑物的自救能力与外部救援力量。

在进行建筑物内可燃物的分析时应分析以下主要因素：①潜在的引火源；②可燃物的种类及其燃烧性能；③可燃物的分布情况；④可燃物的火灾荷载密度。

在分析建筑的结构布局时应考虑以下主要因素：①起火房间的外形尺寸和内部空间情况；②起火房间的通风口形状及分布、开启状态；③房间与相邻房间、相邻楼层及疏散通道的相互关系；④房间的围护结构构件和材料的燃烧性能、力学性能、隔热性能、毒性性能及发烟性能等。

分析和确定建筑物在发生火灾时的自救能力与外部救援力量时，应分析以下主要因素：①建筑物的消防供水情况和建筑物室内外的消火栓灭火系统；②建筑内部的自动喷水灭火系统和其他自动灭火系统（包括各种气体灭火系统、干粉灭火系统等）的类型与设置场所；③火灾报警系统的类型与设置场所；④消防队的技术装备、到达火场的时间和灭火控火能力；⑤烟气控制系统的设置情况。

(2) 人员特征量化。建筑中人员的特征主要用于判断建筑人员的应对突发事件的反应能力，主要包括人员的数量、在建筑中的分布情况、清醒程度、所处的职务、身体及精神状况、对建筑的熟悉程度、社会背景、是否接受过消防培训。

(3) 设计火灾曲线。在设定火灾时，一般不考虑火灾的引燃阶段、衰退阶段，而主要考虑火灾的增长阶段及全面发展阶段。但在评价火灾探测系统时，不应忽略火灾的引燃阶段；在评价建筑构件的耐火性能时，不应忽略火灾的衰退阶段。

在设定火灾时，可采用热释放速率描述的火灾模型和用温度描述的火灾模型。在计算烟气温度、浓度、毒性、能见度等火灾环境参数时，宜选用热释放速率描述的火灾模型；在进行构件耐火分析时，宜选用温度描述的火灾模型。建筑物性能化防火设计中应用的火灾模型主要是随时间变化的热释放速率模型。

在确定火灾发展模型时，应至少考虑下列参数：①初始可燃物对相邻可燃物的引燃特征值和蔓延过程；②多个可燃物同时燃烧时热释放速率的叠加关系；③火灾的发展时间和火灾达到轰燃所需时间；④灭火系统和消防队对火灾发展的控制能力；⑤通风情况对火灾发展的影响因素；⑥烟气控制系统对火灾发展蔓延的影响因素；⑦火灾发展对建筑构件的热作用。

建筑物内的初期火灾增长模型可根据建筑物内的空间特征和可燃物特性，采用下述方法之一确定热释放速率的值：①实验火灾模型；② t^2 火灾模型；③MRFC 火灾模型；④按叠加原理确定火灾增长的模型。

10.2.2 烟气流动分析

在火灾模拟计算中，烟气流动计算应计算分析烟气的羽流流动、顶棚射流和开口流动。烟气流动的计算分析应采用模拟计算方法，可分为轰燃前和轰燃后两个阶段进行。轰燃发生前火灾发展情况，宜采用区域模型或场模型；轰燃发生后火灾的烟气发展情况，宜采用区域模型。当火源靠近墙壁、内外墙角时，羽流的质量流量计算宜将墙体羽流按非受限羽流处理。

在分析烟气流动时，应考虑以下主要因素：①火源的位置及其热释放速率；②环境大气温度和热烟气温度；③房间的空间结构和围护结构及其换热条件；④房间的通风口形状、分布及其开启状态；⑤自然排烟条件与机械排烟条件；⑥房间达到轰燃的时间。

选用火灾烟气计算模型时应遵循以下原则：①相似性、精确性、简洁、经济，运算时间不应过长。②当起火房间内烟气分层比较明显时，需要研究烟气层高度及温度等情况对人员的影响。③精度要求不是很高时，应该选用区域模拟的方法；当需要精确研究起火房间的各物理参数或研究区域为高对流区域时，应选用场模拟的方法。④当需要研究远离起火房间的区域时，宜选用网络模拟的方法。必要时，可以将其中几种模拟方法联合应用，即应用场区模拟或场区网模拟。

10.2.3 人员疏散分析

人员安全疏散分析应计算可用疏散时间（ASET）和必需疏散时间（RSET）。人员安全疏散分析的性能判定标准为：可用疏散时间（ASET）须大于必需疏散时间（RSET）。

计算 *ASET* 时，应重点考虑火灾时建筑物内影响人员安全疏散的烟气层高度、热辐射、对流热、烟气毒性和能见度。这些参数可以通过对建筑内特定的火灾场景进行火灾与烟气流动的模拟得到。

在计算 *RSET* 时，可按以下三种情况考虑：①如果能够将火灾和烟气控制在着火房间内，则可只计算着火房间内人员的 *RSET*；②如果火灾及其产生的烟气只在着火楼层蔓延，则可只计算着火楼层内人员的 *RSET*；③如果火灾及其产生的烟气可能在垂直方向蔓延至其他楼层（例如，建筑内存在连通上下层的中庭），则需计算整个建筑内人员的 $RSET$。当建筑存在坍塌的危险时，也需要计算整个建筑内人员的 $RSET$。

当结构存在坍塌危险时，要保证人员的安全，还应同时满足以下条件：

$$RSET < \min(T_{fr}, T_f) \tag{10-1}$$

式中　T_{fr}——结构的耐火极限；

T_f——在可能最不利火灾条件下结构的失效时间。

当人员无法疏散、需要待在建筑内等待消防队员前来营救时，要同时满足以下条件：

$$KT_c < \min(T_{fr}, T_f) \tag{10-2}$$

式中　T_c——消防队有效控火时间；

K——安全系数。

10.2.4　建筑结构耐火安全分析

1. 建筑结构耐火设计的目标

建筑结构耐火设计的总目标为在火灾条件下，建筑物中主要受力构件能在合理的消防投入的基础上，保持建筑结构的安全性和整体稳定性。

建筑结构耐火设计的性能目标为：①减轻结构在火灾中的破坏，避免结构在火灾中局部倒塌影响内部人员安全疏散和造成外部灭火救援困难；②避免结构在火灾中很快变形、整体垮塌、造成人员伤亡和结构难以修复；③预防因构件破坏而加剧火灾中的热对流和热辐射，使火灾蔓延至其他防火分隔空间或相邻建筑物；④结合考虑防火分隔措施的有效性分析，应考虑第3款的应用与判定条件、要求。

2. 性能判定标准

建筑结构耐火设计的判定标准为：所设计的结构构件的耐火时间，必须不小于根据建筑物具体情况计算出的结构构件最小耐火时间。

对于建筑构件，无论是构件层次还是整体结构层次的耐火设计，均应满足下列要求之一：①在规定的结构耐火时间内，结构承载力 R_d 应不小于各种作用所产生的组合效应 S_m，即 $R_d \geqslant S_m$；②在各种荷载效应组合下，结构的耐火时间 t_d 应不小于规定的结构耐火极限 t_m，即 $t_d \geqslant t_m$；③在火灾条件下，当结构内部温度均匀时，若取结构达到承载力极限状态时的内部温度为临界温度 T_d，则应不小于在耐火极限时间内结构的最高温度 T_m，即 $T_d \geqslant T_m$。实际上，上述三个要求是一致的，在进行结构耐火设计时三者之中满足其中任意一个即可。

3. 建筑结构耐火设计方法

在结构耐火设计时，应根据建筑物的结构、平面布局与布置、功能和用途、内部火灾荷载及其分布、可燃物的燃烧特性、建设物的设计使用寿命等具体情况，考虑以下影响建筑结构耐火设计的因素：①建筑物设计耐火等级；②构件在结构承力体系中的重要性；③构件的形式和几何特征；④建筑物内可能的火灾强度和火灾的危险性；⑤防火分区的大小及其分隔方式；⑥建筑物内部灭火系统的设置情况及其可靠性和有效性；⑦消防队的反应时间及其救援能力；⑧人员安全疏散所需要的时间；⑨建筑内的主动消防设施失效。

建筑结构的耐火设计可采用以下方法之一进行：①以构件的实际耐火数据为基础，按照《建筑设计防火规范》中给出的数据或实际建筑构件耐火测试数据进行设计；②以GB/T 9978.1～9—2008规定的时间—温度曲线为基础，在考虑了荷载的分布和大小、构件端部约束条件等因素以后，应用经典解析方法或有限元等数值方法，通过理论计算来确定构件的耐火极限；③将建筑结构作为一个整体承受荷载，通过理论计算来确定构件的耐火极限。

计算构件的耐火时间时，必须采用与 GB/T 9978.1～9—2008 等效的真实火灾条件，验算时采用 GB/T 9978.1～9—2008 中标准耐火试验条件下的承载力极限状态。钢结构耐火验算可按中国工程建设标准化协会标准 CECS 200：2006《建筑钢结构防火技术规范》进行。

10.2.5 火灾风险分析和评估

建筑物性能化防火设计应包括火灾风险分析和火灾风险评估。

1. 火灾风险分析

火灾风险分析宜按下列步骤进行：①确定火灾危害，即根据建筑物的结构特点识别建筑物内的重大火灾危险源。②对后果及其火灾危害概率进行量化，即对火灾危险源可能造成的后果及其发生概率进行初步量化。③确定消防安全目标，根据对火灾危险源的初步认定和量化，确定分析对象需要达到的安全目标。④确定危害控制方案，选择合适的分析方法，对建筑物内的火灾危险源进行分析。在此基础上，确定能够达到建筑物消防安全目标的具体方案和措施。⑤量化方案对危害风险的影响，确定具体的控制方案和预防措施对火灾危险源有什么影响并对其进行量化。⑥选择技术可行、经济合理的方案，从多个控制方案中选择技术可行、经济合理的方案。⑦撰写火灾风险分析报告。

火灾风险分析过程中应该考虑以下主要因素：①火灾的后果以及火灾发生的概率；②有害后果及其评价的方法与标准；③如何处理不同人对风险的理解、预期和评价过程中存在的意见分歧；④社会公众对火灾发生的可能性及其后果的认识；⑤分析过程中的不确定性、可变性和未知问题等的处理。

2. 火灾风险评估

在确定建筑物的消防措施，以及用于建立与规范相当的安全水平，评估消防投入与风险之间的平衡或者验证可接受的风险水平时，应进行火灾风险评估。

火灾风险评估应包括确定火灾风险评估的对象、确定消防安全总体目标和功能目标、明确与评估相关的事实和假设、明确需要评估的各种风险。

火灾风险评估的程序和步骤宜符合下列要求：①确定火灾风险评估对象；②确定业主或社会公众的评估目标；③将业主或社会公众的目标转化为工程目标；④根据工程目标确定火灾风险评估的判定标准；⑤设置火灾场景；⑥确定事件发生概率；⑦估计危害后果的严重性；⑧解决评估过程中的不确定性问题；⑨对火灾风险评估结果进行评价。

在对建筑物或其设计进行具体的火灾风险评估之前，应先确定评估需要达到的目标。火灾风险评估目标，应由火灾风险评估人员根据客户的要求并参照建筑防火规范设定的目标及其相应的定量指标确定，并应切合实际。

风险评估的性能判定标准宜采用生命安全标准和非生命安全标准的危害指标表示。在确定火灾风险评估判定标准之前，应对业主或社会公众可接受的损害和伤亡水平非常了解。

3. 火灾风险管理和控制

风险管理应能体现为最大限度降低火灾时生命和财产损失所需采取的有效措施。不同类型的建筑物可具有不同的火灾风险管理目标，但火灾风险管理的目标应与建筑物性能化防火设计的总目标基本一致。火灾风险管理中应研究和考虑建筑物特性、人员特性、消防设施的详细情况、消防队干预和用于降低火灾风险的消防安全计划等主要因素。

10.3　性能化设计的基本步骤

建筑物性能化防火设计可按图 10-1 所示的基本步骤进行。

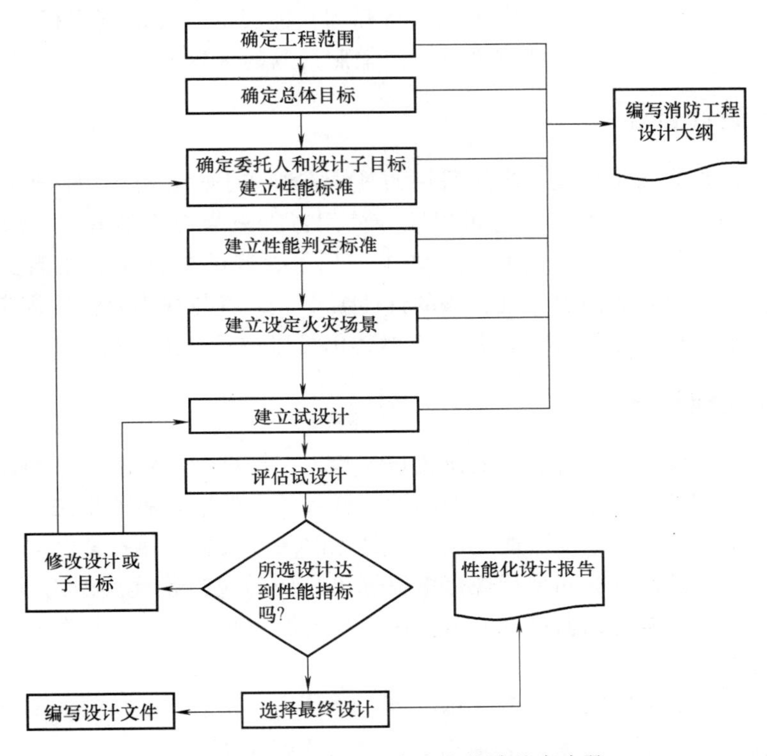

图 10-1　建筑物性能化防火设计基本步骤

10.3.1　确定工程的范围

性能化设计的第一步就是要确定工程范围及相关参数。首先要了解工程信息，如建筑特征和使用功能等。对特殊建筑，如大空间（如中庭或仓库）或者人员密集的商场、礼堂和运动场等要格外关注。对建筑工艺特征也要做专门的研讨，如特殊的作业区、危险物品的使用或贮存区、昂贵设备区以及零故障区等。

工程的范围可能涉及各类消防系统、建筑的一个部分、整幢建筑或者几幢建筑、新建的建筑或重新进行装修的原有建筑以及预算因素。在确定工程范围的过程中还应当注意以下几个方面：建筑的合理用途、建筑物内的人员特征、建筑物内财产的分布、建筑所处区域内消防队能力情况、固有的市政设施（排水系统、燃料、水源及电源）、建筑物周围环境、对历史文物的保护、建筑的经济及社会价值、整个建设项目的运作方式及可用的建筑设计规范。

10.3.2　确定总体目标

在消防安全设计中，消防安全总体目标表示的是社会所期望的安全水平。消防安全应达到的总体目标应该是：保护生命、保护财产、保护使用功能、保护环境不受火灾的有害影响。

功能目标是设计总目标的基础，它把总目标提炼为能够用工程语言进行量化的数值。概括地说，功能目标指出了一个建筑物怎样才能达到社会期望的安全目标。这项工作是通过性能要求完成的。

性能要求是性能水平的表述。建筑材料、建筑构件、系统、组件以及建筑方法等必须满足性能水平的要求，从而达到消防安全总体目标和功能目标。性能判定标准包括材料温度、气体温度、碳氧血红蛋白含量、能见度以及热辐照量等的临界值。

10.3.3 确定设计目标

确定设计目标是为满足性能要求所采用的具体方法和手段。可采用两种方法来满足性能要求，这两种方法可以独立使用，也可以联合使用：①视为合格的规定，包括如何采用材料、构件、设计因素和设计方法的示例。如果采用了，其结果就满足性能要求。②替代方案。如果能证明某设计方案能够达到相关的性能要求，或者与视为合格的规定等效，那么对于与上述“视为合格的规定”不同的设计方案，仍可以被批准为合格。

10.3.4 建立性能标准

为了评估具体的设计目标，就需要设置设计判据。设计判据将被应用到评估试设计的过程中。判据通常是以极值、范围值、预期的性能分布状态的形式表述出来。如判据可能会是材料温度、气体温度、烟气浓度、能见度、一氧化碳浓度及辐射热通量。

性能化判据是在设计目标和现行规范中提炼出来的，应当正确反映出设计目标的意图，且能量化火灾后果。性能化判据可以分为生命安全判据与非生命安全判据两类。

1. 生命安全判据

生命安全判据主要包括以下几个方面：

（1）热的作用。分析人员受到热损伤的极值及达到极值的时间。

（2）毒性分析。分析毒性影响时主要考虑人对毒性产物的忍耐极限及达到极限的值。

（3）能见度。影响能见度的因素有烟气的光学浓度和烟气对人眼的影响。

2. 非生命安全判据

非生命安全判据主要是考虑对建筑中财产构成破坏的极值。一般包括以下几个方面：

（1）热的作用。主要是使建筑物中的物体或建筑构件熔化、移位、变形及引燃。

（2）火灾蔓延。影响火灾蔓延的因素主要包括燃烧表面的尺寸、方位、燃料的比表面积以及通风，空气流动。

（3）烟气造成的损失。主要是由于烟气中的气溶胶及腐蚀性的燃烧产物所致。破坏的极限主要依赖于物体对破坏的灵敏度。

（4）防火分隔物及构件完整性的破坏。热量的传递和烟气的蔓延、用于保护防火分隔物的设备没有正常工作、防火分隔物穿孔，都会导致防火分隔物的破坏。建筑结构的稳定性对于人员疏散及消防队员的灭火救援行动的开展起着至关重要的作用。

（5）对建筑物中财产的破坏。在设置判据时需要考虑防火间距、材料的燃烧性能、暴露面的阻燃性能等。

（6）对环境的影响。主要是为了减少消防系统的使用、灭火救援行动及燃烧产物的生成对环境造成的影响。

10.3.5　设定火灾场景

确定可能的火灾场景以及选择其中的场景作为设计用火灾场景，主要包括以下几个步骤：考虑可能的火灾场景、确定设计用火灾场景、对设计火灾场景进行量化。

10.3.6　试设计并进行评估

在该步骤中，应提出多个消防安全设计方案，并按照规范的规定进行评估，以确定最佳的设计方案。满足性能化判据的试设计是编制建筑设计说明书的基础。进行试设计时可以考虑各种完成设计目标及满足性能化判据的方法。一般来说，试设计部分通常包含以下几个方面：火灾的发生及发展、火灾及烟气的蔓延和控制、火灾探测及报警、灭火和疏散方案、被动防火设施。

评估试设计是使用不同的设计火灾场景对试设计进行测试，看其是否满足性能化判据。所有的试设计都测试完毕后，从通过了评估测试的方案中选择最终的设计方案来编写设计说明书。如果没有一个试设计通过测试，则需要重新审查总目标及所设置的性能化判据。试设计的评估过程可以分三步来进行：第一步是确定评估的目的及类型，即确定将完成什么样的分析，是采用随机性分析的方法还是采用确定性分析的方法。第二步就是进行评估。第三步就是考虑可能会对评估结果产生影响的变量及不确定性因素。

在对性能化初步设计进行评估时，不能为了确保初步设计达标而随意改变性能判定标准，并应验证以下主要设计参数：①所确定的设定火灾场景及其设定火灾的合理性与典型性；②所设定的性能判定标准是否合适；③所选择的分析方法和工具是否适用、有效；④火灾风险分析和不确定性分析是否科学、完整、可靠。

对于某个给定的火灾场景，经过前面的初步评价与筛选之后，应根据对象的实际情况与防范的重点，选择一个最终的设计方案。在舍取的过程中，应考虑的因素有：①是否满足多个火灾场景。火灾的发展是不能完全预测的，设计方案应尽量能满足多个火灾场景。②经济性要求。应根据业主的承受能力和防火目的，重点选择最为经济而有效的设计方案。③易操作性。在火灾初期，正确地使用当地防、灭火措施能大大延缓火灾向高级别发展，为灭火救援争取时间。④易维护性。⑤可靠性。

若性能化初步设计不能满足设定的消防安全目标或低于规范规定的性能水平，则需要对其进行修改与完善，并重新进行评估，直至其满足设定的消防安全目标为止。否则，应淘汰该初步设计。

10.3.7　编制设计说明与分析报告

分析和设计报告是性能化设计能否被批准的关键因素。该报告需要概括分析和设计过程中的全部步骤，并且报告分析和设计结果所提出的格式和方式都要符合权威机构和客户的要求。该报告包括：①工程的基本信息；②分析或设计目标以及制定目标的理由；③设计方法（基本原理）陈述，包括所采用的方法，为什么采用，做出了什么假设，采用了什么工具和理念；④性能评估指标；⑤火灾场景的选择和设计火灾；⑥设计方案的描述；⑦消防安全管理；⑧参考的资料、数据等。

参考文献

[1] 吴胜旺. 建筑防火［M］. 武汉：武汉理工大学出版社，2006.

[2] 靳玉芳. 图释建筑防火设计［M］. 北京：中国建材工业出版社，2008.

[3] 王学谦. 建筑防火设计手册［M］. 2版. 北京：中国建筑工业出版社，2008.

[4] 张叔平，等. 现代高层建筑防火设计与施工［M］. 北京：中国建筑工业出版社，1998.

[5] 姚时章. 高层建筑设计图集［M］. 北京：中国建筑工业出版社，2000.

[6] 霍然，等. 建筑火灾安全工程导论［M］. 合肥：中国科学技术大学出版社，1999.

[7] 吴庆洲. 建筑安全［M］. 北京：中国建筑工业出版社，2007.

[8] 蒋永琨. 高层建筑防火设计手册［M］. 北京：中国建筑工业出版社，2000.

[9] 赵国凌. 防排烟工程［M］. 天津：天津科技翻译出版公司，1994.

[10] 章孝思. 高层建筑防火［M］. 北京：中国建筑工业出版社，1985.

[11] 李念慈，等. 建筑消防工程技术［M］. 北京：中国建筑工业出版社，2006.

[12] 王国建，王凤芳. 建筑防火材料［M］. 北京：中国石化出版社，2006.

[13] 王学谦. 建筑防火技术［M］. 北京：化学工业出版社，2006.

[14] 张叔平. 建筑防火设计［M］. 2版. 北京：中国建筑工业出版社，2009.

[15] 李引擎. 建筑防火工程［M］. 北京：化学工业出版社，2004.

[16] 李引擎. 建筑防火性能化设计［M］. 北京：化学工业出版社，2005.

[17] 公安部消防局. 消防安全技术实务［M］. 北京：机械工业出版社，2017.

[18] 中国建筑标准设计研究院. 13J811-1改《建筑设计防火规范》图示［S］. 北京：中国计划出版社，2015.

[19] 中国建筑科学研究院. GB 50222—1995 建筑内部装修设计防火规范（2001年版）［S］. 北京：中国建筑工业出版社，2001.

[20] 中华人民共和国住房和城乡建设部. GB 50067—2014 汽车库、修车库、停车场设计防火规范［S］. 北京：中国计划出版社，2015.

[21] 中华人民共和国住房和城乡建设部. GB 50016—2014 建筑设计防火规范［S］. 北京：中国计划出版社，2015.